全国大学生电子设计竞赛"十三五"规划教材

# 全国大学生电子设计竞赛

## 电路设计

## （第3版）

黄智伟　黄国玉　主编

北京航空航天大学出版社

## 内容简介

本书为《全国大学生电子设计竞赛系列丛书》之一。针对全国大学生电子设计竞赛的特点,为满足高等院校电子信息、通信、自动化、电气控制类等专业学生参加全国大学生电子设计竞赛的需要,在详细分析了历届全国大学生电子设计竞赛题目类型与设计要求的基础上,系统介绍了传感器应用电路设计、信号调理电路设计、放大器电路设计、信号变换电路设计、射频电路设计、电机控制电路设计、测量与显示电路设计、电源电路设计以及单片数据采集系统电路设计,并介绍了每个电路设计实例所采用的集成电路芯片的主要技术性能与特点、芯片封装与引脚功能、内部结构、工作原理和应用电路等内容。

本书内容丰富实用,叙述简洁清晰,工程实践性好。可作为高等院校电子信息、通信、自动化、电气控制类等专业学生参加全国大学生电子设计竞赛的培训教材,也可作为各类电子制作、课程设计和毕业设计的教学参考用书,以及工程技术人员进行电子电路设计与制作、电子产品设计与制作的参考用书。

**图书在版编目(CIP)数据**

全国大学生电子设计竞赛电路设计 / 黄智伟,黄国玉主编. ‑‑ 3 版. ‑‑ 北京 : 北京航空航天大学出版社,2020.1

ISBN 978‑7‑5124‑3243‑7

Ⅰ. 全… Ⅱ. ①黄… ②黄… Ⅲ. ①电子电路‑电路设计‑高等学校‑教材 Ⅳ. ①TN702

中国版本图书馆 CIP 数据核字(2020)第 008126 号

**全国大学生电子设计竞赛电路设计(第 3 版)**

黄智伟 黄国玉 主编
责任编辑 胡晓柏 张 楠
\*
北京航空航天大学出版社出版发行

北京市海淀区学院路 37 号(邮编 100191) http://www.buaapress.com.cn
发行部电话:(010)82317024 传真:(010)82328026
读者信箱:emsbook@buaacm.com.cn 邮购电话:(010)82316936
涿州市新华印刷有限公司印装 各地书店经销
\*
开本:710×1 000 1/16 印张:30.5 字数:650 千字
2020 年 1 月第 3 版 2020 年 1 月第 1 次印刷 印数:3 000 册
ISBN 978‑7‑5124‑3243‑7 定价:89.00 元

# 序

全国大学生电子设计竞赛是教育部倡导的四大学科竞赛之一，是面向大学生的群众性科技活动，目的在于促进信息与电子类学科课程体系和课程内容的改革；促进高等院校实施素质教育以及培养大学生的创新能力、协作精神和理论联系实际的学风；促进大学生工程实践素质的培养，提高针对实际问题进行电子设计与制作的能力。

## 1. 规划教材由来

全国大学生电子设计竞赛既不是单纯的理论设计竞赛，也不仅仅是实验竞赛，而是在一个半封闭的、相对集中的环境和限定的时间内，由一个参赛队共同设计、制作完成一个有特定工程背景的作品。作品成功与否是竞赛能否取得好成绩的关键。

为满足高等院校电子信息工程、通信工程、自动化、电气控制等专业学生参加全国大学生电子设计竞赛的需要，我们修订并编写了这套规划教材：《全国大学生电子设计竞赛系统设计(第3版)》、《全国大学生电子设计竞赛电路设计(第3版)》、《全国大学生电子设计竞赛技能训练(第3版)》、《全国大学生电子设计竞赛制作实训(第3版)》、《全国大学生电子设计竞赛常用电路模块制作(第2版)》、《全国大学生电子设计竞赛ARM嵌入式系统应用设计与实践(第2版)》、《全国大学生电子设计竞赛基于TI器件的模拟电路设计》。该套规划教材从2006年出版以来，已多次印刷，一直是全国各高等院校大学生电子设计竞赛训练的首选教材之一。随着全国大学生电子设计竞赛的深入发展，特别是2007年以来，电子设计竞赛题目要求的深度、广度都有很大的提高。2009年竞赛的规则与要求也出现了一些变化，如对"最小系统"的定义、"性价比"与"系统功耗"的指标要求等。为适应新形势下全国大学生电子设计竞赛的要求与特点，我们对该套规划教材的内容进行了修订与补充。

## 2. 规划教材内容

《全国大学生电子设计竞赛系统设计(第3版)》在详细分析了历届全国大学生电子设计竞赛题目类型与特点的基础上，通过48个设计实例，系统介绍了电源类、信号源类、无线电类、放大器类、仪器仪表类、数据采集与处理类以及控制类7大类赛题的变化与特点、主要知识点、培训建议、设计要求、系统方案、电路设计、主要芯片、程序设计等内容。通过对这些设计实例进行系统方案分析、单元电路设计、集成电路芯片选择，可使学生全面、系统地掌握电子设计竞赛作品系统设计的基本方法，培养学生系统分析、开发创新的能力。

《全国大学生电子设计竞赛电路设计（第 3 版）》在详细分析了历届全国大学生电子设计竞赛题目的设计要求及所涉及电路的基础上，精心挑选了传感器应用电路、信号调理电路、放大器电路、信号变换电路、射频电路、电机控制电路、测量与显示电路、电源电路、ADC 驱动和 DAC 输出电路 9 类共 180 多个电路设计实例，系统介绍了每个电路设计实例所采用的集成电路芯片的主要技术性能与特点、芯片封装与引脚功能、内部结构、工作原理和应用电路等内容。通过对这些电路设计实例的学习，学生可以全面、系统地掌握电路设计的基本方法，培养电路分析、设计和制作的能力。由于各公司生产的集成电路芯片类型繁多，限于篇幅，本书仅精选了其中很少的部分以"抛砖引玉"。读者可根据电路设计实例举一反三，并利用参考文献中给出的大量的公司网址，查询更多的电路设计应用资料。

《全国大学生电子设计竞赛技能训练（第 3 版）》从 7 个方面系统介绍了元器件的种类、特性、选用原则和需注意的问题；印制电路板设计的基本原则、工具及其制作；元器件、导线、电缆、线扎和绝缘套管的安装工艺和焊接工艺；电阻、电容、电感、晶体管等基本元器件的检测；电压、分贝、信号参数、时间和频率、电路性能参数的测量，噪声和接地对测量的影响；电子产品调试和故障检测的一般方法，模拟电路、数字电路和整机的调试与故障检测；设计总结报告的评分标准，写作的基本格式、要求与示例，以及写作时应注意的一些问题等内容；赛前培训、赛前题目分析、赛前准备工作和赛后综合测评实施方法、综合测评题及综合测评题分析等。通过上述内容的学习，学生可以全面、系统地掌握在电子竞赛作品制作过程中必需的一些基本技能。

《全国大学生电子设计竞赛制作实训（第 3 版）》指导学生完成 SPCE061A 16 位单片机、AT89S52 单片机、ADμC845 单片数据采集、PIC16F882/883/884/886/887单片机等最小系统的制作；运算放大器运算电路、有源滤波器电路、单通道音频功率放大器、双通道音频功率放大器、语音录放器、语音解说文字显示系统等模拟电路的制作；FPGA 最小系统、彩灯控制器等数字电路的制作；射频小信号放大器、射频功率放大器、VCO（压控振荡器）、PLL‐VCO 环路、调频发射器、调频接收机等高频电路的制作；DDS AD9852 信号发生器、MAX038 函数信号发生器等信号发生器的制作；DC‐DC 升压变换器、开关电源、交流固态继电器等电源电路的制作；GU10 LED 灯驱动电路、A19 LED 灯驱动电路、AC 输入 0.5 W 非隔离恒流 LED 驱动电路等 LED驱动电路的制作。介绍了电路组成、元器件清单、安装步骤、调试方法、性能测试方法等内容，可使学生提高实际制作能力。

《全国大学生电子设计竞赛常用电路模块制作（第 2 版）》以全国大学生电子设计竞赛中所需要的常用电路模块为基础，介绍了 AT89S52，ATmega128、ATmega8、C8051F330/1 单片机，LM3S615 ARM Cortex‐M3 微控制器，LPC2103 ARM7 微控制器 PACK 板的设计与制作；键盘及 LED 数码管显示器模块、RS‐485 总线通信模块、CAN 总线通信模块、ADC 模块和 DAC 模块等外围电路模块的设计与制作；放大器模块、信号调理模块、宽带可控增益直流放大器模块、音频放大器模块、D类放大器模块、菱形功率放大器模块、宽带功率放大器模块、滤波器模块的设计与制作；反射式光电传感器模块、超声波发射与接收模块、温湿度传感器模块、阻抗测量模块、音频信号检测模块的设计与制作；直流电机驱动模块、步进电机驱动模块、函数信号发生器模块、DDS信号发生器模块、压频转换模块的设计与制作；线性稳压电源模块、DC/DC电路模块、Boost升压模块、DC－AC－DC升压电源模块的设计与制作；介绍了电路模块在随动控制系统、基于红外线的目标跟踪与无线测温系统、声音导引系统、单相正弦波逆变电源、无线环境监测模拟装置中的应用；介绍了地线的定义、接地的分类、接地的方式、接地系统的设计原则、导体的阻抗、地线公共阻抗产生的耦合干扰、模拟前端小信号检测和放大电路的电源电路结构、ADC和DAC的电源电路结构、开关稳压器电路、线性稳压器电路，模/数混合电路的接地和电源PCB设计、PDN的拓扑结构、目标阻抗、基于目标阻抗的PDN设计、去耦电容器的组合和容量计算等内容。本书以实用电路模块为模板，叙述简洁清晰，工程性强，可使学生提高常用电路模块的制作能力。所有电路模块都提供电路图、PCB图和元器件布局图。

《全国大学生电子设计竞赛ARM嵌入式系统应用设计与实践（第2版）》以ARM嵌入式系统在全国大学生电子设计竞赛应用中所需要的知识点为基础，介绍了LPC214x ARM微控制器最小系统的设计与制作，可选择的ARM微处理器，以及STM32F系列32位微控制器最小系统的设计与制作；键盘及LED数码管显示器电路、汉字图形液晶显示器模块、触摸屏模块、LPC214x的ADC和DAC、定时器/计数器和脉宽调制器（PWM）、直流电机、步进电机和舵机驱动电路、光电传感器、超声波传感器、图像识别传感器、色彩传感器、电子罗盘、倾角传感器、角度传感器、E²PROM 24LC256和SK－SDMP3模块、nRF905无线收发器电路模块、CAN总线模块电路与LPC214x ARM微控制器的连接、应用与编程；基于ARM微控制器的随动控制系统、音频信号分析仪、信号发生器和声音导引系统的设计要求、总体方案设计、系统各模块方案论证与选择、理论分析及计算、系统主要单元电路设计和系统软件设计；MDK集成开发环境、工程的建立、程序的编译、HEX文件的生成以及ISP下载。该书突出了ARM嵌入式系统应用的基本方法，以实例为模板，可使学生提高ARM嵌入式系统在电子设计竞赛中的应用能力。本书所有实例程序都通过验证，相关程序清单可以在北京航空航天大学出版社网站"下载中心"下载。

《全国大学生电子设计竞赛基于TI器件的模拟电路设计》介绍的模拟电路是电子系统的重要组成部分，也是电子设计竞赛各赛题中的一个重要组成部分。模拟电路在设计制作中会受到各种条件的制约（如输入信号微弱、对温度敏感、易受噪声干扰等）。面对海量的技术资料、生产厂商提供的成百上千种模拟电路芯片，以及数据表中几十个参数，如何选择合适的模拟电路芯片，完成自己所需要的模拟电路设计，实际上是一件很不容易的事情。模拟电路设计已经成为电子系统设计过程中的瓶颈。本书从工程设计和竞赛要求出发，以TI公司的模拟电路芯片为基础，通过对模拟电路芯片的基本结构、技术特性、应用电路的介绍，以及大量的、可选择的模拟电路芯片、应用电路及 PCB 设计实例,图文并茂地说明了模拟电路设计和制作中的一些方法、技巧及应该注意的问题,具有很好的工程性和实用性。

## 3. 规划教材特点

本规划教材的特点:以全国大学生电子设计竞赛所需要的知识点和技能为基础,内容丰富实用,叙述简洁清晰,工程性强,突出了设计制作竞赛作品的方法与技巧。"系统设计"、"电路设计"、"技能训练"、"制作实训"、"常用电路模块制作"、"ARM 嵌入式系统应用设计与实践"和"基于 TI 器件的模拟电路设计"这 7 个主题互为补充,构成一个完整的训练体系。

《全国大学生电子设计竞赛系统设计(第 3 版)》通过对历年的竞赛设计实例进行系统方案分析、单元电路设计和集成电路芯片选择,全面、系统地介绍电子设计竞赛作品的基本设计方法,目的是使学生建立一个"系统概念",在电子设计竞赛中能够尽快提出系统设计方案。

《全国大学生电子设计竞赛电路设计(第 3 版)》通过对 9 类共 180 多个电路设计实例所采用的集成电路芯片的主要技术性能与特点、芯片封装与引脚功能、内部结构、工作原理和应用电路等内容的介绍,使学生全面、系统地掌握电路设计的基本方法,以便在电子设计竞赛中尽快"找到"和"设计"出适用的电路。

《全国大学生电子设计竞赛技能训练(第 3 版)》通过对元器件的选用、印制电路板的设计与制作、元器件和导线的安装和焊接、元器件的检测、电路性能参数的测量、模拟/数字电路和整机的调试与故障检测、设计总结报告的写作等内容的介绍,培训学生全面、系统地掌握在电子竞赛作品制作过程中必需的一些基本技能。

《全国大学生电子设计竞赛制作实训(第 3 版)》与《全国大学生电子设计竞赛技能训练(第 3 版)》相结合,通过对单片机最小系统、FPGA 最小系统、模拟电路、数字电路、高频电路、电源电路等 30 多个制作实例的讲解,可使学生掌握主要元器件特性、电路结构、印制电路板、制作步骤、调试方法、性能测试方法等内容,培养学生制作、装配、调试与检测等实际动手能力,使其能够顺利地完成电子设计竞赛作品的制作。

《全国大学生电子设计竞赛常用电路模块制作(第 2 版)》指导学生完成电子设计竞赛中常用的微控制器电路模块、微控制器外围电路模块、放大器电路模块、传感器电路模块、电机控制电路模块、信号发生器电路模块和电源电路模块的制作,所制作的模块可以直接在竞赛中使用。

《全国大学生电子设计竞赛 ARM 嵌入式系统应用设计与实践(第 2 版)》以 ARM 嵌入式系统在全国大学生电子设计竞赛应用中所需要的知识点为基础;以 LPC214x ARM 微控制器最小系统为核心;以 LED、LCD 和触摸屏显示电路,ADC 和 DAC 电路,直流电机、步进电机和舵机的驱动电路,光电、超声波、图像识别、色彩识别、电子罗盘、倾角传感器、角度传感器，$E^2$PROM，SD卡，无线收发器模块，CAN总线模块的设计制作与编程实例为模板，使学生能够简单、快捷地掌握ARM系统，并且能够在电子设计竞赛中熟练应用。

《全国大学生电子设计竞赛基于 TI 器件的模拟电路设计》从工程设计出发，结合电子设计竞赛赛题的要求，以 TI 公司的模拟电路芯片为基础，图文并茂地介绍了运算放大器、仪表放大器、全差动放大器、互阻抗放大器、跨导放大器、对数放大器、隔离放大器、比较器、模拟乘法器、滤波器、电压基准、模拟开关及多路复用器等模拟电路芯片的选型、电路设计、PCB 设计以及制作中的一些方法和技巧，以及应该注意的一些问题。

## 4. 读者对象

本规划教材可作为电子设计竞赛参赛学生的训练教材，也可作为高等院校电子信息工程、通信工程、自动化、电气控制等专业学生参加各类电子制作、课程设计和毕业设计的教学参考书，还可作为电子工程技术人员和电子爱好者进行电子电路和电子产品设计与制作的参考书。

作者在本规划教材的编写过程中，参考了国内外的大量资料，得到了许多专家和学者的大力支持。其中，北京理工大学、北京航空航天大学、国防科技大学、中南大学、湖南大学、南华大学等院校的电子竞赛指导老师和队员提出了一些宝贵意见和建议，并为本规划教材的编写做了大量的工作，在此一并表示衷心的感谢。

由于作者水平有限，本规划教材中的错误和不足之处，敬请各位读者批评指正。

黄智伟
2019 年 10 月
于南华大学

# 前　言

《全国大学生电子设计竞赛电路统设计》从 2006 年出版以来,已多次印刷,一直是全国各高等院校大学生电子设计竞赛训练的首选教材之一。随着全国大学生电子设计竞赛的深入和发展,近几年来,特别是从 2007 年以来,电子设计竞赛题目要求的深度、难度都有很大的提高。2009 年对竞赛规则与要求也出现了一些变化,如对"最小系统"的定义、"性价比"与"系统功耗"指标要求等。为适应新形势下的全国大学生电子设计竞赛的要求与特点,需要对该书的内容进行修订与补充。

本书是《全国大学生电子设计竞赛系统设计(第 3 版)》、《全国大学生电子设计竞赛技能训练(第 3 版)》、《全国大学生电子设计竞赛 制作实训(第 3 版)》、《全国大学生电子设计竞赛常用电路模块制作(第 2 版)》、《全国大学生电子设计竞赛 ARM 嵌入式系统应用设计与实践(第 2 版)》和《全国大学生电子设计竞赛基于 TI 器件的模拟电路设计》的姊妹篇。这 7 本书互为补充,构成一个完整的训练体系。

本书根据全国大学生电子设计竞赛的要求与特点,为满足高等院校电子信息工程、通信工程、自动化、电气控制类等专业学生参加全国大学生电子设计竞赛的需要,在详细分析了历届全国大学生电子设计竞赛题目类型与特点基础上,针对电源类、信号源类、高频无线电类、放大器类、仪器仪表类、数据采集与处理类和控制类共 7 大类竞赛作品的设计要求,精心挑选了 9 类共 180 多个电路设计实例,系统介绍了每个电路设计实例所采用的集成电路芯片的主要技术性能与特点、芯片封装与引脚功能、内部结构、工作原理及应用电路等内容。

本书内容丰富实用,叙述简洁清晰,工程实践性好。通过这些电路设计实例,可使学生全面、系统地掌握电路基本设计方法,培养学生综合分析、开发创新和竞赛设计制作的能力。本书可作为高等院校电子信息工程、通信工程、自动化、电气控制类等专业学生参加全国大学生电子设计竞赛的培训教材,也可作为参加各类电子制作、课程设计、毕业设计的教学参考书,还可作为工程技术人员进行电子电路和电子产品设计与制作的参考书。

全书共分 9 章。

第 1 章介绍传感器应用电路设计,包括温度传感器、湿度传感器、压力传感器、磁场传感器、液位传感器、超声波传感器、转速传感器、加速度传感器、光电传感器、电流传感器、电容传感器、角度传感器、倾斜角度传感器、电子罗盘、颜色识别传感器、环境亮度传感器、光学接近传感器、霍尔元件、位置传感器和冲击传感器等应用电路设计。

第2章介绍信号调理电路设计，包括桥式传感器信号调理电路设计、温度传感器信号调理电路设计、可编程的信号调理电路设计、压力传感器信号调理电路设计和电压/电流变送器电路设计。

第3章介绍放大器电路设计，包括仪表放大器电路设计、FET输入仪表放大器电路设计、差分放大器电路设计、隔离放大器电路设计、可编程增益放大器电路设计、采样/保持放大器电路设计、宽带放大器电路设计、宽带功率放大器电路设计、麦克风放大器电路设计、音频功率放大器和对数放大器电路设计。

第4章介绍信号变换与产生电路设计，包括乘法器应用电路设计，$V/F$（电压/频率）和$F/V$（频率/电压）变换电路设计、数字电位器电路设计、信号发生器电路设计和振荡器电路设计。

第5章介绍射频电路设计，包含低噪声放大器（LNA）电路设计、射频功率放大器（RFPA）电路设计、混频器电路设计、调制器与解调器电路设计、锁相环（PLL）电路设计、直接数字频率合成器（DDS）电路设计和单片发射与接收电路设计。

第6章介绍电动机控制电路设计，包括直流电动机控制电路设计、无刷直流电动机控制电路设计、步进电动机驱动电路设计、异步电动机控制专用电路设计、单相交流通用电动机控制专用电路设计和MOSFET/IGBT开关器件驱动电路设计。

第7章介绍测量与显示电路设计，包括数字电压表电路设计、真有效值测量电路设计、电能计量电路设计、射频功率测量电路设计、相位差测量电路设计、阻抗测量电路设计和显示器驱动电路设计。

第8章介绍电源电路设计，包括开关电源电路设计、DC/DC变换电路设计和恒流源电路设计。

第9章介绍ADC驱动和DAC输出电路设计，包括专用ADC驱动IC电路设计、采用OP构成的ADC驱动电路设计、DAC输出电路设计和ADC/DCA电压基准电路设计。

由于各公司生产的集成电路芯片类型繁多，限于篇幅，本书仅精选了其中很少一部分以"抛砖引玉"。读者可根据本书提供的电路设计实例举一反三，并可利用参考文献中给出的大量的公司网址，查询到更多的电路设计应用资料。

在编写过程中，本书参考了大量的国内外著作和资料，得到了许多专家和学者的大力支持，听取了多方面的宝贵意见和建议。李富英高级工程师对本书进行了审阅。南华大学电气工程学院通信工程、电子信息工程、自动化、电气工程及自动化、电工电子和实验中心等教研室的老师，南华大学黄国玉副教授、王彦教授、朱卫华副教授和陈文光教授，湖南师范大学邓月明博士，南华大学电气工程学院2001、2003、2005、2007、2009、2011、2013年全国大学生电子竞赛参赛队员林杰文、田丹丹、方艾、余丽、张清明、申政琴、潘礼、田世颖、王凤玲、俞沛宙、裴霄光、熊卓、陈国强、贺康政、王亮、陈琼、曹学科、黄松、王怀涛、张海军、刘宏、蒋成军、胡乡城、童雪林、李扬宗、肖志刚、刘聪、汤柯夫、樊亮、曾力、潘策荣、赵俊、王永栋、晏子凯、何超、张翼、李军、戴焕昌、汤玉平、金海锋、李林春、谭仲书、彭湃、尹晶晶、全猛、周到、杨乐、周望、李文玉、方果、黄政中、邱海枚、欧俊希、陈杰、彭波、许俊杰等人为本书的编写做了大量的工作,在此一并表示衷心的感谢。

　　由于我们水平有限,书中错误和不足之处在所难免,敬请各位读者批评斧正。有兴趣的朋友,可以发送邮件到:fuzhi619@sina.com,与本书作者沟通;也可以发送邮件到:emsbook@buaacm.com.cn,与本书策划编辑进行交流。

黄智伟

2019 年 10 月

于南华大学

# 目　录

全国大学生电子设计竞赛电路设计（第3版）

4

# 第1章

# 传感器应用电路设计

在全国大学生电子设计竞赛中,在四旋翼自主飞行器(2013 年 B 题)、简易旋转倒立摆及控制装置(2013 年 C 题)、基于自由摆的平板控制系统(2011 年 B 题)、智能小车(2011 年 C 题)、帆板控制系统(2011 年 F 题)、声音导引系统(2009 年 B 题)、电动车跷跷板(2007 年 F 题和 J 题)、悬挂运动控制系统(2005 年 E 题)、液体点滴速度监控装置(2003 年 F 题)、水温控制系统(1997 年 C 题)等赛题中使用了各种传感器。传感器电路的设计往往是竞赛作品能否成功的关键之一。本章分 20 个部分,分别介绍了温度传感器、湿度传感器、压力传感器、磁场传感器、液位传感器、超声波传感器、转速传感器、加速度传感器、光电传感器、电流传感器、电容传感器、角度传感器、霍尔传感器等传感器集成电路芯片的主要技术性能与特点、芯片封装与引脚功能、内部结构、工作原理和应用电路设计。

## 1.1 温度传感器应用电路设计

在历届全国大学生电子设计竞赛作品中,温度传感器多采用集成温度传感器电路。集成温度传感器电路可分为模拟温度传感器集成电路、模拟温度控制器集成电路、单线智能温度传感器集成电路、标准总线式智能温度传感器集成电路和多通道智能温度传感器集成电路等多种形式。

模拟温度传感器集成电路是一种简单的温度测量电路,性能好,价格低,外围电路简单,是应用最为广泛的温度传感器电路。模拟温度传感器集成电路温度测量范围为$-50 \sim +150$ ℃,测量误差为$\pm 0.5 \sim \pm 3$ ℃,其输出有电流输出、电压输出、频率输出、周期式输出和比率式输出等形式。典型产品有 AD590/592(电流输出)、LM134/234/334(电压输出)、LM135/235/335(电压输出)、TMP35/36/37(电压输出)、MAX6676(周期输出)/6677(频率输出)和 AD22100/22103(比率式输出)等。

模拟温度控制器集成电路内部包含集成的温度传感器,采用可编程或者脉宽调制方式来实现温度控制,温度测量范围为$-40 \sim +125$ ℃,测量误差为$\pm 1 \sim \pm 4.7$ ℃,可以用最简单的电路形式构成一个高精度的温度控制系统,对被测温度进行监控或越限报警。典型产品有可编程温度控制器集成电路 LM56B/C、TMP01/12、AD22105 和 MAX6509/6510,远程温度控制器集成电路 MAX6511/6512/6513,以及风扇控制器集成电路 TC652/653 等。上限和下限温度的设定可分为两种形式：一种是利用外部精密电阻分压器或一只精密金属膜电阻来设定上/下限温度；另一种是在芯片的内部包含有 A/D 转换器以及固化好的程序，能将温度传感器输出的模拟量转换成数字量，以便于进行数据处理。它与智能化数字温度传感器类似，但不需要利用外部电阻编程，也不受微控制器的控制（例如 TC652/653）。有的芯片还具有电压输出，兼有测温和控温两项功能（例如 LM56B/C）。

智能温度传感器集成电路采用数字化技术，以数字形式直接输出被测温度值，具有测温误差小，分辨力高，抗干扰能力强，测量数据能够远程传输，带串行总线接口（1 - Wire、SPI、$I^2C$）等优点，可以与各种微控制器配合使用，从而构成高性价比的温度测量系统。智能温度传感器集成电路温度测量范围为 $-55 \sim +125$ ℃，测量误差为 $\pm 0.5 \sim \pm 3$ ℃。典型产品有 AD7314/7414/7415/ 7416/7418（$I^2C$ 总线）、AD7814/7816/7818（SPI 总线）、LM74（SPI 总线）、LM75/76（$I^2C$ 总线）、MAX6625/6626（$I^2C$ 总线）和 DS1624（$I^2C$ 总线）等。DALLAS 公司的单线总线（1 - Wire）智能温度传感器集成电路温度测量范围为 $-55 \sim +125$ ℃，测量误差为 $\pm 0.5 \sim \pm 3$ ℃，分辨力一般可达 $0.0625 \sim 0.5$ ℃，通过串行通信接口（I/O）直接输出被测温度值。输出为 $9 \sim 12$ 位的二进制数据的典型产品有 DS18S20/18B20/1821/1822、MAX6675/6676 等。

多通道智能温度传感器集成电路温度测量范围为 $-55 \sim +125$ ℃，测量误差为 $\pm 1 \sim \pm 3$ ℃。典型产品按传感器通道数目来划分，可分为 2 通道智能温度传感器（例如 MAX6654）、3 通道智能温度传感器（例如 MAX1805）、4 通道智能温度传感器（例如 MAX1805、LM83）、5 通道智能温度传感器（例如 MAX1668、AD7417 和 AD7817）和 7 通道智能温度传感器（例如 MAX6697/6698）。按总线形式的不同来划分，可分为采用 $I^2C$ 总线接口的芯片（例如 AD7417），采用 SMBus 总线接口的芯片（例如 MAX1668、MAX1805、LM83、MAX6697 和 MAX6698）和采用 SPI 总线接口的芯片（例如 AD7817）。允许在总线上接 9 片（或 8 片）同种型号的芯片，这样可将通道数目扩展到几十路。主机通过发送地址码或者片选信号，即可分别对每个芯片进行读、写操作。还可以与各种微控制器配合使用，从而构成高性价比的多通道温度测量系统。

## 1.1.1　基于 AD592 的 $-25 \sim +105$ ℃ 温度测量电路

### 1. AD592 的主要技术性能和特点

AD592 是 ADI 公司推出的温度传感器集成电路，利用硅 PN 结的基本特性来实现温度/电流转换，芯片内部两只结构相同的晶体管在恒定的集电极电流密度比条件下工作时，其发射结电压变化量 $\Delta U_{BE}$ 与 $(kT/q)(\ln r)$ 成正比。$r$ 表示这两只晶体管的发射结等效面积之比。因为 $k$、$q$、$r$ 均为常量，故 $\Delta U_{BE}$ 与热力学温度 $T$ 成正比。$\Delta U_{BE}$ 与热力学温度 $T$ 成正比这一特性被称为 PTAT（Proportional To Absolute Temperature）。$\Delta U_{BE}$ 利用内部的低温度系数薄膜电阻转化成 PTAT 电流。这样，

PTAT 电流也与 $T$ 成正比,比例系数为 1 μA/K。温度刻度转换关系如图 1.1.1 所示。

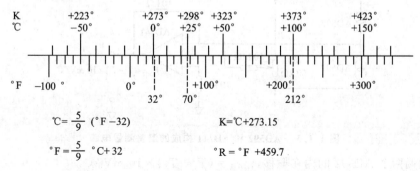

$$℃ = \frac{5}{9} (℉ - 32) \qquad K = ℃ + 273.15$$

$$℉ = \frac{5}{9} ℃ + 32 \qquad ℝ = ℉ + 459.7$$

**图 1.1.1　温度刻度转换关系**

　　AD592 采用 TO‐92 封装:第 1 脚为正极,接电源正端;第 3 脚为负极,接电源负端,并且作为公共地;第 2 脚为空脚(NC)。

　　AD592 测温精度高,电流温度系数为 1 μA/K,单电源供电情况下的测量精度最高可达±0.3 ℃(典型值),测量范围为 −25～+105 ℃;非线性误差小,例如 AD592C 在 0～+70 ℃ 范围内的非线性误差仅为±0.05 ℃(典型值);工作电压范围为+4～+30 V。注意:AD592 的尾标不同,其性能参数有差异。

### 2. AD592 的典型应用电路

#### (1) 精密温度测量电路

　　由 AD592、运算放大器 AD741 和带隙基准电压源 AD1403 构成的测温电路如图 1.1.2 所示。图中,AD1403 提供 2.5 V 的基准电压。$R_1$ 和 $R_2$ 采用可调电阻,其中,$R_1$ 用来校准 0 ℃,当环境温度 $T_A = 0$ ℃时,调整 $R_1$ 可使 $V_{OUT} = 0$ V;$R_2$ 用来校准满度值(例如 100 ℃),也就是对刻度因数进行校准。经校准后,$V_{OUT} = 100$ mV/℃,误差不超过±0.4 ℃。

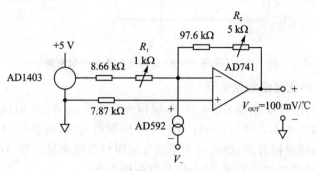

**图 1.1.2　AD592 和运算放大器 AD741 构成的测温电路**

#### (2) 温差测量电路

　　一个由两个 AD592 和 AD741 构成的温差测量电路如图 1.1.3 所示。图中,$R_1$

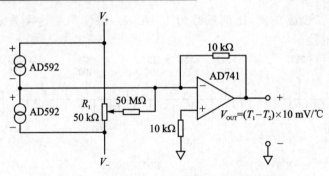

**图 1.1.3 AD592 和 AD741 构成的温差测量电路**

用来微调两个 AD592 的内在偏移，$V_{OUT} = (T_1 - T_2) \times 10 \text{ mV/℃}$。

**(3) 热电偶冷端补偿电路**

一个采用 AD592 的热电偶冷端补偿电路如图 1.1.4 所示。图中，$R$ 的阻值与热电偶类型有关。

| 热电偶类型 | $R$取值/$\Omega$ |
|---|---|
| J | 52 |
| K | 41 |
| T | 41 |
| E | 61 |
| S | 6 |
| R | 6 |

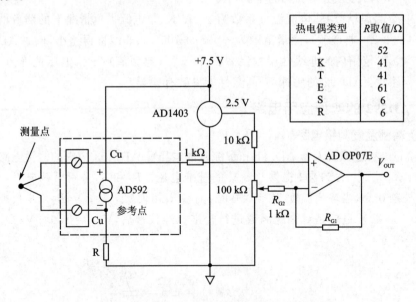

**图 1.1.4 采用 AD592 的热电偶冷端补偿电路**

**(4) 多路远距离温度测量电路**

一个采用 8 片 AD592 和 8 路 CMOS 模拟开关芯片 AD7501 组成的多路远距离温度测量电路如图 1.1.5 所示。AD7501 与微控制器连接，由微控制器发出的控制信号依次接通各路模拟开关，即可对 8 路进行远距离温度测量。当 AD592 远距离传输信号时，建议采用双绞线形式，以降低外界电磁干扰。

**(5) 多点温度测量矩阵电路**

当需要测量几十点乃至上千点的温度值时，可采用 AD592 构成的多点温度测量矩阵电路。一个由 80 片 AD592（按 8×10 的矩阵方式进行排列，总引出线只有 18

根）、1片 BCD—十进制译码器芯片 CD4028 和1片8路 CMOS 模拟开关 AD7501 组成的多点温度测量矩阵电路如图 1.1.6 所示。CD4028 的列选择和 AD7501 的行选择可由微控制器控制。

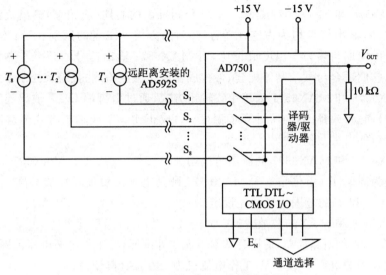

**图 1.1.5 多路远距离温度测量电路**

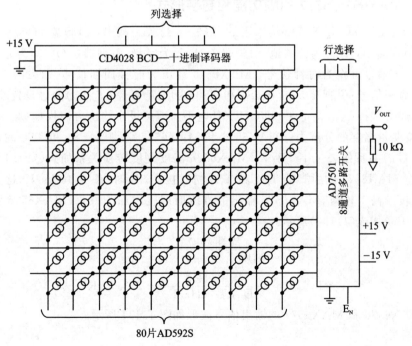

**图 1.1.6 多点温度测量矩阵电路**

## 1.1.2　基于 MAX6576/6577 的温度测量电路($T/F$ 输出)

### 1. MAX6576/6577 的主要技术性能与特点

MAX6576 和 MAX6577 是 MAXIM 公司推出的周期(或频率)输出式温度传感器集成电路,输出信号均为占空比等于 50% 的方波。二者的区别在于:MAX6576 输出信号的周期与热力学温度成正比,而 MAX6577 输出信号的频率与热力学温度成正比。它们适合与微控制器配套,可构成智能化温度检测、报警及控制系统。

MAX6576 和 MAX6577 采用单线输出方式,通过引脚端 OUT 输出连续的方波信号,信号周期(或频率)与所处环境温度(K)成正比。单线输出方式能够减少与微控制器接口的引脚数量。

MAX6576 和 MAX6577 的测温范围均为 $-40\sim+125$ ℃。MAX6576 是将被测温度转换为周期 $T_\circ$(单位是 μs),MAX6577 则是将被测温度转换成频率 $f_\circ$(单位是 Hz),并且 $T_\circ$ 和 $f_\circ$ 的范围均可预先设定。

MAX6576 和 MAX6577 在 25 ℃时,多数产品的测温精度可达±0.8 ℃(最大不超过±3 ℃);外围电路简单,使用时基本不需要外围元件;工作电源电压范围是 2.7~5.5 V,典型值为 3.3 V 或 5 V,工作电流仅为 140 μA(典型值)。

### 2. MAX6576/6577 引脚功能和封装形式

MAX6576 和 MAX6577 均采用 SOT23-6 封装。其中:引脚端 1($V_{DD}$)为电源正端;引脚端 2(GND)为公共地;引脚端 3(N.C)为空脚;引脚端 6(OUT)为方波信号输出端,该信号可作为时钟信号,MAX6576 输出为时钟周期信号,MAX6577 输出为时钟频率信号;引脚端 5 和 4(TS1 和 TS0)为周期/频率($T_\circ/f_\circ$)信号设置端,将这两个引脚分别接 $V_{DD}$(高电平)和 GND(低电平),即可设定输出方波周期(频率)的范围,改变测量温度的分辨力。MAX6576 和 MAX6577 引脚端 TS1 和 TS0 的设置与温度系数的关系如表 1.1.1 所列,MAX6576 温度刻度转换关系如式(1.1.1)所示。例如:将 MAX6576 的引脚端 TS1 和 TS0 同时接 GND 时,$K_T=10$ μs/K,这表示当环境温度升高 1 K 时,MAX6576 输出的方波周期就增加 10 μs。MAX6577 温度刻度转换关系如式(1.1.2)所示。

$$T(℃) = \frac{周期(μs)}{刻度系数 (μs/K)} - 273.15 \text{ K} \tag{1.1.1}$$

$$T(℃) = \frac{频率(Hz)}{刻度系数 (Hz/K)} - 273.15 \text{ K} \tag{1.1.2}$$

MAX6576 和 MAX6577 的输出信号波形如图 1.1.7 所示。

**表 1.1.1　MAX6576 和 MAX6577 引脚端 TS1 和 TS0 的设置与刻度系数的关系**

| TS1 | TS0 | 刻度系数 | |
|---|---|---|---|
| | | MAX6576 /($\mu$s/K) | MAX6577 /(Hz/K) |
| GND | GND | 10 | 4 |
| GND | $V_{DD}$ | 40 | 1 |
| $V_{DD}$ | GND | 160 | 1/4 |
| $V_{DD}$ | $V_{DD}$ | 640 | 1/16 |

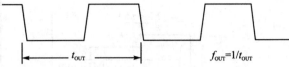

**图 1.1.7　MAX6576 和 MAX6577 输出信号的时序波形**

### 3. MAX6576/MAX6577 的典型应用电路

　　MAX6576/6577 可适配各种微控制器,其典型应用电路如图 1.1.8 所示。为简化电路,MAX6576/6577 可与微控制器共用一套电源(+2.7~+5.5 V)。例如 MAX6577,将其 TS1＝TS0＝0(接 GND),OUT 端输出的方波频率信号连接到微控制器的 I/O 端,微控制器进行频率测量,并按式(1.1.2)可计算出被测温度值。采用 +5 V 电源时,MAX6576/6577 输出信号的幅度大约在 0.4 V(低电平)到 4 V(高电平)之间。

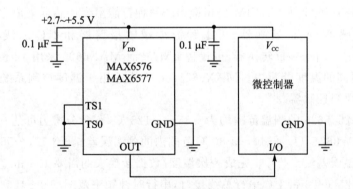

**图 1.1.8　MAX6576/6577 典型应用电路**

　　MAX6577 与 8051 系列单片机的接口电路如图 1.1.9 所示。MAX6577 输出信号(与热力学温度成正比的频率信号)加至 8051 内部定时器 T0 引脚端。利用 8051 单片机可完成下述功能:① 将热力学温度转换成摄氏温度;② 计算出被测摄氏温度的最大值($T_{max}$)、最小值($T_{min}$)和平均值($T$);③ 通过键盘来设定温度的上、下限($T_H$、$T_L$),当温度超过 $T_H$ 或低于 $T_L$ 时,发出越限报警信号,再通过继电器对电加热器等执行机构进行温度控制。这里,省略了与 8051 有关的显示、控制等电路。

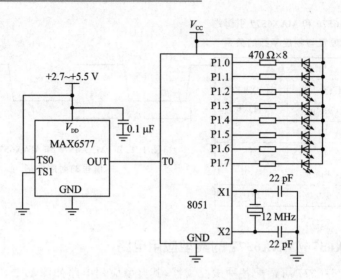

图 1.1.9  MAX6577 与 8051 系列单片机的接口电路

## 1.1.3  基于 MAX6625/6626 的温度测量电路(12 位 I²C 数字输出)

### 1. MAX6625/6626 的主要技术性能与特点

MAX6625/6626 是 MAXIM 公司推出的两种智能温度传感器集成电路,芯片内包括温度传感器、A/D 转换器、可编程温度越限报警器和 I²C 总线串行接口。MAX6625 采用 9 位 A/D 转换器,可代替 LM75;而 MAX6626 采用 12 位 A/D 转换器,能获得更高的温度分辨力。MAX6625/6626 均适用于温度控制系统、温度报警装置及散热风扇控制器。

MAX6625/6626 的测温范围均为−55～+125 ℃,前者分辨力可达 0.5 ℃,后者分辨力可达 0.0625 ℃。−40～+80 ℃范围内的测温误差≤±3 ℃,−55～+125 ℃范围内的测温误差≤±4 ℃。完成一次温度/数据转换大约需要 133 ms。

MAX6625/6626 带 I²C 串行总线接口,串行时钟频率范围是 0～400 kHz。利用 I²C 总线地址选择端(ADD),可选择 4 片 MAX6625/6626。

当被测温度超过上限 $T_H$ 时,报警输出端(OT)被激活。芯片既可工作在比较模式,亦可工作在中断模式。OT 引脚端具有可编程的输出极性与操作模式。利用内部的故障排队计数器,能防止出现误报警现象。

MAX6625/6626 的电源电压范围是+3.0～+5.5 V,静态工作电流约为 1 mA,具有低功耗模式,在低功耗模式时下降至 1 μA。主机通过串行口将配置寄存器的 $D_0$ 置成高电平时,芯片就进入低功耗模式。这时,除上电重启动电路和串行接口以外,其余电路均不工作。

### 2. MAX6625/6626 的引脚功能和封装形式

MAX6625/6626 采用 SOT23 - 6 封装，引脚端 6($V_S$)、2(GND)分别接＋3.0～＋5.5 V 电源的正端和负端；引脚端 1(SDA)为串行数据的输出端；引脚端 3(SCL)为串行时钟端；引脚端 4(OT)为温度报警输出端(漏极开路输出，仅 MAX6625R 和 MAX6626R 内部有一只上拉电阻)；引脚端 5(ADD)为 I²C 总线的地址选择端。

### 3. MAX6625/6626 的内部结构与工作原理

MAX6625/6626 的芯片内部主要包括带隙基准电压源及温度传感器、A/D 转换器、5 个寄存器(即地址指针寄存器、温度数据寄存器、$T_H$ 寄存器、$T_L$ 寄存器和配置寄存器)、设置点比较器、故障排队计数器及 I²C 串行总线接口等。MAX6625/6626 首先利用传感器产生一个与热力学温度成正比的电压信号 $V_{PTAT}$，带隙基准电压源输出一个进行模/数转换所需要的基准电压 $V_{REF}$，然后由 A/D 转换器将 $V_{PTAT}$ 信号转换成与摄氏温度成正比的数字信号，存储到温度数据寄存器中。

### 4. MAX6625/6626 的典型应用电路

#### (1) 典型应用电路

MAX6625/6626 的典型应用电路如图 1.1.10 所示。图中，$C(0.1\ \mu F)$为电源去耦电容，$R_1 \sim R_3$ 均为上拉电阻。对 MAX6625R/6626R 而言，$R_3$ 可以省去。OT 输出端可直接连接执行机构。SDA 引脚端和 SCL 引脚端连接到主控制器的 I²C 总线。输出数字编码与温度的关系如表 1.1.2 所列。

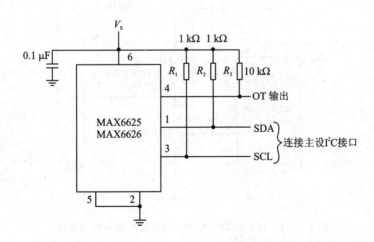

图 1.1.10  MAX6625/6626 的典型应用电路

#### (2) 恒温控制器电路

采用 MAX6625P/6626P 构成的恒温控制器电路如图 1.1.11 所示。图中，引脚端 OT 输出通过驱动管 2N3904 和继电器来控制电加热器的通/断，以达到恒温控制的目的;D 为续流二极管,起保护作用;R 为上拉电阻。

**表 1.1.2　输出数字编码与温度的关系**

| 温度 /℃ | 输出数字编码 | | | | | |
| --- | --- | --- | --- | --- | --- | --- |
| | MAX6625 | | | MAX6626 | | |
| | 二进制 | | 十六进制 | 二进制 | | 十六进制 |
| | MSB　　　　LSB | | | MSB　　　　LSB | | |
| +125.000 0 | 0111 1101 0000 0000 | | 7D00 | 0111 1101 0000 0000 | | 7D00 |
| +124.937 5 | 0111 1100 1000 0000 | | 7C80 | 0111 1100 1111 0000 | | 7CF0 |
| +25 000 0 | 0001 1001 0000 0000 | | 1900 | 0001 1001 0000 0000 | | 1900 |
| +0.500 0 | 0000 0000 1000 0000 | | 0080 | 0000 0000 1000 0000 | | 0080 |
| 0.000 0 | 0000 | | 0000 | 0000 | | 0000 |
| −0.500 0 | 1111 1111 1000 0000 | | FF80 | 1111 1111 1000 0000 | | FF80 |
| −25.000 0 | 1110 0111 0000 0000 | | E700 | 1110 0111 0000 0000 | | E700 |
| −55.000 0 | 1100 1001 0000 0000 | | C900 | 1100 1001 0000 0000 | | C900 |
| * | 1000 0000 0000 0000 | | 8000 | 1000 0000 0000 0000 | | 8000 |

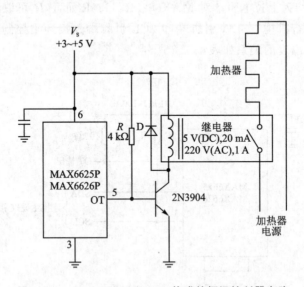

**图 1.1.11　MAX6625P/6626P 构成的恒温控制器电路**

## 1.1.4　基于 DS1624 的数字温度测量电路

### 1. DS1624 的主要技术性能和特点

DS1624 是 DALLS 公司生产的一种高精度数字温度传感器集成电路。其温度

测量范围为 $-55\sim+125$ ℃；分辨力为 $0.03125$ ℃；转换时间的典型值为 $200$ ms；无需外围元件，即可以用 13 位数字量形式输出温度值；通过二线串行方式实现数据的读/写；片内有 256 字节的 $E^2$PROM，可供用户保存系统随温度变化的补偿参数及其他信息。

### 2. DS1624 的引脚功能和封装形式

DS1624 采用 8 脚 DIP 封装及 8 脚 SOIC 封装这两种形式，各引脚端功能如表 1.1.3 所列。

### 3. DS1624 的内部结构与工作原理

DS1624 的芯片内部包含地址及 I/O 控制逻辑、256 字节 $E^2$PROM 存储器、状态寄存器和温度传感器等。256 字节的 $E^2$PROM 用来存储一些必要的数据，如不同温度下的温度补偿系数等。状态寄存器用于决定 DS1624 的工作方式以及温度转换的工作状态。内置的温度传感器通过用一个随温度变化偏移较大的振荡器作为闸门，对一个随温度变化偏移较小的振荡器时钟进行计数的方法来测量温度。

#### (1) DS1624 的数据格式

DS1624 输出一个分辨力为 $0.03125$ ℃、用补码的形式表示的 13 位温度值。数据通过二线式的串行接口传输，最高位在前。读 DS1624 温度值时可以读一字节（分辨力为 1 ℃），也可以读两字节。此时，第二字节的后三位均为 0，其输出精度为 $0.03125$ ℃，温度测量范围为 $-55\sim+125$ ℃。DS1624 的温度数据关系如表 1.1.4 所列。例如，$+25.0625$ ℃ 的数据表示形式如图 1.1.12 所示。

表 1.1.3 DS1624 引脚端功能

| 引脚端 | 符 号 | 功 能 |
|---|---|---|
| 1 | SDA | 数据输入/输出引脚端 |
| 2 | SCL | 时钟信号输入/输出引脚端 |
| 3 | NC | 未连接 |
| 4 | GND | 地 |
| 5 | A2 | 地址输入引脚端 |
| 6 | A1 | 电源电压输入引脚端，2.7～5.5 V 电源电压输入 |
| 7 | A0 | |
| 8 | $V_{DD}$ | |

表 1.1.4 DS1624 的温度数据关系

| 温度 /℃ | 数字编码输出（二进制） | 数字编码输出（十六进制） |
|---|---|---|
| +125 | 01111101 00000000 | 7D00h |
| +25.0625 | 00011001 00010000 | 1910h |
| +0.5 | 00000000 10000000 | 0080h |
| +0 | 00000000 00000000 | 0070h |
| −0.5 | 11111111 10000000 | FF80h |
| −25.0625 | 11100110 11110000 | E6F0h |
| −55 | 11001001 00000000 | C900h |

| MSB | | | | | | | | LSB | | | | | | | |
|---|---|---|---|---|---|---|---|---|---|---|---|---|---|---|---|
| 0 | 0 | 0 | 1 | 1 | 0 | 0 | 1 | 0 | 0 | 0 | 1 | 0 | 0 | 0 | 0 |

**图 1.1.12　+25.0625 ℃的数据格式**

**(2) DS1624 的状态寄存器**

DS1624 的状态寄存器用来决定它的工作方式，也反映其温度转换的工作状态。状态寄存器的定义如表 1.1.5 所列。

**表 1.1.5　状态寄存器的定义**

| DONE | 1 | 0 | 0 | 1 | 0 | 1 | 1SHOT |
|---|---|---|---|---|---|---|---|

表中：1SHOT 为温度测量方式选择位。当 1SHOT=1 时，DS1624 被设置为单次温度测量方式。在这种方式下，从一次温度测量后直至下次启动温度测量以前，DS1624 的温度测量部分都一直处于空闲状态。当 1SHOT=0 时，DS1624 被设置为连续温度测量方式，温度测量转换将不停地进行。DONE 是温度测量结束的标志位。当 DONE=1 时，表明转换结束；当 DONE=0 时，表明转换正在进行中。

应该注意的是，由于状态寄存器放在 $E^2$PROM 中，所以对状态寄存器进行写操作后，应有 10 ms 的延时，以保证数据的正确写入。

**(3) DS1624 的命令字**

DS1624 提供了 5 个命令字，用户可以通过向 DS1624 发送不同命令字来实现对 $E^2$PROM 单元的访问以及对温度测量的操作。

命令 17H：访问存储器单元命令。其后的字节为希望访问存储器单元的地址。

命令 ACH：访问状态寄存器命令。其后的字节为状态寄存器内容。如果读/写位为"0"，则在发出该命令以后，下一字节为要写入状态寄存器的值；如果读/写位为"1"，则下一字节为从状态寄存器读出的值。

命令 AAH：读温度结果命令。跟随其后 2 字节中的高 13 位表示转换结果，其格式如表 1.1.6所列。

命令 EEH：启动温度测量命令。该命令不附带后续数据。在单次模式中，温度转换结束后，DS1624 维持等待；在连续模式中，该命令将启动 DS1624 进行连续转换。

命令 22H：停止温度测量转换命令。该命令可以终止连续方式下的温度转换。

**(4) DS1624 的读写时序**

DS1624 的数据传送与串行通信接口规范 $I^2$C 总线是兼容的；也就是说，在应用中可以把 DS1624 作为具有 $I^2$C 总线接口的器件来对待，其芯片地址为：1001$A_2A_1$ $A_0$。$A_2A_1A_0$ 的编码不同。在同一个 SDA 线上，最多可以挂 8 片 DS1624。但在应用中要注意，在同一个 $I^2$C 总线上，不要有与 DS1624 芯片地址发生冲突的其他芯片。

**(5) DS1624 的存储器操作**

**① 字节写入模式**

在字节写入模式中,主控制器发送地址和 1 个数据字节到 DS1624。首先,在开始条件后,紧接着 4 位器件特征码、3 位器件地址以及读/写位(该位为逻辑"0")。这些以字节为单位的数据通过总线发送到 DS1624 后,产生一个确认位,这就指定了所要连接的 DS1624。然后,主控器发出在该 DS1624 内部寻址的单元地址,主控制器在收到 DS1624 返回确认位后,即可发出要被写入的数据;DS1624 再次确认后,主控制器产生停止条件,DS1624 即开始内部写入周期。在写入周期,DS1624 将不确认任何对该器件的进一步操作,直至写入周期完成(大约需要 10 ms)。

**② 页写入模式**

页写入模式的开始与字节写入模式基本相同:在开始条件后,主控制器发送一个含 4 位 DS1624 的特征码(1001)、3 位器件地址($A_1A_2A_0$)和 1 位读/写位("0");在第 9 个时钟周期,被指定的 DS1624 产生 1 个确认位;接着,该 DS1624 收到器件内部的寻址指针后,便指向要被写入的内存单元;然后,DS1624 每接收到 1 个 8 位数据就产生 1 个确认位,并把它保存在 RAM 中,直至检测到停止条件,便开始内部写入周期。

如果写入的数据超过 8 字节,则地址指针将返回到开始,覆盖掉收到的第一字节。

**③ 读模式**

在读模式中,主控制器从 DS1624 中读出数据。首先,主控制器发送从属地址及读/写位(该位为"0"),在接收到 DS1624 发出的确认位后,再发出在该 DS1624 内希望读出单元的地址,DS1624 收到后产生确认位。这时,主控制器再次产生开始条件,并再次发送从属地址,但此时读/写位为"1",这是因为置位 DS1624 为读模式。DS1624 在收到后发出确认位,将主控器指定单元的数据读出,并从 SDA 引脚输出,地址指针加 1。当收到主控制器的确认位后,再发送紧接着的下一个单元的数据,直到主控制器发出停止条件而不是确认位为止。当地址指针到达 256 字节存储的末端(地址为 0FFH)时,就会返回到存储器的第一个单元(地址为 00H)。

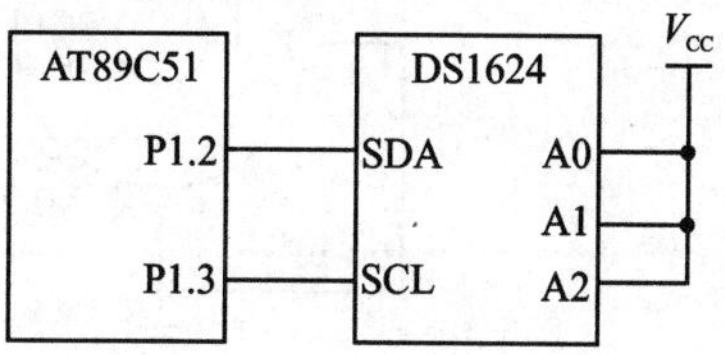

图 1.1.13　DS1624 与 AT89C51 的接口连接原理图

**4. DS1624 的典型应用电路**

一个 DS1624 与 AT89C51 单片机的接口电路如图 1.1.13所示:AT89C51 的 P1.3 与 DS1624 的 SCL 连接,P1.2 与 DS1624 的 SDA 连接。

## 1.1.5 基于 MLX90614 的红外温度计电路

### 1. MLX90614 的主要技术特性

MLX90614 是红外温度计器件,外形如图 1.1.14 所示,传感器温度在 -40~+125 ℃范围内,物体的温度在 -70~380 ℃范围内,在出厂时进行了校准。精度为 0.5 ℃,测量分辨力为 0.02 ℃,具有与 SMBus 兼容的数字接口和连续 PWM 输出。采用 SF(TO-39)封装。

### 2. MLX90614 的应用电路

**(1) 采用 SMBus 接口的红外温度计电路**

MLX90614 采用 SMBus 接口的红外温度计电路如图 1.1.15 所示,MLX90614 使用 3.3 V 电源电压。

**图 1.1.14 MLX90614 封装形式**

**(2) 连接多个 MLX90614 的红外温度计电路**

在 SMBus 接口上连接多个 MLX90614 的红外温度计电路如图 1.1.16 所示,使用 3.3 V 电源电压。MLX90614 在 $E^2PROM$ 内支持 7 位的从机地址,在 SMBus 接口上可以连接 127 个 MLX90614。

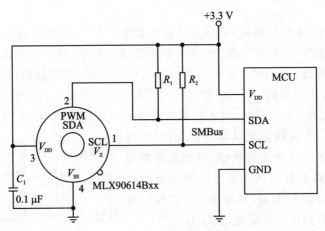

**图 1.1.15 采用 SMBus 接口的红外温度计电路**

**(3) 采用 PWM 输出的 MLX90614 红外温度计电路**

采用 PWM 输出的 MLX90614 红外温度计电路如图 1.1.17 所示。

**(4) 采用 SMBus 接口和 PWM 输出的 MLX90614 红外温度计电路**

采用 SMBus 接口和 PWM 输出的 MLX90614 红外温度计电路如图 1.1.18 所示。

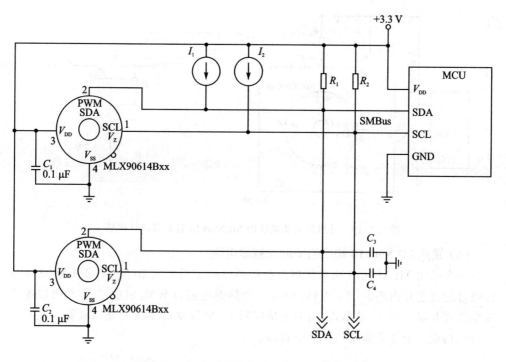

图 1.1.16　在 SMBus 接口上连接多个 MLX90614 的红外温度计电路

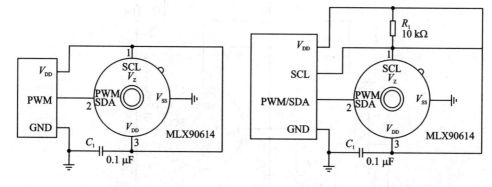

图 1.1.17　采用 PWM 输出的　　　　　图 1.1.18　采用 SMBus 接口和 PWM 输出的
MLX90614 红外温度计电路　　　　　　　　MLX90614 红外温度计电路

### (5) 采用高电源电压的 MLX90614 红外温度计电路

采用高电源电压的 MLX90614 红外温度计电路如图 1.1.19 所示,利用一个晶体管稳压器调节 12 V 电源电压为 5 V。

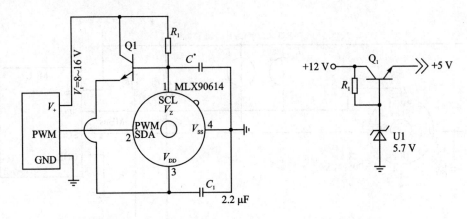

**图 1.1.19 采用高电源电压的 MLX90614 红外温度计电路**

**(6) 采用 MLX90614 构成的恒温控制器电路**

一个采用 MLX90614 构成的恒温控制器电路如图 1.1.20 所示。MLX90614 可以通过配置芯片内部的 $E^2 PROM$ 构成一个热继电器,PWM/SDA 引脚端可以编程为推挽或开漏 NMOS 管形式,用来连接蜂鸣器、射频发射器或发光二极管。此功能也可以构成一个非常简单的恒温控制器。

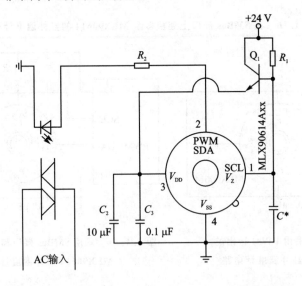

**图 1.1.20 一个采用 MLX90614 构成的恒温控制器电路**

# 1.2 湿度传感器应用电路设计

常见的湿度传感器集成电路主要有 Sensiron 公司的 SHT11、SHT15、SHT71 和 SHT75,Honeywell 公司的 HIH - 3610 和 HIH - 4000,Humirel 公司的 HM1500、

HM1520、HF3223、HTF3223、HS1100 和 HS1101,以及国产的 CSR－1 等。这些产品可分为单片智能湿度/温度传感器、线性电压输出式集成湿度传感器、线性频率输出式集成湿度传感器、频率(电压)/湿度和电阻/温度输出式集成湿度传感器以及电容式湿度传感器等类型。

单片智能湿度/温度传感器集成电路的典型产品有 SHT11、SHT15、SHT71 和 SHT75。其芯片内部包含有电容式湿度传感器和能带隙温度传感器、14 位模/数转换器、校准参数存储器、内部稳压器以及二线串行接口等电路,具有响应速度快,重复性好,稳定性高等特点。

线性电压输出式集成湿度传感器集成电路的典型产品有 HIH3610 与 HM1500/1520,采用恒压供电,内置放大电路,能输出与相对湿度呈线性比例关系的伏特级电压信号,具有响应速度快,重复性好,抗污染能力强等特点。

线性频率输出式集成湿度传感器集成电路的典型产品为 HF3223。它采用模块式结构,频率输出式(55％RH 时对应的输出频率为 8 750 Hz(典型值);当相对湿度从 10％变化到 95％时,输出频率从 9 560 Hz 减小到 8 030 Hz)。这种传感器具有线性度好,抗干扰能力强,价格低,便于与单片机等设备配套等优点。

频率(电压)/湿度和电阻/温度输出式集成湿度传感器集成电路的典型产品有 HTF3223 和 HTM2500。其芯片除具有测量湿度的功能外,还增加了温度信号输出端。它利用负温度系数(NTC)热敏电阻作为温度传感器,当环境温度变化时,其电阻值也相应地改变并从 NTC 端输出,配上二次仪表即可测量出温度值。

电容式湿度传感器集成电路的典型产品有 HS1100 型和 HS1101 型。其可与其他器件构成不同输出形式的相对湿度检测电路。

## 1.2.1　基于 SHT1x/SHT7x 单片智能湿度传感器的湿度测量电路

### 1. SHT1x/SHT7x 的主要技术性能与特点

SHT1x/SHT7x 是 Sensiron 公司推出的超小型、高精度、自校准、多功能式智能湿度传感器集成电路,可用来测量相对湿度、温度和露点等参数,广泛用于工农业生产、环境监测、医疗仪器、通风及空调设备等领域。

SHT1x/SHT7x 采用 CMOSens®(CMOS－Sensor)专利技术制造,内有湿度和温度两只传感器并共享一个底座,能在同一个位置同时对被测量的湿度和温度做出响应,这对于测量露点温度非常有用。芯片中不仅包含基于湿敏电容的微型相对湿度传感器和基于带隙电路的微型温度传感器,而且还有一个 14 位 A/D 转换器和二线串行接口,能够输出经过校准的相对湿度和温度的串行数据,可与微控制器配套构成相对湿度/温度检测系统。利用微控制器还可以对测量值进行非线性补偿和温度补偿。默认的测量温度和相对湿度的分辨力分别为 14 位和 12 位;若将状态寄存器的第0位置成"1"，则分辨力依次降为12位和8位。

出厂前，每只传感器都在湿度室中作过精密校准，校准系数被编成相应的程序存入校准存储器中，可在测量过程中对相对湿度进行自动校准。SHT15、SHT11的最高测量精度分别为±2%RH、±4%RH，测量范围是(0～100%)RH，最高分辨力为0.03%RH(12位)或0.5%RH(8位)；重复性误差为±0.1%RH；在(10%～90%)RH范围内的非线性误差为±3%RH，经非线性补偿后可减小到±0.1%RH；响应时间为4 s，滞后湿度为±1%RH，长期稳定性＜±1%RH /年；测温范围为−40～+123.8 ℃，最高分辨力为0.01 ℃(14位)或0.04 ℃(12位)，重复性误差为0.1 ℃，响应时间为5～30 s。

SHT1x/SHT7x内部有一个加热器，将状态寄存器的第2位置为"1"时，该加热器接通电源，可使传感器的温度升高大约5 ℃，电源电流亦增加8 mA(采用5 V电源)。使用加热器可实现以下3种功能：① 通过比较加热前后测出的相对湿度值及温度值，可确定传感器是否正常工作；② 在潮湿环境下使用加热器，可避免传感器凝露；③ 测量露点时，也需要使用加热器。

### 2. SHT1x/SHT7x 的引脚功能和封装形式

SHT11/SHT15采用LCC‐8表面安装式封装：在0.8 mm厚的基座上，有一个用液晶聚合物制成的帽，上面开有传感器窗口，以便与空气接触；另外有一块环氧树脂起着黏结作用。引脚端$V_{DD}$和GND分别连接电源正端和公共地；引脚端DATA为串行数据输入/输出(I/O)端；引脚端SCK为串行时钟输入端。

SHT71/SHT75采用4引脚单行封装形式：引脚端1为SCK串行时钟输入端；引脚端2为$V_{DD}$电源正端；引脚端3为GND端；引脚端4为双向DATA（即串行数据）输入/输出(I/O)端。

### 3. SHT1x/SHT7x 的内部结构和工作原理

SHT1x/SHT7x型湿度/温度传感器集成电路的内部结构方框图如图1.2.1所示，主要包括相对湿度传感器（由特殊的液晶聚合物制成的湿敏电容）、带隙式温度传感器（其输出电压与温度成正比，简称VPTAT）、放大器、14位A/D转换器、校准存储器以及二线式串行接口等电路。测量时，首先利用两只传感器分别产生相对湿度、温度信号，经放大后分别送至A/D转换器进行模/数转换、校准和纠错，然后通过二线串行接口将相对湿度及温度的数据送至微控制器，再利用微控制器完成非线性补偿和温度补偿。

### (1) 湿 度

SHT1x/SHT7x输出的相对湿度读数值与被测相对湿度（RH）呈非线性关系。为了获得相对湿度的准确数据，必须对读数值进行非线性补偿。补偿非线性的公式为：

$$RH_{linear} = C_1 + C_2 \times SO_{RH} + C_3 \times SO_{RH}^2 \tag{1.2.1}$$

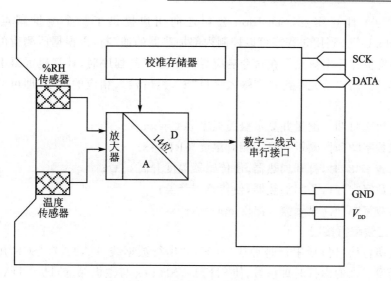

**图 1.2.1 SHT1x/SHT7x 湿度/温度传感器的内部结构方框图**

对于 12 位 $\mathrm{SO_{RH}}$：$C_1 = -4, C_2 = 0.0405, C_3 = -2.8 \times 10^{-6}$；

对于 8 位 $\mathrm{SO_{RH}}$：$C_1 = -4, C_2 = 0.648, C_3 = -7.2 \times 10^{-4}$。

当环境温度 $T_A \neq +25\ ℃$ 时，还需要对相对湿度传感器进行温度补偿。温度补偿公式为：

$$\mathrm{RH_{true}} = (T_C - 25) \times (t_1 + t_2 \times \mathrm{SO_{RH}}) + \mathrm{RH_{linear}} \tag{1.2.2}$$

对于 12 位 $\mathrm{SO_{RH}}$：$t_1 = 0.01, t_2 = 0.00008$；

对于 8 位 $\mathrm{SO_{RH}}$：$t_1 = 0.01, t_2 = 0.00128$。

**（2）温　度**

温度传感器的读数值也呈非线性，必须代入式（1.2.3）才能计算出被测温度值 $T(℃)$：

$$T(℃) = d_1 + d_2 \times \mathrm{SO_T} \tag{1.2.3}$$

其中，$d_1$、$d_2$ 均为常数，根据表 1.2.1 可确定不同情况下的 $d_1$、$d_2$ 值。

**表 1.2.1　$d_1$、$d_2$ 值的选择**

| 类　别 | 摄氏温度/℃ | | 华氏温度/F | |
|---|---|---|---|---|
| $\mathrm{SO_T}$ | $d_1$ | $d_2$ | $d_1$ | $d_2$ |
| 14 位 5 V | -40 | 0.01 | -40 | 0.018 |
| 12 位 5 V | -40 | 0.04 | -40 | 0.072 |
| 14 位 3 V | -38.4 | 0.0098 | -37.1 | 0.0176 |
| 12 位 3 V | -38.4 | 0.0392 | -37.1 | 0.01704 |

**（3）露　点**

露点也是湿度测量中的一个重要参数，它表示在水汽冷却过程中最初发生结露的温度。为了计算露点,Sensirion 公司还向用户提供了一个测量露点的程序 "SHT1xdp. bs"。利用该程序可以控制内部加热器的通/断,再根据所测得的温度值及相对湿度值计算出露点。在命令响应界面上运行此程序时,计算机屏幕上将显示提示符">"。用户首先从键盘上输入字母"S",然后输入相应的数字,即可获得下述结果:

  输入数字"1"时,测量并显示摄氏温度 dgC=xx. x;

  输入数字"2"时,测量并显示相对湿度%RH=xx. x;

  输入数字"3"时,打开加热器,使传感器温度升高 5 ℃;

  输入数字"4"时,关闭加热器,使传感器降温;

  输入数字"5"时,显示露点温度 dpC=xx. x。

**(4) 二线串行接口**

二线串行接口包括串行时钟线(SCK)和串行数据线(DATA)。SCK 用来接收微控制器发送来的串行时钟信号,使 SHT1x/SHT7x 与主机保持同步。DATA 为三态引出端,既可输入数据,也可输出测量数据,不用时呈高阻态。仅在 DATA 的下降沿过后,且 SCK 处于上升沿的时刻才能更新数据。为了使数据信号为高电平,在数据线 DATA 与 $U_{DD}$ 端之间,需连接一只 10 kΩ 上拉电阻。该上拉电阻通常已包含在微控制器的 I/O 接口电路中。串行时钟最低频率没有限制,芯片可在极低频率下工作。需要指出的是,该二线串行接口与单片机总线不兼容。

**4. SHT1x/SHT7x 的典型应用电路**

SHT1x/SHT7x 的典型应用电路如图 1.2.2 所示,利用一个 SHT15 和 AT89S51 单片机构成的相对湿度/温度测试电路能够测量并显示相对湿度、温度和露点。SHT15 作为从机,AT89S51 单片机作为主机,二者通过串行总线进行通信。 $R$ 为上拉电阻(亦可不用),电源需加去耦电容 $C$。利用单片机的 P0 口、P2 口和 P3 口分别接 3 组 LED 显示器,可测量显示的相对湿度范围为 0~99.99%,测量精度为 ±2%RH,分辨力为 0.01%RH。温度测量范围是 −40~+123.8 ℃,测量精度为 ±1 ℃,分辨力为 0.01 ℃。露点测量精度<±1 ℃,分辨力为±0.01 ℃。

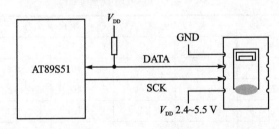

**图 1.2.2 SHT1x/SHT7x 的典型应用电路**

## 1.2.2 基于 HS1100LF/HS1101LF 电容湿度传感器的湿度测量电路

### 1. HS1100LF/HS1101LF 的主要技术性能和特点

HS1100LF/HS1101LF 是 Humirel 公司推出的两种电容型湿度传感器，其湿度测量范围为（1%～99%）RH，响应时间为 5 s，恢复时间为 10 s，长期稳定性好（年漂移量仅为±1.5%RH），湿度滞后量为±1.5%，在（33%～75%）RH 范围内的平均灵敏度为 0.31 pF/%RH，温度系数为 0.01 pF/℃，电源电压最大值为 10 V。HS1100LF/HS1101LF 具有良好的互换性，更换时不需要重新标定。

### 2. HS1100LF/HS1101LF 的引脚功能和封装形式

HS1100LF/HS1101LF 的封装形式和电气符号如图 1.2.3 所示，二者的封装形式不同。HS1100LF 是靠顶部来接触空气的，而 HS1101LF 则靠侧面来接触空气。HS1100LF /HS1101LF 都有两个引脚端，靠近管壳突起处的引脚为引脚端 1，另一个引脚为引脚端 2。使用时，为使得测量的重复性好，通常将引脚端 2 接地。

(a) HS1100封装形式　　　　(b) HS1101封装形式　　　　(c) 电气符号

**图 1.2.3　HS1100LF 与 HS1101LF 封装形式和电路符号**

### 3. HS1100LF/HS1101LF 的应用电路

HS1100LF/HS1101LF 的电容值与湿度值的关系如表 1.2.2 所列；电容值和湿度值的计算公式见式（1.2.4）和式（1.2.5）。

**表 1.2.2　电容值与湿度的关系**

| RH/% | 0 | 5 | 10 | 15 | 20 | 25 | 30 | 35 | 40 | 45 | 50 |
|---|---|---|---|---|---|---|---|---|---|---|---|
| $C_P$/pF | 161.6 | 163.6 | 165.4 | 167.2 | 169.0 | 170.7 | 172.3 | 173.9 | 175.5 | 177.0 | 178.5 |

| RH/% | 55 | 60 | 65 | 70 | 75 | 80 | 85 | 90 | 95 | 100 | |
|---|---|---|---|---|---|---|---|---|---|---|---|
| $C_P$/pF | 180 | 181.4 | 182.9 | 184.3 | 185.7 | 187.2 | 188.6 | 190.1 | 191.6 | 193.1 | |

$$C(pF) = C(@55\%) \times (3.903 \times 10^{-8} \times RH^3 - 8.294 \times 10^{-6} \times RH^2 + 2.188 \times 10^{-3} \times RH + 0.898) \quad (1.2.4)$$

$$RH\% = -3.465\,6 \times 10^{+3} \times X^3 + 1.073\,2 \times 10^{+4} \times X^2 - $$
$$1.045\,7 \times 10^{+4} \times X + 3.245\,9 \times 10^{+3} \quad (1.2.5)$$

式中，$X = C(\text{read})/C(@55\%)RH$。

HS1100LF/HS1101LF 与其他电路组合，可构成不同输出形式的相对湿度检测电路，也可用作湿度补偿。

HS1100LF/1101LF 用作湿度传感器时，测量电路有两种设计方案：一种是电压输出式，即输出电压与相对湿度呈线性关系，比例系数为正值；另一种是频率输出式，输出频率与相对湿度也呈线性关系，但比例系数为负值。用户可根据需要来选择其中任一种电路形式。

一个线性频率输出式相对湿度测量电路如图 1.2.4 所示，其电源电压范围为 3.5～12 V。利用一片 CMOS 定时器芯片 TLC555，配上 HS1100LF/1101LF 和电阻 $R_4$、$R_{22}$ 即构成振荡器电路，将相对湿度转换成频率信号。输出频率范围是 7 351～6 033 Hz，所对应的相对湿度为 0～100%。当 RH=55% 时，$f=6\,660$ Hz。输出的频率信号可送至数字频率计或单片机系统，构成一个湿度测量系统，能够测量并显示出相对湿度值。图中，$R_{22}=499$ kΩ，$R_4=49.9$ kΩ，$R_1=1$ kΩ，$R_{V1}=50$ kΩ，$C_1=10$ nF，$C_2=2.2$ nF，$C_3=100$ nF，传感器为 HS1101LF。$R_1$ 为输出端的限流电阻，起保护作用。

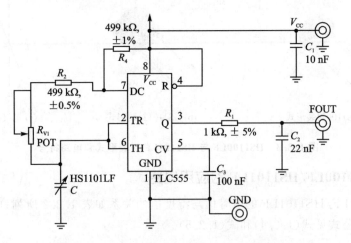

图 1.2.4 线性频率输出式相对湿度测量电路

电路通电后，电源沿着 $V_{cc} \rightarrow R_4 \rightarrow R_2 \rightarrow C(\text{HS1101LF}) \rightarrow$ 地的路径给电容 $C$ 充电，经过 $t_{high}$ 时间后，湿敏电容的电压 $V_C$ 就被充电到 TLC555 的高触发电平($V_H = 0.67\,V_{cc}$)，使内部比较器翻转，TLC555 的 OUT 端变成低电平。然后，电容 $C$ 开始放电，放电回路为 $C \rightarrow R \rightarrow$ DC 端 $\rightarrow$ 内部放电管 $\rightarrow$ 地。经过 $t_{low}$ 时间后，$V_C$ 降至低触发电平($V_L = 0.33V_{cc}$)，内部比较器再次翻转，使 OUT 端输出高电平。这样周而复始地进行充、放电，就形成了振荡。充电时间($T_{high}$)、放电时间($T_{low}$)分别为：

$$T_{high} = C(@\%RH) \times (R_2 + R_4) \times \ln2 \quad (1.2.6)$$

$$T_{low} = C(@\%RH) \times R_2 \times \ln2 \qquad (1.2.7)$$

输出波形的频率($F$)和占空比($D$)的计算公式如下:

$$F = 1/(T_{high} + T_{low}) = 1/C(@\%RH) \times (R_4 + 2 \times R_2) \times \ln2 \qquad (1.2.8)$$

$$D = T_{high} \times F = R_2/(R_4 + 2 \times R_2) \qquad (1.2.9)$$

输出频率与湿度的关系如表 1.2.3 所列。

表 1.2.3 输出频率与湿度的关系

| RH/% | 0 | 5 | 10 | 15 | 20 | 25 | 30 | 35 | 40 | 45 | 50 |
|------|---|---|----|----|----|----|----|----|----|----|----|
| $F_{OUT}$/Hz | | | 7 155 | 7 080 | 7 010 | 6 945 | 6 880 | 6 820 | 6 760 | 6 705 | 6 650 |
| RH/% | 55 | 60 | 65 | 70 | 75 | 80 | 85 | 90 | 95 | 100 | |
| $F_{OUT}$/Hz | 6 600 | 6 550 | 6 500 | 6 450 | 6 400 | 6 355 | 6 305 | 6 260 | 6 210 | | |

# 1.3 压力传感器应用电路设计

美国 Freescale 公司生产的单片集成硅压力传感器,主要有 MPX2100、MPX4100A、MPX5100 和 MPX5700 系列。这种传感器适合测量管道中的绝对压力(MAP)。

美国 Honeywell 公司产品的压力传感器品种繁多,主要产品有以下几种。

SLP 系列压力传感器为测量很低的压力提供最低成本的元件,专门设计用于精确测量0～10英寸水柱的差压和表压。

SX7 系列传感器提供测量 1～300 psi 压力,是非常小的纽扣型封装的高压传感器,用于非腐蚀性、非离子工作流体(如空气、干燥气体)等类似介质。

SCX 系列的特点是集成电路传感元件和激光微调厚膜陶瓷安装在紧凑的尼龙外壳中,可供测量 1 psi(对于 SCX01)到 150 psi(对于 SCX150)的绝对压力差压,具有极低噪声、优良温度补偿和 100 μs 响应时间的特点,可用于医疗和其他高性能用途。

SCC - xxx 系列是专用于 5～300 psi 表面安装压力传感器,具有温度稳定输出且成本极低的传感元件。这种集成电路传感器用于不需要在宽温区内保持高精度,但要求成本低的应用场合。

DCXL - DS 系列是超低压压力传感器,其输出电压与激励电压是成比例的。所有的参数将按激励电压 $V/12.0V$(DC)的比率变化。

ASDX DO 系列是微型结构压力传感器,测量范围从 0～1 psi 到 0～100 psi。其采用标准 DIP 封装,可对传感器偏置、灵敏度、温度系数和非线性度进行数字校正。双线 I²C 接口有一条串行时钟输入线(SCL)和一条串行数字输出数据线。无需额外的元件或电子电路,即可容易地连接最常用的微控制器。传感器的输出是一个十六进制格式的已校正的压力值,其分辨力为 12 位。此传感器可用于测量绝压、差压和表压。

带放大的 ASCX 传感器的测量范围从 1 psi(对于 ASCX01)到 150 psi(对于 ASCX150)。其特点是采用一个集成电路传感器元件和用激光修整的薄膜陶瓷片,装在一个紧凑的尼龙外壳中。这种封装具有优越的抗腐蚀性能,并且可与外壳应力隔离。这种封装具有方便的安装孔以及压力端口,能够很容易地使用标准的塑料导管进行压力连接。

26PCSMT 系列和 20PCSMT 系列压力传感器是一种很小的低成本、高价值的压力测量方案,用于 PCB 板安装。传感器集成了惠斯通电桥结构,具有硅压阻技术,线性比例输出,设计简洁,易于安装且灵活的特点。此传感器适用于包括医疗设备在内的众多工业场合。

ST3000/900 系列智能差压变送器型号有 STD910/STD920/STD930/STD960/STD92/STD931/STD961。它可测量气体和液体的压力以及液位,并将被测量的差压转换 4～20 mA(DC)模拟信号和数字信号;还可通过 DE 协议采用现场智能通信器 SFC(或通过 HART 协议采用 HART® 通信器)实现双向通信,从而方便了自诊断,测量范围重新设置和自动调零。

PPT 和 PPT－R 系列网络化智能压力传感器以数字格式(ASCII 文件)提供压力读数以及常规模拟输出。用户可用 PC 和终端仿真程序软件(如 Hyperterminal),通过数字接口,向 PPT 发送指令并从它那里接收数据。

### 1.3.1　基于 MPX－xxxx 系列集成硅压力传感器的压力测量电路

#### 1. MPX－xxxx 系列集成硅压力传感器的主要技术性能与特点

Freescale 公司生产的 MPX－xxxx 系列单片集成硅压力传感器,主要型号有 MPX2100、MPX4100A、MPX5100 和 MPX5700,用于管道中的绝对压力(MAP)测量。

MPX－xxxx 系列单片集成硅压力传感器的内部结构和工作原理基本相同,传感器内部集成有压力信号调理器、薄膜温度补偿器和压力修正等,主要区别是压力测量范围及封装形式不同。MPX2100 和 MPX5100 的压力测量范围为 0～100 kPa,MPX4100A 为 15～115 kPa,MPX5700 为 0～700 kPa。在 0～＋80 ℃的温度范围内,MPX4100A 的最大测量误差不超过±1.8%,而 MPX5100 和 MPX5700 的最大测量误差不超过±2.5%。由于传感器内部以真空作为参考压力,因此适合测量绝对压力。传感器的输出电压与被测绝对压力成正比,与带A/D转换器的微控制器配套,即可构成压力检测系统。

#### 2. MPX－xxxx 系列集成硅压力传感器的引脚功能和封装形式

MPX－xxxx 系列集成硅压力传感器有多种封装形式,其实例如图 1.3.1 所示。MPX2100 引脚端 1 为地(GND),引脚端 2 为电压输出正端(＋$V_{OUT}$),引脚端 3 为电源输入端($V_S$),引脚端 4 为电压输出负端(－$V_{OUT}$)。MPX4100/5100/5700 的

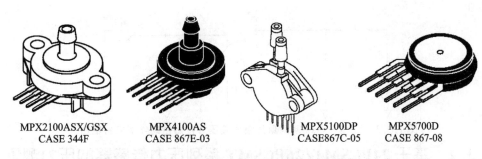

MPX2100ASX/GSX　　MPX4100AS　　MPX5100DP　　MPX5700D
CASE 344F　　CASE 867E-03　　CASE867C-05　　CASE 867-08

**图 1.3.1　MPX－xxxx 系列集成硅压力传感器的封装形式**

引脚端 1 为电压输出端($V_{OUT}$)，引脚端 2 为地(GND)，引脚端 3 为电源输入端($V_S$)，引脚端 4～6 为空脚(N/C)。

### 3. MPX－xxxx 系列单片集成硅压力传感器的内部结构和工作原理

MPX－xxxx 系列单片集成硅压力传感器的内部结构和工作原理基本相同。MPX5700 的内部结构方框图如图 1.3.2 所示。

图 1.3.2 中，$V_{OUT}$ 为输出端，$V_S$、GND 分别为电源端和公共地。芯片内部主要包括：由压敏电阻构成的传感器单元；经过激光修正的薄膜温度补偿器及第一级放大器；第二级放大器及模拟电压输出电路(包含基准电路、压力修正、电平偏移电路等)。在 MPX5700 封装的热塑壳体中，主要有基座、管心、密封真空室(用来提供参考压力)、氟硅脂凝胶体膜、不锈钢帽、引线及引脚。当它受到垂直方向上的压力 $P$ 时，就将该压力与真空压力相比较，使输出电压与绝对压力成正比。

25

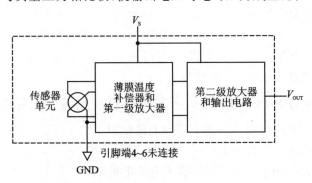

**图 1.3.2　MPX5700 的内部结构方框图**

### 4. MPX－xxxx 系列单片集成硅压力传感器的应用电路

MPX－xxxx 系列单片集成硅压力传感器的典型应用电路如图 1.3.3 所示。该电路采用＋5 V 电源供电，$C_1$ 和 $C_2$ 为电源去耦电容，$C_3$ 为输出端的滤波电容。

将传感器(ISP)的输出电压通过 A/D 转换器转换成数字量，再由微控制器计算出被测压力值，即可构成智能的压力测量系统。为了简化电路设计，可以采用带 A/D 转换器的单片机(如 MC68 HC05 单片机)。

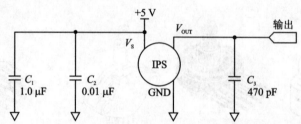

图 1.3.3　MPX - xxxx 系列单片集成硅压力传感器的典型应用电路

## 1.3.2　基于 24PCSMT/26PCSMT 系列压力传感器的压力测量电路

### 1. 24PCSMT/26PCSMT 系列压力传感器的技术性能和特点

24PCSMT/26PCSMT 系列是一种采用硅压阻技术和表面贴装封装技术的微结构压力传感器,用于 PCB 板安装。它们集成了惠斯通电桥结构,具有线性比例输出,设计简洁,易于安装,使用灵活等特点。其质量仅为 2 g,工作环境为 $-40 \sim +85$ ℃,用于那些不与多醚酰亚胺、硅、氟硅酮密封片起作用的介质,适合在医疗设备和众多工业场合中应用。

24PCSMT 电源电压为 $10 \sim 12$ V;零点偏置为 $-30 \sim +30$ mV;零点漂移为 $\pm 2$ mV(0~25 ℃,25~50 ℃);线性度最大为 $\pm 1.0\%$满量程($P_2 > P_1$,最佳拟合直线);重复性 & 迟滞为 $\pm 0.15\%$满量程;反应时间为 1.0 ms;输入和输出阻抗为 5 kΩ;全年漂移为 $\pm 0.5\%$满量程。

26PCSMT 电源电压为 $10 \sim 16$ V;零点偏置为 $-1.5 \sim +1.5$ mV;零点漂移为 $\pm 2$ mV(0~25 ℃,25~50 ℃);线性度最大为 $\pm 1.0\%$满量程($P_2 > P_1$,最佳拟合直线);重复性 & 迟滞为 $\pm 0.2\%$满量程;反应时间为 1.0 ms;输入为 7.5 kΩ;输出阻抗为 2.5 kΩ;全年漂移为 $\pm 0.5\%$满量程。

### 2. 24PCSMT/26PCSMT 系列压力传感器的封装形式和内部结构

24PCSMT/26PCSMT 压力传感器等效电路如图 1.3.4 所示。引脚端 1 为电源输入正端,($V_{S+}$)标明在传感器的表面;引脚端 2 为输出正端;引脚端 3 为接地,电源负端;引脚端 4 为输出负端。24PCSMT/26PCSMT 系列采用表面贴装封装。

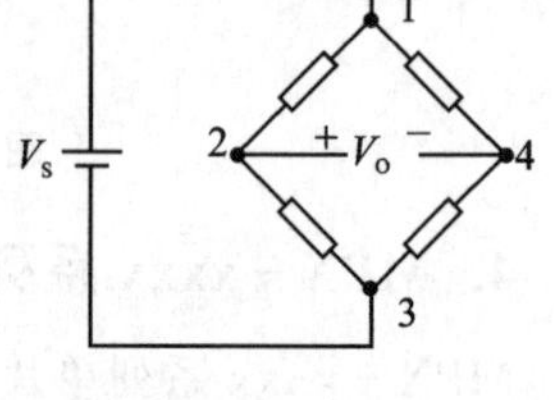

### 3. 24PCSMT/26PCSMT 系列压力传感器的应用电路

24PCSMT 系列压力传感器的自动调零电路如图 1.3.5 所示。其中,$V_S = 10$ V,$V_零 = 0 \pm 30$ mV(量程的 $\pm 13.3\%$),$V_满刻度 = 225$ mV(额定)。自动调零电路采用 8 位计数器,增益$= 31.1$,输出 $V_满刻度 = 8.0$ V(额定),输出校正分辨力$= 10$ mV。

图 1.3.4　24PCSMT/26PCSMT 压力传感器等效电路

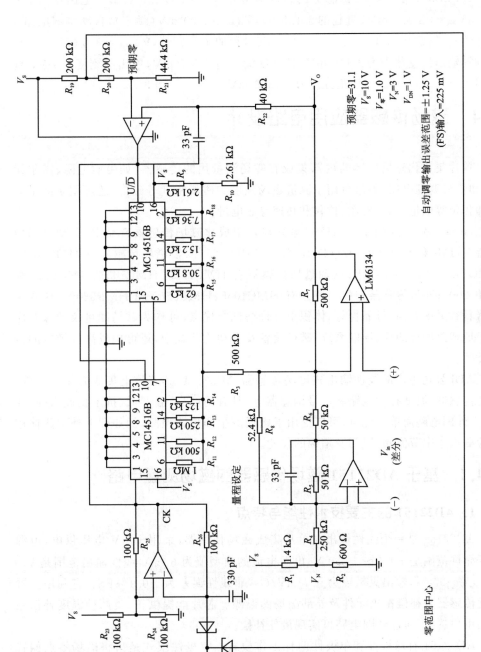

**图 1.3.5 24PCSMT 系列压力优传感器的自动调零电路**

26PCSMT 系列压力传感器的自动调零电路与图 1.3.5 类似。电路中，$V_S$＝10 V，$V_零$＝0±1.5 mV（量程的±1.5%），$V_{满刻度}$＝100 mV（额定），自动调零电路 4 位计数器，增益＝70，$V_零$＝1.0±0.014 V（量程的±0.2%），$V_{满刻度}$＝8 V（额定），自动调零输出误差范围为±110 mV，满刻度输入＝＋100 mV，输出满刻度＝8 V，输入零＝±1.5 mV，输出校正分辨力为13.8 mV。

# 1.4　磁场传感器应用电路设计

单片集成化磁场传感器内部集成有磁场测量用的传感器（如磁敏电阻、霍尔元件）和信号调理电路，不仅可用于测量磁场强度和磁场密度等磁量，还可用来测量频率和相位等电量，以及振动、位移和转速等非电量。

Honeywell 公司生产的 HMC 系列单片集成化磁场传感器产品中，单轴磁场传感器有HMC1001、HMC1021(D、S、Z)和HMC1051；双轴磁场传感器有 HMC1002、HMC1022 和 HMC1052L；三轴磁场传感器有 HMC1023、HMC1053、HMC1055 和 HMC2003；罗盘传感器和数字罗盘有 HMC1055、HMR3200 和 HMR3300。这些传感器具有灵敏度高，可靠性好，体积小及价格低等优点，可作为磁场测量仪的探头应用于地球磁场探测仪、导航系统、磁疗设备及自动化装置中，还可构成高灵敏度的接近开关。

ADI 公司生产的线性输出式磁场传感器 AD22151，其芯片上集成有霍尔元件、温度传感器、温度补偿电路和信号调理器等，具有精度高，温漂低，抗干扰能力强，体积小，外围电路简单等优点，可广泛用于磁场测量和位置检测，例如配上外部磁体用来检测汽车中节流阀、风门及踏板的位置。

## 1.4.1　基于 AD22151 磁场传感器的磁场测量电路

### 1. AD22151 的主要技术性能与特点

AD22151 是一个线性输出式单片集成磁场传感器，采用＋5 V 电压供电，电源电压允许范围是＋4.5～＋6.0 V，电源电流的典型值为 6 mA，线性输出范围是 $V_{CC}$ 的 10%～90 %，输出灵敏度为 0.4 mV/Gs，非线性误差为±0.1%FS。它利用内置温度传感器来补偿霍尔元件及外部磁场的温漂。芯片能提供正、负两种温度补偿系数供用户选择，通过外围电路可实现最佳补偿。

AD22151 有双极性和单极性两种工作模式。双极性模式是指将磁场零点偏置在电源电压的中点（即 $V_{CC}/2$ 上），使 AD22151 的静态输出电压 $V_O$＝0 V；单极性模式则是将磁场零点偏置在其他电位上，静态输出电压就等于偏置电压。芯片内部利用调制解调器来提高磁场信号的信噪比，通过增益可调的输出放大器获得线性输出电压，输出信号幅度与电源电压成比例关系。

### 2. AD22151 的引脚功能与封装形式

AD22151 采用 SO-8 封装，引脚端 1、2 和 3（$TC_1 \sim TC_3$）为 3 个温度系数补偿端，其中：$TC_1$ 和 $TC_2$ 的温度系数为正，大约为 $3\,000 \times 10^{-6}/℃$；$TC_3$ 的温度系数为负，约为 $-3\,000 \times 10^{-6}/℃$。引脚端 8 和 4（$V_{CC}$、GND）分别为电源端和公共地。引脚端 5（OUTPUT）为输出端。引脚端 6（GAIN）为输出放大器的增益调节端，外接增益设置电阻。引脚端 7（REF）为内部基准电压输出端。

### 3. AD22151 的内部结构与工作原理

AD22151 的内部结构方框图如图 1.4.1 所示，芯片内包括内置热敏电阻温度传感器、温度补偿放大器（$A_1$）、可调电流源、霍尔元件、开关式调制器、放大器（$A_2$）、解调器、输出放大器（$A_3$）和缓冲器（$A_4$）等。此外，芯片内部还有两只电阻（$R_A$、$R_B$）。A、B 两点的温度系数分别为：$\alpha_{TA} \approx +2\,900 \times 10^{-6}/℃$；$\alpha_{TB} \approx -2\,900 \times 10^{-6}/℃$。由于 $TC_1$、$TC_2$ 和 $TC_3$ 端具有不同的温度补偿系数，因此利用外部电阻 $R_1$ 和内部电阻 $R_A$、$R_B$ 组成分压器，就能在 $TC_3$ 端获得所需的温度补偿系数，对霍尔元件及外部磁场的温度系数进行完全补偿，使 AD22151 的输出电压接近于零温漂。

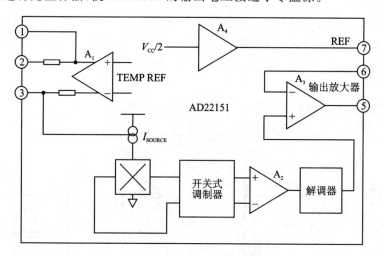

**图 1.4.1 AD22151 内部结构方框图**

由热敏电阻温度传感器给温度补偿放大器提供温度参考电压。放大器 $A_1$ 采用差分输出结构，外接温度补偿电阻 $R_1$。根据实际需要，$R_1$ 可接在引脚端 $TC_1$ 与 $TC_3$ 之间，也可接在引脚端 $TC_2$ 与 $TC_3$ 之间。当环境温度发生变化时，从引脚端 $TC_3$ 输出的信号就通过可调电流源去改变霍尔元件上控制电流的大小，使霍尔元件的输出电压（$V_1$）不受温度影响，从而达到温度补偿的目的。$V_1$ 依次通过交替工作的开关式调制器、放大器 $A_2$ 和解调器连接到 $A_3$ 的同相输入端，$A_3$ 的反相输入端则经过外部的增益设置电阻连接到基准电压 $V_{REF}$，放大后的输出电压 $V_O$ 从第 5 脚输出。因为基准电压是由 $V_{CC}/2$ 经缓冲器而得到的，所以当 $V_{CC} = +5\ V$ 时，$V_{1Eg} = V_{CC}/2 = +2.5\ V$。

霍尔元件具有较高的正温度系数，该系数与制造过程中的掺杂浓度等有关。其工作温度范围一般仅为 $-40 \sim +60\ ℃$（或 $-40 \sim +75\ ℃$），必须进行温度补偿，才能在 $-40 \sim +150\ ℃$ 温度范围内工作。此外，对于被测磁场的温度系数也必须采取补偿措施，该温度系数与形成磁场的磁性材料有关。AD22151 的静态失调电压与温度有关，$-40\ ℃$ 时相对于失调电压为 $0.4\%$，而 $+40\ ℃$ 时为0。未补偿时，当温度从 $-40\ ℃$ 上升到 $+150\ ℃$ 时，相对增益就从 $-4.8\%$ 增加到 $+13\%$。

**4. AD22151 的典型应用电路**

**(1) 双极性模式应用电路**

AD22151 构成的双极性模式应用电路如图 1.4.2 所示，温度补偿电阻 $R_1$ 接在引脚端 TC2 与 TC3 之间，磁场零点被设置在 $V_{CC}/2$ 上。温度补偿电阻 $R_1$ 与温度补偿系数有关。

传感器的增益由电阻 $R_2$ 和 $R_3$ 设置，增益计算公式为：

$$增益 = 1 + \frac{R_3}{R_2} \times 0.4\ \mathrm{mV} \tag{1.4.1}$$

**(2) 单极性模式应用电路**

AD22151 构成的单极性模式应用电路如图 1.4.3 所示。温度补偿电阻 $R_1$ 连接在引脚端 TC1 与 TC3 之间，磁场零点电位不等于 $V_{CC}/2$。此时，TC2 端开路，由补偿电阻 $R_1$ 和内部电阻 $R_B$ 构成温度补偿系数分压器。温度补偿电阻 $R_1$ 与温度补偿系数有关。

传感器的增益由电阻 $R_2$ 和 $R_3$ 设置，增益计算公式为：

$$增益 = 1 + \frac{R_3}{R_2 \parallel R_3} \times 0.4\ \mathrm{mV} \tag{1.4.2}$$

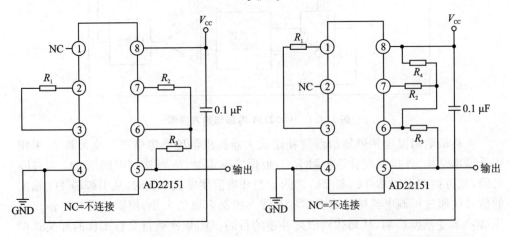

图 1.4.2 AD22151 双极性模式应用电路　　图 1.4.3 AD22151 单极性模式应用电路

失调输出电压由式(1.4.3)决定:

$$失调输出电压 = \frac{R_3}{(R_3 + R_4)} \times (V_{CC} - V_{OUT}) \qquad (1.4.3)$$

## 1.4.2　基于 HMC 系列磁场传感器的磁场测量电路

### 1. HMC 系列磁场传感器的主要技术性能与特点

Honeywell 公司推出的 HMC 系列单片集成化磁场传感器,简称 MR(磁敏电阻)传感器。该系列产品中:HMC1001、HMC1021D、HMC1021S 和 HMC1051Z 为单轴磁场传感器;HMC1002、HMC1022/1052L 和 HMC6352 属于双轴磁场传感器;HMC1023、HMC1053、HMC1055 属于三轴磁场传感器;HMC2003 为三维混合电路模块;HMC1501/1512 为线位移/角位移和旋转位移传感器。传感器内部有 1 个(双轴为 2 个,三轴为 3 个)由 4 只半导体磁敏电阻构成的 MR 电桥。当受到外部磁场作用时,桥臂电阻就会发生变化,使得 MR 电桥输出一个差分电压信号。

HMC 系列单片集成化磁场传感器的主要性能参数如表 1.4.1 所列。

表 1.4.1　HMC 系列部分产品的主要性能参数

| 参　数 | 数　值 | | | | | | | 单　位 |
|---|---|---|---|---|---|---|---|---|
| | HMC1001/<br>HMC1002 | HMC1021/<br>HMC1022 | HMC1023 | HMC1051/1052<br>HMC1053/1055 | HMC1501 | HMC1512 | HMC6352 | |
| 桥臂电阻 | 0.6~1.2 | 0.8~1.3 | 0.25~0.45 | 0.8~1.5 | 4~6 | 1.1~2.5 | | kΩ |
| 测量范围 | −2~+2 | −6~+6 | −6~+6 | −6~+6 | | | 0.1~0.75 | Gs |
| | | | | | −45~+45 | −90~+90 | | ° |
| 磁场分辨力 | 27 | 85 | 85 | 120 | | | | μGs |
| 灵敏度 | 2.5~4.0 | 0.8~1.2 | 0.8~1.2 | 0.8~1.2 | | | | mV/V/Gs |
| | | | | | 2.1 | 2.1 | | mV/(°) |
| 非线性误差 | 0.1 | 1.6 | 1.6 | 1.8 | | | | %满量程 |
| 桥路电压 | 5~12 | 5~12 | 3~12 | 1.8~20 | 1~24 | 1~25 | 2.7~5.2 | V |
| 带宽 | | | 5 | | 0~5 | 0~5 | | MHz |
| 输出电压 | | | | | 100~140 | 100~140 | | mV |
| 功耗(5 V) | | | | | 5 | 23 | | mW |

传感器内部采用专利技术制成的带绕式线圈(补偿线圈和置位/复位线圈),能够消除环境磁场对测量的影响,获得高灵敏度,另外还能自动校准,减小温漂、非线性误差及铁磁性失真。

### 2. HMC 系列磁场传感器的引脚功能与封装形式

HMC 系列磁场传感器有多种封装形式,引脚封装形式如图 1.4.4 所示。引脚端 VBRIDGE 为供桥电压端,接+5 V 电源,GND 为公共地。OUT+、OUT−为差分电压输出端。OFFSET＋、OFFSET－为内部补偿线圈的引出端，＋、－号代表电流极性。S/R＋、S/R－为置位/复位线圈的引出端，改变脉冲电流的极性可分别实现置位、复位功能。图中的小箭头代表 MR 传感器灵敏轴的方向。HMC1022(SOIC－20 封装)和 HMC1022(SOIC－16 封装)是两种双轴磁场传感器，芯片内部有 A、B 两组 MR 传感器，适合测量平面磁场。

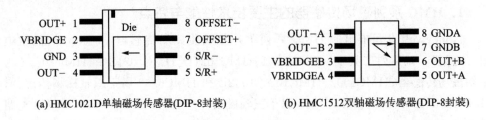

(a) HMC1021D单轴磁场传感器(DIP-8封装)　　　(b) HMC1512双轴磁场传感器(DIP-8封装)

**图 1.4.4　HMC 系列磁场传感器的引脚封装形式**

### 3. HMC 系列磁场传感器的内部结构与工作原理

HMC 单轴系列磁场传感器的内部结构等效电路如图 1.4.5 所示。该传感器包括一个 MR 电桥(桥臂电阻为 $R$)和两个采用集成工艺制作的线圈。其中一个是补偿线圈，等效的标称电阻值为 3.5 Ω；另一个是置位/复位线圈，等效的标称电阻值为 2.0 Ω。当线圈上有电流通过时，所产生的磁场就耦合到 MR 电桥上。这两个线圈具有磁场信号调理功能。MR 电桥是将坡莫合金薄膜覆盖在硅晶片上制成的。接上电源后，传感器能够测量沿水平轴(敏感轴)方向的环境磁场或外加磁场。当外部磁场施加于传感器时，就可改变磁敏电阻的电阻值，产生电阻变化率($\Delta R/R$)，使 MR 电桥输出一个随外部磁场变化的电压信号($V_O$)。

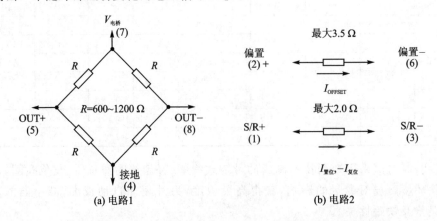

(a) 电路1　　　　　　　　　　　(b) 电路2

**图 1.4.5　HMC 单轴系列磁场传感器的内部结构等效电路**

利用补偿线圈可抵消环境磁场(特别是地磁场)的影响，并可作为闭环电路中的反馈元件使用，以消除待测磁场的影响，显著改善 MR 传感器的线性度和温度特性。

在正常工作时,补偿线圈可用于 MR 电桥的自动校准。此外,利用补偿线圈还可以检测该传感器沿敏感轴方向的灵敏度。

大多数低磁场传感器会受到大的磁场干扰(>4~20 Gs)的影响,可能导致输出信号的衰变。为了减少这种影响并最大化信号输出,可以在磁阻电桥上应用磁开关切换技术,消除过去磁历史的影响。利用置位/复位线圈可以把磁阻传感器恢复到测量磁场的高灵敏度状态,实现低噪声、高灵敏度的磁场测量,大大提高 MR 传感器的信噪比。

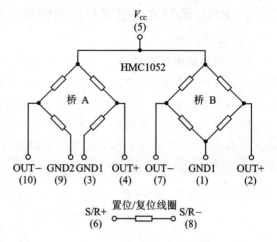

图 1.4.6　HMC1052 双轴磁场传感器的内部结构等效电路

HMC1052 双轴磁场传感器的内部结构等效电路如图 1.4.6 所示。HMC1023 三轴系列磁场传感器的内部结构等效电路如图 1.4.7 所示。

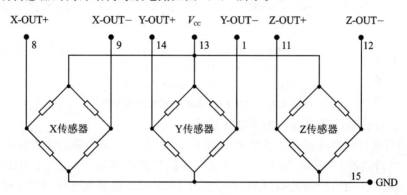

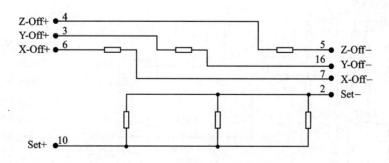

图 1.4.7　HMC1023 三轴系列磁场传感器的内部结构等效电路

### 4. HMC 系列集成磁场传感器的应用电路

#### （1）接近开关

由单轴系列磁场传感器 HMC1001、运算放大器 AMP04、发光二极管（LED）等构成的接近开关电路，如图 1.4.8 所示。运算放大器 AMP04 在这里用作比较器。将长度约 $6\sim12$ mm 的磁铁移近 HMC1001，当移到一定位置时，MR 电桥的输出电压达到 30 mV，使比较器翻转，输出变成低电平使 LED 发光。若移开磁铁，比较器就输出高电平使 LED 熄灭。该电路可用来检测位移、转速等非电量。调节 $R_1$ 的电阻值能设定开关的阈值电压。

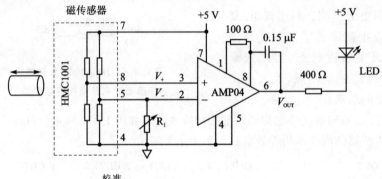

校准：

① 微调 $R_1$，使 $(V_+)-(V_-)<30$ mV；

② 使用 $<30$ mV 信号时，LED 熄灭；

③ 使用 $>30$ mV 的信号时，LED 应点亮。

**图 1.4.8　HMC1001 构成的接近开关电路**

#### （2）带串行接口的单轴磁场传感器电路

带串行接口的单轴磁场传感器电路如图 1.4.9 所示。该电路的输出级采用一片 16 位 A/D 转换器 CS5509，可通过接口电路连接到微控制器。AMP04 的输出电压 $(V_O)$ 接 CS5509 的模拟输入端，LM440 或 MC1403 型带隙基准电压源给 CS5509 提

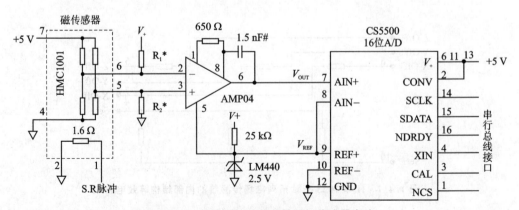

**图 1.4.9　带串行接口的单轴磁场传感器电路**

供 2.5 V 基准电压。$R_1$ 或 $R_2$ 用来微调偏置。

配有恒定桥路电流和带串行接口的单轴磁场传感器电路如图 1.4.10 所示。图中,LMC7101 和 BS250 构成一个恒流源电路,对单轴传感器而言 $R_3 = 451\ \Omega$,对双轴传感器而言 $R_3 = 921\ \Omega$,对三轴传感器而言 $R_3 = 1411\ \Omega$;电阻元件 $R_1$ 和 $R_2$ 用来微调偏置;1.5 nF 电容的作用是提供 1 kHz 的向上转移频率。

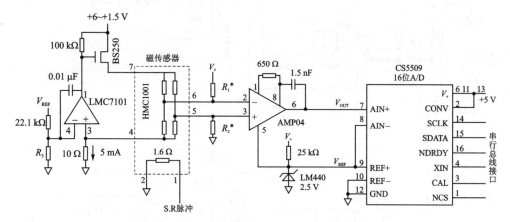

**图 1.4.10 配有恒定桥路电流和带串行接口的单轴磁场传感器电路**

**(3) 单轴磁场传感器低成本应用电路**

单轴磁场传感器低成本应用电路如图 1.4.11 所示,瞬间闭合开关 SW1 可产生一个 SET(置位)脉冲,测量电桥输出(OUT +)−(OUT −)为 5 mV/Gs,测量 AD623 放大器的 V 输出信号为 2.5 V/Gs。

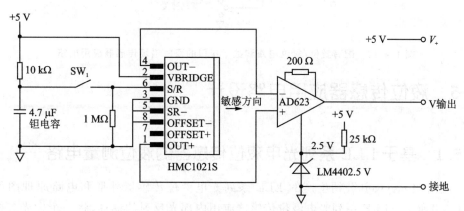

**图 1.4.11 单轴磁场传感器低成本应用电路**

**(4) 配有置位/复位电路和数字接口的双轴磁场传感器应用电路**

配有置位/复位电路和数字接口的双轴磁场传感器应用电路如图 1.4.12 所示。图中,MXA662 为 5～12 V 电压转换电路,IRF7105 为置位/复位电路,$R_1 \sim R_4$ 用来微调偏置,1.5 nF 电容的作用是提供 1 kHz 的向上转移频率。

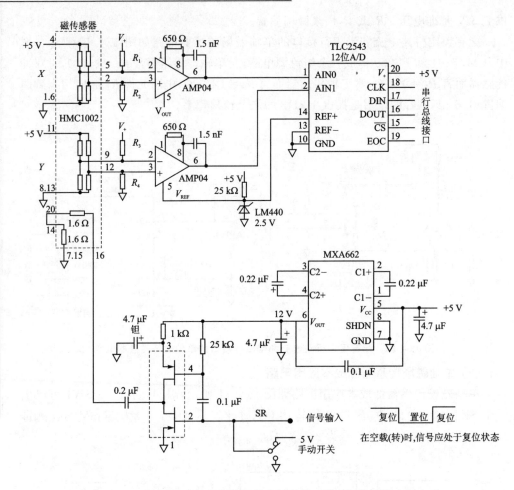

**图 1.4.12　配有置位/复位电路和数字接口的双轴磁场传感器应用电路**

# 1.5　液位传感器应用电路设计

## 1.5.1　基于 LLE 系列光电液位传感器的液位测量电路

　　美国 Honeywell 公司生产的 LLE 系列光电液位传感器外形和电路原理图如图 1.5.1所示。LLE 系列光电液位传感器应用内部光反射的原理,将一个发光二极管（LED）和光接收三极管包含在传感器前端的半球顶内。当没有液体时,光线反射到接收管并通过球顶;当有液体时,光线在球顶内部发生部分折射后到球体外,引起接收管输出电压变化。这种液面测量方法,可以即时反映液面变化。

LLE 系列光电液位传感器输出一个开关信号,指示有/无液位;反应时间对上升液面为 50 μs,对下降液面则最长为 1 s(酒精内);工作电压为 5 V,工作电流为 3～10 mA。安装方式有 M12 螺纹型(LLE102000)和推入式(LLE105000)两种;三根引出线长度为 250 mm,蓝线为地,红线为电源＋5 V,绿线为输出。它适用于家用电器、温泉池、自动售货机、食品与饮料、医疗、压缩机、机床电器、汽车和发电机油位检测等领域。

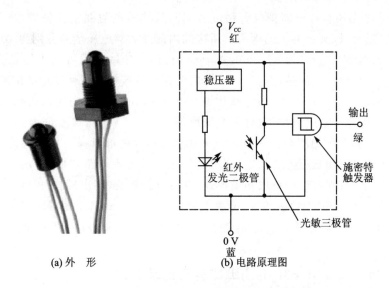

(a) 外 形　　　　　(b) 电路原理图

**图 1.5.1　LLE 系列光电液位传感器外形和电路原理图**

美国 Honeywell 公司还生产一种 LRN 系列干簧浮球开关,有水平、垂立和直角水位三类开关,外形如图 1.5.2 所示。磁铁位于浮子中,用于触发液位上、下时的干簧管,简单地旋转开关 90°,可测量高或低的液位。开关最小动作角度为 5°(从安装角度看,属水平类型),最

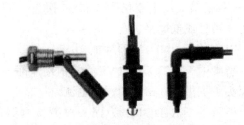

**图 1.5.2　LRN 系列干簧浮球开关水平、垂立和直角水位开关外形图**

大释放角度为 40°(从安装角度看,属水平类型);安装方式有内部、外部及通用三种;开关材料有尼龙 6.6 和含玻璃纤维的聚丙烯材料;有 LRNH31S42 和 LRNH51S42 等型号。LRN 系列干簧浮球开关适合于汽车、化工、燃油和食品加工领域中的信号采样,可用于冷却液低位检测、燃料或油位检测、锅炉液位告警、水位控制、自动售货机、室内家电以及医疗设备中。

## 1.5.2　基于 LM1042/LM1830 液位传感器的液位测量电路

### 1. LM1042/LM1830 的主要技术性能和特点

LM903、LM1042、LM1830 系列液位传感器集成电路是由美国国家半导体（NSC）公司生产的。该电路所配热敏电阻探头可用来测量各种非可燃性液体的液面高度，并能检测出热敏电阻探头的短路或开路故障。

LM1042 型液位传感器集成电路可适配两只热敏电阻探头测量液位。其中，探头 1 为主探头。探头 2 为辅助探头。所接的内部放大器电压增益分别为 10.15 倍和 3.4 倍，非线性误差依次为 0% 和 0.2%（典型值）。热敏电阻可选镍铬铁合金电阻丝，亦可采用其他类型的热敏电阻丝。该电路还可直接输入线性变化的被测信号；输出电压范围是 +0.2～+6 V，最大输出电流达 ±10 mA；可驱动模拟式指示仪表，亦可配数字电压表显示测量结果；电源电压范围为 7.5～18 V，典型值为 13 V，电源电流小于 35 mA；工作温度范围为 -40～+80 ℃；芯片内部有探头故障检测器和电源调节器；具有复位和延迟开关功能，利用复位功能可实现电路切换，利用延迟功能则可抑制瞬态干扰；既可选择单次测量模式，也可选择重复（多次）测量模式。

LM1830 电源最大值为 28 V，电源电流为 5.5～10 mA；振荡器输出电压低电平典型值为 1.1 V，高电平为 4.2 V，振荡频率为 4～12 kHz；内部基准电阻为 8～25 kΩ。

### 2. LM1042/LM1830 的引脚功能与封装形式

LM1042 采用 NA16 封装，引脚端 1（$R_{T1}$ IN）为探头 1 的输入端，接内部放大器 $A_2$，该端的最大漏电流仅为 5 nA。探头 1 需经电容连接此端。开始测量时，$R_{T1}$ IN 端要先被拉成低电平。

引脚端 2（GND）为器件地，0 V。

引脚端 3（$VT_E$）和 4（$VT_B$）分别接外部 PNP 晶体管的发射极、基极，通过晶体管为探头 1 提供 200 mA 的恒定电流。

引脚端 5（$R_T$DETE）为探头故障检测器的输入端，可检测探头 1 的开路、短路故障。

引脚端 6（$V_+$）接电源正端，电源电压为 7.5～18 V。

引脚端 7（$R_{T2}$IN）为探头 2 或其他非线性信号的输入端，输入电压范围是 1～5 V。

引脚端 8（$R_T$CONT）为探头选择及控制端。接低电平时选择探头 1 并启动定时周期，在本次测量结束之前，该端被锁存为低电平。不接振荡电容 $C_{OSC}$ 时，探头 1 只进行单次测量，接 $C_{OSC}$ 后才能进行多次测量。该引脚端接高电平时，选择探头 2。

引脚端 9（$C_{OSC}$）为振荡器的外接振荡电容端。

引脚端 10(GADJ)为探头 2 内部放大器 $A_4$ 的电压增益调节端。

引脚端 11($U_{O1}$)和 15(FB)分别为稳压输出端和反馈端。将二者短接时,$U_{FB}=U_{O1}=6$ V;若在二者之间接上电阻,即可对 $U_{O1}$ 进行调整,使 $U_{O1}>6$ V。引脚端 16($U_{O2}$)为探头 1 和探头 2 的模拟电压输出端,最大输出电流可达 $\pm10$ mA。

引脚端 12($C_T$)和 13($R_T$)分别为接锯齿波发生器的定时电容、定时电阻,改变 $C_T$、$R_T$ 可设定锯齿波的周期,$R_T$ 范围是 $3\sim15$ k$\Omega$,典型值为 12 k$\Omega$。

引脚端 14($C_{MEM}$)接记忆电容,可对探头 1 内部放大器 $A_2$ 的输出电压进行长时间的保存。该端的最大漏电流仅为 2 nA。

LM1830 采用 N14A 封装,其引脚端 1 和 7 外接振荡器电容,引脚端 5 和 13 为振荡器输出,引脚端 9 外接滤波器电容,引脚端 10 为检测输入,引脚端 11 和 12 为检测输出,引脚端 $2\sim4$ 为空脚。

### 3. LM1042/LM1830 的内部结构和工作原理

LM 1042 的内部电路框图如图 1.5.3 所示。芯片内部包括 5 个放大器 $A_1\sim A_5$、3 个模拟开关 $S_1\sim S_3$、探头开路和短路(故障)检测器、锯齿波发生器、电平检测器、振荡器、控制逻辑与锁存器、电源调节器和恒流源等。

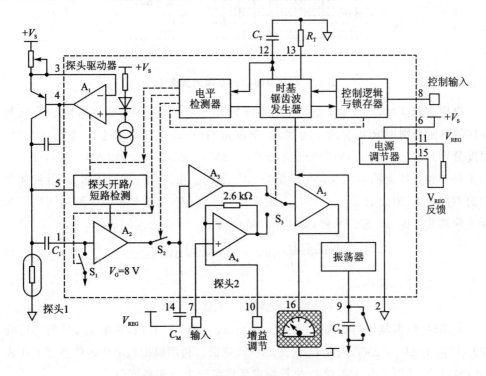

**图 1.5.3　LM1042 的内部电路方框图**

LM 1830 的芯片内部包含振荡器电路、检测器电路以及输出驱动电路等。

LM1042 的基本测量原理如图 1.5.4 所示，将热敏电阻探头的上、下两部分分别置于空气和液体中，给探头通上工作电流 $I$。由于空气的热阻远大于液体的热阻，使得上、下两部分的温度变化量、电阻变化量及电压变化量均不相同，由此即可求出液面高度。

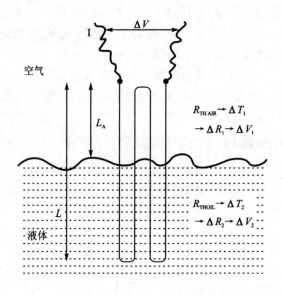

**图 1.5.4　LM1042 的基本测量原理**

设探头总高度为 $L$，置于空气中的高度为 $L_A$，浸入液体中的高度为 $L_B$。空气与液体的热阻分别用 $R_{TH\,AIR}$、$R_{TH\,OIL}$ 表示，单位是 $\Omega/℃$。当电流通过上、下两部分时，温度分别升高 $\Delta T_1$、$\Delta T_2$，电阻变化量依次为 $\Delta R_1(\Delta R_{TH\,AIR})$、$\Delta R_2(\Delta R_{TH\,OIL})$，使 $L_A$、$L_B$ 上每单位长度上的电压变化量分别为 $\Delta V_1$、$\Delta V_2$。由于空气相对于水、油等液体是热的不良导体，因此 $R_{TH\,AIR}>R_{TH\,OIL}$，最终使 $\Delta V_1>\Delta V_2$。只要在一个测量周期内对探头两端的电压 $\Delta V$ 进行采样，即可求出液面高度。计算公式如下：

$$\Delta V = \frac{L_A}{L}\Delta V_1 + \frac{(L-L_A)}{L}\Delta V_2 \qquad (1.5.1)$$

由于 $L_B = L - L_A$，从中可解出：

$$L_B = (\Delta V - \Delta V_1)L\,/(\Delta V_2 - \Delta V_1) \qquad (1.5.2)$$

使用时，只需预先对探头进行标定，测出 $\Delta V_1$、$\Delta V_2$ 和 $L$ 值，再根据 $\Delta V$ 值即可确定 $L_B$。由于 $\Delta V_1>\Delta V_2$，因此 $L_B$ 愈大，$\Delta V$ 就愈低。利用模拟式电压表或数字电压表（DVM）很容易测量出 $\Delta V$，对 $L_B$ 进行标定后即可读出液面高度值。

探头可采用镍铬铁合金材料制成的电阻丝，其电阻率 $\rho = 50\ \mu\Omega\cdot cm$，电阻温度系数 $\alpha_T = 3\,300\times10^{-6}/℃$。为避免探头故障检测器被误触发，探头电压应在 $+0.7\sim$

+5.3 V 范围之内。

### 4. LM1042/LM1830 的应用电路

LM1042 在汽车中的应用电路如图 1.5.5 所示。

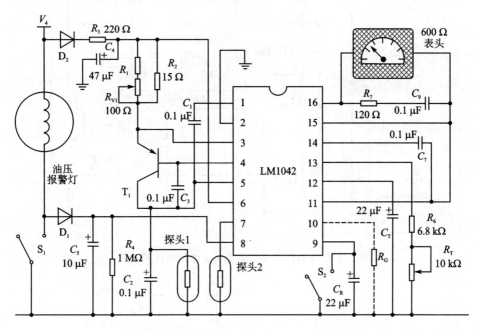

**图 1.5.5  LM1042 在汽车中的应用电路**

电源采用 12 V 蓄电池。利用油压开关 $S_1$ 来选择探头,汽车点火时 $S_1$ 闭合,通过 $R_4$ 将引脚端 8 拉成低电平,选择探头 1 测量油箱中的液位。发动机开始工作后,$S_1$ 断开,$V_+$ 经过 $D_1$ 把引脚端 8 拉成高电平,改由辅助探头 2 测量液位。即使发动机失速,$C_5$ 使引脚端 8 仍保持高电平,能禁止探头 1 测量。L 为油压报警灯。$D_2$ 可防止电源的极性接反。$R_{V_1}$ 用来调整探头的工作电流,使 $I = 200$ mA。$R_T$ 用来校准每次测量的持续时间。

闭合开关 $S_2$ 时,$C_{OSC}$ 被短路,选择单次测量模式。断开开关 $S_2$ 时,选择重复测量模式。在引脚端 10 接入电阻可改变接入的电压增益。数字电压表接在 $V_{O2}$ 与 $V_{O1}$ 之间,利用 $R_7$、$C_9$ 可滤除仪表输入端的高频干扰。

LM1830 采用外部基准电阻的应用电路如图 1.5.6 所示。LM1830 采用声音报警的应用电路如图 1.5.7 所示。

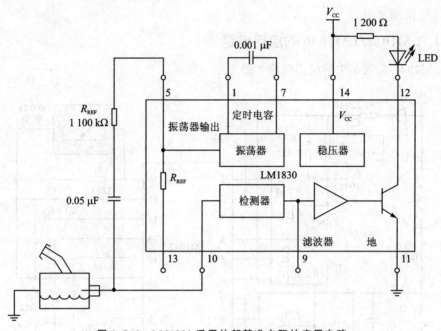

图 1.5.6 LM1830 采用外部基准电阻的应用电路

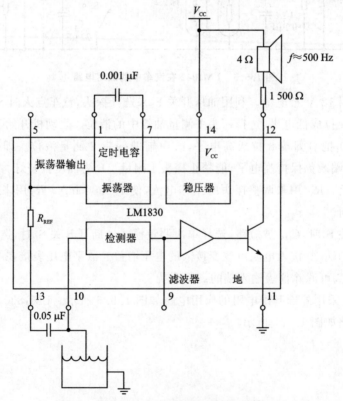

图 1.5.7 LM1830 采用声音报警的应用电路

# 1.6　超声波传感器应用电路设计

## 1.6.1　超声波发射/接收传感器

### 1. T/R-40-XX系列通用型超声波发射/接收传感器

T/R-40-XX系列超声波传感器分为发射和接收两种，其中发射器型号为T-40-XX，接收器型号为R-40-XX。T/R-40-XX系列超声波传感器的振子用压电陶瓷制成，是利用压电效应工作的传感器，加上振喇叭可提高动作灵敏度。当处于发射状态时，外加共振频率的电压能产生超声波，将电能转化为机械能；当处于接收状态时，又能很灵敏地探测到共振频率的超声波，将机械能转化为电能。它适用于以空气作为传播媒介的遥控发射和接收电路中使用。T/R-40-XX系列超声波传感器的外形、尺寸及电路符号如图1.6.1所示，主要技术参数如表1.6.1所列。

表1.6.1　T/R-40-XX系列超声传感器的主要技术参数

| 型　　号 | 声压电平/dB | 接收灵敏度 | 工作频率/kHz | 发送带宽/kHz | 接收带宽/kHz | 电容/pF |
|---|---|---|---|---|---|---|
| T/R-40-12 | >112 | 最小值为−67 dB | (40±1) | 最小5/100 dB | 最小5/−75 dB | 2 500±25 |
| T/R-40-16 | >115 | 最小值为−64 dB | (40±1) | 最小5/103 dB | 最小6/−71 dB | 2 500±25 |
| T/R-40-18A | >115 | 最小值为−64 dB | (40±1) | 最小6/103 dB | 最小6/−71 dB | 2 500±25 |
| T/R-40-24A | >115 | 最小值为−64 dB | (40±1) | 最小6/100 dB | 最小6/−71 dB | 2 500±25 |

说明："T/R-40-XX"中，XX表示传感器外径尺寸；T表示发射器；R表示接收器。

在实际应用中，分为主要用于遥控及报警电路的直射型，主要用于测距、料位测量等电路的分离反射型，以及主要用于材料的探伤、测厚等电路反射型。

### 2. MA40EIS/EIR系列密封式超声波发送/接收传感器

MA40EIS/EIR系列密封式超声波发射/接收传感器是一种具有防水功能的超声波传感器（但不能放入水中），适用于物位监测及遥控开关电路。其外形、尺寸及电路符号如图1.6.2所示，主要技术参数如表1.6.2所列。

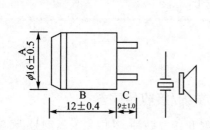

图 1.6.1　T/R-40-XX 系列超声波
发射/接收传感器的外形、尺寸及电路符号

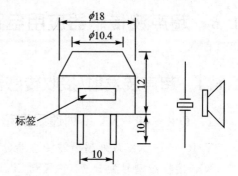

图 1.6.2　MA40EIS/EIR 系列超声波
发射/接收传感器的外形、尺寸及电路符号

表 1.6.2　MA40EIS/EIR 系列超声波发射/接收传感器的主要技术参数

| 类　　型 | 通用型 | 通用型 | 微型 | 微型 | 密封型 | 密封型 |
|---|---|---|---|---|---|---|
| 型　　号 | MA40A5S | MA40A5R | MA40S2S | MA40S2R | MA40EIS | MA40EIR |
| 功　　能 | 发射 | 接收 | 发射 | 接收 | 发射 | 接收 |
| 中心频率/kHz | 40 | | | | | |
| 灵敏度/dB | >112 | >-60 | >100 | >-74 | >100 | -74 |
| 频带宽度/kHz | >7<br>(90 dB) | >6<br>(-74 dB) | >7<br>(90 dB) | >6<br>(-80 dB) | >1.5<br>(100 dB) | >2<br>(-80 dB) |
| 电容量/pF | 2 000 | | 1 600 | | 2 200 | |
| 绝缘电阻/MΩ | >100 | | | | | |
| 温度特性 | -20～60 ℃时,灵敏度<br>在-10 dB内变化 | | -20～60 ℃时,灵敏度<br>在-10 dB内变化 | | -30～80 ℃时,灵敏度<br>在-10 dB内变化 | |

### 3. UCM-40-T/R 超声波发射/接收传感器

UCM-40-T/R 超声波发射/接收传感器的外形、尺寸及特性均与 T/R-40-XX 系列基本相同,主要技术参数如表 1.6.3 所列。

表 1.6.3　UCM-40-T/R 超声波发射/接收传感器的主要技术参数

| 型　　号 | UCM-40-T | UCM-40-R |
|---|---|---|
| 用　　途 | 发射 | 接收 |
| 中心频率/kHz | 40 | 40 |
| 灵敏度(40 kHz)/dB | -65 | 110 |
| 带宽(36～40 kHz)/dB | -73 | 96 |
| 电容量/μF | 1 700 | 1 700 |

| 绝缘电阻/MΩ | >100 | >100 |
|---|---|---|
| 最大输出电压/V | | 20 |
| 测试要求 | 发射器接40 kHz方波发生器,接收器接测试示波器。当方波发生器输出$U=15$ V(峰峰值),收发正对距离为30 cm时,示波器接收的方波电压≥500 mV | |

### 4. 美国 Honeywell 公司生产的 900 系列超声波精密接近传感器

900系列超声波精密接近传感器主要技术参数如表1.6.4所列。这些传感器具有以下4项功能。

① 背景抑制功能:只检测设定距离内的目标,而对被测物后面的背景材料不敏感。

② 高频载波功能:工作频率为$130\sim300$ kHz。远离典型的工业环境中噪声的频率$40\sim50$ kHz,能抵抗环境中空气和声音产生的干扰噪声。

③ 温度补偿功能:可根据周围环境空气温度的变化进行自动补偿,其内部的时间推移补偿温度变化的电路连续地调节传感器的设定点,调节范围为$\pm0.2\%\sim\pm0.5\%$,对应的补偿温度为$0\sim50$ ℃。

④ 阻通/同步信号设置功能:用来控制传感器的工作模式。当阻通/同步功能线接地时,传感器工作在阻通模式下,这样当两个或多个传感器安装得较近时,有可能会产生声波的干扰。这时可阻通多路传感器,保证在一个特定时刻只有一个传感器发射声波。另外,所有传感器的阻通功能线可以接在一起,使传感器在同一时刻同步地发射声波。

该传感器可广泛应用于液位或料位控制、装瓶或装罐时的液位控制、工件的有/无检测、高度/宽度测量以及距离测量等领域。

**表1.6.4 900系列超声波精密接近传感器的主要技术参数**

| 型 号 | 距离/mm | 声波发射角/(°) | 工作电压/V(DC) | 输出形式 | 重复精度 |
|---|---|---|---|---|---|
| 940 | $150\sim2\,000$ | $5.9\sim78.7$ | $18\sim30$ | 数字或者模拟 | ±1 mm |
| 941 | $200\sim1\,500$ | $7.87\sim59$ | $20\sim48$ | 两路可调数字或者模拟 $0\sim10$ V | ±1 mm |
| 942 | $150\sim6\,000$ | $5.9\sim236$ | $19\sim30$ | $0\sim10$ V 或 $4\sim20$ mA,二进制/十六进制数字 RS232 或者 RS485 可编程 | ±1 mm 或测量距离的$\pm0.2\%$ |

45

| 型　号 | 距离/mm | 声波发射角/(°) | 工作电压/V(DC) | 输出形式 | 重复精度 |
|---|---|---|---|---|---|
| 942 紧凑型 | 300~3 000 | 11.8~118 | 19~30 | 0~10 V 或 4~20 mA,二进制/十六进制数字 RS232 或者 RS485 可编程 | ±2 mm |
| 943 | 100~800 | | | 0~10 V 或 4~20 mA | ±1 mm 或测量距离的±0.2% |
| 945 – F/N | 100~500 | 3.9~19.7 | 19~30 | 数字或模拟 1~6 V | ±5 mm 或测量距离的±0.3% |
| 945 – L/S | 100~500 | 3.9~23.6 | 18~30 | | |
| 946 | 800~6 000 | 31.5~236 | 10~30 | 模拟 0~10 V 或 4~20 mA 双数字 | 可编程 |

## 1.6.2　基于 LM1812 超声波收发器的超声波遥控电路

### 1. LM1812 超声波收发器的主要技术性能与特点

LM1812 是一种性能优良的、既能发射又能接收超声波的超声波收发器集成电路。其主要技术参数如表 1.6.5 所列。LM1812 可以共用一个发射/接收超声波换能器(传感器),也可单独使用两个超声波换能器分别工作。使用时不用外接驱动电路,具有保护功能,且散热性好。检测器输出可输出 1 A 的峰值电流,在水中测距超过 30 m,在空气中测距超过 6 m,而发射功率可达 12 W(峰值)。器件具有互换性。其可广泛应用于遥控、报警和自动门控制等电路中。

**表 1.6.5　LM1812 的主要技术参数**

| 参数名称 | 测试条件 | 最小值 | 典型值 | 最大值 | 单　位 |
|---|---|---|---|---|---|
| 输入灵敏度 | | | 200 | 600 | μV(峰峰值) |
| 振荡发送输出 | $I_6 = 1$ A | | 1.3 | 3 | V |
| 发送器输出漏电流 | $V_6 = -36$ V | | 0.01 | 1 | mA |
| 检出器输出电压 | $I_{14} = 1$ A | | 1.5 | 3 | V |
| 发送开关阈值 | $I_8 = 1$ mA | 0.55 | 0.7 | 0.9 | V |
| 电流 | $I_1 + I_{12}$ | 5 | 8.5 | 20 | mA |
| 接收模式下⑧脚电压 | 接收模式 | | | 0.3 | V |
| 最高工作电压 | 发送模式 | 200 | 235 | | kHz |

### 2. LM1812 的引脚功能和封装形式

LM1812 超声波收发器采用 DIP – 18 脚双列直插塑料封装形式,其引脚功能分别如下:

引脚端 1 为第二级放大器输出端及振荡器外部元件连接端,外接电感典型值为 500 $\mu$H～50 mH,电容典型值为 250 pF～2.2 nF。

引脚端 2 为第二级放大器的输入端,外接电容典型值为 500 pF～10 nF。

引脚端 3 为第一级放大器的输出端,外接电阻典型值为 5.1 k$\Omega$。

引脚端 4 为第一级放大器的输入端,在接收工作模式时,接收发射器发出的微弱信号,外接电容为 100 pF～10 nF。

引脚端 5、10 和 15 为接地端。

引脚端 6 为发射器功率放大器输出端,外接电感典型值为 50 $\mu$H～10 mH。

引脚端 7 为发射器驱动器引脚端。

引脚端 8 为发射/接收功能转换开关端,外接电阻典型值为 1.0～10 k$\Omega$。

引脚端 9 为接收器延时工作模式控制端,外接电容典型值为 100 nF～10 $\mu$F。外接0.01 $\mu$F延时电容时,延时 1 ms;外接 1.0 $\mu$F 延时电容时,延时 10 ms。

引脚端 11 为检波器输出占空比限制端,外接电容典型值为 220 nF～2.2 $\mu$F。

引脚端 12 为电源电压正端,电源电压为 12～18 V。

引脚端 13 为发射器电源去耦端,外接电源去耦电容,电容典型值为 100～1 000 $\mu$F。

引脚端 14 为检波输出端,外接变压器 T 的 $L_P \geqslant 50$ mH,$N_S/N_P \approx 10$。

引脚端 16 为逻辑信号输出端。

引脚端 17 为脉冲积分器外接电阻、电容引脚端,外接电阻典型值为 20 k$\Omega$～+$\infty$(开路),外接电容典型值为 10 nF～10 $\mu$F。

引脚端 18 为脉冲积分器复位时间常数控制端,外接电容典型值为 1 nF～100 $\mu$F。

### 3. LM1812 的内部结构

LM1812 的内部结构方框图如图 1.6.3 所示。芯片内部包括脉冲调制 $LC$ 振荡器、高增益接收器、脉冲调制检测器及噪音抑制器等。

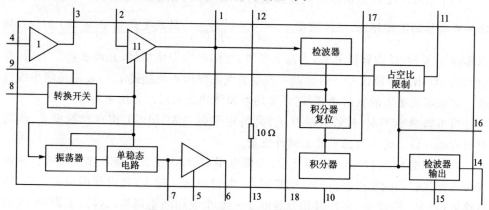

**图 1.6.3　LM1812 的内部结构方框图**

### 4. LM1812 的应用电路

LM1812 组成的超声波收发电路如图 1.6.4 和图 1.6.5 所示。图 1.6.4 所示电路中，$L_1$ 型号为 CLN‒1A901HM，$L_6$ 型号为 719VXA‒A018YSU，超声波传感器 X 型号为 R283E，收发距离为 4 英寸~6 英尺。图 1.6.5 所示电路中，$L_1$ 型号为 CLN‒2A900HM，$L_6$ 型号为 719VXA‒A017AO，超声波传感器 X 型号为 EFR‒OTB40K2，收发距离为 3~20 英尺。

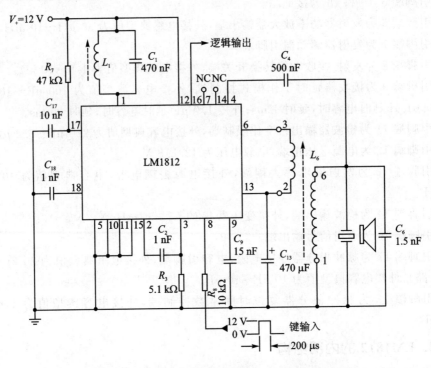

**图 1.6.4　LM1812 组成的 200 kHz 超声波收发电路**

一个 LM1812 组成的超声波遥控电路如图 1.6.6 所示。电路中 $L_1$、$C_4$ 决定电路发射或接收的工作频率，工作频率 $f_o = \dfrac{1}{(2\pi\sqrt{L_1 C_4})}$，最高工作频率为 320 kHz。当引脚端 8(发射/接收转换开关)为高电平时，电路产生振荡信号，并经驱动放大后，在引脚端 6 输出超声波信号。引脚端 6 的输出电流峰值不能超过 1 A，以避免输出级过载。如果需要更大的发射功率，则可采用外加脉冲放大器的方法来实现。

当引脚端 8(发射/接收转换开关)为高电平时，LM1812 工作在发射模式，此时由引脚端 6 输出的超波信号开始向外发射。

当引脚端 8(发射/接收转换开关)为低电平时，LM1812 工作在接收模式。超声波接收器接收到的超声波信号经电容耦合，由引脚端 4 输入，经内部两级放大后，进行检波，经 $R_2$、$C_7$ 滤波，再经过积分延时 1~10 个发送频率周期，这时，引脚端 16 和

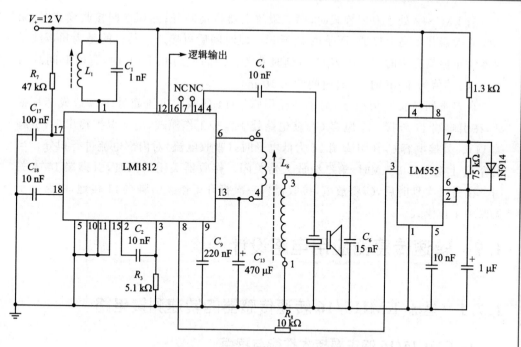

**图 1.6.5　LM1812 组成的 17.40 kHz 超声波收发电路**

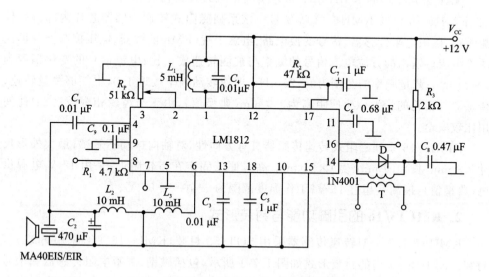

**图 1.6.6　LM1812 组成的超声波遥控电路**

14 变成低电平,最后经输出变压器 T 输出,控制负载工作。

　　为了保证发射/接收可靠转换,在引脚端 9 增加了外接电容 $C_9$,使电路处在延时工作模式。

当 LM1812 处于发射模式时，第二级放大器自动断开；当切换回接收模式时，第二级放大器并不马上接通，而是由 $C_2$ 延迟一段时间后再接通。其目的是为超声波发生器停止振荡提供时间。电容 $C_2$ 与延时有关：$C_2$ 的值为 $0.1\ \mu F$ 时，延时时间约为 $1\ ms$；$C_2$ 的值为 $1\ \mu F$ 时，延时时间约为 $10\ ms$。

在多重回波接收情况下，为了防止引脚端 14 的吸收电流超过 1 A 造成芯片损坏，在引脚端 11 外接一个电容 $C_6$，使电路处于保护工作模式，用来保护输出端（引脚端 14）。外接电容 $C_6$ 在引脚端 14 为低电平时，（吸收电流）对内部电流进行积分。当电容 $C_6$ 上电压达 0.7 V 时，第二级放大器关闭。接收器关闭的同时，引脚端 14 也关闭。在另一次延时后，$C_6$ 将放电，接收器再一次打开工作。引脚端 11 接地，电路处于无保护工作模式。

## 1.7 转速传感器应用电路设计

### 1.7.1 基于 KMI15/16 转速传感器的转速测量电路

#### 1. KMI 15/16 的主要技术性能与特点

NXP 公司生产的 KMI15/16 系列集成磁阻式转速传感器有 KMI15 - 1、KMI15 - 2、KMI15 - 4 以及 KMI16 - 1 等型号。该系列磁阻式转速传感器芯片内部由高性能磁钢、磁敏电阻传感器、信号变换电路、电磁干扰（EMI）滤波器、电压控制器及恒流源等组成。输出的方波电流信号的频率与被测转速成正比；电流信号的变化幅度为 $7 \sim 14\ mA$；测量频率的范围为 $0 \sim 25\ kHz$，即使转动频率接近于 0，也能够测量转速；传感器与齿轮的最大磁感应距离为 2.9 mm（典型值），由于与齿轮相距较远，因此使用比较安全。

KMI15/16 系列磁阻式转速传感器具有方向性，对轴向振动不敏感；最大外形尺寸为 8 mm（长）×6 mm（宽）×21 mm（高），便于固定在齿轮附近；采用 12 V 电源供电（典型值），最高不超过 16 V；工作温度范围为 $-40 \sim +85\ ℃$。

#### 2. KMI 15/16 的引脚功能与封装形式

KMI15 - 1/2/4 型转速传感器采用 SOT453 封装，KMI - 16/1/2 采用 SOT477 封装。KMI15 - 1 型的封装形式如图 1.7.1 所示，包括磁钢、磁敏电阻传感器和信号变换器电路三部分。封装将信号变换器电路与传感器分开，可以使信号变换器电路处于较低的环境温度中，以改善传感器的高温工作性能。两个引脚分别为接 12 V 电源端（$V_{CC}$）和方波电流信号输出端（$V_-$）。

#### 3. KMI 15/16 的内部结构与工作原理

KMI15/16 系列磁阻式转速传感器的内部电路和结构方框图如图 1.7.2 和

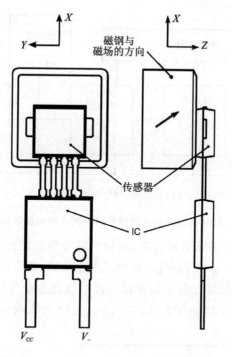

**图 1.7.1　KMI15－1 型转速传感器的封装形式**

图 1.7.3 所示,主要包括磁敏电阻传感器、前置放大器、施密特触发器、开关控制式电流源、恒流源以及电压控制器等。

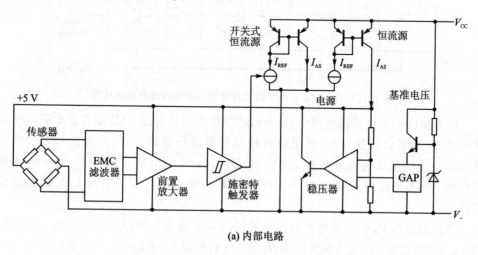

(a) 内部电路

**图 1.7.2　KMI15 系列磁阻式转速传感器的内部电路和结构方框图**

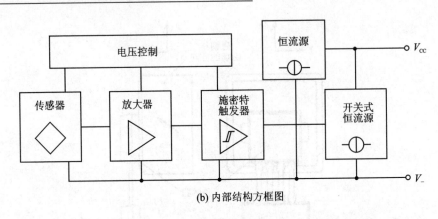

(b) 内部结构方框图

**图 1.7.2  KMI15 系列磁阻式转速传感器的内部电路和结构方框图(续)**

传感器桥路由 4 只磁敏电阻构成，测量时需安装固定在靠近齿轮的地方。当齿轮沿 Y 轴方向转动时，由于气隙处的磁感线发生变化，磁路中的磁阻也随之改变，在传感器上就产生了电信号。由于传感器的磁感线发生变化而产生电信号的过程如图 1.7.4 所示。图 1.7.4（e）中的 $V_{MAX+}$、$V_{MAX-}$ 分别代表信号电压的最大值和最小值。

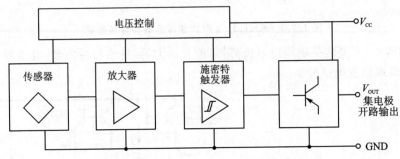

**图 1.7.3  KMI16 系列磁阻式转速传感器的内部结构方框图**

在 KMI15-1 传感器电路中，传感器产生的电信号通过 EMI 滤波器滤除高频电磁干扰，经前置放大器放大，利用施密特触发器进行整形，获得控制信号 $V_K$，再将其加到开关控制式电流源的控制端。KMI15-1 的输出电流信号 $I_{CC}$ 是由恒流源提供的 7 mA 恒定电流 $I_H$ 和由开关控制式电流源输出的可变电流 $I_K$ 二者叠加而成的。

当控制信号 $V_K=0$（低电平）时，开关控制式电流源关断，$I_{CC}=I_K+I_H=7$ mA。当 $V_K=1$（高电平）时，电流源被接通，$I_K=7$ mA，使得 $I_{CC}=I_H+I_K=7$ mA+7 mA=14 mA，从 $V_-$ 端输出的方波电流信号波形如图 1.7.5 所示。

电压控制器是一个并联调整式稳压器，可为传感器提供稳定的工作电压 $V_C$。

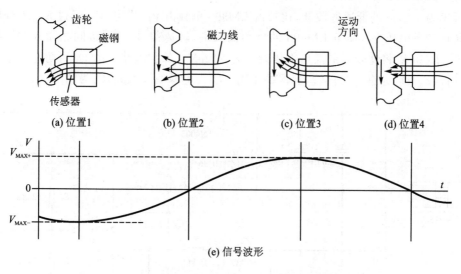

(a) 位置1　　(b) 位置2　　(c) 位置3　　(d) 位置4

(e) 信号波形

**图 1.7.4　传感器的磁感线发生变化与电信号的产生示意图**

### 4. KMI15/16 的应用电路

#### (1) 典型应用电路

厂商推荐的 KMI15-1 型集成转速传感器应用电路形式如图 1.7.6 所示。转速传感器输出的方波电流信号,在负载电阻 $R_L$(通常取 $R_L=115\ \Omega$)与负载电容 $C_L$(通常取 $C_L=0.1\ \mu F$)上形成转速信号 $V_o(f)$。KMI15-1 输出的是转动频率 $f$(单位是 Hz,即"次/s"),将 $f$ 除以齿轮上的齿数 $N$,并将时间单位改成 min,即可得到转速 $n(r/min)$: $n=(60f)/N$。

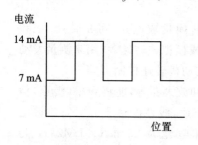

**图 1.7.5　$V_-$ 端输出的方波
电流信号波形**

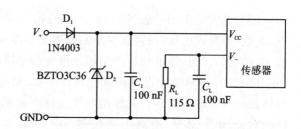

**图 1.7.6　推荐的 KMI15-1 型集成转速
传感器应用电路形式**

在图 1.7.6 所示电路中,由二极管 $D_1$、稳压管 $D_2$ 和电容 $C_1$ 构成了静电放电 (ESD)保护电路,可吸收 2 kV 的 ESD 电压,对芯片起到保护作用。

在存放 KMI15/16 集成转速传感器时,须注意不要将多个芯片放在一起,以免互相磁化。

#### (2) 适合数字信号处理的转速测量电路

适合数字信号处理的转速测量电路如图 1.7.7 所示。图中,$R_2$、$R_3$ 和 $C_4$ 构成上限频率为 1 kHz 的低通滤波器，比较器 LM393 单独由 $V_{DD}$ 供电，$V_{DD}$ 经过 $R_4$、$R_5$ 分压后获得参考电压 $V_1$，加至 LM393 的反相输入端，转速信号 $V_2$ 则接同相输入端。利用 $R_8$、$R_9$ 和 $R_6$ 将比较器的滞后电压设定为 50 mV。保护电路中的 $D_1$ 可防止将电源极性接反。$D_2$ 为钳位二极管，起保护作用。$C_2$ 为电源滤波电容，$C_3$ 为消噪电容。

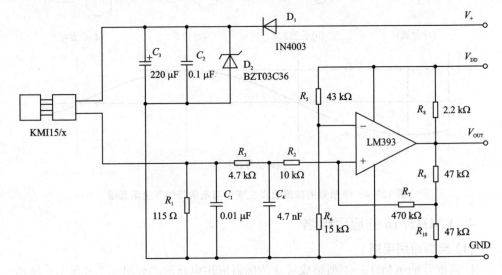

**图 1.7.7　适合数字信号处理的转速测量电路**

## 1.7.2　基于 LM2907/LM2917 F/V 转换器的转速测量电路

### 1. LM2907/LM2917 的主要技术性能与特点

LM2907/LM2917 是 NS 公司生产的频率/电压转换集成电路，可将转速（或频率、转数）转换成电压，只需接少量的外围元件即可构成模拟式转速表，用来测量发动机、电动机的转速，还可构成汽车超速报警指示器和发动机转速控制器等。

LM2907/LM2917 芯片内部包含比较器、充电泵和放大器等，能将频率（转速）信号转换成直流电压信号。其输出电压与被测频率成正比，线性度达 $\pm 0.3\%$；电源电压的典型值为 12 V，最高不得超过 28 V，最大工作电流为 28 mA。LM2917 与 LM2907 的区别是在内部 $V_{CC}$ 端与 GND 之间增加了一只 7.6 V 稳压管，利用它可提高电源的稳定性。比较器的滞后电压为 30 mV，利用滞后特性可抑制外界噪声干扰。

### 2. LM2907/LM2917 的引脚功能、封装形式与内部结构

LM2907/LM2917 有两种封装形式：N08E（DIP - 8）和 N14A（DIP - 14），如图 1.7.8 所示。其引脚端功能如表 1.7.1 所列。

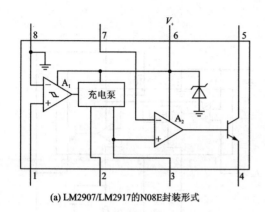 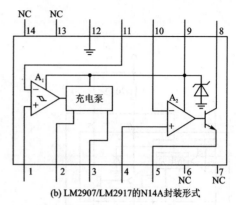

(a) LM2907/LM2917的N08E封装形式　　　　(b) LM2907/LM2917的N14A封装形式

**图 1.7.8　LM2907/LM2917 引脚封装形式及其内部结构**

**表 1.7.1　LM2907/LM2917 引脚端功能**

| 引　脚 | | 符　号 | 功　能 |
|---|---|---|---|
| N08E(DIP-8) | N14A(DIP-14) | | |
| 6 | 9 | $V_{CC}$ | 电源正端 |
| 8 | 12 | GND | 地 |
| 1 | 1 | F+ | 转速(或频率)信号同相输入端 |
| 2 | 2 | $C_1$ | 充电泵的外部阻容元件端,其中的 $C_1$ 端接定时 |
| 3 | 3 | $R_1/C_2$ | 电容,$R_1/C_2$ 端接定时电阻和滤波电容 |
| 4 | 5 | $V_O$ | 输出电压端 |
| 5 | 8 | $V_C$ | 晶体管集电极引出端 |
| 7 | 10 | VF− | 内部放大器的反相输入端 |
| | 11 | F− | 转速(或频率)信号反相输入端 |
| | 4 | VF+ | 内部放大器的同相输入端 |
| | 6,7,13,14 | NC | 未连接 |

LM2907/LM2917 内部主要包括输入比较器 $A_1$、充电泵、放大器 $A_2$ 和集电极开路的输出级,最大输出电流为 50 mA,内部稳压管稳压电压为 7.6 V(LM2907 无内部稳压管)。

### 3. LM2907/LM2917 的应用电路

#### (1) 频率电压($F/V$)转换电路

由 LM2907/LM2917 构成的频率/电压($F/V$)转换电路如图 1.7.9(a)和(b)所示。被测频率信号 $f$ 输入到 LM2907/LM2917 的引脚端 1,在电路中转换为电压信号,并在引脚端 4(或者引脚端 5)输出。LM2917 构成的频率/电压($F/V$)转换电路采用二阶 Butterworth 滤波器,以减少电压纹波。

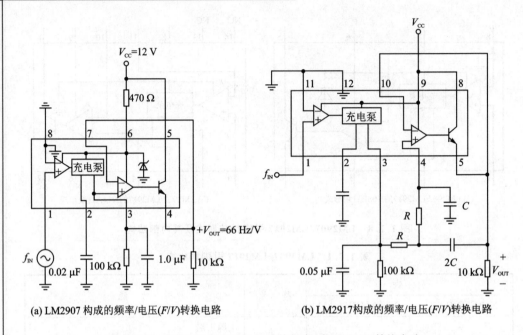

(a) LM2907 构成的频率/电压(F/V)转换电路　　(b) LM2917构成的频率/电压(F/V)转换电路

图 1.7.9　LM2907/LM2917 构成的频率/电压($F/V$)转换电路

**(2) 转速表电路**

由 LM2907/LM2917 构成的转速表电路如图 1.7.10 所示。利用磁阻式转速传感器(或者光电式转速传感器、霍尔元件式转速传感器)获取转速信号,齿盘就固定在旋转轴上,在齿盘上加工有多个(例如 60 个)等间隔的齿。传感器内部包含永久磁铁

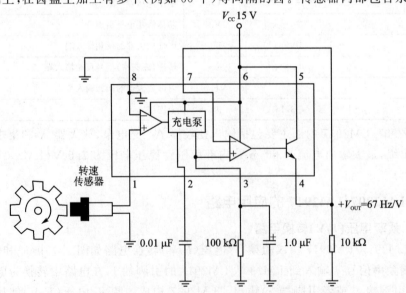

图 1.7.10　LM2907/LM2917 构成的转速表电路

和感应线圈,与齿盘的间隙调整到大约 1 mm。当齿盘旋转时,间隙处的磁阻就发生变化,在线圈上可感应出电脉冲信号。齿盘每旋转一周,传感器就发出多个(例如 60 个)脉冲信号 $f$。脉冲信号 $f$ 通过 LM2907 完成频率/电压($F/V$)转换。

# 1.8　加速度传感器应用电路设计

## 1.8.1　基于 ADXL05 加速度传感器的加速度测量电路

### 1. ADXL05 的主要技术性能与特点

AD 公司生产的 ADXL05、ADXL105、ADXL190、ADXL202 和 ADXL210 系列单片加速度传感器集成电路(也称为加速度计,Accelerometer),可用来测量重力加速度,可测量由振动、冲击所产生的加速度、速度和位移等参数,还可测量倾斜角。测量信号输出有模拟信号输出和数字信号输出两种形式。ADXL05 和 ADXL105 属于模拟电压输出式,ADXL202 和 ADXL210 则属于数字输出式。按测量加速度的轴向来划分:ADXL05 和 ADXL105 属于单轴加速度传感器,只能测量沿 $X$ 轴方向的加速度;ADXL202、ADXL210 属于双轴加速度传感器,可同时测量沿 $X$ 轴和 $Y$ 轴两个方向的加速度。

ADXL05 单片加速度传感器在芯片中集成了一个完整的加速度测量系统,内部包含硅电容式加速度传感器和信号调理器,属于力平衡式加速度传感器。测量加速度时,满量程为 $\pm 1 \sim \pm 5$ g($1$ g $= 9.8$ m/s$^2$),分辨力可达 $0.005$ g,输出电压比例系数为 $200$ mV/g$\sim 1$ V/g,满量程时的非线性误差为 $\pm 0.2\%$,谐振频率为 $12$ kHz;过载能力强,在 $0.5$ s 内可承受 $1000$ g 的冲击;电源电压范围为 $+4.75 \sim +5.25$ V,典型值 $5$ V,工作电流约为 $8$ mA。利用重力加速度可以校准传感器的极性。芯片还具有自检功能,可检测传感器或外围元件是否发生故障。

### 2. ADXL05 的引脚功能与封装形式

ADXL05 采用 TO‐100 封装,其引脚封装形式如图 1.8.1 所示。敏感轴方向在引脚端 5 和 10 之间,传感器对这个方向上的惯性力(或振动)最为敏感。

引脚端 $1$($V_{CC}$)接 $+5$ V 电源,引脚端 5($COM$)为公共地。引脚端 2 和 3 脚($C_1$)之间接电容 $C_1$,用来设定解调器的带宽。引脚端 4($C_2$)与地之间接入振荡器的滤波电容 $C_2$。引脚端 6($V_{REF}$)为内部 $3.4$ V 基准电压输出端。引脚端 7($ST$)为数字自检电平输入端,与 TTL 和 CMOS

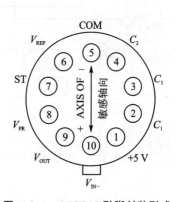

**图 1.8.1　ADXL05 引脚封装形式**

兼容,接高电平后进入自检模式。$V_{PR}$ 为前置放大器输出端,输出电压 200 mV/g(加速度)。$V_{OUT}$ 为缓冲放大器的输出端。$V_{IN-}$ 为缓冲放大器的反相输入端,可接入由用户设定的输入电压。

### 3. ADXL05 的内部结构与工作原理

ADXL05 加速传感器集成电路的内部结构方框图和功能示意图如图 1.8.2 所示。芯片内部包括 1 MHz 方波振荡器、加速度传感器、同步解调器、前置放大器、基准电压源及缓冲放大器等。基准电压源产生 3.4 V、1.8 V 和 0.2 V 三种基准电压,其中的 3.4 V 基准电压从 $V_{REF}$ 引脚输出,1.8 V 作为缓冲放大器的参考电压。引脚端 $V_{PR}$、$V_{IN-}$ 和 $V_{OUT}$ 外接电阻 $R_1$、$R_2$ 和 $R_3$。改变 $R_1$、$R_2$ 和 $R_3$ 的电阻值可以改变输出电压 $V_{OUT}$,它们之间的关系如下:

$$V_{OUT} = \left[ \frac{R_3}{R_1} \times (1.8\ V - V_{PR}) \right] + \left( \frac{R_3}{R_2} \times 1.8 \right) + 1.8\ V$$

外接电容 $C_1$ 用来设定同步解调器 $-3$ dB 带宽,$C_2$ 为振荡器去耦电容,$C_3$ 为电源去耦电容。

### 4. ADXL05 的应用电路

#### (1) 直流耦合式

ADXL05 的直流耦合式应用电路如图 1.8.2 所示。外接电阻 $R_1 = 50$ kΩ、$R_2 = 274$ kΩ、$R_3 = 100$ kΩ 时,加速度测量范围为 ±5 g,输出刻度系数为 400 mV/g。在 0 g 时,$V_{OUT} = 2.5$ V,输出摆幅为 ±2.0 V,$-3$ dB 增益带宽为 1.6 kHz。

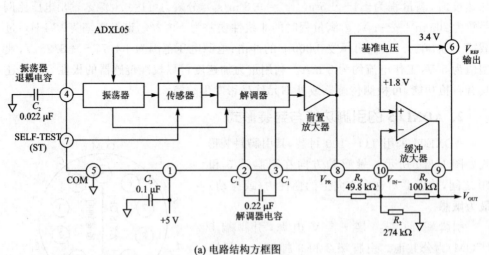

(a) 电路结构方框图

**图 1.8.2 ADXL05 加速传感器集成电路的内部结构方框图和功能示意图**

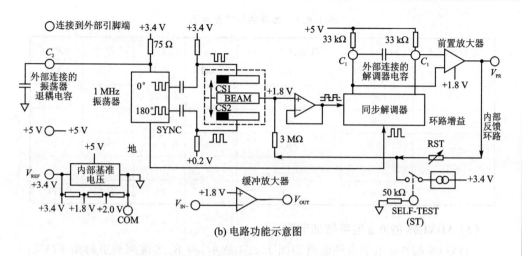

(b) 电路功能示意图

**图 1.8.2　ADXL05 加速传感器集成电路的内部结构方框图和功能示意图(续)**

### (2) 交流耦合式

在运动敏感和振动测量时,常采用交流耦合式应用电路。ADXL05 的交流耦合式应用电路如图 1.8.3 所示,在前置放大器输出和缓冲放大器输出之间连接耦合电容 $C_4$,能起到隔直流的作用。由 $R_1$、$C_4$ 构成的高通滤波器下限截止频率为 $f_L = 1/(2\pi R_1 C_4)$。推荐的外接元件值如表 1.8.1 所列。其中,$R_2$ 为在 0 g,$V_{OUT} = 2.5$ V 条件下的测量值。

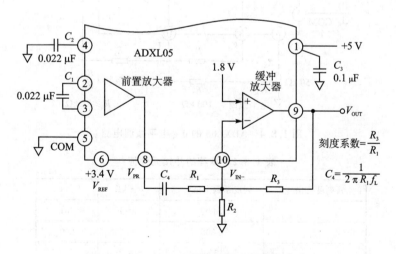

刻度系数 $= \dfrac{R_3}{R_1}$

$C_4 = \dfrac{1}{2\pi R_1 f_L}$

**图 1.8.3　ADXL05 的交流耦合式应用电路**

表 1.8.1 推荐的外接元件值

| 满刻度范围 /g | 刻度系数 /(mV/g) | 下限截止频率 $f_L$ /Hz | $R_1$ /kΩ | $C_4$ /μF | $R_3$ /kΩ | $R_2$ /kΩ |
|---|---|---|---|---|---|---|
| ±2 | 1 000 | 30 | 49.9 | 0.10 | 249 | 640 |
| ±5 | 400 | 30 | 127 | 0.039 | 249 | 640 |
| ±2 | 1 000 | 3 | 49.9 | 1.0 | 249 | 640 |
| ±5 | 400 | 1 | 127 | 1.5 | 249 | 640 |
| ±5 | 400 | 0.1 | 127 | 15 | 249 | 640 |

**(3) ADXL05 的 0 g 电平微调电路**

ADXL05 的 0 g 电平微调电路如图 1.8.4 所示,将 $R_2$ 连接到与引脚端 6($V_{REF}$) 连接的电位器 $R_X$ 上,可以实现 0 g 电平的微调。推荐的外接元件值如表 1.8.2 所列。

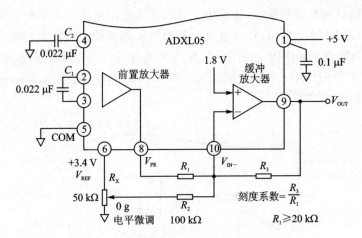

图 1.8.4 ADXL05 的 0 g 电平微调电路

表 1.8.2 推荐的外接元件值

| 满刻度范围/g | 刻度系数/(mV/g) | $R_1$/kΩ | $R_3$/kΩ |
|---|---|---|---|
| 1 | 2 000 | 30.1 | 301 |
| 2 | 1 000 | 40.2 | 200 |
| 4 | 500 | 40.2 | 100 |
| 5 | 400 | 49.2 | 100 |

**(4) ADXL05 的滤波器电路**

一个具有 0 g 电平微调、刻度系数微调、低通滤波器的 ADXL05 直流耦合式应用电路如图 1.8.5 所示。推荐的外接元件值如表 1.8.3 所列。

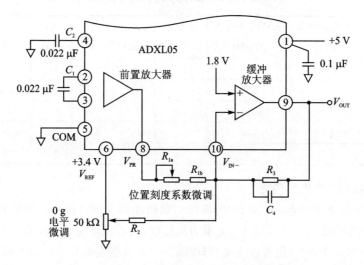

**图 1.8.5　具有 0 g 电平微调、刻度系数微调、低通滤波器的直流耦合式应用电路**

**表 1.8.3　推荐的外接元件值**

| 满刻度范围/g | 刻度系数/(mV/g) | 3 dB 带宽/Hz | $R_{1a}$/kΩ | $R_{1b}$/kΩ | $R_3$/kΩ | $R_2$/kΩ | $C_4$/μF |
|---|---|---|---|---|---|---|---|
| 1 | 2 000 | 10 | 10 | 24.9 | 301 | 100 | 0.056 |
| 2 | 1 000 | 100 | 10 | 35.7 | 200 | 100 | 0.008 2 |
| 4 | 500 | 200 | 10 | 35.7 | 100 | 100 | 0.008 2 |
| 5 | 400 | 300 | 10 | 45.3 | 100 | 100 | 0.005 6 |

一个具有带通滤波器功能的 ADXL05 交流耦合式应用电路如图 1.8.6 所示。推荐的外接元件值如表 1.8.4 所列。其中，$R_2$ 为在 0 g、$V_{OUT}$ = 2.5 V 条件下的测量值。

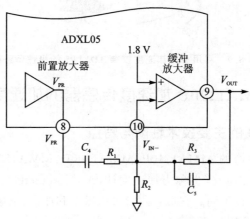

**图 1.8.6　具有带通滤波器功能的交流耦合式应用电路**

**表 1.8.4　推荐的外接元件值**

| 刻度系数 /(mV/g) | 下限截止频率 $f_L$/Hz | 上限截止频率 $f_H$/Hz | 满刻度范围 | $R_1$ /kΩ | $R_3$ /kΩ | $R_2$ /kΩ | $C_4$ /μF | $C_5$ /μF |
|---|---|---|---|---|---|---|---|---|
| 1 000 | 30 | 300 | 1 g | 49.9 | 249 | 640 | 0.10 | 0.002 |
| 200 | 30 | 300 | 1 g | 24 9 | 249 | 640 | 0.022 | 0.002 |
| 1 000 | 3 | 100 | 2 g | 49.9 | 249 | 640 | 1.0 | 0.006 8 |
| 200 | 1 | 100 | 4 g | 249 | 249 | 640 | 0.68 | 0.006 8 |
| 200 | 0.1 | 10 | 5 g | 249 | 249 | 640 | 6.8 | 0.068 |

**（5）ADXL05 的极性校准**

利用重力加速度校准 ADXL05 的极性示意图如图 1.8.7 所示。当敏感轴与地面平行时，传感器的输出电压对应于 0 g 重力加速度；当敏感轴与地面垂直并且方向朝下时，输出电压对应于 -1 g 重力加速度；当敏感轴与地面垂直并且方向朝上时，输出电压对应于 +1 g 重力加速度。

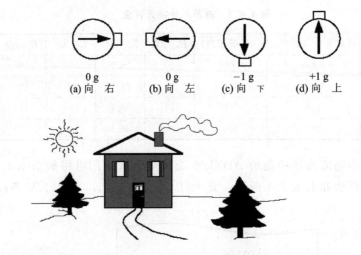

图 1.8.7　利用重力加速度校准 ADXL05 的极性示意图

## 1.8.2　基于 MMA1220D 加速度传感器的加速度测量电路

### 1. MMA1220D 的主要技术性能与特点

Freescale 公司生产的 MMA1210P、MMA1200D、MMA1220D 和 MMA1260D 系列加速度传感器集成电路（也称为加速度计，Accelerometer），各型号工作原理相同，主要区别是量程指标不同。它适合测量机械振动和冲击、机械轴承检测以及计算机硬盘驱动器保护等应用。

MMA1220D 在芯片中集成了一个完整的加速度测量系统,内部包含微型硅电容式加速传感器、CMOS 信号调理器、贝塞尔(Bessel)滤波器、温度补偿、自检和故障检测等。其测量范围为 $0\sim11$ g;0 g 所对应的输出电压 $V_{OOF}=V_{DD}/2=2.5$ V;灵敏度 $S=250$ mV/g;输出阻抗为 300 $\Omega$;非线性为$(-1.0\%\sim+3.0\%)$FS;电源电压范围为 $4.75\sim5.25$ V,典型值为 5 V;电源电流为 5.0 mA;工作温度范围为 $-40\sim+85$ ℃。此外,它还具有自检和自校准功能。

### 2. MMA1220D 的引脚功能与封装形式

MMA1220D 采用 SOIC-16 封装,引脚封装形式如图 1.8.8 所示。引脚端 4(ST)为自检控制(逻辑电平输入);引脚端 5($V_{OUT}$)为加速度计输出电压;引脚端 6(STATUS)为故障指示输出(逻辑电平输出);引脚端 7($V_{SS}$)为电源电压负端;引脚端 8($V_{DD}$)为电源电压正端;其他引脚端(N/C)为未连接。

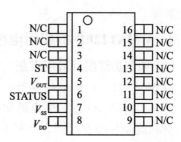

**图 1.8.8　MMA1220D 引脚封装形式**

### 3. MMA1220D 的内部结构与工作原理

MMA1220D 的内部结构方框图见图 1.8.9,主要包括加速度传感器(G-Cell Sensor)、积分器(Integrator)、放大器(Gain)、贝塞尔滤波器(Filter)、温度补偿电路及输出级(Temp Comp)、时钟发生器(Clock Gen)、振荡器(Oscillator)、控制逻辑和 EPROM 的调整电路(Control Logic & EPROM Trim Circuits)与自检电路(SELF-TEST)。

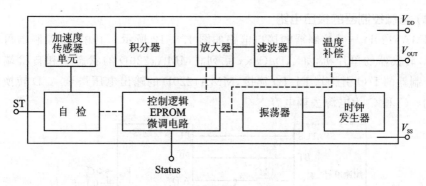

**图 1.8.9　MMA1220D 的内部结构方框图**

加速度传感器的物理模型与等效电路如图 1.8.10 所示。加速度传感器是采用硅半导体材料制成的电容传感器,有三个极板,能构成两只背靠背的电容。上下两个极板是固定的,分别接 A、B 端;中心极板是可动的,接 O 端。当受到振动或冲击时,中心极板就发生移位,$C_{AO}$ 和 $C_{BO}$ 的电容量 $C_1$、$C_2$ 随极板之间距离的变化而改变。当受到向上的加速度时(如图 1.8.10 所示),中心极板在惯性力的作用下使得 $C_{AO}$ 和

全国大学生电子设计竞赛电路设计(第3版)

$C_{BO}$ 的电容量变化,从中可获取加速度信号。该信号经过积分器和放大器,送至贝塞尔滤波器。贝塞尔滤波器能提供一个平坦的延时响应,可保证脉冲波形的完整性。由于该滤波器采用了开关电容技术,故不接外部阻容元件也可设置滤波器的截止频率。

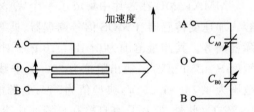

**图 1.8.10 传感器的物理模型与等效电路**

### 4. MMA1220D 的应用电路

#### (1)典型加速度计应用电路

由 MMA1220D 构成的典型加速度计应用电路如图 1.8.11 所示。$C_1$ 为电源去耦电容。引脚端 5($V_{OUT}$)输出的加速度计电压,由 $R_1$ 和 $C_2$ 构成低通滤波器滤波后输出。引脚端 4(ST)连接到高电平时,在上升沿时刻可使芯片初始化(复位)。引脚端 6(STATUS)检测到故障时,输出高电平信号。

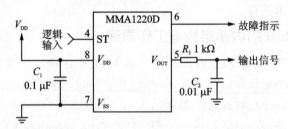

**图 1.8.11 MMA1220D 构成的典型加速度计应用电路**

#### (2)与微控制器的接口电路

MMA1220D 与微控制器的接口电路如图 1.8.12 所示。其中,微控制器可选用带 A/D 转换器的单片机,如 AD$\mu$C8xx 系列。MMA1220D 的状态端和自检端分别与微控制器的 I/O 引脚端 P1,P0 连接,MMA1220D 的输出电压送至 A/D 转换器的输入端。$C_1$ 和 $C_2$ 为电源去耦电容。

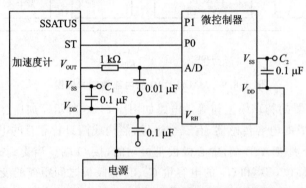

**图 1.8.12 MMA1220D 与微控制器的接口电路**

### （3）自校准方法

利用重力加速度校准 MMA1220D 的方法如图 1.8.13 所示。当 MMA1220D 水平正放时，传感器的输出电压对应于 $+1$ g 的重力加速度，$V_{OUT}=2.75$ V；当 MMA1220D 水平倒放时，传感器的输出电压对应于 $-1$ g 的重力加速度，$V_{OUT}=2.25$ V；当 MMA1220D 垂直放置时，传感器的输出电压对应于 0 g 的重力加速度，$V_{OUT}=2.50$ V。

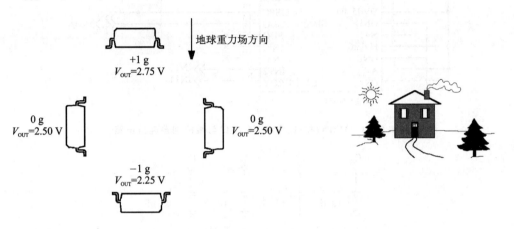

**图 1.8.13　利用重力加速度校准 MMA1220D 的方法**

## 1.8.3　基于 MMA745xL 数字输出的加速度测量电路

### 1. MMA745xL 的主要技术特性

MMA745xL 系列是一款数字输出（$I^2C$/SPI）、低功耗、紧凑型电容式微机械加速度计，具有信号调理、低通滤波器、温度补偿、$Z$ 轴自测、可配置通过中断引脚（INT1 或 INT2）检测 0 g 以及脉冲检测（用于快速运动检测）等功能。0 g 偏置和灵敏度是出厂配置，无需外部器件。用户可使用指定的 0 g 寄存器和 g-Select 量程选择对 0 g 偏置进行校准，量程可通过编程命令选择 3 个加速度范围（2 g/4 g/8 g）。灵敏度在 2 g/8 g 10 位模式时为 64 LSB/g，8 位模式的可选择灵敏度为 $\pm 2$ g，$\pm 4$ g，$\pm 8$ g。电源电压为 2.4～3.6 V，具有待机模式。

另外，MMA7660FC 也是一个数字输出（$I^2C$）电容式微电机加速计。

### 2. MMA745xL 的应用电路

MMA745xL 采用 $I^2C$ 接口与微控制器连接电路如图 1.8.14 所示，采用 SPI 接口与微控制器连接电路如图 1.8.15 所示。

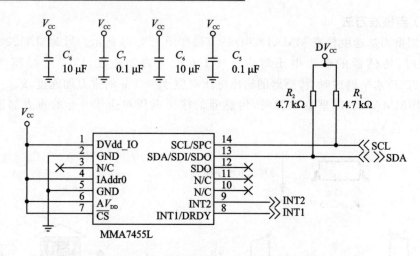

图 1.8.14 MMA745xL 采用 $I^2C$ 接口与微控制器连接电路

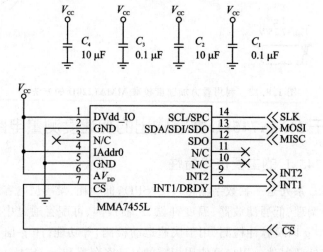

图 1.8.15 MMA745xL 采用 SPI 接口与微控制器连接电路

# 1.9 光电传感器应用电路设计

## 1.9.1 基于红外光电传感器的检测电路

红外光电传感器品种繁多,有红外发光二极管(LED)、光电接收二极管、光电接收三极管、阻挡弱光的光电三极管、光电接收达林顿管、光电施密特接收管、反射式光电组件、光电施密特对射组件、对射式编码检测器和条形码传感器等。红外光电传感器的生产厂商较多,下面以 Honeywell 公司生产的产品为例进行介绍。

### 1. 红外发光二极管(LED)

Honeywell 公司生产的 SE1450/70、SE2460/70、SE3450/55/70、SE5450/55/70、SEP8505/8706 等系列红外发光二极管,波长为 880/935(mm),光谱宽度为 50/80(nm),正向电压为 1.6~1.9 V。红外 LED 输出功率单位有三种表示法:总光功率输出量级为 mW,例如 SE1450 - 004 输出功率为 1 mW;光功率测量点在距透镜顶端 13.6 mm 的 2.64 mm 孔径处量级为 $mW/cm^2$,例如 SE3450 - 014 为 1.50 $mW/cm^2$;光功率测量点在距透镜顶端 23.4 mm 的 2.64 mm 孔径处(0.01 球面度)量级为 mW/Sr,例如 SE2470 - 002 为 6.00 mW/Sr。红外 LED 有金属外壳气密封装和塑料封装等形式,波长为 935 mm 的是采用砷化镓(GaAs)材料,波长为 880 nm 的是采用砷化铝镓(AlGaAs)材料。红外 LED 的光束发散角定义为半光功率线间的夹角。封装形式不同,则光束发散角也不同:同轴为 24°;子弹型为 18°;TO - 46 型平面镜为 90°;TO - 46 型球面镜为 20°;T - 1 封装为 15°;侧发光塑封装为 50°。

### 2. 光电接收器

光电接收器有光电接收二极管、光电接收三极管、阻挡弱光的光电三极管、光电接收达林顿管以及光电施密特接收管等。

Honeywell 公司生产有 SD1420/2420/3421/5421 系列光电接收二极管、SD1440/2440/3443/54435491 和 SDP8405/8406 系列光电接收三极管、SD1410/2410/3410/5410 和 SDP8105/8106 系列光电接收达林顿管、SD5600/10/20/30 和 SDP8600/8610/8611/8612 系列光电施密特接收管。封装形式不同,则接收角度也不同:同轴为 24°、子弹型为 18°;TO - 46 型平面镜为 90°;TO - 46 型球面镜为 18°;TO - 18 型球面镜为 12°;T - 1 封装为 20°;侧接收塑封为 50°。

光电接收二极管的输出上升和下降时间为 50 ns(TO - 46 型球面镜封装为 15 ns);当 $I_R = 10\ \mu A$ 时,反向击穿电压最小值为 50 V(TO - 46 型球面镜封装为 75 V)。除 SDP8276 光源为 935 nm 波长的 LED 外,其余光电二极管的光源为 287 K 色温的钨灯。

光电接收三极管的输出上升时间和下降时间分别为 15 ns(TO - 46 型球面镜封装为 2 ns);当 $V_{ce} = 10$ V 时,集电极暗电流最大值为 100 $\mu A$;C - E 极最小击穿电压为 30 V($I_c = 100\ \mu A$),E - C 极最小击穿电压为 5 V($I_E = 100\ \mu A$)。

阻挡弱光的光电三极管在内部基极和发射极间有一个分流电阻,当入射光加大到超过阈值(拐点)时,光电三极管才充当一个标准的光电三极管。它适用于要求抵制环境光线干扰的应用中,以及当阻断物为半透明的物体时的对射的应用中。在反射的应用中,当可能出现背景反射时,这种器件可以提高对比度。阻挡弱光的光电三极管有 SDP8475 - 201 和 SDP8476 - 201 两种型号:SDP8475 - 201 的光电流斜率 $I_{LSlope} = 4 \sim 14$ mA/$mW/cm^2$,拐点 $I_{TH} = 0.125$ $mW/cm^2$,接收角为 20°,采用 T - 1 型塑料封装;SDP8476 - 201 的光电流斜率 $I_{LSlope} = 1 \sim 6$ mA/$mW/cm^2$,拐点 $I_{TH} =$

$0.25 \ \mathrm{mW/cm^2}$，接收角为 $50°$，采用侧接收型塑料封装。

光电接收达林顿管的输出上升时间和下降时间分别为 $75 \ \mu s$；当 $V_{ce} = 10 \ \mathrm{V}$ 时，集电极暗电流最大值为 $250 \ \mu A$；C－E 极最小击穿电压为 $15 \ \mathrm{V}(I_c = 100 \ \mu A)$，E－C 极最小击穿电压为 $5 \ \mathrm{V}(I_E = 100 \ \mu A)$。

光电施密特接收管最高时钟频率为 $100 \ \mathrm{kHz}$；输出上升时间为 $60 \ \mathrm{ns}$（侧接收塑封为 $70 \ \mathrm{ns}$），输出下降时间为 $15 \ \mathrm{ns}$（侧接收塑封为 $70 \ \mathrm{ns}$）；电源电压范围为 $4.5 \sim 12$ $\mathrm{V}$（TO－46 型球面镜封装为 $4.5 \sim 16 \ \mathrm{V}$）。

### 3. 反射式光电组件

反射式光电组件将发光器件与光接收器件置于一体内，发光器发射的光被检测物反射到光接收器件。

Honeywell 公司生产有 HOA0149、HOA0708/0709、HLC1395、HOA1397 以及 HOA1404/1405/2498 系列反射式光电组件。反射式光电组件的最佳响应位置为 $1.3 \sim 6.4 \ \mathrm{mm}$，接收器亮电流为 $0.04 \sim 7.0 \ \mathrm{mA}$，上升时间和下降时间分别为 $15 \sim 75 \ \mu s$。光电组件在发射/接收面使用了防尘的可透过红外光线的滤光片。

### 4. 光电施密特对射组件

光电施密特对射组件将发光器与光接收器件置于相对的两个位置，物体穿过发光器与光接收器件，被检测物体阻断光束，并启动光接收器。

Honeywell 公司生产有 HOA696X、HOA2001 和 HOA2004 系列光电施密特对射组件。其中，X＝0～5 表示输出类型和输出逻辑：0＝推挽和缓冲；1＝集电极开路和缓冲；2＝推挽和反相；3＝集电极开路和反相；4＝10 kΩ 上拉电阻和缓冲；5＝10 kΩ 上拉电阻和反相。光电施密特对射组件分高迟滞（典型值 50％）和低迟滞（典型值 10％）两类，高迟滞光电施密特对射组件最大触发电流为 $15 \ \mathrm{mA}$，输出上升时间和下降时间为 $70 \ \mathrm{ns}$。低迟滞光电施密特对射组件最大触发电流为 $20 \ \mathrm{mA}$，输出上升时间为 $60 \ \mathrm{ns}$，输出下降时间为 $15 \ \mathrm{ns}$。其槽宽（$L \times W$）为 $3.2 \ \mathrm{mm}$，输出类型为 10 kΩ 上拉电阻、推挽、集电极开路三种形式，输出逻辑为缓冲或反相。

### 5. 编码检测器

Honeywell 公司生产有 HOA0901/HOA0902 对射式编码检测器和 HLC2701/HLC2705 编码检测器。

HOA0901 和 HOA0902 编码检测器包括一个双通道集成电路探测器和一个红外 LED。它封装在黑色热塑料壳中，通常与一个遮挡条或一个码盘一起使用，对机械运动的速率和方向进行编码。典型应用包括线位移编码器和旋转编码器，特别适于完成光学鼠标中的编码功能。其工作电压为 $4.5 \sim 5.5 \ \mathrm{V}$，输出上升时间和下降时间为 $100 \ \mathrm{ns}$。HOA0901 的电路原理方框图如图 1.9.1 所示，HOA0901 和 HOA0902 的引脚功能如表 1.9.1 所列。

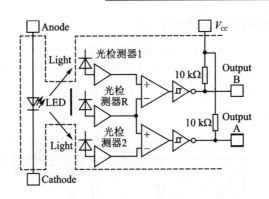

**图 1.9.1 HOA0901 电路原理方框图**

**表 1.9.1 HOA0901 和 HOA0902 引脚功能**

| 引　脚 | 符　号 | | 功　能 | |
|---|---|---|---|---|
| | HOA0901 | HOA0902 | HOA0901 | HOA0902 |
| 1 | Cathode | Cathode | 阴极 | 阴极 |
| 2 | Anode | Anode | 阳极 | 阳极 |
| 3 | Output A | Speed | 输出 A 端 | 速度输出端 |
| 4 | GND | GND | 地 | 地 |
| 5 | $V_{cc}$ | $V_{cc}$ | 电源正端 | 电源正端 |
| 6 | Output B | Direction | 输出 B 端 | 方向输出端 |

　　HOA0901 的探测器为单片集成电路,包括两个非常靠近的光电二极管、放大器和施密特触发输出单元。其输出为 NPN 集电极带 10 kΩ 上拉电阻,可直接驱动 TTL 负载。探测器中具有灵敏度温度补偿电路,用来补偿由于温度变化而导致的 LED 输出功率的漂移。集成电路的敏感区每个宽 0.203 mm,高 0.381 mm,间隔 0.025 4 mm,中心到中心的间隔为 0.229 mm,外部边缘间的距离为 0.432 mm。探测器产生两个输出信号,经处理后可提供速率和方向信息。

　　HOA0902 探测器为单片集成电路,包括两个非常靠近的光电二极管、放大器和可以产生两个输出的正交逻辑电路。其中:一个输出是固定周期的低电平有效的转速脉冲计数,当照明超过阈值时产生输出;另一通道为方向输出,根据哪一条通道先被照亮来确定方向输出为逻辑高电平或逻辑低电平。转速输出为 NPN 集电极带 10 kΩ 上拉电阻,方向输出为推挽电路,二者都可以直接驱动 TTL 负载。探测器中具有灵敏度温度补偿电路,用来补偿由于温度变化而导致的 LED 输出功率的漂移。

　　与 HOA0901/HOA0902 相比,HLC2701 和 HLC2705 电路少了 IR 发射器部分,其余电路相同,功能和性能参数基本一致。HLC2701 和 HLC2705 采用侧接收塑料封装,机械结构和光谱上与 SEP8506 和 SEP8706LED 相匹配。

### 6. 条形码传感器 HOA6480 系列

Honeywell 公司生产的 HOA6480 是红外反射式条形码传感器，由 Class IIIB 垂直腔体表面发射激光器、光电晶体管、驱动运放 LPV321 组装在 PCB 板上而成，电路原理图如图 1.9.2 所示。引脚端 1 为接地端，引脚端 2 为空脚，引脚端 3 为输出端，引脚端 4 为电源正端（+5 V）。

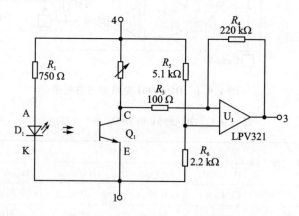

**图 1.9.2　条形码传感器 HOA6480 电路原理图**

HOA6480 的焦距为 0.18 英寸；分辨力为 0.01 英寸；电缆或插针电路连接；塑料外壳由客户定制。它适用于价值传输设备条码识别、线/边缘检测以及处理设备中的条码检测与编码等领域。

### 7. 红外光电传感器的检测电路设计

一些反射式或透射式组件的典型应用电路如图 1.9.3 和图 1.9.4 所示。有关使用的特定组件的参数请查阅厂商提供的资料。设计时应注意，由于短期的热效应和红外发光二极管的长期使用，使得红外发光二极管的降级退化引起光电流值的变化，对于光电流值（$I_L$）应该考虑留有减少±25%的容差。

**（1）应用电路设计例 1**

反射式或透射式组件的典型应用电路例 1 如图 1.9.3 所示。图中，$R_1$、$R_2$ 的数值计算公式如下：

$$R_1 = \frac{V_{CC} - V_F}{I_F}, \quad R_2 = \frac{V_{CC} - 0.4}{I_L/4}$$

**（2）应用电路设计例 2**

反射式或透射式组件的典型应用电路例 2 如图 1.9.4 所示。图中，$R_1$、$R_2$ 的数值计算公式如下：

$$R_1 = \frac{V_{CC} - V_F}{I_F}, \quad R_2 = \frac{V_{REF}}{I_L}$$

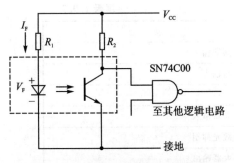

图 1.9.3 反射式或透射式组件的
典型应用电路例 1

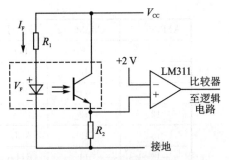

图 1.9.4 反射式或透射式组件的
典型应用电路例 2

## 1.9.2 基于 AM336 光电检测集成电路的光电检测电路

### 1. AM336 的主要技术性能与特点

AM336 是一个光电传感器应用的专用集成电路,外接 1 个光电二极管、1 个红外发光二极管(IR LED)、2 个 PNP 功率晶体管和一些很少的其他元件,即可构成一个完整的光电转换接口(接近方式或遮挡方式),用于反射光接近开关或光遮挡开关。

AM336 工作电压为 5.5～6.7 V;电流消耗为 8 mA;输出电流为 8 mA(LED 发光二极管);具有接近方式和遮挡方式两种工作方式。采用遮挡方式时,可跟踪接收外来同步信号。AM336 能够抑制杂散光;门槛电压和滞后电压可调;探测距离和开关滞后可调;提供常开和常关输出方式;带有短路保护的 PNP 三极管输出驱动;内接稳压二极管;最大工作电压仅与外接元器件有关;工作温度范围为 −40～+85 ℃。

### 2. AM336 的引脚功能与封装形式

AM336 采用 SO‑16(或者 DIL‑16)封装。AM336‑1 具有内置同步;AM336‑2 具有外置/内置同步。AM336 引脚端功能如表 1.9.2 所列。

表 1.9.2 AM336 引脚端功能

| AM336‑1 | AM336‑2 | 符 号 | 功 能 |
|---------|---------|-------|-------|
| 1 | 2 | LED | LED 输出 |
| 2 | 3 | RD | 检测距离调节 |
| 3 | | VZ | 稳压管 |
| 4 | 4 | RS | 电流调节和短路电路的敏感输入 |
| 5 | 5 | QO | 输出驱动,常开 |
| 6 | 6 | QC | 输出驱动,常关 |
| 7 | 7 | $V_{CC}$ | 电源电压 |
| 8 | 8 | RH | 检测距离滞后调节 |

续表 1.9.2

| AM336-1 | AM336-2 | 符　号 | 功　　能 |
|---------|---------|--------|----------|
| 9 | 9 | FO | 振荡器输入 |
| 10 | 10 | IND | 检测输入 |
| 11 | 11 | GND | 地 |
| 12 | 12 | INA | 放大器输入 |
| 13 | 13 | ALR | 杂散光抑制 |
| 14 | 14 | OUTA | 放大器输出 |
| 15 | 15 | IRD | IRLED驱动输出,驱动PNP晶体管 |
|  | 16 | P/B | 模式选择,低电平选择接近模式,高电平选择遮挡模式 |
| 16 | 1 | CSC | 短路电容 |

## 3. AM336 的内部据结构与工作原理

AM336 的内部结构方框图如图 1.9.5 所示,芯片内部包含振荡器、放大器、信号检测电路、输出驱动电路、稳压管电路和 LED 驱动输出等。

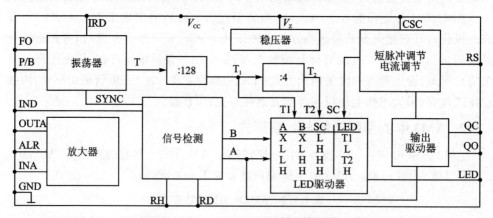

图 1.9.5　AM336 的内部结构方框图

振荡器的频率 $f_0$ 可以通过外接 $R_0$ 和 $C_0$ 来调整(连接到引脚端 FO)。$C_0$ 通过 $R_0$ 充电,经过 $R_E$ ($R_0 \gg R_E$)放电,由内置的门槛电压控制。当振荡器的门槛电压达到 $0.5\ V_{CC}$ 时,LED 驱动输出使红外发光二极管(IR - LED)发光,调节外接电阻 $R_0$ 和电容 $C_0$ 可改变 LED 驱动输出的脉冲长度和间隔周期。振荡器频率在不同的工作方式下是不同的,由振荡器的门槛电压来改变。

放大器将电流信号转换为电压信号,并可抑制杂散光。

信号检测级采用触发窗口比较器,是在输出脉冲结束时触发的"单脉冲系统"(无信号滤波)。输出级具有双路高、低电平输出,可直接与外接的 PNP 达林顿三极管相接。输出短路保护采用一个外接电阻,用于周期性地关断输出脉冲信号(1%周期)。

LED 驱动输出为电流输出或吸收形式,指示窗口比较器的各种不同情况或者指示输出端出现短路状态,可能出现的各种情况如表 1.9.3 所列。表中,LED 频闪频率 $T_1$ 为振荡器频率除以 128,$T_2$ 为振荡器频率除以 512。

表 1.9.3   可能出现的各种情况

| A | B | SC | LED | 说　明 |
|---|---|----|-----|--------|
| X | X | L | $T_1$ | 短路,在引脚 IND 处的输入电压无效 |
| L | L | H | L | 在引脚 IND 处的输入电压高于 $VT_A$ 和 $VT_B$ |
| L | H | H | $T_2$ | 在引脚 IND 处的输入电压高于 $VT_A$ 但小于 $VT_B$ |
| H | H | H | H | 在引脚 IND 处的输入电压低于 $VT_A$ 和 $VT_B$ |

稳压二极管电路采用一个外接三极管和内置的稳压二极管组成(AM336-2 型没有内置的稳压二极管),用来稳定工作电压和扩大工作电压范围。由振荡器激励信号发射电路,采用内置同步信号的脉冲发射信号方式(应用于红外发光二极管)。

### 4. AM336 的典型应用电路

#### (1) AM336 的接近方式应用电路

AM336 的接近方式应用电路如图 1.9.6 所示。

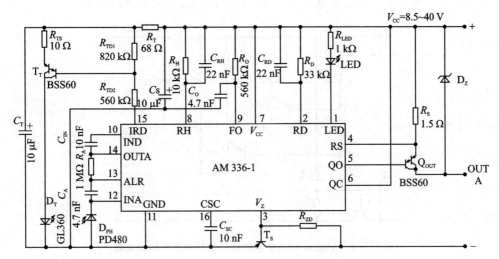

图 1.9.6   AM336 的接近方式应用电路

#### (2) AM336 的遮挡方式应用电路

AM336 的遮挡方式应用电路如图 1.9.7 所示。在电路元器件布局和印制电路板的布线时,要特别注意:在靠近有一定功率的电流脉冲输出端和灵敏的光电接收放大器输入端的地方,引脚端 $V_{CC}$ 和 GND 的引线应尽可能短;光电二极管 $D_{PH}$ 应尽可能安装在放大器输入引脚端 INA 附近或者使用屏蔽线;电阻 $R_D$ 和 $R_H$ 应尽可能靠近集成电路。当采用稳压电路时,最大工作电压仅依赖于外接元件 BSS60 和 $D_Z$ 的击穿电压。

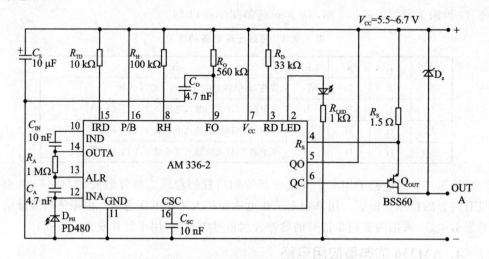

**图 1.9.7 AM336 的遮挡方式应用电路**

**（3）AM336 外接扩展的稳压电路和双路输出电路**

AM336 外接扩展的稳压电路和双路输出电路如图 1.9.8 所示。

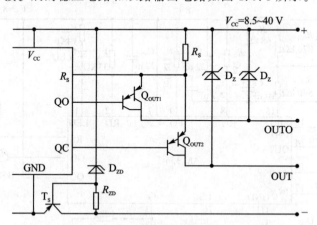

**图 1.9.8 AM336 外接扩展的稳压电路和双路输出电路**

**（4）AM336 应用电路外接元件的取值范围和参数**

AM336 应用电路外接元件的取值范围如表 1.9.4 所列,典型数值如表 1.9.5 所列。

表 1.9.4　AM336 应用电路外接元件的取值范围

| 参　　数 | 符　　号 | 最小值 | 最大值 |
|---|---|---|---|
| 振荡器上拉电阻/kΩ | $R_{TD}$ | 0.7 | 10 |
| 放大器 DC 输入电流/μA | $I_{INA}$ | 0 | 200 |
| 距离调节电阻/kΩ | $R_D$ | 30 | 200 |
| 滞后调节电阻/kΩ | $R_H$ | 22 | |

表 1.9.5　AM336 应用电路外接元件的典型数值

| 符　　号 | 描　　述 | 数　　值 |
|---|---|---|
| $D_T$ | Siemens 公司的 SFH40x、SFH41x、SFH48x 或者夏普公司 GL360 | |
| $D_{PH}$ | Siemens 公司的 SHF21x、SFH22x 或者夏普公司 PD480 | |
| $C_T$、$C_S$/μF | 典型值，取决于发射极引起的噪声 | 10 |
| $R_T$/Ω | | 68 |
| $R_{TS}$/Ω | | 10 |
| $R_{TD}$/kΩ | | 10 |
| $R_{TD1}$/Ω | | 820 |
| $R_{TD2}$/Ω | | 560 |
| $R_O$/kΩ | | 560 |
| $C_O$/nF | | 4.7 |
| $C_A$/nF | | 4.7 |
| $C_{IN}$/nF | | 10 |
| $C_{SC}$/nF | | 10 |
| $C_{TH}$、$C_{RD}$/nF | 稳定电容 | 10～100 |
| $R_{LED}$/kΩ | | 1 |
| $R_{ZD}$/kΩ | 取决于使用的电源电压，$I_{ZD}$ 最大值为 10 mA | 4.7 |
| $R_S$/kΩ | | 1.5 |
| $T_t$ | BST60；NXP | |
| $T_{OUT}$ | BST60；NXP | |
| $T_S$ | BCX51 - 16；NXP | |
| $D_Z$ | Zy47；ITT | |
| $D_{ZD}$ | ZPD 6.8；ITT | |
| $R_D$、$R_H$ | 极限值近似为：<br>$V_{TA}(V) = 800/[R_D(kΩ)]^2$；　　　　$V_{TB} = 1.5 V_{TA}$<br>$V_{HA}(V) = [10×V_{TA}(V)]/R_H(kΩ)$　　$V_{HB} = 1.5 V_{HA}$ | |
| $R_A$ | 取决于光敏二极管脉冲电流，$R_A(min) = V_{TA}/I_{pulse}(max)$ | |

## 1.10　电流传感器应用电路设计

电流传感器集成电路分交流和直流两种类型，前者内部利用半导体制成的霍尔效应传感器，后者内部利用电阻来检测电流。电流传感器集成电路内部包含信号调理器，能将线路电流转换成直流电压信号。利用集成电流传感器及电流变送器，能实现交流/直流电流的在线监测、信号转换以及信号的远距离传输。

### 1.10.1　基于 ACS750 电流传感器的电流检测电路

#### 1. ACS750 的主要技术性能与特点

ACS750 是 Allegro MicroSystems 公司推出的隔离式电流传感器集成电路，芯片内部包含精密线性霍尔集成电路和信号调理器，输出电压与一次侧电流成正比。ACS750 系列产品有 ACS750xCA‐050/075/100 三种类型，可检测的最大电流分别为 ± 50 A、± 75 A、± 100 A。其中，ACS750SCA 型的工作温度范围为 −20～+85 ℃，ACS750ECA 型的工作温度范围为 −40～+85 ℃，ACS750LCA 型的工作温度范围为 −40～+150 ℃。它适用于汽车及工业系统中的电流检测、电机控制、过程控制、伺服系统、电源转换、电池监控以及过电流保护等领域。

ACS750xCA‐050 和 ACS750xCA‐100 输出电压灵敏度为 33～44 mV/A，ACS750xCA‐070 的输出电压灵敏度为 16.5～23 mV/A。其输出阻抗为 1 Ω，输出电容为 10 nF；满量程输出误差为 ±1%～±13%；非线性失真为 ±5%；静态输出电压为 $(0.5V_{CC})$；电源电压范围为 4.5～5.5 V；电源电流消耗最大为 10 mA；频率带宽为13 kHz；隔离电压为 3 kV。

图 1.10.1　ACS750 的封装形式

#### 2. ACS750 的引脚功能与封装形式

ACS750 的封装形式如图 1.10.1 所示。引脚端 1 为电源端（$V_{CC}$）；引脚端 2 为接地端（GND）；引脚端 3 为电压输出端（$V_{OUT}$）；引脚端 4 为一次侧引脚负端（IP−）；引脚端 5 为一次侧引脚正端（IP＋）。测量电流时，引脚端 4 和 5 应串入被测线路中。

#### 3. ACS750 的内部结构、工作原理与应用电路

ACS750 的内部结构方框图与应用电路如图 1.10.2 所示，芯片内部包含有精密线性霍尔传感器电路、自动补偿电路、前置放大器、滤波器、输出放大器、温度补偿电路以及稳压器等。开环霍尔电流传感器电路是由磁芯和放置在磁芯开口空气隙上的

霍尔元件组成的。当载流导线穿过磁芯中心孔时,就产生一个与导线电流成比例的磁场。霍尔元件对这个磁场进行检测,经放大、滤波和补偿,输出一个与一次侧电流呈线性关系的输出电压。

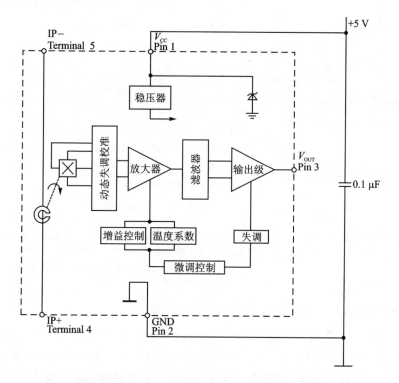

图 1.10.2　ACS750 的内部结构方框图与应用电路

## 1.10.2　基于 MAX471/472 电流传感器的电流检测电路

### 1. MAX471/472 的性能特点

MAX471/472 是 MAXIM 公司生产的两种精密直流电流传感器集成电路,适合检测 3 A 以下的直流电流;测量精度为±2%;在电流输出端与地之间接一只电阻即可获得输出电压。MAX471 有内置的电流传感电阻;量程固定为 0～3 A;电流敏感比(即输出电流与线路电流的比例系数 $I_{OUT}/I_{LOAD}$)为 0.500 mA/A;电源电压的允许范围为 3～36 V;电源电流为 113 $\mu$A。MAX472 采用外部电流传感电阻来设定量程的。它可用于电池供电系统、电池充电器、电源管理系统及笔记本计算机中。MAX-IM 公司生产的同类产品还有 MAX4072、MAX4373～MAX4378。

### 2. MAX471/472 的引脚功能与封装形式

MAX471/472 采用 SO-8(或者 DIP-8)封装,引脚功能如表 1.10.1 所列。

表 1.10.1　MAX471/472 引脚功能

| MAX471 | MAX472 | 符　号 | 功　能 |
|---|---|---|---|
| 1 | 1 | SHDN | 低功耗控制端。电流检测时,该引脚端接地(引脚端 4,GND);接高电平时,芯片进入低功耗模式,电源电流为 1.5 μA |
| 2,3 |  | RS+ | MAX471 的内部传感电阻的正端 |
|  | 2 |  | MAX472 的引脚端 2 未连接 |
|  | 3 | RG1 | MAX472 的外部增益电阻的连接端 |
| 4 | 4 | GND | 地 |
| 5 | 5 | SIGN | 极性判断端(集电极开路输出)。当线路电流从 RS+端流向 RS−端时,SIGN 端输出高电平;反之,当电流从 RS−端流向 RS+端时,SIGN 端输出低电平。由此可判定线路电流的方向 |
| 6,7 |  | RS− | MAX471 的内部传感电阻的负端 |
|  | 6 | RG2 | MAX472 的外部增益电阻的连接端 |
|  | 7 | $V_{CC}$ | MAX472 的电源端 |
| 8 | 8 | OUT | 电流输出端。输出电流与线路电流成比例关系,在 OUT 端与地之间接一只 2 kΩ 的电阻,输出电压比例系数为 1 V/A |

### 3. MAX471/472 的内部结构与工作原理

MAX471/472 的内部结构方框图如图 1.10.3 所示,芯片内部主要包括电流传感电阻 $R_{SENSE}$ 和增益电阻($R_{G1}$ 和 $R_{G2}$)(MAX472 的此 3 只电阻在片外,要求 $R_{G1} = R_{G2}$)、电流放大器($A_1$ 和 $A_2$)、隔离二极管($D_1$ 和 $D_2$)、晶体管($Q_1$ 与 $Q_2$)和比较器等。引脚端 8(OUT)输出电流为:

$$I_{OUT} = (I_{LOAD} \times R_{SENSEN}) / R_{G1}$$

式中,电阻比($R_{SENSEN} / R_{G1}$)可决定电流敏感比($I_{OUT} / I_{LOAD}$)。若在引脚端 8(OUT)与

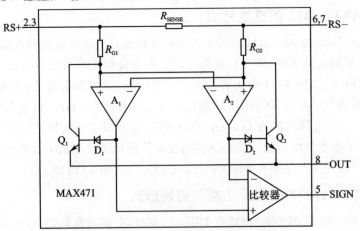

图 1.10.3　MAX471/472 的内部结构方框图

地之间并联一只电阻 $R_{\text{OUT}}$，即可得到输出电压：

$$V_{\text{OUT}} = (I_{\text{LOAD}} \times R_{\text{SENSEN}} \times R_{\text{OUT}})/R_{\text{G1}}$$

MAX472 是靠外部传感电阻和增益电阻来设定量程的，最大线路电流不受 3 A 的限制。

### 4. MAX471/472 的应用电路

#### （1）MAX471 的典型应用电路

MAX471 的典型应用电路如图 1.10.4 所示，可构成一个±3 A 电流监测仪。其电源电压为 3～36 V，不用低功耗功能时，须将 SHDN 引脚端接地；$R_1$（100 kΩ）为 SIGN 引脚端的上拉电阻，可接 5 V 电源；SIGN 引脚端的输出信号可判定线路电流的方向；$R_{\text{OUT}}$（2 kΩ）是输出端外接电阻；输出电压为 1 V/A。

需扩展检测电流时，可以采用多片 MAX471 并联使用。

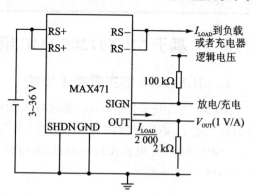

图 1.10.4　MAX471 的典型应用电路

#### （2）MAX472 的典型应用电路

MAX472 采用印制板导线作为敏感电阻的应用电路如图 1.10.5 所示，$V_{\text{CC}}$ 引脚端接负载或充电器，亦可接电源或电池组。$R_{\text{SENSE}}$ 为外接的电流传感电阻，$R_{\text{G1}}$ 和 $R_{\text{G2}}$ 为外部增益电阻。$R_1$ 和 $R_{\text{OUT}}$ 分别为上拉电阻和输出电阻。推荐的 MAX472 外接元件数字与检测参数的关系如表 1.10.2 所列。

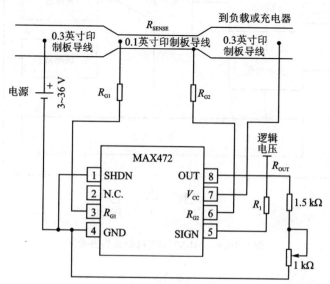

图 1.10.5　MAX472 采用印制板导线作为敏感电阻的应用电路

表 1.10.2　推荐的 MAX472 外接元件数字与检测参数的关系

| 满刻度负载电流 $I_{\text{SENSE}}$/A | 电流敏感电阻 $R_{\text{SENSE}}$/mΩ | 增益设置电阻 $R_{\text{G1}}=R_{\text{G2}}$/Ω | 输出电阻 $R_{\text{OUT}}$/kΩ | 满刻度输出电压 $V_{\text{OUT}}$/V | 刻度系数 $V_{\text{OUT}}/I_{\text{SENSE}}$/(V/A) | 在满负载的 $X\%$ 时的误差 | | |
|---|---|---|---|---|---|---|---|---|
| | | | | | | 1% | 10% | 100% |
| 0.1 | 500 | 200 | 10 | 2.5 | 25 | 14 | 2.5 | 0.9 |
| 1 | 50 | 200 | 10 | 2.5 | 2.5 | 14 | 2.5 | 0.9 |
| 5 | 10 | 100 | 5 | 2.5 | 0.5 | 13 | 2.0 | 1.1 |
| 10 | 5 | 50 | 2 | 2 | 0.2 | 12 | 2.0 | 1.6 |

## 1.10.3　基于 MLX91205 IMC 电流传感器的电流检测电路

### 1. MLX91205 的主要技术特性

MLX91205 是采用 Triaxis 霍尔技术的电流传感器，具有与磁场强度呈线性关系的输出电压，磁场灵敏度为 $275\sim285$ V/T，带宽为 DC$\sim$100 kHz，响应时间为 8 $\mu$s，可用于 AC/DC 电流无接触测量、宽带磁场测量、马达控制等领域。内部结构方框图如图 1.10.6 所示。

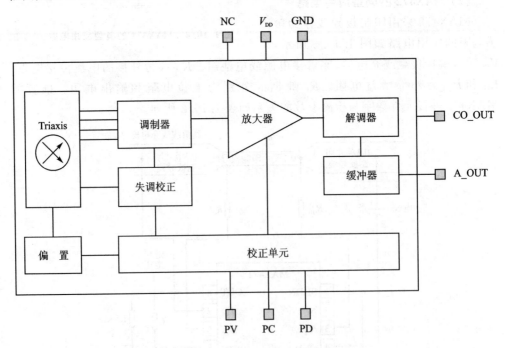

图 1.10.6　MLX91205 内部结构方框图

### 2. MLX91205 的应用电路

#### （1）±2 A 低电流测量结构形式

±2 A 低电流测量结构形式如图 1.10.7 所示，低电流测量时，可以利用线圈围绕 MLX91205 传感器来增加磁场。灵敏度（在线圈中的电流与输出电压）将取决于线圈尺寸和匝数。

图 1.10.7　±2 A 低电流测量结构形式

#### （2）±30 A 中等电流测量结构形式

±30 A 中等电流测量结构形式如图 1.10.8 所示，一个导体是安装在印刷电路板上，PCB 导线的尺寸需要考虑能够承受所流过的电流和产生的功耗。

对于这个结构形式，差分输出电压大约为 $V_{\text{out}} = 35 \sim 40 \text{ mV/A} \times I$，对于 30 A 电流，输出电压大约为 1 050 mV。

#### （3）±600 A 大电流测量结构形式

±600 A 大电流测量结构形式如图 1.10.9 所示，MLX91205 安装在 PCB 上，PCB 安装在一个铜质的导体上。

图 1.10.8　±30 A 中等电流测量结构形式　　图 1.10.9　±600 A 大电流测量结构形式

#### （4）单端输出电路

MLX91205 单端输出电路如图 1.10.10 所示，如果电源电压存在 EMI，将增加一个 100 pF 的陶瓷电容器与 100 nF 电容器并联。满刻度输出为 $(0 \pm 2.25)$ V。

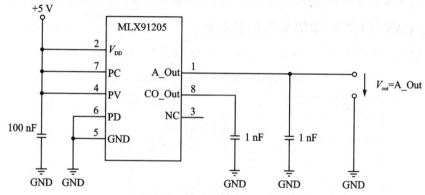

图 1.10.10　MLX91205 单端输出电路

**(5) 差分输出电路**

MLX91205 差分输出电路如图 1.10.11 所示,如果电源电压存在 EMI,需增加一个100 pF 的陶瓷电容器与 100 nF 电容器并联。满刻度输出为(0±2.25) V。

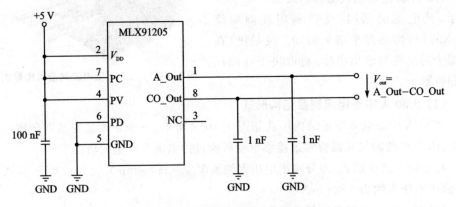

图 1.10.11　MLX91205 差分输出电路

# 1.11　电容传感器应用电路设计

## 1.11.1　基于 CAV414 电容/电压转换器的电容测量电路

### 1. CAV414 的主要技术性能和特点

CAV414 是 Analog Microelectronics 公司推出的用于处理电容式传感器信号的转换电路,可检测 5%～100% 的相对电容变化,电容值范围为 10 pF～2 nF,检测频率为 2 kHz,输出电压为 0～5 V/10 V 可调,基准电压为 5 V,工作电压范围为 6～35 V,工作温度范围为－25～＋85 ℃。

CAV414 具有电容量变化信号采集、处理和电压输出等功能,只需少数几个外接元件即可构成具有多种用途的、将电容式信号转换成电压信号输出的接口电路。

### 2. CAV414 的引脚功能和封装形式

CAV414 采用 SO－16 封装,引脚端功能如表 1.11.1 所列。

表 1.11.1　CAV414 引脚端功能

| 引脚端 | 符　号 | 功　　能 |
|---|---|---|
| 1 | $R_{COSC}$ | 基准振荡器的电流设定 |
| 2 | $R_{CX1}$ | 电容积分器的电流设定 1 |
| 3 | $R_{CX2}$ | 电容积分器的电流设定 2 |
| 4 | $R_L$ | 低通滤波器增益调节 |

续表 1.11.1

| 引脚端 | 符 号 | 功 能 |
|---|---|---|
| 5 | LPOUT | 低通滤波器输出 |
| 6 | $V_M$ | 2 V 基准电压 |
| 7 | GAIN | 增益设置 |
| 8 | $V_{OUT}$ | 电压输出 |
| 9 | $V_{CC}$ | 电源电压 |
| 10 | GND | 芯片地 |
| 11 | $V_{REF}$ | 5 V 基准电压 |
| 12 | COSC | 基准振荡器电容 |
| 13 | $C_{L2}$ | 低通滤波器 2 的 $-3$ dB 截止频率 |
| 14 | $C_{X2}$ | 积分器电容 2 |
| 15 | $C_{L1}$ | 低通滤波器 1 的 $-3$ dB 截止频率 |
| 16 | $C_{X1}$ | 积分器电容 1 |

### 3．CAV414 的内部结构与应用电路

CAV414 的内部结构与应用电路如图 1.11.1 所示,芯片内部包含电压/电流基准、基准振荡器、2 个积分器、低通滤波器、仪表放大器以及输出放大器等。

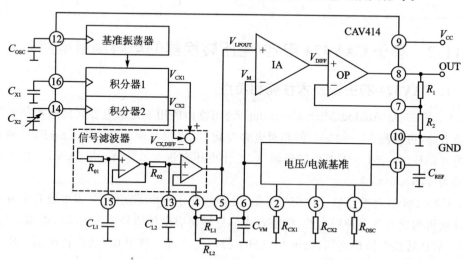

**图 1.11.1 CAV414 的内部结构与应用电路**

利用外接电容 $C_{OSC}$,基准振荡器的频率可调。基准振荡器的输出驱动两个结构对称的积分器,并且使它们在时间和相位上同步。外接电容 $C_{X1}$ 和 $C_{X2}$ 的数值决定两个积分器的振幅。由于每个积分器都具有很高的共模抑制比和较高的分辨力,故两个积分器的振幅电压差值可反映出电容 $C_{X1}$ 和 $C_{X2}$ 之间的差值。该差分电压信号经

过低通滤波器滤波。低通滤波器的角频率和增益可用外接的元件来调整。低通滤波器的信号输出后连接到仪表放大器,经放大输出后连接到输出放大器,电容/电压转换信号通过输出放大器输出。

电阻 $R_{CX1}$ 和 $R_{CX2}$ 的用来调整零点。调零时,要求可变电容 $C_{X2}$ 的数值与基准电容 $C_{X1}$ 的数值尽可能相等,调整这两个电阻之一使输出电压为 0。推荐的 CAV414 的外接元件取值范围如表 1.11.2 所列。

表 1.11.2 推荐的 CAV414 的外接元件取值范围

| 外接元件功能 | 符号 | 最小值 | 典型值 | 最大值 |
|---|---|---|---|---|
| 基准振荡器电流设置电阻/kΩ | $R_{COSC}$ | 190 | 200 | 210 |
| 积分器 1 电流调整电阻/kΩ | $R_{CX1}$ | 350 | 400 | 450 |
| 积分器 2 电流调整电阻/kΩ | $R_{CX2}$ | 350 | 400 | 450 |
| 低通滤波器电阻/kΩ | $R_{L1} + R_{L2}$ | 90 | | 200 |
| 输出端外接电阻/kΩ | $R_1 + R_2$ | 90 | | 200 |
| 5 V 基准电压电容/μF | $C_{REF}$ | 1.9 | 2.2 | 5 |
| 2 V 基准电压电容/nF | $C_{VM}$ | 80 | 100 | 120 |
| 低通滤波器电容 1 | $C_{L1}$ | $100 \times C_{X1}$ | $200 \times C_{X1}$ | |
| 低通滤波器电容 2 | $C_{L2}$ | $100 \times C_{X1}$ | $200 \times C_{X1}$ | |
| 振荡器电容 | $C_{OSC}$ | $C_{OSC} = 1.55 \times C_{X1}$ | $C_{OSC} = 1.60 \times C_{X1}$ | $C_{OSC} = 1.65 \times C_{X1}$ |

## 1.11.2 基于 CAV424 电容/电压转换器的电容测量电路

### 1. CAV424 的主要技术性能和特点

CAV424 是 Analog Microelectronics 公司推出的用于处理电容式传感器信号的转换电路,可检测 5%～100% 的相对电容变化,电容值范围为 10 pF～2 nF,检测频率为 2 kHz,0～±1.4 V 差分信号输出,工作电压范围为 5×(1±5%) V,工作温度范围为 -25～+85 ℃。

CAV424 具有电容量变化信号采集、处理和电压输出等功能,只需少数几个外接元件就可构成具有多种用途的、将电容式信号转换成电压信号输出的接口电路,可直接与 A/D 转换电路相连接,也可与 AMG 公司生产的一些电压/电流转换接口电路相连接。

CAV424 具有内置的温度传感器,直接用来检测温度,输出为 8 mV/℃,非线性为 ±0.5%FS(满刻度)。

### 2. CAV424 的引脚功能和封装形式

CAV424 采用 SO-16 封装,引脚端功能如表 1.11.3 所列。

表 1.11.3　CAV434 引脚端功能

| 引脚端 | 符　号 | 功　　能 |
|---|---|---|
| 1 | $R_{COSC}$ | 基准振荡器的电流设定 |
| 2 | $R_{CX1}$ | 电容积分器的电流设定 1 |
| 3 | $R_{CX2}$ | 电容积分器的电流设定 2 |
| 4 | $R_L$ | 低通滤波器增益调节 |
| 5 | LPOUT | 低通滤波器输出 |
| 6 | $V_M$ | 2.5 V 基准电压 |
| 7 | VTEMP | 温度测量输出 |
| 8 | NC | 未连接 |
| 9 | NC | 未连接 |
| 10 | GND | 芯片地 |
| 11 | $V_{CC}$ | 电源电压 |
| 12 | $C_{OSC}$ | 基准振荡器电容 |
| 13 | $C_{L2}$ | 低通滤波器 2 的 $-3$ dB 截止频率 |
| 14 | $C_{X2}$ | 积分器电容 2 |
| 15 | $C_{L1}$ | 低通滤波器 1 的 $-3$ dB 截止频率 |
| 16 | $C_{X1}$ | 积分器电容 1 |

## 3．CAV424 的内部结构与应用电路

CAV424 的内部结构与应用电路如图 1.11.2 所示,芯片内部包含基准振荡器、积分器、信号调理电路和电流基准等。

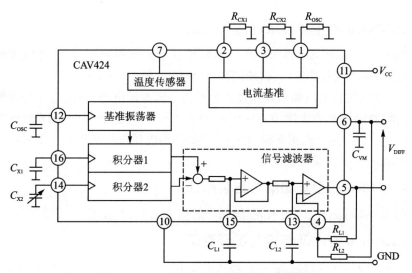

图 1.11.2　CAV424 的内部结构与应用电路

全国大学生电子设计竞赛电路设计(第 3 版)

利用外接电容 $C_{\mathrm{OSC}}$，基准振荡器的频率可调。基准振荡器的输出驱动两个结构对称的积分器，并且使它们在时间和相位上同步。外接电容 $C_{\mathrm{X1}}$ 和 $C_{\mathrm{X2}}$ 的数值决定两个积分器的振幅。由于每个积分器都具有很高的共模抑制比和较高的分辨力，故两个积分器的振幅电压差值可反映出电容 $C_{\mathrm{X1}}$ 和 $C_{\mathrm{X2}}$ 之间的差值，该差分电压信号经信号调理电路输出。

推荐的 CAV424 的外接元件取值范围如表 1.11.4 所列。

**表 1.11.4　推荐的 CAV424 的外接元件取值范围**

| 外接元件功能 | 符　号 | 最小值 | 典型值 | 最大值 |
|---|---|---|---|---|
| 基准振荡器电流设置电阻/kΩ | $R_{\mathrm{COSC}}$ | 235 | 250 | 265 |
| 积分器 1 电流调整电阻/kΩ | $R_{\mathrm{CX1}}$ | 475 | 500 | 525 |
| 积分器 2 电流调整电阻/kΩ | $R_{\mathrm{CX2}}$ | 475 | 500 | 525 |
| 输出端外接电阻/kΩ | $R_{\mathrm{L1}}+R_{\mathrm{L2}}$ | 90 | | 200 |
| 2.2 V 基准电压电容/nF | $C_{\mathrm{VM}}$ | 80 | 100 | 120 |
| 低通滤波器电容 1 | $C_{\mathrm{L1}}$ | $100\times C_{\mathrm{X1}}$ | $200\times C_{\mathrm{X1}}$ | |
| 低通滤波器电容 2 | $C_{\mathrm{L2}}$ | $100\times C_{\mathrm{X1}}$ | $200\times C_{\mathrm{X1}}$ | |
| 振荡器电容 | $C_{\mathrm{OSC}}$ | $C_{\mathrm{OSC}}=1.55\times C_{\mathrm{X1}}$ | $C_{\mathrm{OSC}}=1.60\times C_{\mathrm{X1}}$ | $C_{\mathrm{OSC}}=1.65\times C_{\mathrm{X1}}$ |

# 1.12　角度传感器应用电路设计

## 1.12.1　基于 UZZ9000 和 KMZ41 的角度检测电路

### 1. UZZ9000 的主要技术性能与特点

UZZ9000 是 NXP 公司推出的单片角度传感器信号调理器，配上磁阻式角度传感器 KMZ41，可实现非接触的、精确的角度测量。

UZZ9000 为线性电压输出式角度传感器信号调理器电路，输出电压与被测角度信号成正比；测量角度的范围为 0~180°，且在 0~100°范围内；测量误差小于±0.45°；分辨力达 0.1°，测量范围和输出零点均可调节；电源电压范围是 4.5~5.5 V；电源电流为 10 mA；工作温度范围是 -40~+150 ℃。

### 2. UZZ9000 的引脚功能与封装形式

UZZ9000 采用 SO-24 封装，引脚端功能如表 1.12.1 所列。

### 3. UZZ9000 的内部结构与工作原理

UZZ9000 的芯片内部包括 A/D 转换器 1 和 A/D 转换器 2、滤波器、算法逻辑、D/A 转换器、时钟振荡器、逻辑控制及复位等。UZZ9000 与 KMZ41 连接，能够将磁阻式传感器 KMZ41 输出的 2 个有相位差的正弦信号转换成线性电压输出信号。UZZ9000 的输出电压与被测角度 $\alpha$ 呈线性关系,线性输出的范围可达 0～180°。

表 1.12.1　UZZ9000 引脚端功能

| 引脚端 | 符　号 | 功　能 |
|--------|--------|--------|
| 1 | $+V_{O2}$ | 传感器 2 差分输入正端 |
| 2 | $+V_{O1}$ | 传感器 1 差分输入正端 |
| 3 | $V_{DD2}$ | 数字电路电源电压 |
| 4 | $V_{SS}$ | 数字地 |
| 5 | GND | 模拟地 |
| 6 | RST | 数字电路部分复位 |
| 7 | TEST1 | 芯片测试 1(连接到地) |
| 8 | TEST2 | 芯片测试 2(未连接) |
| 9 | DATA_CLK | 调整模式数据时钟(连接到地) |
| 10 | SMODE | 串行模式编程器(连接到地) |
| 11 | TEST3 | 芯片测试 3(未连接) |
| 12 | $V_{OUT}$ | 输出电压 |
| 13 | Var | 角度范围输入设置 |
| 14 | Voffin | 零点偏移量输入设置 |
| 15 | OFFS2 | 传感器 2 偏移量调整输入 |
| 16 | OFFS1 | 传感器 1 偏移量调整输入 |
| 17 | $V_{DDA}$ | 模拟电路电源电压 |
| 18 | GND | 模拟地 |
| 19 | TEST4 | 芯片测试 4(连接到地) |
| 20 | TEST5 | 芯片测试 5(连接到地) |
| 21 | $V_{DD1}$ | 数字电路电源电压 |
| 22 | $T_{OUT}$ | 测试输出 |
| 23 | $-V_{O2}$ | 传感器 2 差分输入负端 |
| 24 | $-V_{O1}$ | 传感器 1 差分输入负端 |

## 4. 磁阻式传感器 KMZ41 的特点

磁阻式角度传感器 KMZ41 是由 NXP 公司生产的专门用于测量角度的集成传感器,基于坡莫合金的磁阻效应,与采用其他技术(如霍尔传感器)的角度传感器相比,具有灵敏度高;线性度好;量程宽;失调电压低;磁滞量极小;稳定性强;耐高温;抗振动及防灰尘等优点。

磁阻式角度传感器 KMZ41 采用 SO - 8 封装,其内部包含有两个由磁阻构成的、位置成正交的、独立的电桥（Wheatstone Bridge）。其引脚功能如表 1.12.2 所列，桥路等效电路如图 1.12.1 所示。

**表 1.12.2　KMZ41 引脚端功能**

| 引脚端 | 符　号 | 功　　能 |
|---|---|---|
| 1 | $-V_{O1}$ | 桥 1 的输出电压负端 |
| 2 | $-V_{O2}$ | 桥 2 的输出电压负端 |
| 3 | $V_{CC2}$ | 桥 2 电源电压 |
| 4 | $V_{CC1}$ | 桥 1 电源电压 |
| 5 | $+V_{O1}$ | 桥 1 的输出电压正端 |
| 6 | $+V_{O2}$ | 桥 2 的输出电压正端 |
| 7 | GND2 | 桥 2 地 |
| 8 | GND1 | 桥 1 地 |

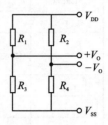

图 1.12.1　KMZ41 的内部桥路等效电路

将 KMZ41 置于由 $X$ 轴、$Y$ 轴构成的平面上，当旋转磁场强度变化时，KMZ41 就会产生两路正弦输出信号，两信号的相位差就代表芯片轴向与磁场方向的夹角 $\alpha$，输出信号波形如图 1.12.2 所示。

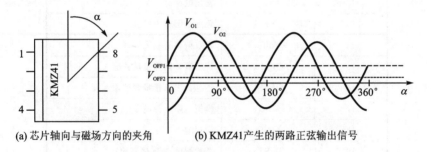

(a) 芯片轴向与磁场方向的夹角　　　(b) KMZ41产生的两路正弦输出信号

图 1.12.2　当旋转磁场强度变化时，KMZ41 的输出信号波形

### 5. 由 UZZ9000 和 KMZ41 构成的角度检测电路

由 UZZ9000 和 KMZ41 构成的电压输出式角度检测电路如图 1.12.3 所示。改变 $R_2$ 和 $R_3$ 的比值，可以调节传感器 1 的偏移量；改变 $R_4$ 和 $R_5$ 的阻值，可以调节传感器 2 的偏移量；改变 $R_6$ 和 $R_7$ 的比值，可以调节零点偏移；改变 $R_8$ 和 $R_9$ 的比值，可以调节测量角度范围。电阻 $R_2 \sim R_9$ 可以采用电位器代替。电路输出电压送至数字电压表或者微控制器系统，即可显示出被测角度值。该电路可广泛用于发动机凸轮/曲轴速度及位置检测、节流阀控制、转向操作控制、汽车中的 ABS 系统（Anti - Lock Brake System，防抱死刹车系统）等领域。

采用 UZZ9000 和 KMZ41 构成的电压输出式角度检测电路，使用时应注意：

① UZZ9000 与 KMZ41 的连接方式。UZZ9000 与 KMZ41 可以采用不同连接

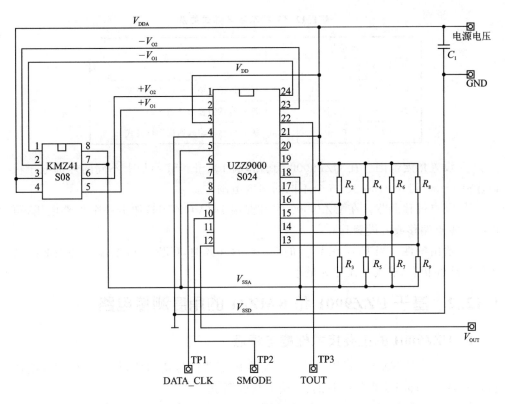

**图 1.12.3　UZZ9000 和 KMZ41 构成的电压输出式角度检测电路**

方式。注意:根据输出电压的零点相位的不同,分别相移 $0°$、$45°$、$90°$、$135°$。

　　② 两输入信号偏移的调整。为了获得线性的输出特性,必须在 UZZ9000 的输入级调整两输入信号偏移。UZZ9000 提供了一个专门的调整协议和接口,可用来完成对两输入信号的偏移的调整。串行接口由 SMODE (引脚端 10)和 DATA_CLK (引脚端 9)组成。调整协议时序图如图 1.12.4 所示,状态字与模式关系如表 1.12.3 所列。

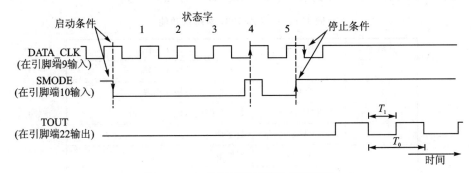

**图 1.12.4　串行接口调整协议时序图**

表 1.12.3　状态字与模式关系

| 状态字 | | | | | 模　式 |
|---|---|---|---|---|---|
| 1 | 2 | 3 | 4 | 5 | |
| 0 | 0 | 0 | 1 | 0 | 进入传感器输入通道1调整模式 |
| 0 | 0 | 1 | 0 | 0 | 进入传感器输入通道2调整模式 |
| 0 | 0 | 0 | 0 | 0 | 脱离传感器输入通道调整模式 |

③ 设置角度范围。在 UZZ9000 的引脚端 13(SENSIN)加上不同的外部电压可以选择 0~30°到 0~180°共 16 个不同的角度范围。

④ 零点偏移调节。在 UZZ9000 的引脚端 14(VOFFIN)加上一个外部电压,可以调节零点偏移或者设置到 0°。

⑤ 输出特性。当 $V_{OUT}$ 在 $V_{DDA}$ 的 5%~94.5%时,UZZ9000 的输出特性曲线处于最佳线性状态,非线性误差为最小。

## 1.12.2　基于 UZZ9001 和 KMZ41 的角度测量电路

### 1. UZZ9001 的主要技术性能与特点

UZZ9001 是 NXP 公司推出的单片角度传感器信号调理器,配上磁阻式角度传感器 KMZ41,即可实现非接触的、精确的角度测量。

与 UZZ9000 线性电压输出方式不同,UZZ9001 采用 SPI 串行接口的数字输出方式,输出数字信号与被测角度信号成正比;测量角度的范围是 0~180°,且在 0~100°范围内;测量误差小于±0.45°;分辨力达 0.1°;测量范围和输出零点均可调节;电源电压范围为 +4.5~+5.5 V;电源电流为 10 mA;工作温度范围是 −40~+150 ℃。

### 2. UZZ9001 的引脚功能与封装形式

UZZ9001 采用 SO-24 封装,引脚端功能如表 1.12.4 所列。

表 1.12.4　UZZ9001 引脚端功能

| 引脚端 | 符　号 | 功　能 |
|---|---|---|
| 1 | $+V_{O2}$ | 传感器2差分输入正端 |
| 2 | $+V_{O1}$ | 传感器1差分输入正端 |
| 3 | $V_{DD2}$ | 数字电路电源电压 |
| 4 | $V_{SS}$ | 数字地 |
| 5 | GND | 模拟地 |
| 6 | RST | 数字电路部分复位 |

| 引脚端 | 符 号 | 功 能 |
|---|---|---|
| 7 | TEST1 | 芯片测试1(连接到地) |
| 8 | TEST2 | 芯片测试2(未连接) |
| 9 | DATA_CLK | 调整模式数据时钟(连接到地) |
| 10 | SMODE | 串行模式编程器(连接到地) |
| 11 | TEST3 | 芯片测试3(未连接) |
| 12 | data | SPI 数据输出 |
| 13 | CLK | SPI 时钟输入 |
| 14 | CS | SPI 芯片选择 |
| 15 | OFFS2 | 传感器2偏移量调整输入 |
| 16 | OFFS1 | 传感器1偏移量调整输入 |
| 17 | $V_{DDA}$ | 模拟电路电源电压 |
| 18 | GND | 模拟地 |
| 19 | TEST4 | 芯片测试4(连接到地) |
| 20 | TEST5 | 芯片测试5(连接到地) |
| 21 | $V_{DD1}$ | 数字电路电源电压 |
| 22 | $T_{OUT}$ | 测试输出 |
| 23 | $-V_{O2}$ | 传感器2差分输入负端 |
| 24 | $-V_{O1}$ | 传感器1差分输入负端 |

### 3. UZZ9001 的内部结构与工作原理

UZZ9001 的芯片内部包括 A/D 转换器 1 和 A/D 转换器 2、滤波器、算法逻辑、SPI 接口、时钟振荡器、逻辑控制及复位等。UZZ9001 与 KMZ41 连接,能够将磁阻式传感器 KMZ41 输出的两个有相位差的正弦信号转换成数字信号输出,与微控制器配套构成一个角度测量系统。

### 4. 由 UZZ9001 和 KMZ41 构成的角度检测电路

由 UZZ9001 和 KMZ41 构成的数字输出的角度检测电路如图 1.12.5 所示。SPI 接口与微控制器连接,电位器 $R_{P1}$ 和 $R_{P2}$ 用来调节传感器 1 和传感器 2 的偏移量。SPI 串行总线的时序波形如图 1.12.6 所示,其中的时间参数如表 1.12.5 所列。调整模式的设置与时序波形与 UZZ9000 相同。

表 1.12.5 SPI 串行总线的时序波形中的时间参数

| 编 号 | 1 | 2 | 3 | 4 | 5 | 8 | 9 | 10 | 11 |
|---|---|---|---|---|---|---|---|---|---|
| 数 值 | 1 | 15 | 15 | 100 | 100 | 20 | 25 | 40 | 5 |
| 单 位 | s | ns | ns | ns | ns | ns | ns | ns | ns |

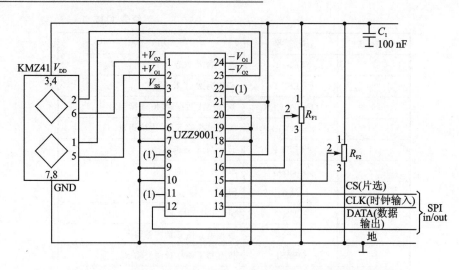

**图 1.12.5　UZZ9001 和 KMZ41 构成的数字输出的角度检测电路**

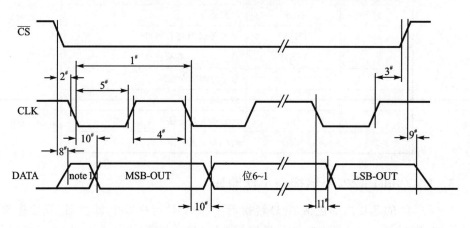

**图 1.12.6　SPI 串行总线的时序波形**

## 1.12.3　基于 WDD35D 的角度检测电路

### 1. WDD35D 角度传感器的主要技术特性

WDD35D 角度传感器是一个高精度、标称阻值为 0.5～10 kΩ 的电位器。其阻值偏差为 ±15 %；线性度达到 0.1%；线性精度为 0.1%、0.3% 和 0.5%；功率为 2 W/70 ℃，温度系数为 ±400 ppm/℃；工作温度为 −40～+120 ℃；寿命 5 000 万次；机械转角可达 360°；理论电旋转角为 345°；测量角度的最大偏差为 0.345°。

WDD35D 的结构示意图如图 1.12.7 所示。旋转角度传感器转轴时，其电阻值随之改变，当转轴转动 360° 后，电阻值与旋转前的相等。因此，可通过读取电阻值的大小来计算旋转的角度，也可利用 ADC 采样将电阻值转换为电压值来判断旋转角度。

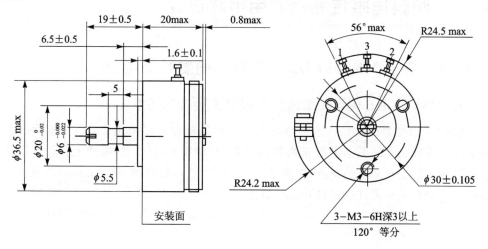

**图 1.12.7 WDD35D 角度传感器结构示意图**

### 2. WDD35D 角度传感器的应用

WDD35D 角度传感器的应用示意图如图 1.12.8 所示,等效电路为一个电位器,电位器的一端(引脚端 1)连接到基准电压 $V_{REF}$,另一端(引脚端 2)接地,引脚端 3 输出一个与旋转角度有关的电压。

例如:在与 LPC2148 微控制器连接使用时,可以使用其自带的 10 位 ADC 采样来判断旋转角度。WDD35D 角度传感器的引脚端连接基准电压 $V_{REF}$,引脚端 2 连接到地(GND),中心头(引脚端 3)与 LPC2148 微控制器的 AD0.3 引脚端连接。当角度传感器从 0°~345°变化时,引脚端 3 的电压从 0 V~$V_{REF}$ 线性变化,首先找到引脚端 3 输出电压为 0 V 时动臂的位置,以该处作为起始位置 0°,然后旋转动臂到任意位置,通过 A/D 采样读取该点处的电压值 $V$,便可计算出该点角度 $\Phi = (345/V_{REF}) \times V(°)$。

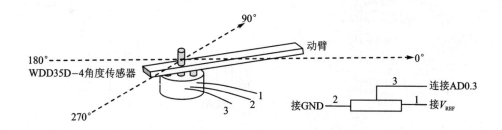

**图 1.12.8 WDD35D 角度传感器应用示意图**

# 1.13　倾斜角度传感器应用电路设计

## 1.13.1　基于 MSA - LD2.0 的倾斜角度检测电路

### 1. MSA - LD2.0 双轴加速度传感器主要技术特性

MSA - LD2.0 双轴加速度传感器是完全的双轴加速度传感器，利用重力加速度对加速度传感器的影响来测量物体的倾角，封装在 CMOS IC 电路上。加速度传感器的测量原理是基于热交换，介质是气体。因为热自由交换，任何方向的加速度将打破温度分布的平衡，使输出的电压（温度）也将随之改变。MSA - LD2.0 双轴加速度传感器的分辨力是 0.1°，灵敏度为 12.5%/g，可以测动态、静态加速，从而转换成物体的倾斜角度。

### 2. MSA - LD2.0 双轴加速度传感器应用电路

MSA - LD2.0 双轴加速度传感器有两路模拟量输出信号，DoutX、DoutY 脚分别为 X 轴和 Y 轴方向倾角的模拟电压输出脚。为确保数据输出准确、稳定，消除供电所带来的噪音，使用两个电容器 $C_2 = C_3 = 0.47~\mu F$，一个电阻 $R_2 = 270~\Omega$。图 1.13.1 中的 $C_1$ 和 $R_1$ 构成简单的 RC 滤波器。$V_{ref}$ 为参考电压引脚，标准值是 2.50 V 与稳压管 1117M3 连接，有 100 $\mu A$ 的驱动能力。SCK 引脚在使用内部时钟时必须接地，为了使用的灵活性，可以选用外部时钟，图 1.13.1 中与 P89LPC932BDH 的 P3.0 口连接。

MSA - LD2.0 输出模拟信号通过 P89LPC32 单片机处理后，送到主控制单片机，电路如图 1.13.1 所示。

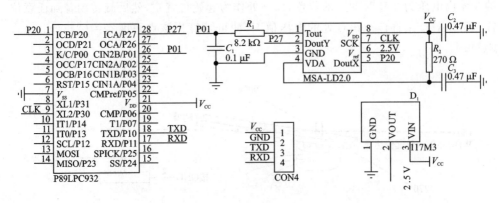

图 1.13.1　采用 MSA - LD2.0 的倾斜角度检测电路

## 1.13.2  基于 SCA103T 的倾斜角度检测电路

### 1. SCA100T 倾角传感器主要技术特性

SCA100T 倾角传感器是双轴高精度倾角传感器,单轴倾角测量为 ±0.26 g (±15°)或者±0.5 g(±30°);最高分辨力为 0.000 4°,具有比例电压输出、SPI 数字或者 0.5～4.5 V 模拟输出。采用单 5 V 电源供电,内置温度补偿,长期稳定性非常好,可作加速度计用。

### 2. SCA100T 倾角传感器应用电路

一个采用 SCA103T 数字式倾角传感器进行倾斜角度测量的电路如图 1.13.2 所示,输出电压与角度变化的关系如图 1.13.3 所示。也可以使用 SPI 接口直接与单片机连接。

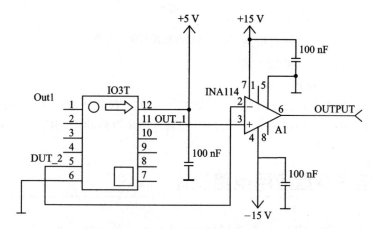

**图 1.13.2  采用 SCA103T 的倾斜角度检测电路**

SCA103T 是一个单轴倾角传感器,测量范围 0.26 g(±15°)或者 0.5 g(±30°),单电源供电(5 V)。具有数字 SPI 或者模拟输出,SCA103T 的引脚端功能如下:

引脚端 1  SCK,串行时钟输入;

引脚端 2  Ext_C_1,外部电容器输入(通道 1);

引脚端 3  MISO,数据输出;

引脚端 4  MISI,数据输入;

引脚端 5  OUT_2,通道 2 输出;

引脚端 6  $V_{SS}$,电源负端;

引脚端 7  CSB,片选,低电平有效;

引脚端 8  Ext_C_2,外部电容器输入(通道 2);

引脚端 9  ST_2,通道 2 自测试输入;

引脚端 10  ST_1/Test_in,通道 1 自测试输入;

全国大学生电子设计竞赛电路设计(第 3 版)

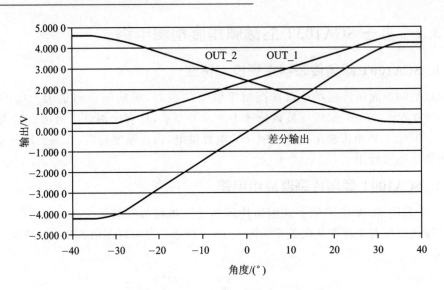

图1.13.3　输出电压与角度变化的关系

引脚端11 OUT_1,通道1输出;

引脚端12 $V_{DD}$,电源正端。

注意:①如果没有使用SPI串口,引脚端1、3、4、7都需要悬空;②当引脚端9和10为逻辑1(高电平)时,可激活芯片自检;如果不使用自检功能,引脚端9和10需要悬空或者接地。

# 1.14　电子罗盘应用电路设计

电子罗盘,也称数字罗盘,是利用地磁场来定北极的一种方法。

## 1.14.1　LP3200 - D50 平面罗盘模块

LP3200 - D50平面罗盘采用两轴磁阻传感器测量平面地磁场,具有高速高精度A/D转换,磁场测量精度100 $\mu$G。指向精度±1%与±0.5%之间,分辨力±0.1%,非线性0.2%~0.8%,重复性±0.2,工作温度范围−40~+80 ℃。保存温度−50~+100 ℃。内置微处理器计算传感器与磁北夹角,输出RS232格式数据帧。LP3200 - D50平面罗盘外形图如图1.14.1所示。

LP3200 - D50平面罗盘适合船载磁罗经的磁北指向测量、气象行业中风标指向测量、汽车后视镜方向指示、无磁转盘转动角度测量、井下仪器方位测量、车载卫星天线指向测量等应用。

## 1.14.2　LP3300 三维电子罗盘模块

LP3300 三维电子罗盘内置三轴磁场传感器和双轴倾角传感器。具有高速高精度 A/D 转换,磁场测量精度 100 $\mu$G。输出的指向是罗盘指北轴线在水平面的投影和地磁北线在地面投影的夹角。由于具有倾斜和俯仰角度补偿,在倾斜或者俯仰情况下,罗盘指向投影线变化小,罗盘指向受倾斜和俯仰影响小。内置温度补偿,最大限度减少倾斜角和指向角的温度漂移。工作温度范围 $-40\sim+85$ ℃。内置微处理器计算传感器与磁北夹角,输出 RS232 格式数据帧。LP3300 平面罗盘外形图如图 1.14.2 所示。

图 1.14.1　LP3200 - D50 平面罗盘外形图　　　图 1.14.2　LP3300 三维电子罗盘外形图

常规模式时俯仰角和横滚角的主要指标:测量范围双轴为 $\pm60°$;分辨力为 $\pm0.1°$;精度(0°) 小于 $\pm0.1°$;非线性 $<0.5\%$;重复性为 $\pm0.2°$;温度漂移为 $0.004°/℃$。

常规下方位指向的主要指标:分辨力为 $\pm0.2°$;测量精度为 $\pm1°$;精度(俯仰 20°) 为 2°;非线性为 0.5%;重复性为 $\pm0.4°$;温度漂移为 $0.015°/℃$。

LP3300 三维电子罗盘适合车载定点双向卫星通信设备电子指北针、船载动中卫星电视接收设备天线方位的电子指北针、车载动中卫星电视接收设备天线方位的电子指北针、车载定向无线电检测设备上的电子指北针、车载雷达天线方位的指北针等应用。

# 1.15　颜色识别传感器应用电路设计

## 1.15.1　基于 TSLB /TSLG /TSLR257 的颜色传感器电路

### 1. TSLB/TSLG/TSLR257 主要技术特性

TSLB257/TSLG257/TSLR257 能够转换光强度为输出电压,在片内集成了蓝色、绿色和红色颜色滤波器,以及光敏二极管、运算放大器和反馈元件,采用 2.7～

505 V 单电源供电,能够实现轨到轨的输出,输出电压 $V_O$:在 $E_e = 1.7\ \mu W/cm^2$、$\lambda_p = 470\ nm$,$E_e = 1.6\ \mu W/cm2$、$\lambda_p = 524\ nm$,$E_e = 1.1\ \mu W/cm2$、$\lambda_p = 635\ nm$ 时为 $1.3 \sim 2.7\ V$。

### 2. TSLB/TSLG/TSLR257 的封装形式与等效电路

TSLB257/TSLG257/TSLR257 的封装形式与等效电路如图 1.15.1 所示,光敏二极管光谱响应如图 1.15.2 所示。

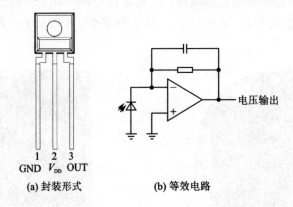

(a) 封装形式          (b) 等效电路

**图 1.15.1    TSLB257/TSLG257/TSLR257 的封装形式与等效电路**

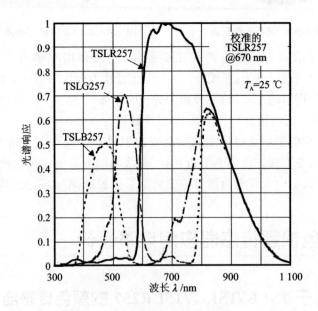

**图 1.15.2    光敏二极管光谱响应**

有关 TSLB257/TSLG257/TSLR257 更多的内容请登录 www. taosinc. com 查询。

## 1.15.2　基于 TCS230 的颜色传感器电路

### 1. TCS230 主要技术特性

TCS230 是 TAOS 公司推出的可编程彩色光到频率的转换器。它把可配置的硅光电二极管与电流频率转换器集成在一个单一的 CMOS 电路上，同时在单一芯片上集成了红绿蓝（RGB）三种滤光器，是业界第一个有数字兼容接口的 RGB 彩色传感器。TCS230 的输出信号是数字量，可以驱动标准的 TTL 或 CMOS 逻辑输入，因此可直接与微处理器或其他逻辑电路相连接。由于输出的是数字量，并且能够实现每个彩色信道 10 位以上的转换精度，因而不再需要 A/D 转换电路，使电路变得更简单。

### 2. TCS230 的封装形式与内部结构

TCS230 的封装形式与内部结构方框图如图 1.15.3 所示，图中，TCS230 采用 8 引脚的 SOIC 表面贴装式封装，在单一芯片上集成有 64 个光电二极管。这些二极管共分为 4 种类型。其中 16 个光电二极管带有红色滤波器；16 个光电二极管带有绿色滤波器；16 个光电二极管带有蓝色滤波器；其余 16 个不带有任何滤波器，可以透过全部的光信息。这些光电二极管在芯片内是交叉排列的，能够最大限度地减少入射光辐射的不均匀性，从而增加颜色识别的精确度；另一方面，相同颜色的 16 个光电二极管是并联连接的，均匀分布在二极管阵列中，可以消除颜色的位置误差。

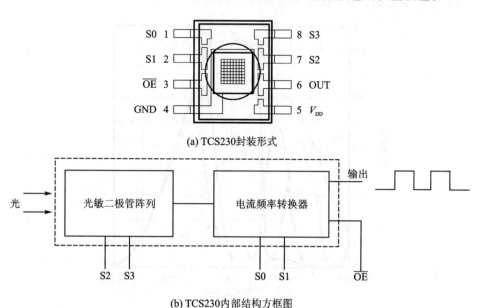

(a) TCS230封装形式

(b) TCS230内部结构方框图

**图 1.15.3　TCS230 的封装形式与内部结构方框图**

　　如表 1.15.1 所列,工作时,通过两个可编程的引脚来动态选择所需要的滤波器。该传感器的典型输出频率范围为 2 Hz～500 kHz,用户还可以通过两个可编程引脚来选择 100%、20% 或 2% 的输出比例因子,或低功耗模式。输出比例因子使传感器的输出能够适应不同的测量范围,提高了它的适应能力。例如,当使用低速的频率计数器时,就可以选择小的定标值,使 TCS230 的输出频率和计数器相匹配。

表 1.15.1　S0～S3 选择

| 引 | 脚 | 特 性 | 引 | 脚 | 特 性 |
|---|---|---|---|---|---|
| S0 | S1 | 输出频率信号 $f_O$ | S2 | S3 | 光敏二极管类型 |
| L | L | 低功耗模式 | L | L | 红 |
| L | H | 2% | L | H | 蓝 |
| H | L | 20% | H | L | 白(无滤波器) |
| H | H | 100% | H | H | 绿 |

　　从图 1.15.3 可知:当入射光投射到 TCS230 上时,通过光电二极管控制引脚 S2、S3 的不同组合,可以选择不同的滤波器;经过电流到频率转换器后输出不同频率的方波(占空比是 50%),不同的颜色和光强对应不同频率的方波;还可以通过输出定标控制引脚 S0、S1,选择不同的输出比例因子,对输出频率范围进行调整,以适应不同的需求。

　　TCS230 的光敏二极管光谱响应如图 1.15.4 所示。

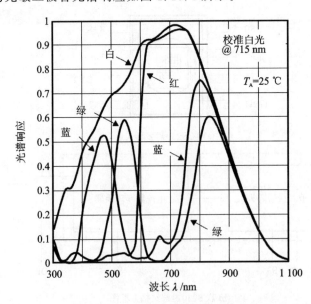

图 1.15.4　光敏二极管光谱响应

　　有关 TCS230 的更多内容请登录 www.taosinc.com 查询。

### 3. TCS230 颜色识别模块

一个成品 TCS230 颜色识别模块如图 1.15.5 所示,尺寸为 72 mm×16 mm× 12 mm模块配有 4 只大功率 LED,可识别 R、G、B 三原色的分量,通过这三原色分量的混合,可以识别不同的颜色。电源电压为 5 V,工作电流为 0.12 A。TCS230 的输出信号经缓冲后输出,可以直接与微控制器 I/O 口连接,示意图如图 1.15.6 所示。

图 1.15.5 颜色识别模块

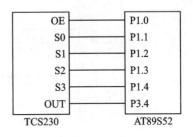

图 1.15.6 TCS230 与单片机的连接

## 1.15.3 基于 TCS3404CS/TCS3414CS 的颜色传感器电路

### 1. TCS3404CS/TCS3414CS 的主要技术特性

TCS3404CS/TCS3414CS 数字颜色传感器具有可编程的中断功能和用户可设置阀值功能,芯片内部集成有光滤波器,采用 SMBus 100 kHz 或者采用 I²C 400 kHz 输出 16 位数字信号,可编程的模拟增益和集成的定时器支持 1~1 000 000 的动态范围,工作温度范围为−40~85 ℃,采用单电源供电,电压范围为 2.7~3.6 V。

### 2. TCS3404CS/TCS3414CS 的封装形式与内部结构

TCS3404CS/TCS3414CS 的封装形式与内部结构如图 1.15.7 所示,外部接口需要上拉电阻,如图 1.15.8 所示。

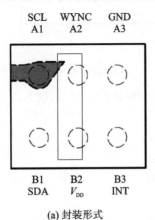

(a) 封装形式

图 1.15.7 TCS3404CS/TCS3414CS 的封装形式与内部结构

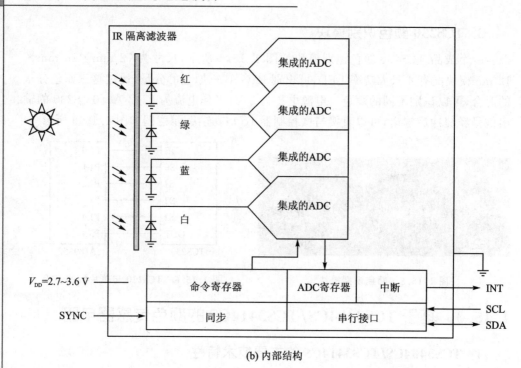

(b) 内部结构

图 1.15.7 TCS3404CS/TCS3414CS 的封装形式与内部结构(续)

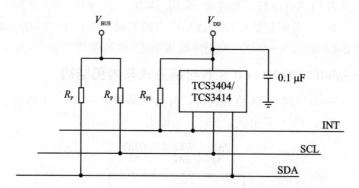

图 1.15.8 TCS3404CS/TCS3414CS 外部上拉电阻

对于 SMB 2.0 规范,TCS3404CS/TCS3414CS 需要完成下面的协议:

- Send Byte Protocol;
- Receive Byte Protocol;
- Write Byte Protocol;
- Write Word Protocol;
- Read Word Protocol;

- Block Write Protocol;
- Block Read Protocol。

对于 I²C 规范,TCS3404/14 需要完成下面的协议:

- I2C Write Protocol;
- I2C Read (Combined Format) Protocol。

有关 TCS3404CS/TCS3414CS 的使用和更多内容请登录 www. taosinc. com 查询。

# 1.16  环境亮度传感器应用电路设计

## 1.16.1  基于 APDS 9002/9008 的环境亮度检测电路

### 1. APDS 9002/9008 环境亮度传感器的主要技术特性

APDS 9002/9008 是一个低成本的环境亮度传感器芯片,电源电压范围为 2.4～5.5 V,相对光谱响应与波长如图 1.16.1 所示。

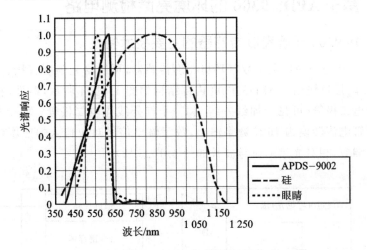

图 1.16.1  相对光谱响应与波长

### 2. APDS 9002/9008 的环境亮度传感器的应用电路

APDS 9002/9008 环境亮度传感器的应用电路如图 1.16.2 所示。光电流与照度(勒克司 LUX)的关系如图 1.16.3 所示。

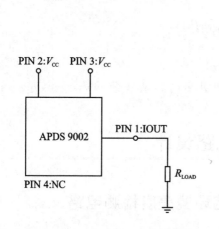

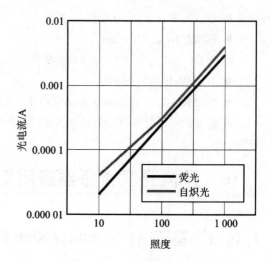

图1.16.2 APDS9002/9008环境亮度
传感器的应用电路

图1.16.3 光电流与照度的关系

## 1.16.2 基于APDS 9300的环境亮度检测电路

### 1. APDS 9300环境亮度传感器的主要技术特性

APDS 9300是一种低电压数字环境亮度传感器,可以将光强度直接转换为数字信号,通过$I^2C$接口输出。APDS 9300内部结构如图1.16.4所示,器件内部包含有一个宽带光电二极管(可见光加红外线)和一个红外线光电二极管。两个集成ADC将光电二极管电流转换为16位数字输出,数字输出信号对应输入的照度(勒克司),近似人眼的响应,相对光谱响应与波长如图1.16.5所示。

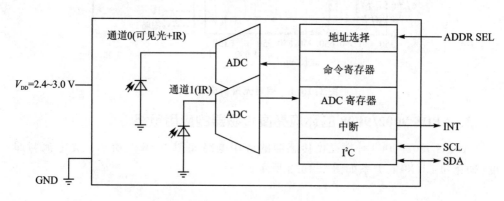

图1.16.4 APDS 9300内部结构

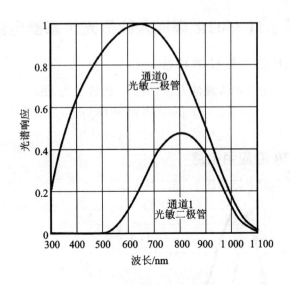

图 1.16.5 相对光谱响应与波长

## 2. APDS 9300 环境亮度传感器的应用电路

APDS 9300 环境亮度传感器的应用电路如图 1.16.6 所示,APDS 9300 为从机,地址为 0111001,电源引脚端采用一个 0.1 $\mu$F 的电容器去耦,电容器尽可能靠近芯片安装。$R_1$、$R_2$ 是 SCL 和 SDA 的上拉电阻,$R_3$ 是 INT 引脚端的上拉电阻,典型值为 10 k$\Omega$ 和 100 k$\Omega$。

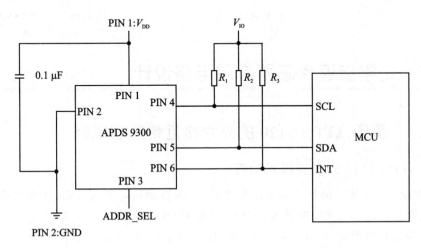

图 1.16.6 APDS 9300 环境亮度传感器的应用电路

### 1.16.3　基于 NJL7502R 模拟人眼的光传感器电路

#### 1. NJL7502R 的主要技术特性

NJL7502R 是一个模拟人眼的光传感器,峰值波长为 590 nm,采用 COBP 封装,尺寸为 1.6 mm×1.3 mm×0.65 mm,光电流为 130 $\mu A$,暗电流为 0.1 $\mu A$,响应特性如图 1.16.7 所示。

#### 2. NJL7502R 的应用电路

NJL7502R 的应用电路如图 1.16.8 所示。

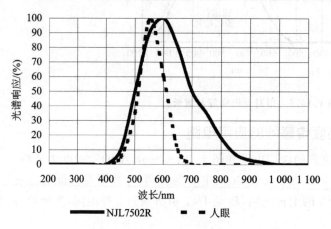

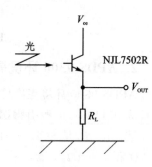

图 1.16.7　NJL7502R 光响应特性

图 1.16.8　NJL7502R 的应用电路

# 1.17　光学接近传感器应用电路设计

## 1.17.1　基于 APDS 9120 的光学接近传感器电路

#### 1 APDS 9120 的主要技术特性

APDS 9120 是一种集成光学接近传感器,内置的信号调理电路,能够暴露在太阳光和人工光源下工作,提供可选择的模拟和/或数字输出。电源电压为 2.4～3.6 V,典型检测距离为 30 mm。APDS 9120 的内部结构如图 1.17.1 所示。

#### 2. APDS 9120 的应用电路

APDS 9120 的应用电路如图 1.17.2 所示,引脚端 1 连接的 $R_3$ 和 $C_3$ 可用来调整探测的距离。当在探测距离内首次检测到物体时,DOUT(引脚端 9)输出一个低电平。

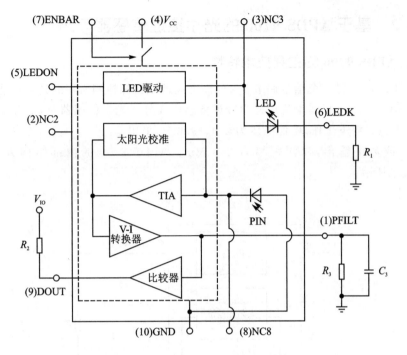

图 1.17.1 APDS 9120 的内部结构

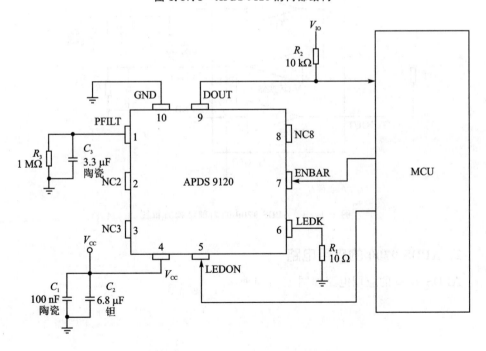

图 1.17.2 APDS 9120 的应用电路

## 1.17.2　基于 APDS 9700 的光学接近传感器电路

### 1. APDS 9700 的主要技术特性

APDS 9700 是一个信号调节 IC,可提高接近或目标检测所用的光学传感器的鲁棒性。APDS 9700 可搭配集成光学接近传感器或分立光学传感器对,能够暴露在太阳光和人工光源下工作,电源电压为 2.4～3.6 V,采用 QFN‐8 封装,提供可选择的模拟和/或数字输出,探测距离为 200 mm。APDS 9700 的内部结构方框图如图 1.17.3所示。

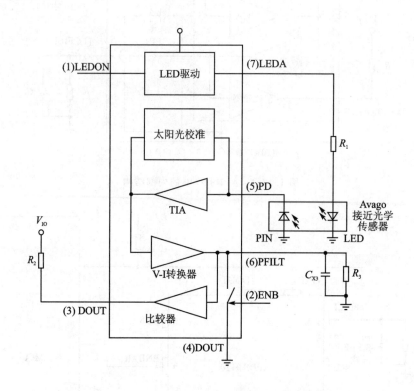

**图 1.17.3　APDS 9700 的内部结构方框图**

### 2. APDS 9700 的应用电路

APDS 9700 的应用电路如图 1.17.4 所示。

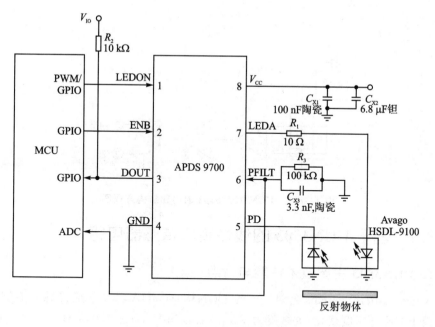

图 1.17.4　APDS 9700 的应用电路

# 1.18　霍尔元件应用电路设计

## 1.18.1　基于 UGN3132/3133 的霍尔开关电路

### 1. UGN3132/3133 主要技术性能与特点

Allegro MicroSystems 公司生产的 UGN3132/3133 器件是用双极性磁场即 N、S 交变场磁启动的霍尔开关电路;电源电压为 4.5～24 V;连续输出电流为 25 mA;磁通密度不受限制,输出关断电压为 25 V;具有反向电压保护(反向电压为 35 V)和极好的温度稳定性;工作温度为－20～85 ℃或者－40～125 ℃。

### 2. UGN3132/3133 的引脚功能与封装形式

UGN3132/3133 采用 SOT89 或者 TO－243A 封装。其中,引脚端 1 为电源正端,引脚端 2 为接地,引脚端 3 为输出(OC 形式)。

### 3. UGN3132/3133 的内部结构与应用

UGN3132/3133 的内部结构方框图如图 1.18.1 所示,芯片内部包含有稳压电路、霍尔效应电压产生电路、信号放大器、施密特触发器和一个集电极开路输出电路。集电极开路输出电路可连续输出 25 mA 电流,可直接控制继电器、双向可控硅、可控硅、LED 和灯等负载。其具有输出自举电路,也可直接与双极型和 MOS 逻辑电路连接。

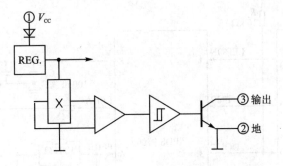

图 1.18.1 UGN3132/3133 的内部结构方框图

## 1.18.2 基于 UGN3503 的线性霍尔传感器电路

### 1. UGN3503 主要技术性能与特点

Allegro MicroSystems 公司生产的 UGN3503U/UA 霍尔效应传感器能够精确检测极小的磁通密度变化;灵敏度为 $V_{OUT}=1.75$ mV/G;磁通密度 $B=0\sim900$ G;输出带宽为 23 kHz;工作电源电压为 4.5~6 V;工作温度范围为 $-20\sim85$ ℃。

### 2. UGN3503 的引脚功能与封装形式

UGN3503 采用 SOT89 或者 TO - 243A 封装。其中,引脚端 1 为电源正端,引脚端 2 为接地,引脚端 3 为输出。

### 3. UGN3503 的内部结构与工作原理

UGN3503 的内部结构方框图如图 1.18.2所示。芯片内部包含一个霍尔敏感元件、线性放大器和射极跟随器。

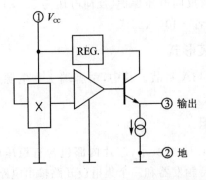

图 1.18.2 UGN3503 的内部结构方框图

UGN3503 在磁场为 0 时($G=0$ G),输出电压是电源电压的 1/2;当 S 磁极出现在霍尔传感器标记面时,输出电压高于磁场为零时的输出电平;当 N 磁极出现在霍尔传感器标记面时,输出电压低于磁场为零时的输出电平。瞬时和比例输出电压电平取决于器件最敏感面的磁通密度。用 6 V 电源可得到最大灵敏度,但会增加电源电流消耗,并降低输出对称性。传感器输出通常采用电容耦合至放大器。

### 4. UGN3503 的应用

UGN3503 可用于运动检测器、齿轮传
感器、接近检测器和电流检测传感器等领域,其应用示意图如图 1.18.3 所示。在图 1.18.3(a)、(b)所示的应用中,需要将一个永久偏置磁铁用环氧黏结剂粘贴到环氧封装的背面,在封装背面存有铁磁材料能使磁通聚集。例如:霍尔效应集成电路用来检测铁磁材料的存在,则磁铁 S 极接近封装背面;如果集成电路用来检测铁磁的不存在,则磁铁 N 极接近背面。图 1.18.3(c)用于电流检测。

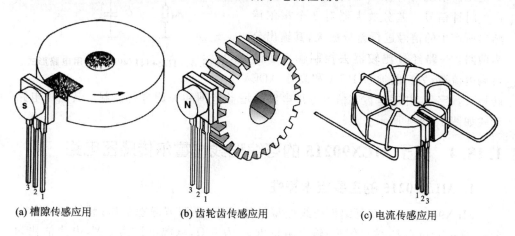

(a) 槽隙传感应用     (b) 齿轮齿传感应用     (c) 电流传感应用

**图 1.18.3 UGN3503 应用示意图**

## 1.18.3 基于 TLE4941/4941C 的霍尔传感器电路

### 1. TLE4941/4941C 的主要技术性能与特点

TLE4941/4941C 是德国 Infineon 公司生产的差分霍尔传感器集成电路。芯片内部集成有差分霍尔传感器与信号调理器电路。信号调理器中包括差分放大器、可编程增益放大器、ADC、数字信号处理电路、偏置 DAC 及电流输出接口。

TLE4941/TLE4941C 为了检查磁场中磁体的运动,需要在芯片背面粘贴一块由 N 极和 S 极构成的永久磁铁,通过测量磁场的差分磁通密度来检查磁体的运动情况。采用动态自校准(Dynamic Self-calibration)技术,可以抵消±20 mT 的磁场偏移量,灵敏度高,抗干扰能力强,无需外围元器件。电源电压范围是 4.5～16.5 V,输出电流为 7～14 mA,工作温度范围为−40～+150 ℃。

### 2. TLE4941/4941C 的引脚功能与封装形式

TLE4941/4941C 采用 PSSO2-1 和 PSSO2-2 封装。其中,引脚端 $V_{CC}$ 为电源电压正端,GND 为公共端;在 GND 与地之间接一只负载电阻,可输出电压信号。

### 3. TLE4941/4941C 的内部结构与应用

TLE4941/4941C 的芯片内部包含有电源电压稳压器、2 个霍尔传感器、差分放

大器、运算器、比较器、可调电流源、可编程
放大器、高速 ADC、数字信号处理电路、失
调 DAC 以及系统时钟振荡器等。电源电压
稳压为芯片内部各单元电路提供稳定的+3
V 电压。系统时钟振荡器为芯片数字电路
产生时钟信号。差分放大器对 2 个霍尔传
感器所产生的信号进行差分放大,其输出分
为两路:一路经过比较器去控制输出级的
可调电流源;另一路通过 PGA 和高速 ADC

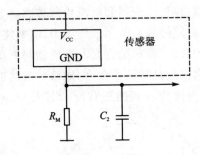

图 1.18.4 TLE4941/4941C 应用电路形式

转换成数字量,并送至数字信号处理电路对增益范围和失调进行控制。其应用电路
形式如图 1.18.4 所示。

## 1.18.4 基于 MLX90215 的可编程线性霍尔传感器电路

### 1. MLX90215 的主要技术特性

MLX90215 是一个可编程的线性霍尔传感器,可调节静态电压;灵敏度范围为
5~140 mV/mT,13 位可编程;输出阻抗 $R_{OUT}$ 为 6 Ω,电源电压为 5 V,电流消耗为
2.5~6.5 mA。内部结构如图 1.18.5 所示,磁通密度与输出电压的关系如图 1.18.6
和图 1.18.7 所示。

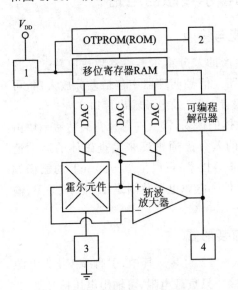

图 1.18.5 MLX90215 的内部结构

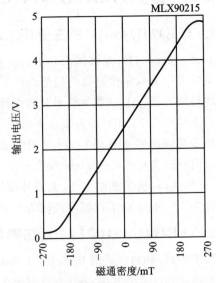

图 1.18.6 磁通密度与输出电压的关系

(灵敏度为 10 mV/mT)

### 2. MLX90215 的应用电路

MLX90215 的应用电路如图 1.18.8 所示。

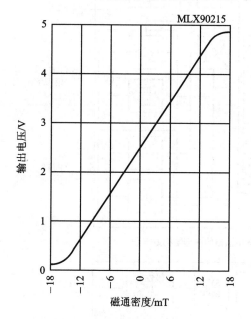

图 1.18.7　磁通密度与输出电压的
关系灵敏度为 140 mV/mT)

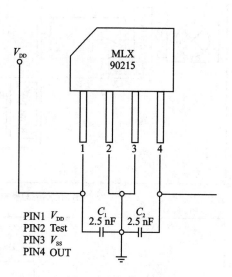

图 1.18.8　MLX90215 的
应用电路

# 1.19　位置传感器应用电路设计

## 1.19.1　基于 MLX90333 的同轴 3D 操纵杆位置传感器电路

### 1. MLX90333 的主要技术特性

MLX90333 是一个同轴 3D 操纵杆位置传感器芯片，采用 Triaxis 霍尔技术制造，具有可编程的线性传输特性，12 位角度分辨力，40 位 ID 数，单传感器芯片采用 SO-8 封装，双传感器采用 TSSOP-16 封装，具有模拟/PWM 和串行数据输出形式，内部结构方框图如图 1.19.1 所示，传感器应用示意图如图 1.19.2 所示。

### 2. MLX90333 的应用电路

MLX90333 采用模拟输出的应用电路如图 1.19.3 所示，MLX90333 采用 PWM 输出的应用电路如图 1.19.4 所示，MLX90333 采用串行数据输出的应用电路如图 1.19.5所示，采用 TSSOP-16 封装的双传感器的应用电路如图 1.19.6 所示。

全国大学生电子设计竞赛电路设计(第3版)

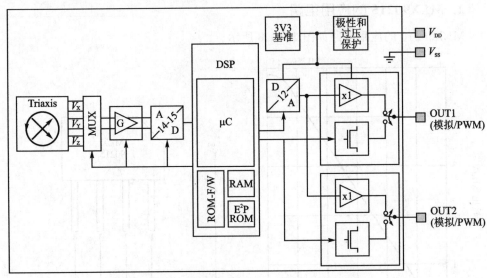

(a) MLX90333模拟/PWM输出的内部结构方框图

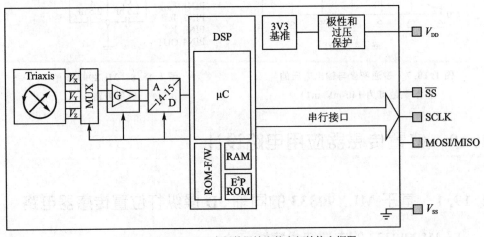

(b) MLX90333串行数据输出的内部结构方框图

图 1.19.1　MLX90333 内部结构方框图(续)

图 1.19.2　MLX90333 传感器应用示意图

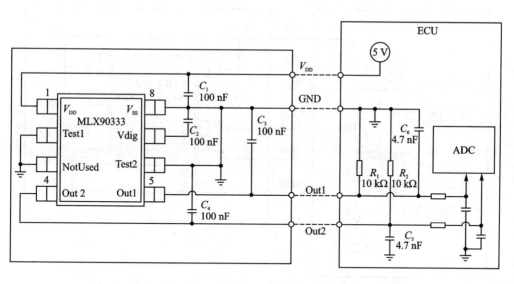

图 1.19.3 MLX90333 采用模拟输出的应用电路(SOIC - 8 封装)

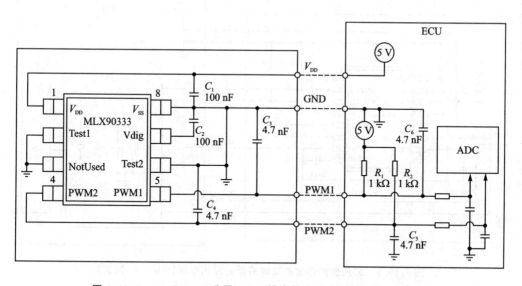

图 1.19.4 MLX90333 采用 PWM 输出的应用电路(SOIC - 8 封装)

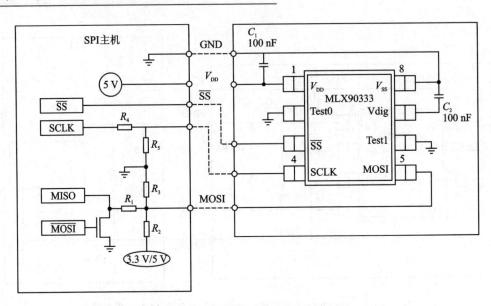

图 1.19.5 MLX90333 采用串行数据输出的应用电路

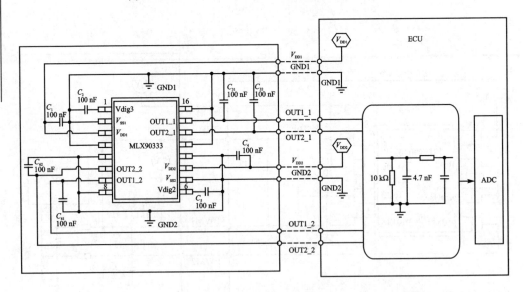

图 1.19.6 采用模拟输出的双传感器的应用电路(SOP - 16 封装)

## 1.19.2 基于 MLX90324 的同轴旋转位置传感器电路

### 1. MLX90324 的主要技术特性

MLX90324 是一个同轴旋转位置传感器芯片,采用 Triaxis 霍尔技术制造,具有可编程的线性传输特性。MLX90324 的主要技术特性:可编程的角度范围为 360°;12 位角度分辨力;40 位 ID 数;单传感器芯片采用 SO - 8 封装,双传感器采用

TSSOP - 16 封装；具有可选择的模拟（比例）、PWM 和 SENT（SAE - J2716）协议输出形式。内部结构方框图如图 1.19.7 所示，传感器应用示意图如图 1.19.8 所示。

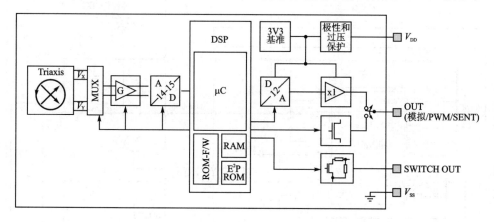

**图 1.19.7　MLX90324 内部结构方框图**

### 2. MLX90324 的应用电路

MLX90324 采用模拟输出的应用电路如图 1.19.9 和图 1.19.10 所示，MLX90324 采用 PWM 输出的应用电路如图 1.19.11 所示，MLX90324 采用 SENT 输出的应用电路如图 1.19.12 和图 1.19.13 所示。

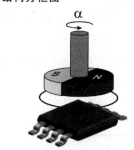

**图 1.19.8　MLX90324 传感器应用示意图**

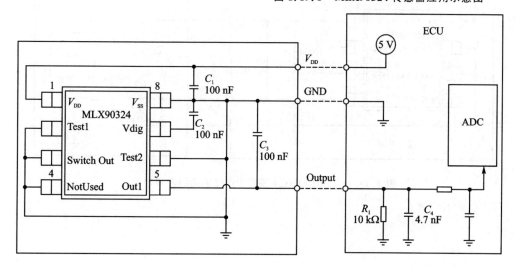

**图 1.19.9　MLX90324 采用模拟输出的应用电路（SOIC - 8 封装）**

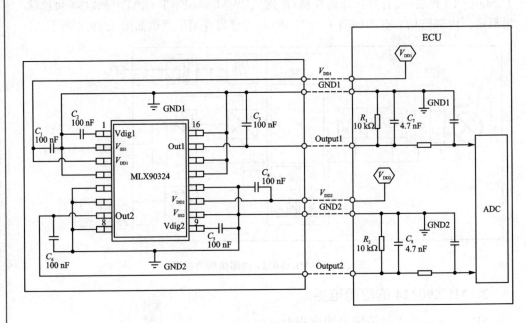

图 1. 19. 10　MLX90324 采用模拟输出的应用电路 (TSSOP - 16 封装)

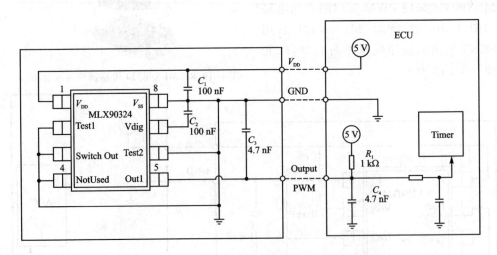

图 1. 19. 11　MLX90324 采用 PWM 输出的应用电路

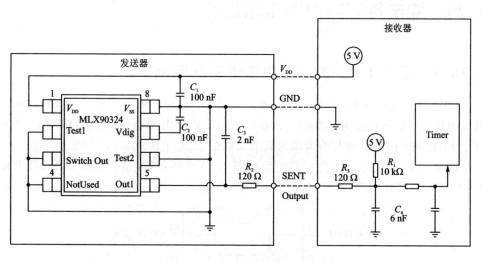

**图 1.19.12 MLX90324 采用 SENT 输出的应用电路(SOIC – 8 封装)**

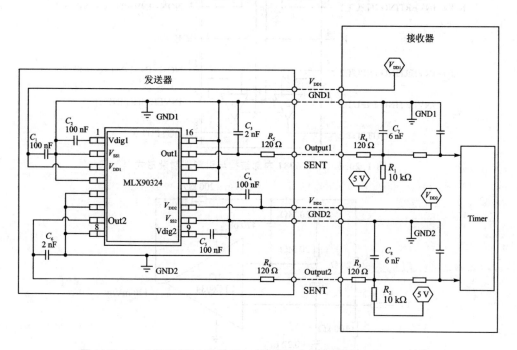

**图 1.19.13 MLX90324 采用 SENT 输出的应用电路(TSSOP – 16 封装)**

## 1.20　冲击传感器应用电路设计

### 1.20.1　基于 LTC6084 的冲击传感器电路

LMC6084 是一个精密的 CMOS 运算放大器。其偏移电压为 150 $\mu$V；输入偏置电流为10 fA；电压增益为 130 dB；采用 4.5～15 V 单电源供电；采用 DIP - 14 或者 SO - 14 封装。内部结构与引脚端封装形式如图 1.20.1 所示。

LMC6084 构成的冲击传感器电路如图 1.20.2 所示，冲击传感器采用 MURA-TA ERIE PKGS - OOMX1（www.murata.com）。

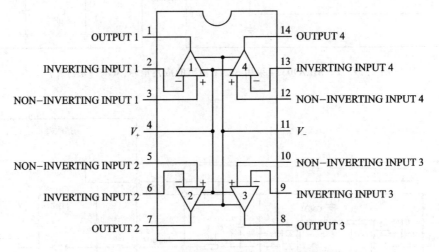

图 1.20.1　LMC6084 内部结构与引脚端封装形式

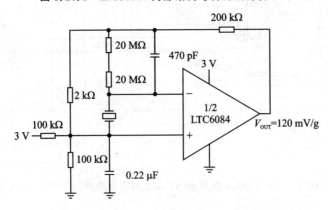

图 1.20.2　LMC6084 构成的冲击传感器电路

## 1.20.2　基于 MAX4257 的压电薄膜传感器电路

MAX4257 是一个精密的 CMOS 运算放大器。其偏移电压为 70 $\mu$V；输入偏置电流为 1 pA；电压增益为 116 dB；采用 4.5～15 V 单电源供电；采用 SO–8 封装。

MAX4257 构成的压电薄膜传感器电路如图 1.20.3 所示，压电薄膜传感器采用 AMP 公司的 LDT–0(www.amp.com.cn)。压电薄膜传感器具有高输出阻抗，需要高阻抗缓冲放大器。

该电路中包括一个恒定的差分电荷放大器，和一个差分输入单端输出的放大器。差分结构可以降低线路噪声。$R_1$、$R_2$ 以及 $C_3$ 设置输入共模电压。差分放大器的交流增益是由 $C_1$ 和 $C_2$ 的数值设置，$C_1$ 和 $C_2$ 的数值与传感器电容($C_{EQ}$)有关。$C_{EQ}$ 在 1 kHz 测试为 484 pF，等效串联一个 5 k$\Omega$ 的电阻(ESR)。$R_3$ 和 $R_4$ 对高频率的影响不大，因为反馈主要是以 $C_1$ 和 $C_2$ 电抗为主。电路一半的增益为 $C_1/C_{EQ}=96$。差分放大器还可以作为一个一阶高通滤波器。为了简化分析，让 $C_1=C_2=C$ 和 $R_3=R_4=R$，电路中 $C=10$ pF 和 $R=44$ M$\Omega$，一阶高通滤波器的截止频率为 360 Hz。

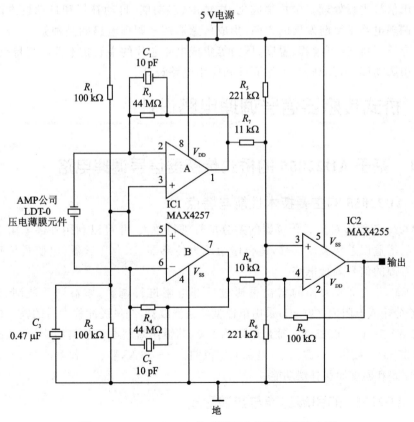

**图 1.20.3　MAX4257 构成的压电薄膜传感器电路**

# 第2章

# 信号调理电路设计

在全国大学生电子设计竞赛中,在四旋翼自主飞行器(2013 年 B 题)、简易旋转倒立摆及控制装置(2013 年 C 题)、基于自由摆的平板控制系统(2011 年 B 题)、智能小车(2011 年 C 题)、帆板控制系统(2011 年 F 题)、声音导引系统(2009 年 B 题)、电动车跷跷板(2007 年 F 题和 J 题)、悬挂运动控制系统(2005 年 E 题)等赛题中使用了各种传感器,如温度、湿度、压力、磁场、液位、超声波、转速、加速度、光电、电流、电容、角度、霍尔等传感器。传感器所输出的信号非常弱,需要采用信号调理电路对传感器输出信号进行处理。单片集成化、高精度、多功能、自动补偿和自动校准的传感器信号调理电路是目前发展的方向,集成传感器信号调理电路的品种繁多,本章分 5 个部分介绍了桥式、可编程、温度、压力等集成电路芯片的主要技术性能与特点、芯片封装与引脚功能、内部结构、工作原理和应用电路设计。

## 2.1 桥式传感器信号调理电路设计

### 2.1.1 基于 AD22055 的桥式传感器信号调理电路

#### 1. AD22055 的主要技术性能与特点

AD22055 能够对桥式传感器的差分信号进行放大,并可以利用外部电阻来补偿传感器的增益误差和温度漂移,适合作为压力传感器、压力变送器、应变式传感器等微弱信号源的信号调理电路。

AD22055 内部放大器的增益可通过外部电阻进行调整,增益调整范围为 40～1000,差分输入电阻为 230 kΩ;采用单极型低通滤波器,经过缓冲放大后的输出电压范围为 20 mV～($V_S$−0.25 V),输出电阻为 2.0 Ω,输出短路电流的典型值为 12 mA,最大值为 25 mA;采用单电源供电,电源电压范围为 3～36 V,静态工作电流为 200 μA;具有增益误差和温度漂移补偿功能。

#### 2. AD22055 的引脚功能与封装形式

AD22055 采用 SOIC－8 封装,各个引脚端功能如下:引脚端 1、8(IN＋、IN－)分别为桥式传感器的差分信号输入的正端和负端;引脚端 2(GND)为公共地端;引脚端

3(FILT)为外部滤波电容连接端;引脚端 4(GAIN)为增益调节端;引脚端 5(OUT)为输出端;引脚端 6(+$V_S$)为电源正端;引脚端 7(OFS)为失调电压调节端。

### 3. AD22055 的内部结构与工作原理

AD22055 的内部结构方框图如图 2.1.1 所示,芯片内部包含一个极低漂移的前置放大器($A_1$)和一个输出缓冲放大器($A_2$),可等效为一个单电源差分放大器。

AD22055 的输入端设置有一个精密电阻分压器,可将引脚端 IN+和 IN-的共模电压衰减后,再作为前置放大器($A_1$)的输入电压。另外,在前置放大器($A_1$)的输入处还集成有两只容量很小的滤波电容(图中未画),能将信号中射频干扰的影响降至最低。

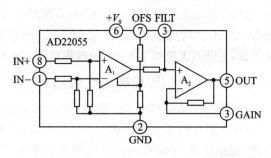

图 2.1.1  AD22055 的内部结构方框图

前置放大器($A_1$)的闭环增益为 40。$A_1$ 的输出通过一个由 80 kΩ 电阻和外部滤波电容构成的低通滤波器滤波,连接到一个增益可变的输出缓冲放大器 $A_2$,在引脚端 GAIN 与地之间接一只电阻 $R_{\mathrm{GAIN}}$,即可改变放大器 $A_2$ 的增益。AD22055 的总增益可由下式确定:

$$增益 = 40\left(1+\frac{9\ \mathrm{k\Omega}}{R_{\mathrm{GAIN}}}\right)\ \mathrm{V/V}$$

式中,$R_{\mathrm{GAIN}}$ 的单位为 kΩ。

### 4. AD22055 的典型应用电路

AD22055 的典型应用电路如图 2.1.2 所示。$R_{\mathrm{GAIN}}$ 采用 1.0 kΩ 精密电阻时,电路增益为 400。引脚端 FILT 可以连接一个电容 C 到地,电容 C 为低通滤波器中的滤波电容。桥式传感器的激励电压采用外部基准电压 $V_{\mathrm{REF}}$。

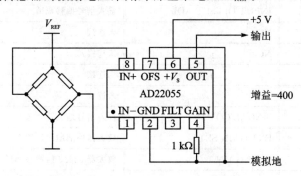

图 2.1.2  AD22055 的典型应用电路

## 2.1.2　基于 1B32 的桥式传感器信号调理电路

### 1. 1B32 的主要技术性能与特点

1B32 是美国 ADI 公司生产的一种桥式传感器信号调理电路，适合作为应变式传感器、压阻式传感器等微弱信号源的信号调理器。

1B32 的增益范围为 100～5 000；温度漂移及失调电压为 ±0.07 $\mu$V/℃；当环境温度为 +25 ℃、增益设定为 1 000 倍时，1B32 的最大失调电压为 ±40 $\mu$V；采用三阶低通滤波器，上限截止频率 $f_C = 4$ Hz；电源电压为 ±12～±18 V，电流消耗为 4 nA～1 mA。

### 2. 1B32 的引脚功能与封装形式

1B32 采用小型 DIP-28 封装，引脚端功能如表 2.1.1 所列。

1B32 芯片内部主要包括零点校正电路、可编程斩波放大器、薄膜电阻网络、振荡器、低通滤波器、可编程电桥激励源和基准电压源。可编程斩波放大器具有线性度好、温漂低等优点，能对桥式传感器的输出信号进行线性放大，其增益可通过外部电阻来设定，设定范围为 100～5 000 倍。利用内部薄膜电阻网络能将放大器的增益设定为 500 倍或 333.3 倍，适配灵敏度分别为 2 mV/V 或 3 mV/V 的压力传感器。该放大器还具有很强的抑制零点漂移的能力，很容易与 D/A 转换器相连接。

1B32 采用三阶低通滤波器来滤除高频干扰。可编程电桥激励源能驱动 120 Ω或更高电阻值的压力传感器。激励电压的默认值为 +10 V，并可利用外部电阻在 +4～+15 V 范围内调节。

#### 表 2.1.1　1B32 引脚端功能

| 引脚端 | 符　号 | 功　能 |
|---|---|---|
| 1 | +INPUT | 输入信号正端 |
| 2 | −INPUT | 输入信号负端 |
| 3 | INPUT OFFSET ADJ | 输入信号偏移调节 |
| 4 | NC | 未连接 |
| 5 | NC | 未连接 |
| 6 | NC | 未连接 |
| 7 | NC | 未连接 |
| 8 | SINGAL COMM | 输入信号地 |
| 9 | EXT GAIN SET | 放大器外部增益设置端 |
| 10 | 333.3 GAIN | 放大器 333.3 倍增益选择端 |
| 11 | 500 GAIN | 放大器 500 倍增益选择端 |
| 12 | GAIN SENSE | 放大器增益检测端 |
| 13 | GAIN COMM | 放大器地 |

续表 2.1.1

| 引脚端 | 符 号 | 功 能 |
|---|---|---|
| 14 | $V_{\text{OUT}}$ | 放大器输出 |
| 15 | $-V_S$ | 电源电压负端 |
| 16 | COMM | 公共地端 |
| 17 | $+V_S$ | 电源电压正端 |
| 18 | $+V_S(\text{REG})$ | 电源电压校准端 |
| 19 | REFOUT | 基准电压的输出端 |
| 20 | REFIN | 基准电压的输入端 |
| 21 | EXC ADJ | 激励电压调整端 |
| 22 | NC | 未连接 |
| 23 | NC | 未连接 |
| 24 | NC | 未连接 |
| 25 | NC | 未连接 |
| 26 | SENSELOW | 连接传感器低端 |
| 27 | SENSEHIGH | 连接传感器高端 |
| 28 | $V_{\text{EXC OUT}}$ | 桥路激励电压输出 |

### 3. 1B32 的典型应用电路

#### (1) 固定增益的放大器应用电路

1B32 固定增益的放大器电路形式如图 2.1.3 所示。将引脚端 10（或者 11）接地，即可设置放大器增益为 333.3 倍（或者 500 倍）。引脚端 3 连接的电位器可调节输入偏移。

#### (2) 利用外部电路调节增益的放大器应用电路

利用外部电路调节增益的放大器应用电路如图 2.1.4 所示。增益由以下公式确定：

$$增益 = 1 + R_F/R_1$$

#### (3) 桥路激励电压调节电路

桥路激励电压调节电路如图 2.1.5 所示，在引脚端 21 和 26 连接一个电阻 $R_{\text{EXT}}$ 可以调节 $V_{\text{EXC OUT}}$ 到 15 V（电源电压为 18 V），在引脚端 19 和 20 连接一个 20 kΩ 电位器可以调节 $V_{\text{EXC OUT}}$ 到 4 V。电阻 $R_{\text{EXT}}$ 的值由以下公式决定：

$$R_T = \frac{10\ \text{k}\Omega \times V_{\text{REF OUT}}}{V_{\text{EXC}} - V_{\text{REF OUT}}} \qquad V_{\text{REF OUT}} = +6.8\ \text{V} \qquad R_{\text{EXT}} = \frac{20\ \text{k}\Omega \times R_T}{20\ \text{k}\Omega - R_T}$$

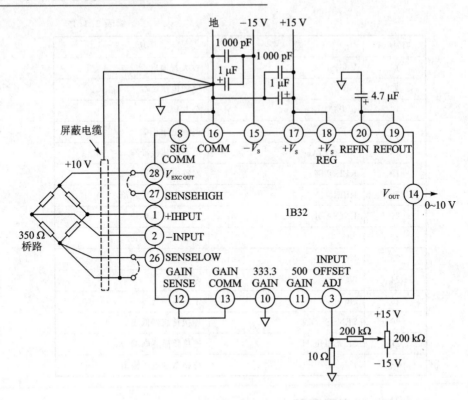

**图 2.1.3　1B32 固定增益的放大器电路**

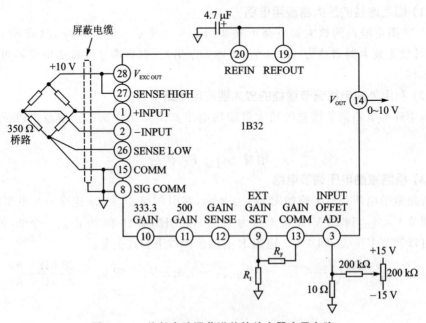

**图 2.1.4　外部电路调节增益的放大器应用电路**

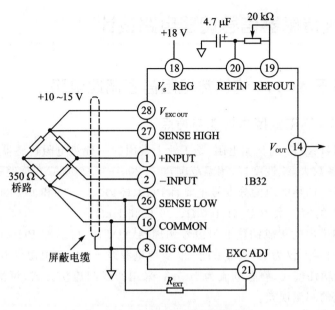

图 2.1.5　桥路激励电压调节电路

### （4）连接多路压力传感器的应用电路

IB32 连接多路压力传感器的应用电路如图 2.1.6 所示。激励电源经过 AD542、TIP32 之后再驱动多个桥式传感器，可在 $-25\sim+80$ ℃的温度范围内提供 $+10$ V（300 mA）的激励。图中将 1B32 的引脚端 333.3 GAIN 接地，增益设定为 333.3 倍。

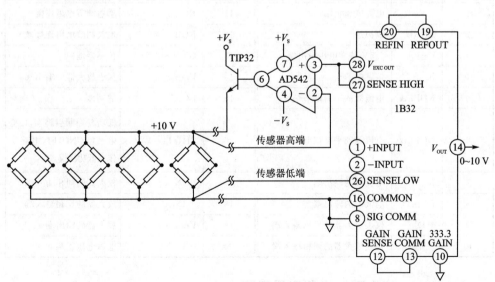

图 2.1.6　1B32 连接多路压力传感器的应用电路

# 2.2　温度传感器信号调理电路设计

## 2.2.1　基于 ADT70 的铂热电阻信号调理电路

### 1. ADT70 的主要技术性能与特点

铂热电阻（PRTD）简称铂电阻，是工业上常用的一种热电阻传感器，具有电阻率高，电阻温度系数大，线性度好，测温范围宽（$-200 \sim +1\,000\ ℃$），长期稳定性好及不易氧化等优点。铂热电阻的分度号主要有 Pt10、Pt100、Pt500 和 Pt1000，其在 0℃ 时的标称电阻 $R_0$ 的值依次为 $10\ \Omega$、$100\ \Omega$、$500\ \Omega$ 和 $1\ k\Omega$。

ADI 公司推出的集成铂热电阻信号调理器 ADT70，可适配 Pt1000 或 Pt100 型铂热电阻，测温误差仅为 $\pm 1\ ℃$；采用 $+5\ V$ 单电源或 $\pm 5\ V$ 双电源供电，电源电流为 4 mA；具有低功耗模式，静态电流为 $10\ \mu A$；采用四线制连接方式，可消除由铂热电阻引线而造成的测温误差。

### 2. ADT70 的引脚功能和封装形式

ADT70 有 DIP - 20 或 SOIC - 20 两种封装形式，引脚功能如表 2.2.1 所列。

表 2.2.1　ADT70 引脚功能

| 引脚端 | 符　号 | 功　能 | 引脚端 | 符　号 | 功　能 |
|---|---|---|---|---|---|
| 1 | $-V_S$ | 电源电压负端 | 11 | RGA | 增益调节电阻连接端 |
| 2 | AGND | 模拟地 | 12 | RGB | 增益调节电阻连接端 |
| 3 | $V_{REF\ OUT}$ | 2.5V 基准电压输出端 | 13 | GND SENSE | 传感器地 |
| 4 | BIAS | 偏置端 | 14 | $V_{OUTIA}$ | 仪表放大器的输出端 |
| 5 | NULLA | 电流源的平衡调节端 | 15 | DGND | 数字地 |
| 6 | NULLB | 电流源的平衡调节端 | 16 | $\overline{SHUTDOWN}$ | 低功耗控制引脚端，接低电平（DGND）时，电路工作在低功耗模式 |
| 7 | $I_{OUTA}$ | 电流源的输出端 | 17 | $+IN_{OA}$ | 放大器的同相输入端 |
| 8 | $I_{OUTB}$ | 电流源的输出端 | 18 | $-IN_{OA}$ | 放大器的反相输入端 |
| 9 | $-IN_{IA}$ | 仪表放大器的反相输入端 | 19 | $V_{OUTOA}$ | 放大器的输出端 |
| 10 | $+IN_{IA}$ | 仪表放大器的同相输入端 | 20 | $+V_S$ | 电源电压正端 |

### 3. ADT70 的内部结构和应用电路

#### (1) ADT70 的内部结构和基本应用电路

ADT70 的内部结构方框图和基本应用电路如图 2.2.1 所示，芯片内部包含 2.5

V 基准电压源、2 个对称输出式电流源、仪表放大器 $A_1$、运算放大器 $A_2$ 以及低功耗控制电路等。

ADT70 的基本应用电路采用双电源供电,温度测量电阻使用 Pt1000 铂热电阻,基准电阻为 1 kΩ;在引脚端 RGA(引脚 11)和 RGB(引脚 12)之间连接一个 49.9 kΩ 的电阻;短接引脚端 BIAS(引脚 4)和 $V_{\text{REF OUT}}$(引脚 3)。温度测量电压在引脚端 $V_{\text{OUTIA}}$(引脚 14)上输出,其输出电压可以用下式计算:

$$V_{\text{OUT}} = 1.299 \text{ mV}/\Omega \times \Delta R$$

例如:如果铂电阻的温度系数 $\Delta R = 3.85 \ \Omega/℃$,则输出电压为 5 mV/℃。使用 49.9 kΩ 增益电阻仪表放大器的增益通常为 1.30。通过用下面等式改变增益电阻,可以获得理想的仪表放大器的增益:

$$仪表放大器增益 = 1.30 \left( \frac{49.9 \text{ k}\Omega}{R_{\text{GAIN RESISTOR}}} \right)$$

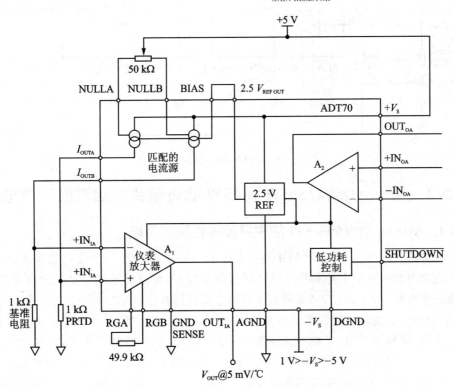

**图 2.2.1　ADT70 的内部结构方框图和基本应用电路**

### (2) ADT70 的四线制连接方式

ADT70 采用四线制连接方式,在远距离测温时可以消除由引线电阻产生的误差。一般与 ADT70 连接的标准电阻距离很近,故引线电阻可以忽略不计。但在工业现场测量,铂热电阻的引线可能达到几十米甚至上百米,引线电阻的影响就不能忽略。采用四线制连接方式可消除铂热电阻的引线电阻的影响，电路如图 2.2.2 所示。

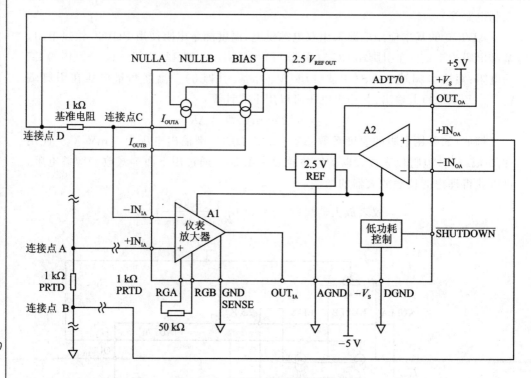

图 2.2.2　ADT70 的四线制连接方式

## 2.2.2　基于 AD594/595/596/597 的热电偶冷端温度补偿电路

### 1. AD594/595/596/597 的主要技术性能与特点

AD594/595/596/597 是 ADI 公司生产的 4 种热电偶冷端温度补偿集成电路。芯片内部包含仪表放大器和热电偶冷端温度补偿器，可以对不同类型的热电偶进行冷端温度补偿。AD594/596 能够对 J 型热电偶进行补偿；AD595/597 能够对 K 型热电偶进行补偿，通过外部电阻改变温度系数后，也可对 E 型、T 型热电偶进行补偿。其输出电压与摄氏温度成正比，在 0～50 ℃ 环境温度内的电压温度系数为 10 mV/℃。测温精度：AD594C/595C 为 ±1 ℃；AD594A/595A 为 ±3 ℃；AD596/597 为 ±4 ℃。电源电压范围为 +5～±15 V，功耗小于 1 mW，工作温度范围是 −55～+125 ℃。

AD594/595/596/597 内置冰点补偿网络；具有线性放大及温度补偿器、摄氏温度计、温度控制器、热电偶开路故障报警器等多种功能，便于进行远程温度补偿；采用高阻抗差分输入方式，远程测温时能抑制热电偶引线上的共模噪声电压；当热电偶引线发生开路故障时，能输出报警信号，可驱动外部报警器或 LED 指示灯。

## 2. AD594/595/596/597 的引脚功能与封装形式

AD594/595 采用 TO - 116(D)(或者 Cerdip(Q))封装,AD596/597 采用 TO - 100(或者 SOIC - 8)封装。

AD594/595/596/597 芯片内部包括 2 个差分输入放大器(增益为 $G$)、加法器、主放大器 A(增益为 $A$)、过载检测电路以及由冰点补偿器和内部电阻构成的冰点补偿网络电路等。

AD594/595/596/597 的引脚端 $V_+$ 为电源正端,$V_-$ 为电源负端,COM 为公共地,IN+、IN－分别为热电偶信号的正、负输入端,C+、C－分别为正温度系数、负温度系数的调整端。T+、T－端分别为冰点补偿网络的正、负补偿电压输出端,COMP 为比较信号端。ALM+、ALM－为热电偶开路故障报警信号输出端,不需要报警时应将 AIM 端连接 COM 或 $V_-$ 端。$V_O$ 为输出电压端,FB 为反馈端,在温度补偿应用时,$V_O$ 端应当与 FB 端连接;在温度控制时,FB 端连接温度控制设定点电压;在 FB 端串联一只电阻或者在 T－与 $V_O$ 端之间并联一只反馈电阻,可调节 AD594/595 的增益。AD596/597 的 HYS 为冰点补偿网络的正补偿电压输出端。

## 3. AD594/595/596/597 的应用电路

### (1) AD594/595 的应用电路

AD594/595 的基本应用电路如图 2.2.3 所示:图 2.2.3(a)为 AD594/595 构成的补偿电路(单电源供电);图 2.2.3(b)为 AD594/595 构成的摄氏温度计电路;图 2.2.3(c)为 AD594/595 构成的温度控制器电路;图 2.2.3(d)为印制板布局形式。

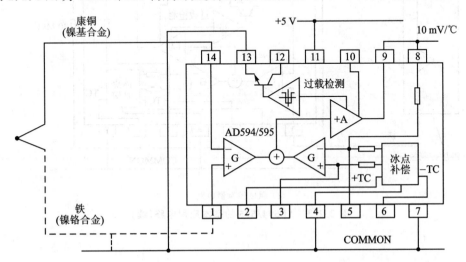

(a) 单电源供电应用电路

**图 2.2.3　AD594/595 的基本应用电路**

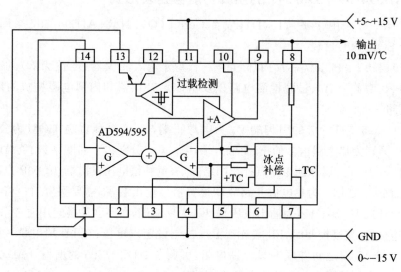

（b）摄氏温度计电路

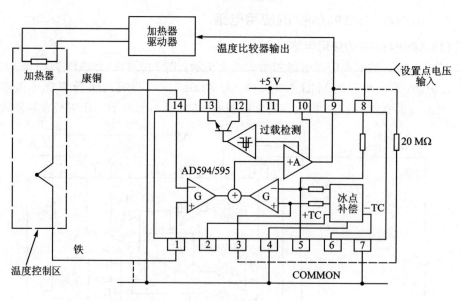

（c）温度控制器电路

**图 2.2.3　AD594/595 的基本应用电路(续)**

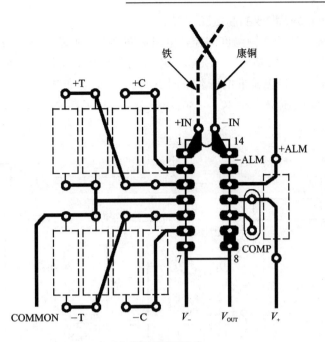

（d）印制板布局形式

**图 2.2.3　AD594/595 的基本应用电路（续）**

### （2）AD596/597 的基本应用电路

AD596/597 的基本应用电路形式与 AD594/595 相同（请参考 AD594/595 应用电路），如图 2.2.4 所示为印制板布局形式。

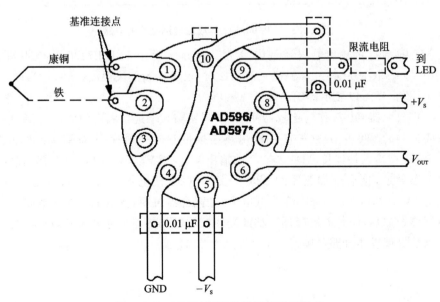

**图 2.2.4　AD596/597 的印制板布局形式**

**（3）AD596/597 构成的温度测控仪**

由 AD596/597 构成的温度测控仪电路如图 2.2.5 所示。该仪表具有测温、控温和热电偶开路故障报警功能。AD596/597 作为闭环热电偶信号调理器，A/D 转换器采用 ICL7136，5 V 带隙基准电压源采用 AD584，5 V 基准电压经过电阻分压后产生 1.000 V 的基准电压提供给 ICL7136，ICL7136 和 LCD 显示器构成一个满量程为 2 V 的数字电压表。

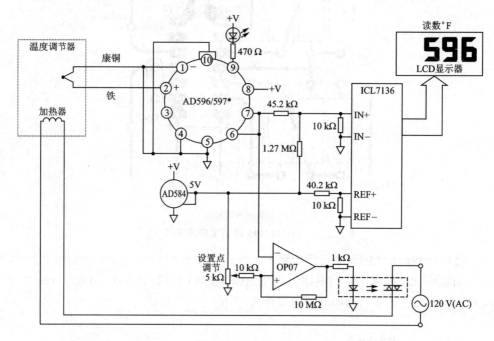

**图 2.2.5 AD596/597 构成温度测控仪的电路**

AD596/597 的输出电压经过电阻 $R_1$、$R_2$ 分压后送至 ICL7136 的模拟输入端 IN+、IN−。取 $R_1 = 45.2$ kΩ、$R_2 = 10$ kΩ 时，仪表显示华氏温度（℉）；适当调节 $R_1$、$R_2$ 的电阻值，还可以显示摄氏温度。

运算放大器 OP07 作为比较器使用时，同相输入端连接温度设置电位器（用来设置所要控制的温度 $T_1$）。OP07 的输出端连接带双向晶闸管（TRIAC）的光耦合器；OP07 的反相输入端连接 AD596/597 的输出 $V_O$。当 $V_O < V_{T1}$ 时，OP07 输出高电平，光耦合器导通，接通电加热器的 220 V 交流电源，使电加热器加热、升温。当 $T > T_1$、$V_O > V_{T1}$ 时，OP07 的输出变为低电平，光耦合器关断，将电加热器的电源关掉，电加热器停止加热，使其温度降低。如此循环控制电加热器导通和关断，可实现恒温控制。当热电偶发生开路故障时，LED 发亮。

## 2.3 可编程的信号调理电路设计

### 2.3.1 基于 MAX1459 的二线式传感器信号调理电路

#### 1. MAX1459 的主要技术性能与特点

MAX1459 是 MAXIM 公司生产的二线式、4～20 mA 的智能传感器信号调理器电路,内含 128 位 E²PROM,可存储各种校准及补偿系数;经信号调理后的传感器综合测量误差不超过±1%;可编程增益放大器(PGA)的增益设置范围为 41～230 倍;备用放大器可输出电流信号。芯片内包含 $R_T$、$R_{ISCR}$ 和 $R_{FTC}$ 三个电阻。$R_T$ 为 100 kΩ 热敏电阻,其电阻温度系数为 $4\,600\times10^{-6}/℃$,可作为温度传感器使用。其电源电压范围为 4.5～5.5 V,电源电流为 3 mA。MAX1459C 的工作温度范围均为 0～+70 ℃,MAX1459A 为 -40～+125 ℃。

MAX1459 几乎不用外围元件即可实现压阻式压力传感器的最优化校准与补偿,适合构成压力变送器/发送器及压力传感系统,在工业自动化仪表、液压传动系统和汽车测控系统等领域中应用。

#### 2. MAX1459 的封装形式与引脚功能

MAX1459 采用 SSOP - 20 封装,引脚端功能如表 2.3.1 所列。

表 2.3.1 MAX1459 引脚功能

| 引 脚 | 符 号 | 功 能 |
|---|---|---|
| 1 | SCLK | 数据时钟输入端,仅用于编程或测试,内部有 1 MΩ 下拉电阻到 $V_{SS}$,在时钟的上升沿开始计入数据,SCLK 的最高频率为 50 kHz |
| 2 | CS | 片选输入端,高电平有效,为低电平时,OUT 和 DIO 端呈高阻抗,内部有 1 MΩ 上拉电阻到 $V_{DD}$ |
| 3 | DIO | 数据输入/输出端,仅用于编程或测试,内部有 1 MΩ 下拉电阻到 $V_{SS}$,CS 为低电平时,呈高阻抗 |
| 4 | WE | E²PROM 的擦/写操作控制端,也用于设置 DAC 刷新速率模式,内部有 1 MΩ 上拉电阻到 $V_{DD}$ |
| 5 | FSOTC | 温度系数 DAC 缓冲输出端,内部连接 100 kΩ 电阻到 ISRC 端 |
| 6 | AMP+ | 备用放大器的同相输入端 |
| 7 | AMP- | 备用放大器的反相输入端 |
| 8 | AMPOUT | 备用放大器的输出端 |
| 9 | TEMPIN | 为 FSOTC DAC 和 OTC DAC 提供的一个外部温度基准电压输入端 |
| 10 | ISRC | 电流源基准输出端,在 ISRC 端与 $V_{SS}$ 端之间需要接一只 100 kΩ 电阻 |

续表 2.3.1

| 引　脚 | 符　号 | 功　能 |
|--------|--------|--------|
| 11 | OUT | 输出电压，能够驱动 10 kΩ 负载电阻和 0.1 μF 的负载电容 |
| 12 | $V_{SS}$ | 电源电压负端 |
| 13 | BDRIVE | 传感器激励电流输出，一个桥路驱动电流源 |
| 14 | INP | 传感器输入正端，输入阻抗为 1 MΩ |
| 15 | INM | 传感器输入负端，输入阻抗为 1 MΩ |
| 16 | TEMP1 | 温度传感器引脚端 1 |
| 17 | TEMP2 | 温度传感器引脚端 2，$R_{TEMP}$ 是一个 100 kΩ 热敏电阻，温度系为 $4\,600 \times 10^{-6}$/℃ |
| 18 | CK50 | 时钟输出，典型值为 50 kHz |
| 19 | NBIAS | 芯片电流偏置源，在 $V_{DD}$ 和 NBIAS 之间连接一个 $402 \times (1 \pm 1\%)$ kΩ 的电阻 |
| 20 | $V_{DD}$ | 电源电压正端，从 $V_{DD}$ 连接一个 0.1 μF 电容到 $V_{SS}$ |

### 3. MAX1459 的内部结构与工作原理

MAX1459 的芯片内部主要包含电流源、加法器（$\Sigma_1$）、可编程增益放大器（PGA）和输出选择的模拟信号输入通道、128 位 $E^2$PROM、串行接口、由 4 个 12 位 D/A 构成的 DAC 寄存器组（DAC1～DAC4）、满量程温度补偿系数输出缓冲器、备用放大器、模拟开关以及电阻 $R_{TEMP}$、$R_{ISRC}$、$R_{FTC}$ 等。电阻 $R_{ISRC}$ 用于设置传感器激励电流的额定值；$R_{FTC}$ 用来补偿满量程温度系数误差；$R_{TEMP}$ 为 100 kΩ 热敏电阻，可作为温度传感器使用。

MAX1459 内部具有一个模拟放大通道和一个供校准及温度补偿用的数字通道。校准与温度补偿是通过改变传感器的桥路电流、设置 PGA 的增益及偏置电压来完成的。PGA 采用开关电容式 CMOS 技术，先后经过粗略校正和精细校正，最终达到 ±1% 的测量精度。桥路电流可在 0.1～2 mA 范围内编程。PGA 的增益设定范围为 41～230 倍，分为 8 挡。

MAX1459 内部有 1 个配置寄存器和 4 个 12 位数/模转换器，DAC1～DAC4 所转换的系数依次为失调电压校准系数（OFFSET）、温度补偿系数（OFFSET TC）、满量程输出校正系数（FSO）和满量程输出温度补偿系数（FSO TC）。上述系数均以数字格式存储在 $E^2$PROM 中。

### 4. MAX1459 的应用电路

由 MAX1459 构成的 4～20 mA 电流变送器的电路如图 2.3.1 所示（图中省略了传感器连接电路和与微控制器的连接电路），将 PGA 的输出电压送至芯片中的备用放大器，再通过 $Q_1$ 构成的功率放大电路输出一个 4～20 mA 的电流。PN4391 为 40 V、150 mA 的 N 沟道场效应管。MAX875 为 5 V 带隙基准电压源，其电压温度系数为 $7 \times 10^{-6}$/℃。MAX875 和 PN4391 构成一个 3 mA 的恒流源，为 MAX1459 提供稳定的工作电流,并利用 MAX1459 对压力传感器进行温度补偿和增益补偿。MAX1459 的输出电压经过备用放大器、功率放大器转换成 4～20mA 的电流信号,允许环路电源范围为 +12～+40 V。$Q_1$ 采用 2N2222 晶体管($V_{CEO}=60$ V,$I_{CM}=0.8$ A)。在 $V_{IN+}$ 和 $V_{IN-}$ 之间并联过压保护稳压管。检测电阻 $R_{SENSE}$ 上的信号电压受 MAX1459 控制,当 $R_{SENSE}=50$ Ω 时,可采用 0.2～1.0 V 的标准电压进行校准。引脚端 CS、WE、SCLK、DIO 与微控制器连接,控制字与时序图请查询厂商提供的有关资料。

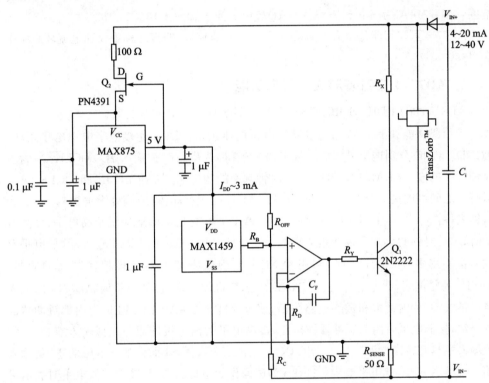

图 2.3.1　MAX1459 构成的 4～20 mA 电流变送器电路

由 MAX1459 构成数字式压力测试仪的电路请参考 MAX1458 构成的数字式压力测试仪电路(见 2.4.2 小节)。

## 2.3.2　基于 AD7714 的三线串行接口传感器信号调理电路

### 1. AD7714 的主要技术性能与特点

AD7714 是美国 ADI 公司推出的一种 5 通道、低功耗、可编程传感器信号调理电路。其采用电荷平衡式 ADC;24 位无误码;非线性误差为 ±0.001 5%;具有三线串行接口,能与 SPI、QSPI、MICRO WIRET、DSP 接口兼容;内部有 8 个寄存器,利用微控制器,通过串行接口可将 AD7714 配置成差分输入或单端输入方式,能构成 3 通道(差分输入)或 5 通道(单端输入)的检测系统;利用软件可设定输入通道的增益、信号的极性、低通数字滤波器的截止频率并选择输入通道,并具有自校准、系统校准、系统失调校准及背景校准等多种校准功能;通过自校准可消除零刻度误差、满刻度误差、系统失调以及温度漂移。

AD7714-3 电源电压允许范围是 2.7~3.3 V;AD7714-5 电源电压允许范围是 4.75~5.25 V。典型工作电流仅为 350 $\mu$A,在待机模式下电流为 5 $\mu$A。工作温度范围:AD7714A 为 $-40$~$+85$ ℃;AD7714Y 为 $-40$~$+105$ ℃。

AD7714 可在智能化压力检测系统、便携式工业仪表、便携式称重仪和电流环系统中应用。

### 2. AD7714 的封装形式与引脚功能

AD7714 采用 DIP/SOIC/TSSOP-24 封装或 SSOP-28 封装。

各引脚功能如下。AV$_{DD}$ 连接模拟电源电压正端。DV$_{DD}$ 连接数字电源电压正端。AGND、DGND 分别连接模拟地和数字地。SCLK 为串行时钟输入端。MCLK IN 为主时钟频率的输入端,MCLK OUT 为主时钟频率的输出端,在 MCLK IN 和 MCLK OUT 引脚端之间可连接一个 2.4576 MHz 或 1 MHz 的石英晶体(或陶瓷谐振器)。POL 为时钟极性选择端,接低电平时,串行时钟的第 1 个跳变是从低电平跳至高电平;接高电平时,串行时钟的第 1 个跳变是从高电平跳至低电平。$\overline{\text{SYNC}}$ 为同步输入端(低电平有效),在使用多片 AD7714 时,利用 $\overline{\text{SYNC}}$ 可实现数字滤波器与模拟调制器的同步。$\overline{\text{RESET}}$ 为复位端,低电平有效。$\overline{\text{STANDBY}}$ 为待机控制端,接低电平时 AD7714 即进入待机模式,芯片内模拟和数字电路关断,使电流降至 5 $\mu$A。BUFFER 为内部缓冲器的选择端,接低电平时内部缓冲器被短路,接高电平时内部缓冲器与模拟输入端相串联,使输入端具有较高的源阻抗。REF IN($+$)、REF IN($-$)分别为基准电压的正、负输入端。$\overline{\text{CS}}$ 为片选端,低电平有效。$\overline{\text{DRDY}}$ 为读操作状态指示端,其输出在低电平时表示可读 AD7714 的数据寄存器,读操作完成后,该引脚端恢复成高电平。DIN 为串行数据的输入端,DOUT 为串行数据的输出端。AIN1~AIN6 分别为模拟通道 1~6 的输入端,是可编程的模拟输入端,例如当 AIN1 与 AIN2 一起使用时,可构成一个差分对输入端,AIN1 连接差分模拟输入信号的正端,AIN2 连接差分模拟输入信号的负端;当 AIN1 与 AIN6 一起使用时,AIN1 接单端输入信号的正端。需要指出的是,在单端输入模式下,AIN6 是 AIN1~AIN5 的公共端。

### 3. AD7714 的内部结构与工作原理

AD7714 的芯片内部包括开关矩阵、缓冲器、可编程增益放大器(PGA)、电荷平衡式 A/D 转换器(内含 $\Sigma-\Delta$ 调制器和数字滤波器)、串行接口及寄存器组及时钟发生器等。

### (1) 模拟输入通道

AD7714 的模拟输入端 AIN1～AIN6 可接收单极性或双极性的输入电压。编程通信寄存器中的 CH2～CH0 位,可选择不同的通道并设定输入类型(差分输入或单端输入),如表2.3.2所列。通过编程模式寄存器中的 G2～G0 位,可选择可编程增益放大器的增益,增益设定范围为 1～128,如表 2.3.3 所列。

表 2.3.2　通道与输入方式的选择

| CH2 | CH1 | CH0 | AIN(+) | AIN(-) | 输入方式 | 配置寄存器 |
|---|---|---|---|---|---|---|
| 0 | 0 | 0 | AIN1 | AIN6 | 单极性输入 | 配置寄存器 0 |
| 0 | 0 | 1 | AIN2 | AIN6 | 单极性输入 | 配置寄存器 1 |
| 0 | 1 | 0 | AIN3 | AIN6 | 单极性输入 | 配置寄存器 2 |
| 0 | 1 | 1 | AIN4 | AIN6 | 单极性输入 | 配置寄存器 2 |
| 1 | 0 | 0 | AIN1 | AIN2 | 差分输入 | 配置寄存器 0 |
| 1 | 0 | 1 | AIN3 | AIN4 | 差分输入 | 配置寄存器 1 |
| 1 | 1 | 0 | AIN5 | AIN6 | 差分输入 | 配置寄存器 2 |
| 1 | 1 | 1 | AIN6 | AIN6 | 测试模式 | 配置寄存器 2 |

表 2.3.3　PGA 增益的选择

| G2 | G1 | G0 | 增益 | G2 | G1 | G0 | 增益 |
|---|---|---|---|---|---|---|---|
| 0 | 0 | 0 | 1 | 1 | 0 | 0 | 16 |
| 0 | 0 | 1 | 2 | 1 | 0 | 1 | 32 |
| 0 | 1 | 0 | 4 | 1 | 1 | 0 | 64 |
| 0 | 1 | 1 | 8 | 1 | 1 | 1 | 128 |

当基准电压选择+2.5 V 时,AD7714 的差分输入信号的范围是 $0～\pm20$ mV,单极性输入信号的范围是 $0～+2.5$ V;当基准电压为+1.25 V 时,差分输入信号的范围是 $0～\pm10$ mV,单极性输入信号的范围是 $0～+1.25$ V。

### (2) 寄存器组

AD7714 内部的寄存器组包含 8 个寄存器,通过串行接口进行读/写操作。

寄存器 1 是通信寄存器(Communications Register),控制通道的选择以及决定对哪个寄存器进行读/写操作。对 AD7714 的操作与控制必须从对通信寄存器的写操作开始。通信寄存器是一个 8 位寄存器。该寄存器由以下 8 位组成:

| $0/\overline{DRDY}$ | RS2 | RS1 | RS0 | $R/\overline{W}$ | CH2 | CH1 | CH0 |
|---|---|---|---|---|---|---|---|

编程该寄存器中的 RS2～RS0 位,可从 8 个寄存器中选择一个寄存器进行读/写操作,如表 2.3.4 所列。

表 2.3.4　寄存器的选择

| RS2 | RS1 | RS0 | 选择的寄存器 | RS2 | RS1 | RS0 | 选择的寄存器 |
|---|---|---|---|---|---|---|---|
| 0 | 0 | 0 | 通信寄存器 | 1 | 0 | 0 | 测试寄存器 |
| 0 | 0 | 1 | 模式寄存器 | 1 | 0 | 1 | 数据寄存器 |
| 0 | 1 | 0 | 滤波器高端寄存器 | 1 | 1 | 0 | 零刻度校准寄存器 |
| 0 | 1 | 1 | 滤波器低端寄存器 | 1 | 1 | 1 | 满刻度校准寄存器 |

寄存器 2 是模式寄存器（Mode Register），决定校准模式和增益的设置。该寄存器由以下 8 位组成：

| MD2 | MD1 | MD0 | G2 | G1 | G0 | BO | FSYNC |
|---|---|---|---|---|---|---|---|

寄存器 3 为滤波器高端寄存器（Filter High Register），决定字的长度、差分输入或单端输入及滤波器选择字的高 4 位。该寄存器由以下 8 位组成：

| $\bar{B}/U$ | WL | BST | ZERO | FS11 | FS10 | FS9 | FS8 | A Versions |
|---|---|---|---|---|---|---|---|---|
| $\bar{B}/U$ | WL | BST | CLKDIS | FS11 | FS10 | FS9 | FS8 | Y Versions |

寄存器 4 称为滤波器低端寄存器（Filter Low Register），决定滤波器选择字的低 8 位。该寄存器由以下 8 位组成：

| FS7 | FS6 | FS5 | FS4 | FS3 | FS2 | FS1 | FS0 |
|---|---|---|---|---|---|---|---|

寄存器 5 是测试寄存器（Test Register），仅在器件测试时使用。寄存器 6 是数据寄存器（Data Register），用来读/写 AD7714 的输出数据。寄存器 7（Zero-Scale Calibration Register）是零刻度校准寄存器，允许访问所选输入通道的零刻度校准系数。寄存器 8（Full-Scale Calibration Register）是满刻度校准寄存器，允许访问所选输入通道的满刻度校准系数。

各寄存器位的定义与操作请查询厂商提供的有关资料。

**（3）数字滤波器**

编程数字滤波器的截止频率和输出刷新速率，能有效滤除 $\Sigma-\Delta$ 调制器的输出噪声。数字滤波器的截止频率由滤波器高端寄存器和滤波器低端寄存器的 FS0～FS11 位的数值来决定。

**（4）校准功能**

AD7714 具有自校准、系统校准、系统失调校准及背景校准等多种校准功能。编程模式寄存器的 MD2、MD1 和 MD0 位，可对 AD7714 进行校准操作，如表 2.3.5 所列。

表 2.3.5 校准操作

| MD2 | MD1 | MD0 | 校准操作 |
|-----|-----|-----|----------|
| 0 | 0 | 1 | 自校准 |
| 0 | 1 | 0 | 零刻度系统校准 |
| 0 | 1 | 1 | 满刻度系统校准 |
| 1 | 0 | 0 | 系统偏移校准 |
| 1 | 0 | 1 | 背景校准 |
| 1 | 1 | 0 | 零刻度自校准 |
| 1 | 1 | 1 | 满刻度自校准 |

**(5)串行接口**

AD7714 的串行接口由片选端 $\overline{CS}$、串行时钟端 SCLK、串行数据输入端 DIN、串行数据输出端 DOUT 和读操作状态指示端 $\overline{DRDY}$ 组成。当 $\overline{CS}$ 端接低电平时,串行接口工作在三线模式下,微控制器通过 SCKL、DIN 和 DOUT 线对 AD7714 进行操作。

### 4. AD7714 的应用电路

#### (1) 压力传感器测量电路

由 AD7714 构成的压力传感器测量电路如图 2.3.2 所示。压力传感器接成桥式电路,从桥路 OUT+、OUT-端输出的差分电压连接到 AD7714 的 AIN1 和 AIN2。如果压力传感器的差分输出电压的灵敏度为 3 mV/V,并采用+5 V 激励电压,则其满

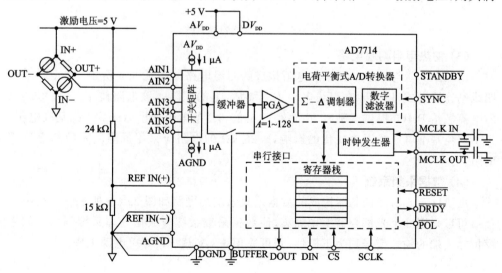

图 2.3.2 压力传感器测量电路

刻度输出范围为±15 mV。AD7714 的 1.92 V 基准电压由激励电压经过 24 kΩ 和 15 kΩ电阻分压获得。

**（2）热电偶测温电路**

由 AD7714 与热电偶构成的测温电路如图 2.3.3 所示。AD7714 工作在缓冲模式，允许在前端连接滤波电容，以滤除热电偶引线上的噪声。在缓冲模式下，AD7714 的共模范围较窄。为使热电偶的差分电压处于合适的共模电压范围之内，AD7714 的 AIN2 输入端连接到＋2.5 V 基准电压上。

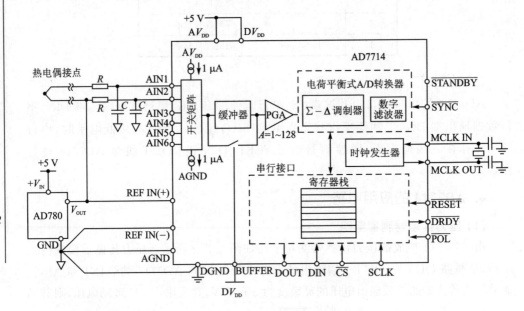

**图 2.3.3　热电偶测温电路**

**（3）铂热电阻测温电路**

由 AD7714 与 Pt100 型铂热电阻构成的测温电路如图 2.3.4 所示。Pt100 采用四线制连接方式，以消除在引线电阻 $R_{L2}$ 和 $R_{L3}$ 上的压降。该电路使用一个 $400\ \mu A$ 的电流源给 Pt100 提供激励电流，并经过 6.25 kΩ 的电阻产生 AD7714 的基准电压。为了避免基准电压受温度变化的影响，6.25 kΩ 的电阻应采用低温度系数的金属膜电阻。

**（4）数据采集系统**

由 AD7714 与微控制器构成的数据采集系统的电路如图 2.3.5 所示。三线串行接口可以采用 3 个光耦合器实现隔离，使数据采集系统与数据处理系统隔离。如果模拟输入端的输入信号均为正极性，则可采用＋3 V 或＋5 V 单电源工作。

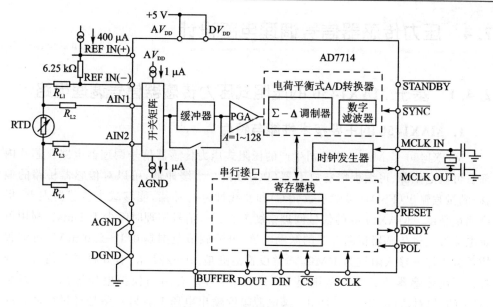

图 2.3.4　铂热电阻测温电路

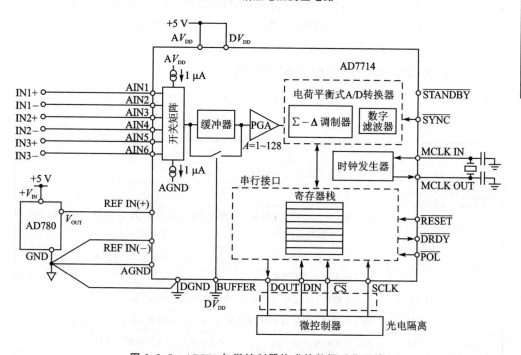

图 2.3.5　AD771 与微控制器构成的数据采集系统

## 2.4 压力传感器信号调理电路设计

### 2.4.1 基于 MAX1450 的压阻式压力传感器信号调理电路

#### 1. MAX1450 的主要技术性能与特点

MAX1450 是 MAXIM 公司生产的压阻式压力传感器信号调理器电路。芯片内部有可调电流源、可编程增益放大器（PGA）和 2 个缓冲器，可以对传感器桥路的偏移、满量程输出（FSO）、温度系数（TC）和非线性进行补偿，能够减小传感器误差，提高测量精度。MAX1450 的信号调理精度为 ±1%，信号调理时间少于 1 ms。利用可调电流源提供传感器桥路合适的激励电流，电流调节范围是 0.1～2.0 mA。可编程增益放大器的输入阻抗为 1 MΩ，增益设置范围是 39～221 倍（有 8 种增益值可供选择），适配传感器的灵敏度范围是 10～30 mV/V。有两路模拟电压输出：一路是 PGA 的"轨对轨（Rail-to-Rail）"满电源幅度输出电压 $V_O$；另一路是经过缓冲后的桥路输出电压 $V_{BBUF}$。其中，$V_O$ 可经过外部 ADC 接 $V_P$；$V_{BBUF}$ 用来调整失调电压。电源电压范围是 4.5～5.5 V，电源电流为 2.8 mA。工作温度范围：MAX1450CAP/C/D 为 0～+70 ℃；MAX1450EAP 为 -40～+85 ℃。

#### 2. MAX1450 的引脚功能与封装形式

MAX1450 采用 SSOP-20 封装，引脚端功能如表 2.4.1 所列。

**表 2.4.1　MAX 1450 引脚端功能**

| 引　脚 | 符　号 | 功　能 |
|---|---|---|
| 1 | INP | 连接传感器桥路的正输出端 |
| 2,3,12,16 | I.C. | 空脚，未连接 |
| 4 | SOTC | 温度补偿电压的极性选择端。该端内部有下拉电阻，接 $V_{DD}$ 端时，在 PGA 的输出 $V_O$ 上叠加 $V_{OFFC}$，开路或接 $V_{SS}$ 端时则从 $V_O$ 中减去 $V_{OFFC}$ |
| 5 | SOFF | |
| 6,7,13 | A1,A0,A2 | A2～A0 为 PGA 的增益设置端。内部均有下拉电阻，改变这 3 个引脚的高/低电平可选择不同的增益 |
| 8 | OFFTC | 温度补偿端。模拟输入与 PGA 输出和 $V_{OFFSET}$ 叠加，输入阻抗 1 MΩ |
| 9 | OFFSET | 偏移调节端。模拟输入与 PGA 输出和 $V_{OFFSET}$ 叠加，输入阻抗 1 MΩ |
| 10 | BBUF | 桥路电压的缓冲输出端。外接可调电阻可补偿满量程温度误差 |
| 11 | FSOTRIM | 激励电流 $I_{ISRC}$ 的设定端 |
| 14 | OUT | PGA 放大器的输出端。输出电压为 $V_O$ |
| 15 | $V_{DD}$ | 电源正端 |

续表 2.4.1

| 引　脚 | 符　号 | 功　能 |
|---|---|---|
| 17 | ISRC | 基准电流源的引出端。在 ISRC 端与 $V_{SS}$ 端之间需要接一只 50 kΩ 电阻 |
| 18 | BDRIVE | 传感器桥路激励电流（$I_{BDRIVE}$）的输出端。额定值为 0.5 mA |
| 19 | $V_{SS}$ | 电源负端 |
| 20 | INM | 连接传感器桥路的负输出端 |

### 3. MAX1450 的内部结构与工作原理

MAX1450 的芯片内部主要包括电流源、可编程增益放大器（PGA）以及缓冲放大器等。传感器信号首先送入 PGA 进行放大，然后根据失调电压的极性，作加法或减法运算，进行压力校准和温度补偿，最后经过 PGA 输出缓冲器输出电压信号。PGA 的增益设置如表 2.4.2 所列，设定值与所配传感器的灵敏度有关。

电桥驱动电路如图 2.4.1 所示。改变 FSOT-RIM 端的电压或者调节外部电阻 $R_{ISRC}$，均可设定 $I_{ISRC}$，进而改变桥路电流 $I_{BDRIVE}$ 值，

表 2.4.2　PGA 的增益设置

| A2 | A1 | A0 | PGA 增益（V/V） |
|---|---|---|---|
| 0 | 0 | 0 | 39 |
| 0 | 0 | 1 | 65 |
| 0 | 1 | 0 | 91 |
| 0 | 1 | 1 | 117 |
| 1 | 0 | 0 | 143 |
| 1 | 0 | 1 | 169 |
| 1 | 1 | 0 | 195 |
| 1 | 1 | 1 | 221 |

确定满度输出（FSO）。可调电流源的增益 $A_S = 13$，使得 $I_{BDRIVE} = 13I_{ISRC}$。可调电阻 $R_{STC}$ 用来补偿 FSC 的温度系数误差。$R_{LIN}$ 为可选件，用以校正 FSC 的非线性。

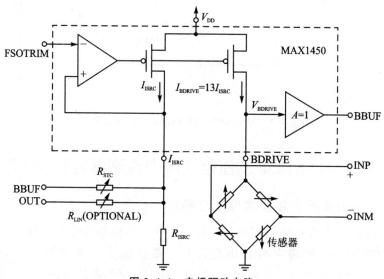

图 2.4.1　电桥驱动电路

#### 4. MAX1450 的应用电路

由 MAX1450 构成的压力信号调理电路如图 2.4.2 所示,SENSOR 代表传感器桥路。由引脚端 BDRIVE 给传感器提供 0.5 mA 的激励电流,传感器输出信号送至引脚端 INP 和 INM。调节 $R_{FSOA}$ 和 $R_{ISRC}$ 可使激励电流达到额定值。$R_{STC}$ 用来调节满度输出时的温度误差,$R_{LIN}$ 用来调节满度输出时的非线性误差。连接 A2~A0 的开关 $S_1$~$S_3$ 为 PGA 的增益设置开关。$R_{OTCA}$ 为温度补偿系数的调节电阻,$R_{OFFA}$ 为偏置电压调节电阻。$S_4$、$S_5$ 分别为温度补偿电压和输出偏置电压的极性选择端。电路采用+5 V 电源。

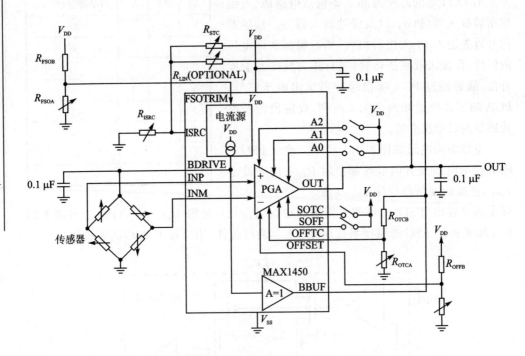

图 2.4.2　MAX1450 构成的压力信号调理电路

## 2.4.2　基于 MAX1458 的压阻式压力传感器信号调理电路

### 1. MAX1458 的主要技术性能与特点

MAX1458 是 MAXIM 公司生产的数字式压力传感器信号调理器电路,芯片内部包含 $E^2PROM$、配置寄存器和串行接口。微控制器系统可通过串行接口对 MAX1458 进行编程,把补偿系数存入 $E^2PROM$ 中。补偿电路由前置加法器和输出加法器构成,分别完成粗略校正和精细校正。经过信号调理后的传感器综合测量误差不超过±1%。

可编程增益放大器(PGA)最大输出电压限制在 4.6 V 上,或限制在 4.5 V~$V_{DD}$ 范围内。PGA 的增益设置范围为 41~230 倍,适配压力传感器的灵敏度范围为 10~40 mV/V。芯片内包含 $R_T$、$R_{ISCR}$ 和 $R_{FTC}$ 共 3 个电阻。$R_T$ 为 100 kΩ 热敏电阻,其电阻温度系数为 4 600×$10^{-6}$/℃,可作温度传感器使用。电源电压范围为 4.5~5.5 V,电源电流为 3 mA。

MAX1458 适合构成压力变送器/发送器及压力传感系统,可应用于工业自动化仪表、液压传动系统和汽车测控系统等领域。

### 2. MAX1458 的引脚功能与封装形式

MAX1458 采用 SSOP – 16 封装。各引脚端的功能如下。引脚端 $V_{DD}$ 和 $V_{SS}$ 分别接电源的正端和负端。BDRIVE 为传感器桥路激励电流($I_{BR}$)的输出端,额定值为 0.5 mA。INP、INM 分别接传感器桥路的正、负输出端。OUT 为 PGA 的输出端,输出电压为 $V_o$。FSOTRIM 为激励电流 $I_{ISRC}$ 的设定端。ISRC 为基准电流源的引出端,在 ISRC 端与 $V_{SS}$ 端之间需要接一只 50 kΩ 电阻。改变 FSOTRIM 引脚电压或调节 ISRC 端的外部电阻,均可改变桥路激励电流 $I_{BDRIVE}$ 的值。LIMIT 为 PGA 的输出电压限制端,用以设置输出电压 $V_o$ 的最大值:LIMIT 引脚端开路时,最大输出电压为 4.6 V($V_{DD}$=5 V);LIMIT 引脚端连接 $V_{DD}$ 端时,最大输出电压范围是 4.5 V~$V_{DD}$。TEMP 为内部热敏电阻温度传感器的引出端。引脚端 SCLK 为串行时钟端,用于编程或测试,内部有 1 MΩ 下拉电阻,在时钟的上升沿开始计入数据,SCLK 的最高频率为 10 kHz。CS 为片选端,内部有上拉电阻,高电平有效。CS 接低电平时,MAX1458 的引脚端 OUT 和 DIO 均呈高阻状态。DIO 为串行数据输入/输出端。WE 是 $E^2$PROM 的擦/写操作控制端。NC 为空脚。

### 3. MAX1458 的内部结构与工作原理

MAX1458 的芯片内部包含主要有可编程电流源、加法器(Σ)、可编程增益放大器(PGA)、128 位 $E^2$PROM、数字串行接口、配置寄存器、DAC 寄存器组、模拟开关($S_1$、$S_2$)以及电阻 $R_{ISCR}$、$R_{FTC}$、$R_{TEMP}$ 等。其中:$R_{ISCR}$ 用于设置传感器激励电流的额定值;$R_{FTC}$ 用来补偿满量程温度系数误差;$R_{TEMP}$ 为 100 kΩ 热敏电阻,可作温度传感器使用。

MAX1458 内部具有一个模拟放大通道和一个供校准及温度补偿用的数字通道。校准与温度补偿是通过改变传感器的桥路电流、设置 PGA 的增益及偏置电压来完成的。PGA 采用开关电容式 CMOS 技术,先后经过粗略校正和精细校正,最终达到±1%的测量精度。桥路电流可在 0.1~2 mA 范围内编程。PGA 的增益设定范围为 41~230 倍,分 8 挡。

MAX1458 内部有 1 个配置寄存器和 4 个 12 位数模转换器。DAC1~DAC4 所转换的系数依次为失调电压校准系数(OFFSET)、温度补偿系数(OFFSET TC)、满量程输出校正系数(FSO)和满量程输出温度补偿系数(FSO TC)。上述系数均以数

字格式存储在 $E^2PROM$ 中。

### 4. MAX1458 的应用电路

由 MAX1458 构成数字式压力测试仪的电路如图 2.4.3 所示。其外围电路非常简单。此外，为适应不同类型传感器的需要，还可按图中虚线所示增加外部电阻 $R_{ISCR}$ 和 $R_{FTC}$，并且在 BDRIVE 与 $V_{SS}$ 之间并联一只去耦电容 $C_2$。MAX1458 中的热敏电阻温度传感器还可构成温度计来测量环境温度（温度信号取自 TEMP 端）。OUT 输出电压可直接送数字电压表或者 A/D 转换器。引脚端 CS、WE、SCLK、DIO 与微控制器连接。控制字与时序图请查询厂商提供的有关资料。

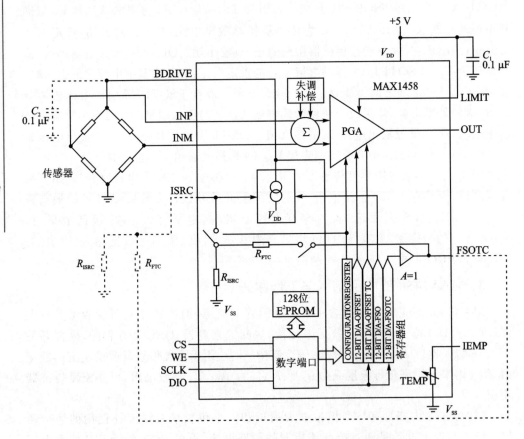

**图 2.4.3　MAX1458 构成数字式压力测试仪的电路**

MAX1458 的引脚端 CS、WE、SCLK 和 DIO 与微控制器连接可以构成一个多路压力测试系统，其电路结构如图 2.4.4 所示。

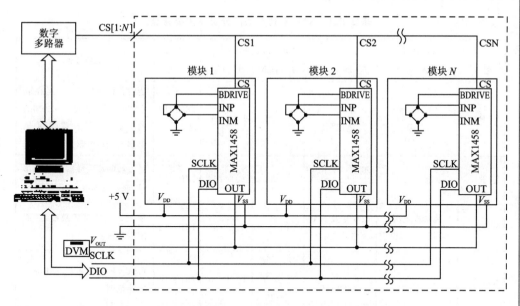

图 2.4.4 微控制器和 MAX1458 构成的多路压力测试系统

# 2.5 电压/电流变送器电路设计

集成电流变送器亦称电流环电路,根据转换原理的不同可划分成以下两种类型:一种是电压/电流转换器,亦称电流环发生器,它能将输入电压转换成 4~20 mA 的电流信号(典型产品有 1B21、1B22、AD693、AD694、XTR101、XTR106 和 XTR115);另一种属于电流/电压转换器,也称电流环接收器(典型产品为 RCV420)。

## 2.5.1 基于 XTR115 的 4~20 mA 电流变送器电路

XTR 系列是 TI 公司生产的精密电流变送器。该系列产品包括 XTR101、XTR105、XTR106、XTR110、XTR115 和 XTR116 共 6 种型号。其特点是能完成电压/电流(或电流/电流)转换,适配各种传感器构成测试系统、工业过程控制系统、电子称重仪等。

### 1. XTR 系列产品的分类及性能特点

XTR 系列精密电流变送器产品的分类及主要特点如表 2.5.1 所列。

全国大学生电子设计竞赛电路设计(第3版)

**表 2.5.1　XTR 系列产品的分类及主要特点**

| 产品型号 | 满量程输入范围 | 激励源输出 | 输出电流 $I_O$/mA | 环路电源 $U_S$/V | 封装形式 | 主要特点 |
|---|---|---|---|---|---|---|
| XTR101 | 10 mV 或 50 mV | 两路 1 mA 电流源 | 4～20 | 11.6～40 | DIP - 14 SOL - 16 | 能将各种传感器产生的微弱电压信号转换成 4～20 mA 的电流信号,适配应变桥、热电偶及铂热电阻 |
| XTR105 | 5 mV～1 V | 两路 0.8 mA 电流源 | 4～20 | 7.3～36 | DIP - 14 | 带二线制或三线制铂电阻接口,能实现温度/电流转换 |
| XTR106 | 满量程范围由电阻 $R_S$ 来设定 | 2.5 V 及 5 V 两路基准电压 | 4～20 | 7.5～36 | DIP - 14 | 带 2.5 V 或 5 V 激励源,适配应变桥 |
| XTR110 | 0～5 V 或 0～10 V | 10 V 基准电压 | 4～20 或 0～20 或 5～25 | 13.4～40 | DIP - 16 | 可选择输入电压范围和输出电流范围 |
| XTR115 | 40～200 μA | 2.5 V 基准电压 | 4～20 | 7.5～36 | SO - 8 | 带 2.5 V 激励源和 +5 V 精密稳压器,可分别给应变桥和前置放大器单独供电,能简化电源设计 |
| XTR116 | 40～200 μA | 4.096 V 基准电压 | 4～20 | 7.5～36 | SO - 8 | 带 4.096 V 激励源和 +5 V 精密稳压器,可分别给应变桥和前置放大器单独供电,能简化电源设计 |

## 2. XTR115 电流变送器的主要技术特性

XTR115 属于二线制电流变送器,内部的 2.5 V 基准电压可作为传感器的激励源。XTR115 可将传感器产生的 40～200 μA 弱电流信号放大 100 倍,获得 4～20 mA 的标准输出。当环路电流接近 32 mA 时能自动限流。如果在引脚端 3 与引脚端 5 之间并联一只电阻,就可以改变限流值。

XTR115 芯片中增加了 +5 V 精密稳压器,其输出电压精度为 ±0.05％,电压温度系数仅为 $20 \times 10^{-6}$/℃,可给外部电路(例如前置放大器)单独供电,从而简化了外部电源的设计。其专门设计了功率管接口,适配外部 NPN 型功率晶体管,它与内部输出晶体管并联后可降低芯片的功耗。

XTR115 的转换精度可达 ±0.05％,非线性误差仅为 ±0.003％。环路电源电压范围 $U_S$=7.5～36 V,XTR115 由环路电源供电,工作温度范围是 −40～+85 ℃。

### 3. XTR115 电流变送器的内部结构与工作原理

XTR115 采用 SO-8 小型化封装,其内部电路框图及基本应用电路如图 2.5.1 所示。$V_+$ 为电源端,接环路电源。$V_{REF}$ 为 2.5V 基准电压输出端(XTR116 的 $V_{REF}$ 为 4.096 V)。$I_{IN}$ 端接输入电流,$I_{RET}$ 为基准电压源输出电流和稳压器输出电流的返回端,可作为输入电路的公共地。OUT(引脚端 4)为 4~20 mA 电流输出端。$V_{REG}$ 为 +5 V 稳压器的输出端。B 和 E 端为外部功率管的接口,分别接功率管的基极(B)和发射极(E)。功率管的集电极(C)接 $V_+$ 端。芯片内部主要包括输入放大器(A1)、电阻网络、输出晶体管(VT1)、2.5 V 基准电压源和 +5 V 稳压器。$R_{LIM}$ 为内部限流电阻。外围元器件主要有输入电阻($R_{IN}$)、功率管(VT2)、环路电源($V_{LOOP}$)和负载电阻($R_L$)。输入电压 $V_{IN}$ 先经过 $R_{IN}$ 转换成输入电流 $I_{IN}$,再经过 XTR115 放大后从 OUT 端输出 4~20 mA 的电流信号。为减小失调电压以及输入放大器的漂移量,要求 $V_{IN} > 0.5$ V。输出电流与输入电流、输入电压的关系由式(2.5.1)确定。

$$I_{OUT} = 100 I_{IN} = 100 V_{IN}/R_{IN} \tag{2.5.1}$$

*151*

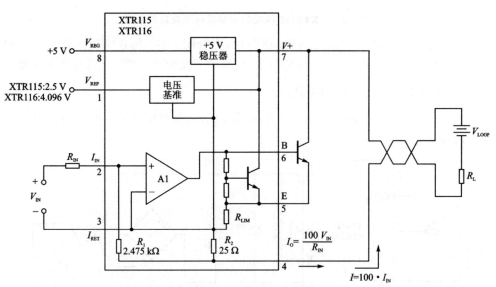

图 2.5.1  XTR115 的内部电路框图与基本应用电路

### 4. XTR115 构成应变桥电流变送器的电路

一个由 XTR115 构成应变桥电流变送器的电路如图 2.5.2 所示。引脚端 3 为公共地,由引脚端 1 给应变桥提供 +2.5 V 的电源电压。前置放大器采用 TL061 型单运放(亦可采用 OPA2277 型双运放),由 +5 V 稳压器单独给运放供电。$R_{IN}$ 为 20 kΩ 输入电阻,$C$ 为降噪电容,VT2 为外部 NPN 功率管,可选 2N4922、TIP29C 或 TIP31B 等型号。以 2N4922 为例,其主要参数为 $V_{CEO} = 60$ V,$I_{CM} = 1$ A,$P_{CM} = 30$ W。该电路的工作原理是当试件受力时,应变桥输出的电压信号首先经过前置放

大器放大成 $0.8\sim4$ V 的输入电压 $V_{IN}$,再通过 $R_{IN}$ 转换成 $40\sim200\ \mu A$ 的输入电流 $I_{IN}$,最后经 XTR115 放大 100 倍后获得 $4\sim20$ mA 的电流。

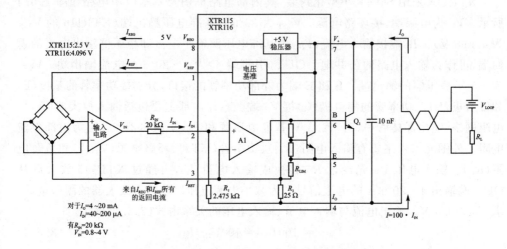

**图 2.5.2   XTR115 构成的应变桥电流变送器电路**

需要指出,XTR115 只能配 NPN 功率管,不能配 MOS 场效应功率管。外部功率管应满足 XTR115 对电压、电流的要求,使用中还须给功率管装上合适的散热器。

### 5. XTR115 的保护电路设计

XTR115 的保护电路如图 2.5.3 所示,保护电路兼有反向电压保护与正向过压保护两种功能。

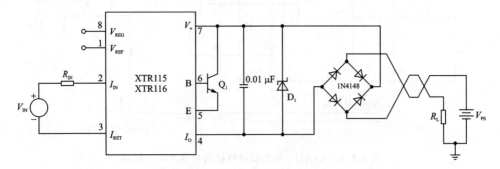

**图 2.5.3   XTR115 的保护电路**

反向电压保护电路由二极管整流桥 VD1~VD4 组成,可防止因将环路电源的极性接反而损坏芯片。整流二极管可选用 1N4148 型高速硅开关二极管,其主要参数为 $V_{RM}=75$ V,$I_d=150$ mA,$t_{rr}=4$ ns。采用桥式保护电路之后就不用再考虑环路电源的极性,因为,无论 $V_{PS}$ 的极性是否接反,它总能保证 $V_+$ 端接的是正电压。鉴于在任何时刻整流桥上总有两只二极管导通,因此,在计算环路电压 $V_{LOOP}$ 时必须扣除两只硅二极管的正向压降(约 1.4 V),由式(2.5.2)确定。

$$V_{\text{LOOP}} = V_{\text{PS}} - I_{\text{O}}R_{\text{L}} - 1.4 \text{ V} \tag{2.5.2}$$

过压保护电路采用一只 1N4753A 型稳压管,其稳定电压为 36 V,稳定电流为 7.0 mA。当环路电压过高时就被钳位到 36 V。实验证明,即使环路电压达到 65 V, XTR115 也不会损坏。为了改善瞬态过压保护特性,还可采用瞬变电压抑制二极管 TVS 来代替稳压管,如 Freescale 公司生产的 P6KE39A 型瞬态电压抑制器, P6KE39A 的钳位电压 $V_{\text{B}} = 39$ V,钳位时间仅为 1 ns,其性能远优于齐纳稳压管。

## 2.5.2　基于 AD693 的 4～20 mA 传感器变送器

### 1. AD693 的主要技术特性

AD693 是单片低电压信号输入 4～20 mA 输出的传感器变送器,主要由传感器信号放大器、辅助放大器、电压基准和偏移驱动器、V/I 变换器等组成。AD693 的主要技术特性:供电既可通过引脚端 10 环流供电,也可通过引脚端 9 和引脚端 10 分别供电;输出为二线双绞线形式;输入电压范围为 30 mV 或 60 mV,通过外接电阻可使输入量程 1 mV～100 V 可变;具有 4～20 mA、0～20 mA 单极性输出和 12 mA ± 8 mA 双极性输出;在 25 ℃时总误差小于 0.5%,在全温度范围内总误差小于 0.75%; 采用 DTP-20 封装。AD693 可以广泛地应用于铂电阻(热电阻)测量电路、电桥传感器变换电路和压力传感器。

### 2. AD693 的应用电路

AD693 的一些应用电路例如图 2.5.4、图 2.5.5、图 2.5.6 所示。图 2.5.4 直接连接 100 Ω RTD,测量温度范围 0～104 ℃,输出 4～20 mA 电流。图 2.5.5 利用辅助放大器去驱动负载单元,电桥电阻为 350 Ω,灵敏度 2 mV/V,输出电流为 12 mA ± 8 mA。图 2.5.6 为使用冷端补偿的热电偶输入电路,如表 2.5.2 所列,对应不同类型的热电

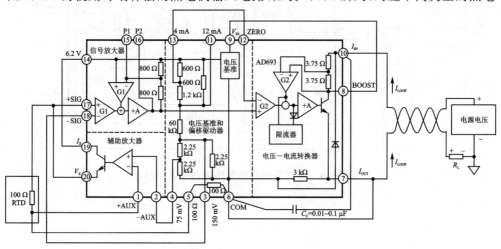

**图 2.5.4　100 Ω RTD 温度测量电路**

偶，需要配置不同的 $R_{COMP}$ 和 $R_Z$。

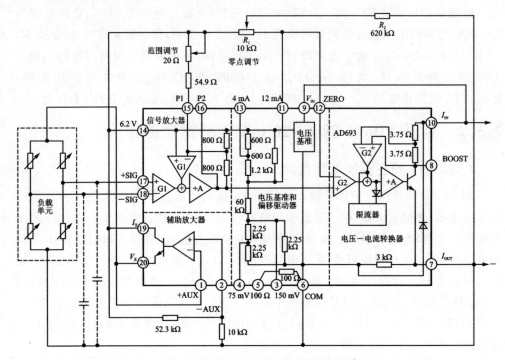

**图 2.5.5　电桥传感器测量电路**

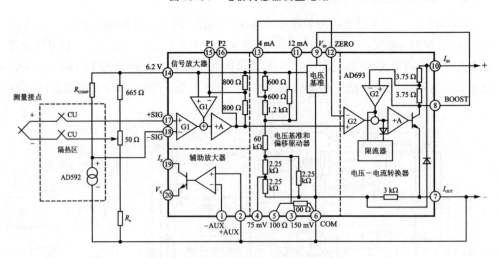

**图 2.5.6　使用冷端补偿的热电偶输入电路**

表 2.5.2　不同类型的热电偶配置不同的 $R_{COMP}$ 和 $R_Z$

| 极　性 | 材　料 | 类　型 | 环境温度/(℃) | $R_{COMP}$/Ω | $R_Z$/kΩ | 30 mV 温度范围/(℃) | 60 mV 温度范围/(℃) |
|---|---|---|---|---|---|---|---|
| ＋ | 铁 | J | 25 | 51.7 | 301 | 546 | 1035 |
| － | 康铜 | | 75 | 53.6 | 294 | | |
| ＋ | 镍铬 | K | 25 | 40.2 | 392 | 721 | — |
| － | 镍铝 | | 75 | 42.2 | 374 | | |
| ＋ | 镍铬 | E | 25 | 60.4 | 261 | 413 | 787 |
| － | 铜镍 | | 75 | 64.9 | 243 | | |
| ＋ | 铜 | T | 25 | 40.2 | 392 | — | — |
| － | 铜镍 | | 75 | 45.3 | 340 | | |

## 2.5.3　基于 MLX90323 的 4～20 mA 传感器接口电路

### 1. MLX90323 的主要技术特性

MLX90323 是一个 4～20 mA 传感器接口电路芯片，电源电压范围为 6～35 V，应用结构形式如图 2.5.7 所示。

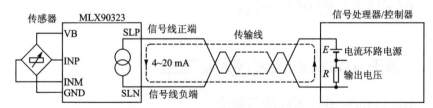

图 2.5.7　MLX90323 应用结构形式

### 2. MLX90323 的应用电路

MLX90323 的应用电路如图 2.5.8 所示。

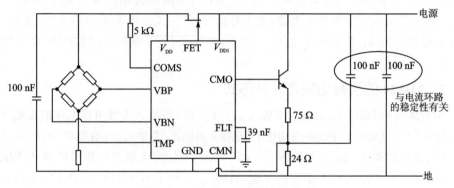

图 2.5.8　MLX90323 的应用电路

# 第**3**章

# 放大器电路设计

在全国大学生电子设计竞赛中，"放大器类"赛题涉及音频功率放大器、宽带放大器、与直流、低频放大器、LC 谐振放大器等类型。"放大器类"赛题工作原理不复杂，但要求实现的技术参数（性能指标）是越来越高，使得设计与制作的难度越来越高。同时在其他类型的赛题中，放大器电路也是必不可少的。放大器芯片的选择和应用电路设计的熟练程度是竞赛作品能否成功的关键之一。本章分 11 个部分，分别介绍了仪表放大器电路、FET 输入仪表放大器电路、差分放大器电路、隔离放大器电路、采样保持电路、宽带放大器电路、音频功率放大器电路等集成电路芯片的主要技术性能与特点、芯片封装与引脚功能、内部结构、工作原理和应用电路设计。

## 3.1 仪表放大器电路设计

### 3.1.1 基于 **AD624** 的仪表放大器电路

#### 1. AD624 的主要技术性能与特点

AD624 是 ADI 公司生产的精密仪表放大器电路，具有峰峰值$<0.2~\mu V(0.1\sim10~Hz)$的低噪声；低增益漂移$<5\times10^{-6}/℃(G=1)$；非线性$<0.001\%(G=1\sim200)$；共模抑制比最小为 130 dB$(G=500\sim1\,000)$；输入失调电压最大为 25 $\mu V$；输入失调漂移最大为 0.25 $\mu V/℃$；增益带宽为 25 MHz；利用引脚端可设置增益为 1、100、200、500 或者 1 000；内置补偿电路；无需外接元器件；工作电源电压为 $\pm6\sim\pm18$ V，电流消耗为 5 mA；工作温度范围：AD624A 为 $-25\sim+85$ ℃，AD624S 为 $-55\sim+125$ ℃。

#### 2. AD624 的引脚功能与封装形式

AD624 采用 DIP - 16 封装。引脚端 8$(+V_S)$和 7$(-V_S)$连接电源电压的正端和负端；引脚端 1$(-INPUT)$和 2$(+INPUT)$为放大器的正、负输入端；引脚端 16(RG1)和 3(RG2)以及引脚端 13、12 和 11$(G=100、G=200、G=500)$为增益设置引脚端；引脚端 4 和 5(INPUT NULL)为输入零点调节端；引脚端 14 和 15(OUTPUT NULL)为输出零点调节端；引脚端 9(OUTPUT)为输出引脚端；引脚端 6(REF)为基准引脚端。引脚端

10(SENSE)为灵敏度调节端。

### 3. AD624 的内部结构与应用电路

AD624 的芯片内部包含前置放大器、增益调节电阻和输出放大器等。

#### (1) 增益设置

在引脚端 13($G=100$)与引脚端 3(RG2)之间直接连接一根导线,可设置增益为
100。采用同样的方法,可设置增益为 200 或者 500。

AD624 的增益设置电路如图 3.1.1 和图 3.1.2 所示。在图 3.1.1 中,改变连接
在 RG1 和 RG2 之间的电阻 $R_G$ 可调节 AD624 放大器的增益 $G$,计算公式如下:

$$G = \left(\frac{40\,000}{R_G} + 1\right)(1 \pm 20\%)$$

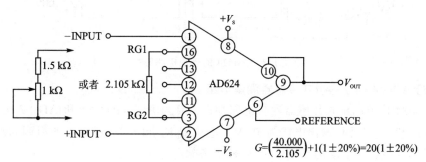

図 3.1.1　AD624 的增益设置电路(增益 $G=20$)

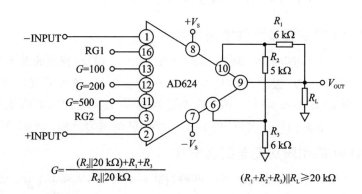

图 3.1.2　AD624 的增益设置电路(增益 $G=2\,500$)

在图 3.1.2 中,改变连接在 SENSE 与 REF 之间的电阻 $R_1$、$R_2$ 和 $R_3$ 也可调节
AD624 放大器的增益,计算公式如下:

$$G = \frac{(R_2 \parallel 20\text{ k}\Omega) + R_1 + R_3}{R_2 \parallel 20\text{ k}\Omega}$$

要求:$(R_1 + R_2 + R_3) \parallel R_L \geqslant 2\text{ k}\Omega$。

**(2) 接 地**

在一个数据采集系统中,AD624 的接地电路形式如图 3.1.3 所示。

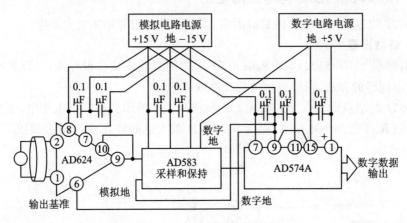

图 3.1.3 AD624 的接地电路形式

**(3) AD624 构成的桥式传感器测量电路**

AD624 构成的桥式传感器测量电路如图 3.1.4 所示,AD584 和 AD707 构成一个可调的基准电压源,输出电压为 10 V。电位器 $R_6$ 和 $R_4$ 完成零点的粗调和细调。如果传感器桥路灵敏度为 2 mV/V,则输出满刻度为 10 V。

# 3.1.2 基于 INA114 的仪表放大器电路

## 1. INA114 的主要技术性能与特点

INA114 是 TI 公司生产的(原 BURR - BROWN 公司)精密仪表放大器电路,失调电压最大值为 50 $\mu$V,温度漂移最大值为 0.25 $\mu$V/℃,输入偏置电流最大值为 2 nA,共模抑制比最小值为 115 dB,输入过压保护为 $\pm$40 V,电源电压范围为 $\pm$2.25$\sim$$\pm$18 V,电流消耗最大值为3 mA,工作温度范围为$-$40$\sim$$+$85 ℃。

## 2. INA114 的引脚功能与封装形式

INA114 采用 DIP - 8 和 SOL - 16 两种封装。引脚端 $V_{IN}^{+}$ 和 $V_{IN}^{-}$ 为放大器信号输入端,$V_{+}$ 和 $V_{-}$ 为电源电压正端和负端,$R_G$ 连接增益调节电阻,$V_O$ 为放大器输出端,REF 为基准引脚端,Feedback 为输出放大器反馈引脚端。

## 3. INA114 的内部结构与应用电路

INA114 的芯片内部包含 3 个运算放大器及输入保护等。

**(1) 增益设置**

INA114 放大器的增益由连接在引脚端 $R_G$ 的电阻 $R_G$ 设置,增益 $G$ 的计算公式如下:

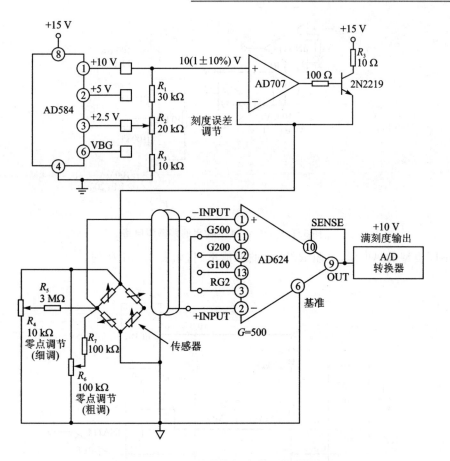

**图 3.1.4 AD624 构成的桥式传感器测量电路**

$$G = 1 + (50 \text{ k}\Omega)/R_G$$

输出电压与输入电压的关系为 $V_O = G \times (V_{IN}^+ - V_{IN}^-)$。

在需要较大增益时,电阻 $R_G$ 值较小,如 5 000 倍的增益对应的 $R_G$ 值仅为 10 Ω,因此,需要注意线路电阻对放大倍数的影响。

为了减小增益漂移,外接电阻的温度系数必须很低。

另外,增益大小与被测信号频率高低也有很大关系:根据器件的增益带宽积指标,当输入信号频率在 1 kHz 时,增益大小不能超过 1 000 倍;当输入信号频率为 100 kHz 时,增益值不能超过 10 倍。

**(2) 输出偏移微调**

输出偏移微调电路如图 3.1.5 所示,在引脚端 REF 加上一个外部电压进行调节。

**(3) 热电偶放大器电路**

由 INA114 构成的热电偶放大器电路如图 3.1.6 所示,电路具有冷端补偿。对

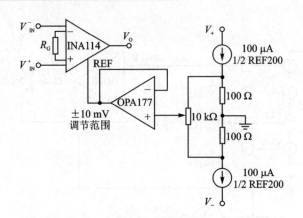

**图 3.1.5 INA114 的输出偏移微调电路**

于不同类型的热电偶，电阻 $R_2$ 和 $R_4$ 的取值不同，如表 3.1.1 所列。

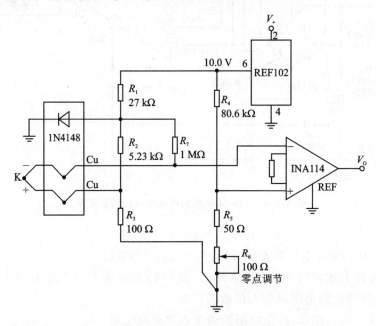

**图 3.1.6 使用 INA114 的热电偶放大器电路**

**表 3.1.1 对于不同类型热电偶的电阻 $R_2$ 和 $R_4$ 的取值**

| 热电偶类型 | $R_2(R_3 = 100\ \Omega)/\text{k}\Omega$ | $R_4(R_5 + R_6 = 100\ \Omega)/\text{k}\Omega$ |
|:---:|:---:|:---:|
| E | 3.48 | 56.2 |
| J | 4.12 | 64.9 |
| K | 5.23 | 80.6 |
| T | 5.49 | 84.5 |

### (4) 心电图放大器电路

由 INA114 构成的心电图仪放大器电路如图 3.1.7 所示,$G=10$。

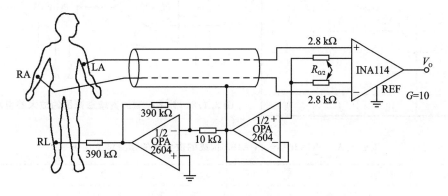

**图 3.1.7　使用 INA114 构成的心电图仪放大器电路**

## 3.1.3　基于 PGA206/207 的可编程增益仪表放大器电路

### 1. PGA206/207 的主要技术性能与特点

PGA206/207 是 TI 公司生产的(原 BURR – BROWN 公司)可编程增益的仪表放大器电路。增益设置采用数字控制,PGA206 的增益为 1、2、4、8,PGA207 的增益为 1、2、5、10;增益设置时间为 3.5 $\mu$s($\pm 0.01\%$);采用 FET 输入,$I_B=100$ pA;失调电压最大为 1.5 mV;输入过压保护为 $\pm 40$ V;电源电压范围为 $\pm 4.5 \sim \pm 18$ V;电流消耗最大值为 13.5 mA;工作温度范围为 $-40 \sim +85$ ℃。

### 2. PGA206/207 的引脚功能和封装形式

PGA206/PGA207 采用 DIP – 16 或者 SOL – 16 封装。各引脚端功能如下:引脚端 $V_{IN}^+$ 和 $V_{IN}^-$ 为放大器信号输入端;$V_+$ 和 $V_-$ 为电源电压正端和负端;$V_O$ 为放大器输出端,REF 为基准引脚端;Sense(Feedback)为输出放大器反馈引脚端;$V_{OS}$ Adjust 为输入偏移调节引脚端,Dig. Ground 为数字地;$A_1$ 和 $A_0$ 为增益设置引脚端。

### 3. PGA206/207 的内部结构与应用电路

PGA206/PGA207 的芯片内部包含 3 个运算放大器、数字控制的增益设置网络、输入保护等。其增益设置如表 3.1.2 所列。

采用 PGA207 与 PGA103 构成的数字控制宽增益范围的放大器电路如图 3.1.8 所示,增益设置范围如表 3.1.3 所列。

表 3.1.2 PGA206/PGA207 的增益设置

| 增益 | | 编码 | |
|---|---|---|---|
| PGA206 | PGA207 | $A_1$ | $A_0$ |
| 1 | 1 | 0 | 0 |
| 2 | 2 | 0 | 1 |
| 4 | 5 | 1 | 0 |
| 8 | 10 | 1 | 1 |

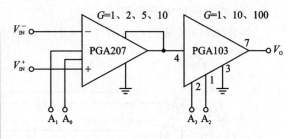

图 3.1.8 数字控制的宽增益范围的放大器电路

表 3.1.3 PGA207 与 PGA103 构成的放大器的增益设置范围

| 增益 | $A_1$ | $A_0$ | $A_3$ | $A_2$ | 增益 | $A_1$ | $A_0$ | $A_3$ | $A_2$ |
|---|---|---|---|---|---|---|---|---|---|
| 1 | 0 | 0 | 0 | 0 | 50 | 1 | 0 | 0 | 1 |
| 2 | 0 | 1 | 0 | 0 | 100 | 1 | 1 | 0 | 1 |
| 5 | 1 | 0 | 0 | 0 | 200 | 0 | 0 | 1 | 0 |
| 10 | 1 | 1 | 0 | 0 | 500 | 1 | 0 | 1 | 0 |
| 20 | 0 | 1 | 0 | 1 | 1 000 | 1 | 1 | 1 | 0 |

162

## 3.2 FET 输入仪表放大器电路设计

### 3.2.1 基于 INA121 FET 输入仪表放大器的放大电路

**1. INA121 的主要技术性能与特点**

INA121 是 TI 公司生产的（原 BURR – BROWN 公司）FET 输入的仪表放大器电路，差分输入阻抗为 $10^{12} \parallel 1 (\Omega \parallel pF)$，共模输入阻抗为 $10^{12} \parallel 12 (\Omega \parallel pF)$，偏置电流为 $\pm 4$ pA，静态电流为 $\pm 450$ $\mu V$，输入失调电压为 $\pm 200$ $\mu V$，输入失调漂移为 $\pm 2$ $\mu V/\text{℃}$，输入噪声为 20 nV/$\sqrt{\text{Hz}}$ $(f = 1$ kHz，$G = 100)$，共模抑制比为 106 dB，非线性误差 $< 0.001\%$，输入过压保护为 $\pm 40$ V，电压范围为 $\pm 2.25 \sim \pm 18$ V，电流消耗为 525 $\mu A$，工作温度范围为 $-40 \sim +85$ ℃。

**2. INA121 的引脚功能与封装形式**

INA121 采用 DIP – 8 或者 SO – 8 封装。引脚端 3($V_{IN}^+$) 和 2($V_{IN}^-$) 为放大器信号输入端；引脚端 7($V_+$) 和 4($V_-$) 为电源电压正端和负端；引脚端 8($R_G$) 连接增益调节电阻；引脚端 6($V_O$) 为放大器输出端；引脚端 5(REF) 为基准引脚端。

### 3. INA121 的内部结构与应用电路

INA121 的芯片内部包含 3 个运算放大器、输入保护等电路。

**(1) 增益设置**

INA121 放大器的增益由电阻 $R_\text{G}$ 设置，增益 $G$ 的计算公式如下：

$$G = 1 + (50 \text{ k}\Omega)/R_\text{G}$$

输出电压与输入电压的关系为 $V_\text{O} = G \times (V_\text{IN}^+ - V_\text{IN}^-)$。增益的大小与被测信号频率高低也有关，根据器件的增益带宽积指标，当输入信号频率在 5 kHz 时，增益值不能超过 1 000 倍；当输入信号频率为 300 kHz 时，增益值不能超过 10 倍。

**(2) 输入低通滤波器**

INA121 构成的输入低通滤波器电路如图 3.2.1 所示。图中，$R_1 = R_2$，$C_1 = C_2$，$C_3 \approx 10 C_1$，截止频率 $f_{-3 \text{ dB}}$ 的计算公式如下：

$$f_{-3 \text{ dB}} = \frac{1}{4\pi R_1 (C_3 + C_1/2)}$$

**(3) 输入高通滤波器**

INA121 构成的输入高通滤波器电路如图 3.2.2 所示。图中，$R_1 = R_2$，$C_1 = C_2$，截止频率 $f_\text{c} = \dfrac{1}{2\pi R_1 C_1}$。

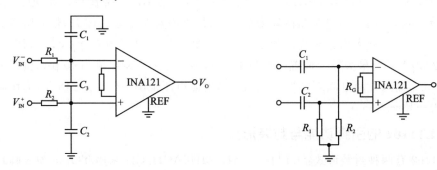

**图 3.2.1　INA121 构成的输入低通滤波器电路**　　**图 3.2.2　INA121 构成的输入高通滤波器电路**

**(4) 压控电流源**

INA121 构成的压控电流源电路如图 3.2.3 所示。电路要求 $G \leqslant 10$。该电路 $G = 1 + (50 \text{ k}\Omega)/R_\text{G}$，负载电流 $I_\text{L} = V_\text{IN}/(G \times R_2)$。

**(5) 电容传感器电桥电路**

INA121 构成的电容传感器电桥电路如图 3.2.4 所示。利用 INA121 输入的高阻抗可以直接与电容传感器电桥连接。

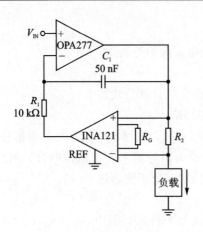

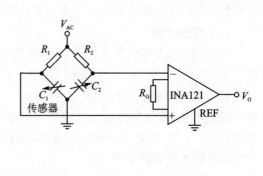

图 3.2.3　INA121 构成的压控电流源电路　　图 3.2.4　INA121 构成的电容传感器电桥电路

## 3.2.2　基于 LT1102 JFET 输入仪表放大器的宽带放大电路

### 1. LT1102 的主要技术性能与特点

LT1102 是 Linear Technology 公司生产的高速、精密、JFET 输入的仪表放大器电路。固定增益为 10 或者 100,转换速率为 30 V/$\mu$s,最小增益带宽为 3.5 MHz,设置时间为 3 $\mu$s(0.01%),过驱动恢复为 0.4 $\mu$s,最大增益误差为 0.05%,最大增益漂移为 $5\times10^{-6}$/℃,最大增益非线性为 $16\times10^{-6}$,最大失调电压为 600 $\mu$V,失调电压漂移为 2.5 $\mu$V/℃,最大输入偏置电流为 40 pA,最大输入失调电流为 40 pA,偏置电流为 ±4 pA,输入失调电流漂移为 0.5 pA/℃,电源电压范围为 ±5~±18 V,工作温度范围为 −40~+85 ℃。

### 2. LT1102 的引脚功能与封装形式

LT1102 有两种封装形式:LT1102AMH/MH/ACH/CH 采用 TO-5 型 8 脚封装;LT1102IN8/ ACN8/CN8 采用 N8 封装。芯片内部包含有两个放大器。引脚端功能如下:引脚端 5($V_+$)和 4($V_-$)为电源电压正端和负端;引脚端 6(+IN)和 3(−IN)为输入引脚端;引脚端 1(GROUND(REF))为接地端;引脚端 8(OUTPUT)为输出引脚端;引脚端 7(OUT G=10)为 $G$=10 的输出端;引脚端 2(REF G=10)为 $G$=10 的基准端。

### 3. LT1102 的应用电路

#### (1) 增益设置

LT1102 的增益设置电路如图 3.2.5 所示。

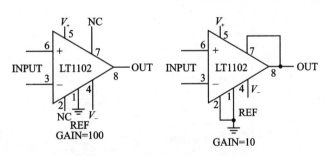

图 3.2.5　LT1102 的增益设置电路

### （2）失调调节

LT1102 的失调调节电路如图 3.2.6 所示。电路中：$G=10$，$R_2=3.3\ \Omega$；$G=100$，$R_2=30\ \Omega$；零点调节范围为 $\pm1\ \mathrm{mV}$，增益损耗 $\approx0.018\%$。

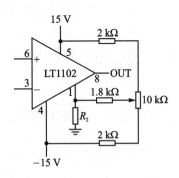

### （3）增益扩展和输出电路形式

LT1102 的增益扩展和输出电路形式如图 3.2.7 所示。图中，电路的增益 $G$ 为 200。当增益 $G$ 设置为 20 时，将两个器件各自的引脚端 1 和 2 及引脚端 7 和 8 相连接；当增益 $G$ 设置为 110 时，将其中一个器件的引脚端 1 和 2 及引脚端 7 和 8 相连接。

图 3.2.6　LT1102 的失调调节电路

### （4）压控电流源电路

LT1102 的压控电流源电路如图 3.2.8 所示，输出电流 $I_\mathrm{K}$ 计算公式如下：

$$I_\mathrm{K}=V_\mathrm{IN}/(R\times100)$$

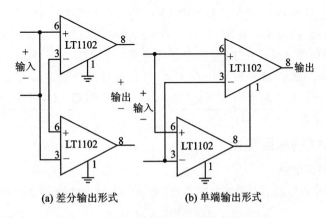

(a) 差分输出形式　　　(b) 单端输出形式

图 3.2.7　LT1102 的增益扩展和输出电路形式

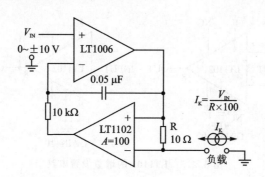

图 3.2.8　LT1102 的压控电流源电路

# 3.3　差分放大器电路设计

## 3.3.1　基于 AD8132 的 350 MHz 差分放大器电路

### 1. AD8132 的主要技术性能与特点

AD8132 是 ADI 公司生产的宽带差分放大器电路。其－3 dB 带宽为 350 MHz；转换速率为1 200 V/μs；利用外部电阻进行增益设置；采用内部共模反馈改善增益和相位平衡，在10 MHz时为－60 dB；采用单独的输入方式设置共模输出电压；具有低失真率，在5 MHz/800 Ω 负载时为－99 dBcSFDR；电源范围为±2.7～±5.5 V；电流消耗为10.7 mA(5 V 电源)；工作温度范围为－40～＋125 ℃。

### 2. AD8132 的引脚功能与封装形式

AD8132 采用 SOIC－8 或者 MSOP－8 封装。引脚端1(－IN)为差分输入负端，引脚端8(＋IN)为差分输入正端，引脚端3($V_+$)为电源电压正端，引脚端6($V_-$)为电源电压负端，引脚端4(＋OUT)为差分输出正端，引脚端5(－OUT)为差分输出负端，引脚端7(NC)未连接。加电压在 $V_{OCM}$ 引脚端可以设置共模输出电压，比率为1∶1。例如：加一个1 V 的直流电压在引脚端 $V_{OCM}$，引脚端＋OUT 和－OUT 的直流偏置被设置到1 V。

### 3. AD8132 的应用电路

**(1) 基本应用电路**

AD8132 的基本应用电路形式如图 3.3.1 所示。对于每个反馈通道的反馈系数可用下式表示：

$$\beta_1 = R_{G1}/(R_{G1} + R_{F1})$$
$$\beta_2 = R_{G2}/(R_{G2} + R_{F2})$$

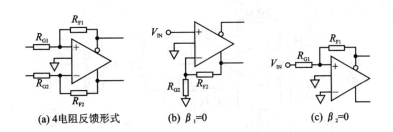

(a) 4电阻反馈形式　　　　(b) $\beta_1=0$　　　　(c) $\beta_2=0$

**图 3.3.1　AD8132 的基本应用电路形式**

对于单端输入差分输出形式,增益 $G$ 可用下式表示:

$$G = 2 \times (1-\beta_1)/(\beta_1+\beta_2)$$

推荐的 $R_G$ 和 $R_F$ 电阻值与增益和带宽的关系如表 3.3.1 所列。

**表 3.3.1　推荐的 $R_G$ 和 $R_F$ 电阻值与增益和带宽的关系**

| 增　益 | $R_G/\Omega$ | $R_F/\Omega$ | $-3\,\mathrm{dB}$ 带宽/MHz |
|--------|--------------|--------------|---------------------------|
| 1 | 499 | 499 | 360 |
| 2 | 499 | 1.0k | 160 |
| 5 | 499 | 2.49k | 65 |
| 10 | 499 | 4.99k | 20 |

### (2) ADC 驱动电路

AD8132 驱动 ADC(AD9203)的电路如图 3.3.2 所示。AD9203 是一个 10 位、40 MSPS 的 ADC。

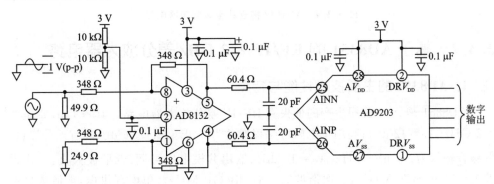

**图 3.3.2　AD8132 驱动 AD9203 的电路图**

### (3) 高共模输出阻抗的差分放大器电路

AD8132 构成的高共模输出阻抗的差分放大器电路如图 3.3.3 所示。

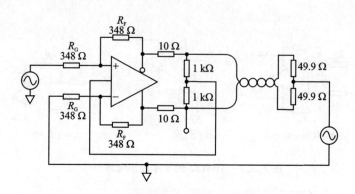

图 3.3.3　AD8132 构成的高共模输出阻抗的差分放大器电路

**（4）全波整流器电路**

AD8132 构成的全波整流器电路如图 3.3.4 所示。

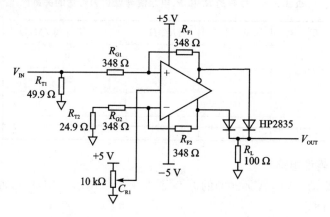

图 3.3.4　AD8132 构成的全波整流器电路

## 3.3.2　基于 AD8351 的 RF/IF 2.2 GHz 差分放大器电路

### 1. AD8351 的主要技术性能与特点

AD8351 是 ADI 公司生产的低失真 RF/IF 差分放大器电路。其−3 dB 带宽为 2.2 GHz($A_V$＝12 dB)；利用单电阻可编程增益为 0 dB≤$A_V$≤26 dB；具有差分接口；低噪音输入为 2.7 nV/$\sqrt{Hz}$($A_V$＝10 dB)；输出共模电压可调；低谐波失真：二次谐波为−79 dBc(70 MHz)，三次谐波为−81 dBc(70 MHz)；单电源供电，电源电压范围为 3～5.5 V，电流消耗为 28 mA(5 V 电源)；具有低功耗模式；工作温度范围为−40～+85 ℃。

### 2. AD8351 的引脚功能与封装形式

AD8351 采用 MSOP - 10 封装。各引脚端功能如下:INHI 和 INLO 为平衡差分输入端,偏置到电源中点,典型方式采用 AC 耦合;RGP1 和 RGP2 为增益设置电阻连接端;加电压到引脚端 VOCM,可设置在输入和输出之间的共模电压;OPHI 和 OPLO 为平衡差分输出端,偏置到 VOCM 点,典型方式采用 AC 耦合;加一个正电压到引脚端 PWUP,$1.3\ V \leqslant V_{PWUP} \leqslant V_{POS}$,器件有效;$V_{POS}$ 为电源电压正端;COMM 器件公共端,连接到地。

### 3. AD8351 的内部结构与应用电路

AD8351 的内部结构如图 3.3.5 所示。芯片内部包含放大器和偏置控制电路。

#### (1) 差分放大器电路

AD8351 构成的差分放大器电路如图 3.3.5 所示,增益计算公式如下:

$$A_V = \frac{R_L \times R_G(5.6) + 9.2 \times R_F \times R_L}{R_G \times R_L \times 4.6 + 19.5 \times R_G + (R_L + R_F) \times (39 + R_G)} = \left| \frac{V_{OUT}}{V_{IN}} \right|$$

式中,$R_F$ 的值是 350 Ω(在芯片内部),$R_L$ 是单端负载电阻,$R_G$ 是增益设置电阻。增益设置电阻值 $R_G$、增益 $A_V$ 和负载电阻值 $R_L$(单端负载电阻形式)的关系如表 3.3.2 所列。

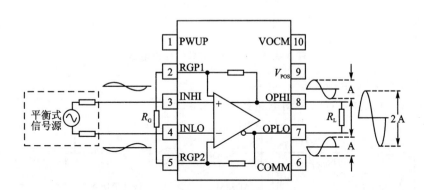

图 3.3.5　AD8351 构成的差分放大器电路

表 3.3.2　$R_G$、$A_V$ 和 $R_L$(单端负载电阻形式)的关系

| 增益 $A_V$ | $R_G(R_L = 75\ \Omega)$ | $R_G(R_L = 500\ \Omega)$ |
|---|---|---|
| 0 | 680 | 2 |
| 6 | 200 | 470 |
| 10 | 100 | 200 |
| 20 | 22 | 43 |

**（2）AD8351 与 SAW 滤波器接口电路**

AD8351 与 SAW 滤波器接口电路如图 3.3.6 所示，SAW 的截止频率 $f_C = 190\text{ MHz}$。

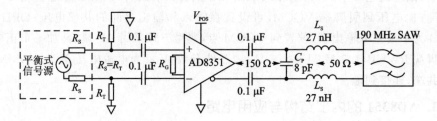

**图 3.3.6　AD8351 与 SAW 滤波器接口电路**

**（3）AD8351 的单端应用电路**

AD8351 的单端应用电路如图 3.3.7所示。

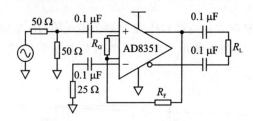

**图 3.3.7　AD8351 的单端应用电路**

**（4）ADC 驱动电路**

AD8351 构成的 ADC 驱动电路如图 3.3.8 所示。

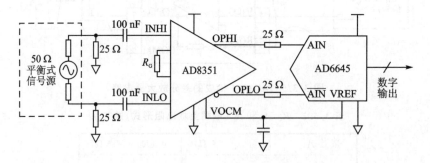

**图 3.3.8　AD8351 构成的 ADC 驱动电路**

# 3.4　隔离放大器电路设计

## 3.4.1　基于 ISO120/121 的隔离放大器电路

### 1. ISO120/121 的主要技术性能与特点

ISO120/121 是 TI 公司生产的(原 BURR - BROWN 公司)隔离放大器电路。其隔离电压:ISO120 为 1 500 V(有效值),ISO121 为 3 500 V(有效值);共模抑制比典型值为 115 dB(60 Hz 时);最大非线性为 $\pm 0.01\%$;载频可由用户控制,具有外同步能力;双极性工作,$V_O \pm 10$ V;电源电压范围为 4.5～18 V,电流消耗为 5.5 mA;工作温度范围为 $-55$～$+125$ ℃。

### 2. ISO120/121 的引脚功能与封装形式

ISO120 采用 DIP - 24 封装,ISO121 采用 DIP - 40 封装。引脚端 $+V_{S1}$ 和 $-V_{S1}$ 为初级电源电压正端和负端,Gnd1 为初级地,$V_{IN}$ 为初级信号输入端,Ext Osc 为外部振荡器输入端,Com1 为初级信号地,$C_{1H}$ 和 $C_{1L}$ 为初级调制器电容端,$+V_{S2}$ 和 $-V_{S2}$ 为次级电源电压正端和负端,Com2 为次级信号地,Gnd2 为次级地,Sense 为次级反馈端,$V_{OUT}$ 为次级电压输出端,$C_{2H}$ 和 $C_{2L}$ 为次级解调器电容端。

### 3. ISO120/121 的内部结构

ISO120/121 的内部结构方框图如图 3.4.1 所示,芯片内部包含有输入放大器、调制器、解调器、输出缓冲器、隔离栅等,输入(初级)与输出(次级)之间可以完全隔离。

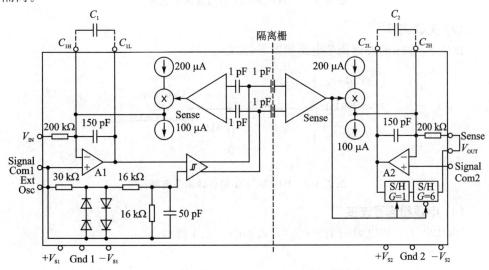

图 3.4.1　ISO120/ISO121 的内部结构方框图

### 4. ISO120/121 的应用电路

#### (1) 调制/解调器电容 $C_1$ 和 $C_2$ 选择

推荐的 ISO120/121 的调制/解调器电容 $C_1$ 和 $C_2$ 值与时钟频率的关系如表 3.4.1 所列。

**表 3.4.1　电容 $C_1$ 和 $C_2$ 值与时钟频率的关系**

| 外部时钟频率范围 | 电容 $C_1$ 和 $C_2$ 值 | 外部时钟频率范围 | 电容 $C_1$ 和 $C_2$ 值 |
|---|---|---|---|
| 400～700 kHz | 无 | 20～50 kHz | 4 700 pF |
| 200～400 kHz | 500 pF | 10～20 kHz | 0.01 $\mu$F |
| 100～200 kHz | 1 000 pF | 5～10 kHz | 0.022 $\mu$F |
| 50～100 kHz | 2 200 pF | | |

#### (2) 增益调节

ISO120/121 的增益调节电路如图 3.4.2 所示，增益 $G$ 的计算公式如下：

$$G = 1 + \left( \frac{R_1}{R_2} + \frac{R_1}{200\ \text{k}\Omega} \right)$$

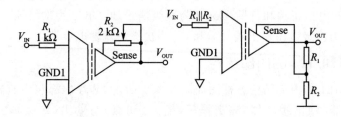

**图 3.4.2　ISO120/121 的增益调节电路**

#### (3) 失调调节

ISO120/121 的失调调节电路如图 3.4.3 所示。

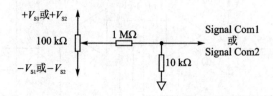

**图 3.4.3　ISO120/121 的失调调节电路**

#### (4) 电源和信号连接

ISO120/121 的电源与信号连接方式如图 3.4.4 所示。

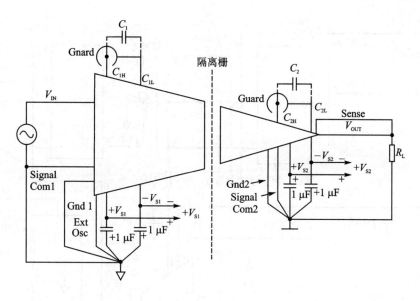

**图 3.4.4　ISO120/121 的电源与信号连接方式**

### (5) 外部时钟驱动隔离电路

ISO120/121 的外部时钟驱动隔离电路如图 3.4.5 所示。该电路采用光耦合器隔离时钟信号。图中，$C_1 = [(140E-6)/f_{IN}] - 350$ pF，$C_2 = 10 \times C_1$，最小值为 10 nF。

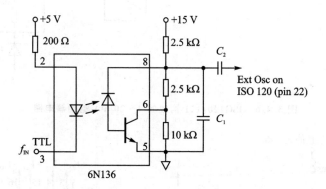

**图 3.4.5　ISO120/121 的外部时钟驱动隔离电路**

### (6) 4～20 mA 电流环驱动电路

ISO120/121 构成的 4～20 mA 电流环驱动电路如图 3.4.6 所示。

### (7) 电力线监测电路

ISO120/121 构成的电力线监测电路如图 3.4.7 所示。

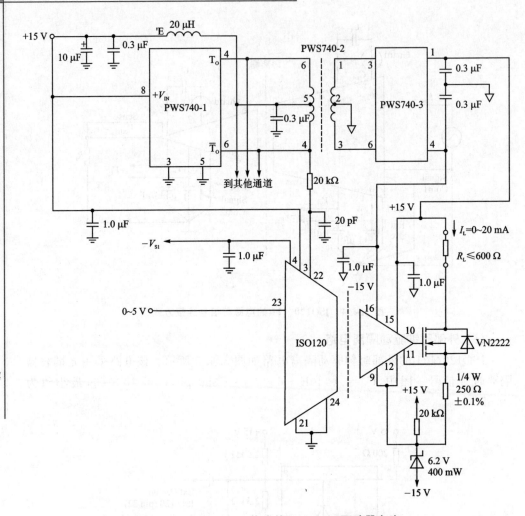

图 3.4.6　ISO120/121 构成的 4~20 mA 驱动器电路

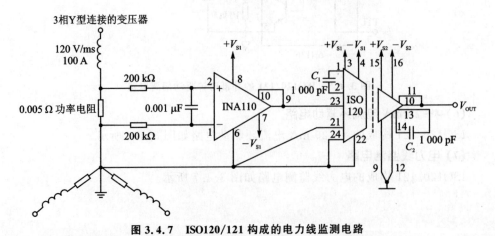

图 3.4.7　ISO120/121 构成的电力线监测电路

### (8) ECG(Electrocardiograph,心电图)放大器

ISO120/121 构成的 ECG 放大器电路如图 3.4.8 所示。

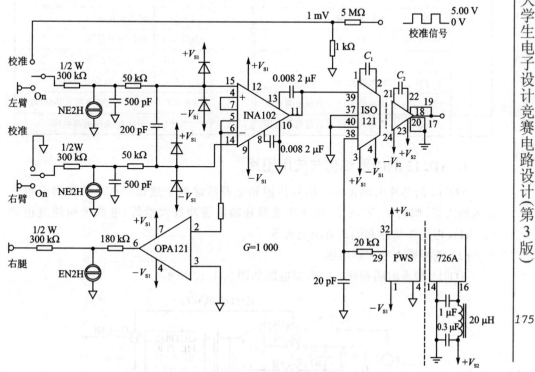

图 3.4.8　ISO120/121 构成的 ECG 放大器电路

## 3.4.2　基于 AD215 的 120 kHz 隔离放大器电路

### 1. AD215 的主要技术性能与特点

AD215 是 ADI 公司生产的低失真隔离放大器电路。其隔离耐压 CMV 为 1 500 V/ms,−3 dB 带宽为 120 kHz(满功率),转换速率为 6 V/μs,设置时间为 9 μs,谐波失真为 −80 dB (1 kHz),非线性为 ±0.005%,最小缓冲输出范围为 ±10 V,内置的隔离电源输出为直流 ±15 V(±10 mA),电源电压范围为 ±15 V,电流消耗为 +40/−18 mA,工作温度范围为 −40～+85 ℃。

### 2. AD215 的引脚功能与封装形式

AD215 采用 SIP 封装,引脚封装形式如图 3.4.9 所示,引脚功能如表 3.4.2 所列。

图 3.4.9　AD215 引脚封装形式

**表 3.4.2　AD215 引脚功能**

| 引 脚 | 符 号 | 功　能 | 引 脚 | 符 号 | 功　能 |
|---|---|---|---|---|---|
| 1 | IN+ | 同相输入端 | 36 | TRIM | 输出偏移微调 |
| 2 | IN COM | 输入公共端 | 37 | OUT LO | 输出信号低端 |
| 3 | IN− | 反相输入端 | 38 | OUT HI | 输出信号高端 |
| 4 | FB | 放大器反馈 | 42 | $+15\,V_{IN}$ | $+15\,V$ 直流电源电压 |
| 5 | $-V_{ISO\,OUT}$ | 隔离的 $-15\,V$ 直流电源电压 | 43 | PWR RTN | $+15\,V$ 直流电源公共端(地) |
| 6 | $+V_{ISO\,OUT}$ | 隔离的 $+15\,V$ 直流电源电压 | 44 | $-15\,V_{IN}$ | $-15\,V$ 直流电源电压 |

### 3. AD215 的内部结构与应用电路

AD215 的芯片内部包含有信号传输和电源传输两个通道。信号传输通道包含输入放大器、调制器、解调器、低通滤波器和输出缓冲放大器等;电源传输通道包含 430 kHz 电源振荡器和隔离直流电源等。

**(1) 同相输入放大器电路**

AD215 构成的同相输入放大器电路如图 3.4.10 所示。

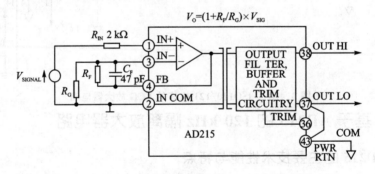

**图 3.4.10　AD215 构成的同相输入放大器电路**

**(2) 输入电流源求和放大器电路**

AD215 构成的输入电流源求和放大器电路如图 3.4.11 所示,电路输出电压的计算公式如下:

$$V_O = -R_F \times (I_S + V_{S1}/R_{S1} + V_{S2}/R_{S2} + \cdots)$$

**(3) 输入增益调节电路**

AD215 的输入增益调节电路如图 3.4.12 所示。同相输入增益调节电路的调节电阻 $(R_P \approx 1\,k\Omega)R_C \approx 0.02 \times (R_G \times R_F)/(R_G + R_F)$。反相输入增益调节电路的调节电阻 $R_X = (R_{IN} \times R_H)/(R_{IN} + R_F)$,$R_C = 0.02 \times R_{IN}$,$R_F < 10\,k\Omega$,$C_F = 47\,pF$。

**(4) 输出偏移调节电路**

AD215 的输出偏移调节电路如图 3.4.13 所示。

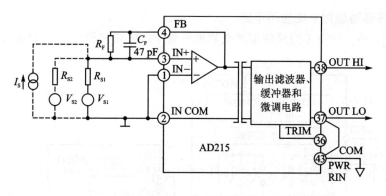

图 3.4.11　AD215 构成的输入电流源求和放大器电路

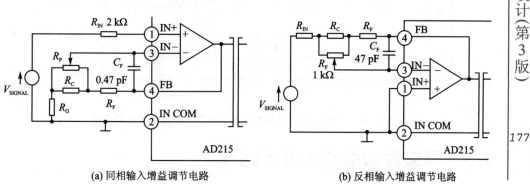

(a) 同相输入增益调节电路　　　　　　　　　(b) 反相输入增益调节电路

图 3.4.12　AD215 的输入增益调节电路

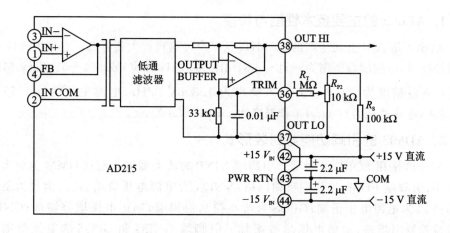

图 3.4.13　AD215 的输出偏移调节电路

**（5）多通道数据采集应用电路**

AD215 和 AD7502 构成的多通道数据采集应用电路如图 3.4.14 所示。

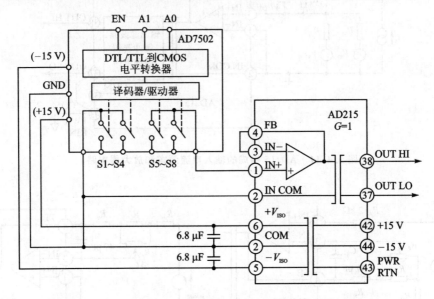

图 3.4.14　AD215 和 AD7502 构成的多通道数据采集应用电路

# 3.5　可编程增益放大器电路设计

## 3.5.1　基于 AD603 的 90 MHz 低噪声可编程放大器电路

### 1. AD603 的主要技术性能与特点

AD603 是 ADI 公司生产的 90 MHz 低噪声可编程放大器电路。它采用线性 dB 的增益控制，可控增益范围为 $-11\sim+31$ dB(90 MHz 带宽)或者 $9\sim51$ dB(9 MHz 带宽)，增益精度为 $\pm0.5$ dB；输入噪声为 1.3 nV/$\sqrt{\text{Hz}}$；电源电压为 $\pm4.75\sim\pm6.3$ V；电流消耗为 17 mA；工作温度为 $-40\sim+85$ ℃。

### 2. AD603 的引脚功能与封装形式

AD603 采用 SOIC‐8 封装。引脚端 VINP 为放大器输入端；COMM 为放大器接地端；引脚端 FDBK 连接到反馈网络；VNEG 为电源电压负端；$V_{\text{OUT}}$ 为放大器输出端；$V_{\text{POS}}$ 为电源电压正端；GPOS 为增益控制引脚端，加正电压增益增加；GNEG 为增益控制引脚端，加负电压增益增加。引脚端 GNEG 和 GPOS 的电压范围为 $-1.2\sim+2.0$ V，增益调节系数为 $39.4\sim40.6$ dB/V。

### 3. AD603 的内部结构与应用电路

AD603 的芯片内部包含增益控制接口、固定增益的放大器、电阻网络等。

#### (1) −10～+30 dB、90 MHz 带宽放大器电路

AD603 构成的−10～+30 dB、90 MHz 带宽放大器电路如图 3.5.1 所示。

#### (2) 0～+40 dB、30 MHz 带宽放大器电路

AD603 构成的 0～+40 dB、30 MHz 带宽放大器电路如图 3.5.2 所示。

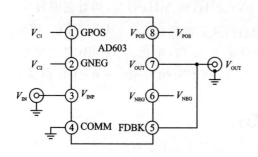

图 3.5.1 AD603 构成的−10～+30 dB、
90 MHz 带宽放大器电路

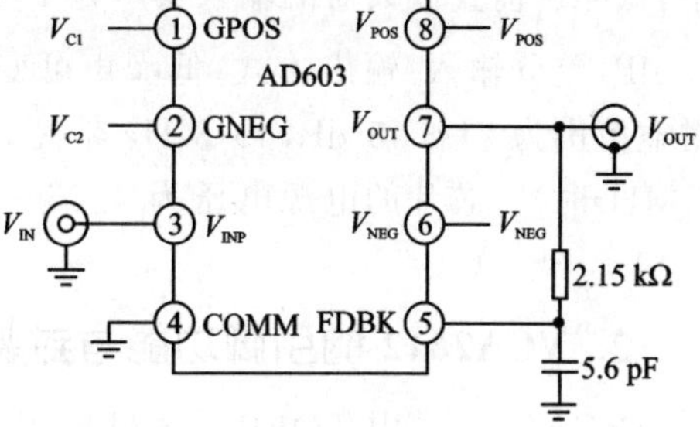

图 3.5.2 AD603 构成的 0～+40 dB、
30 MHz 带宽放大器电路

#### (3) 低噪声 AGC 放大器电路

AD603 构成的两级低噪声 AGC 放大器电路如图 3.5.3 所示。

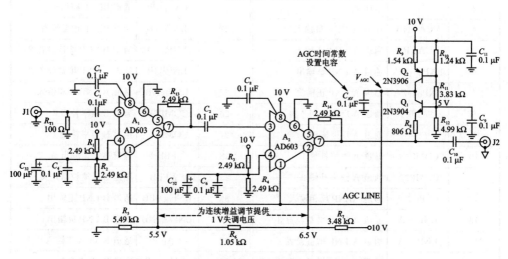

图 3.5.3 AD603 构成的两级低噪声 AGC 放大器电路

## 3.5.2 基于 VCA2612 的可编程 80 MHz 低噪声前置放大器电路

### 1. VCA2612 的主要技术性能与特点

VCA2612 是 TI 公司生产的(原 BURR - BROWN 公司)双通道、可编程 80 MHz 低噪声前置放大器电路。芯片内包含低噪声前置放大器和低噪声可变增益放大器,其中:低噪声前置放大器的输入噪声为 1.25 nV/$\sqrt{Hz}$,80 MHz 带宽,增益范围为 5~25 dB,差分输入/输出方式;低噪声可变增益放大器的噪声 VCA 为 3.3 nV/$\sqrt{Hz}$,增益范围为 24~45 dB,40 MHz 带宽,差分输入/输出,串扰为 52 dB(最大增益,5 MHz 时)。芯片的电源电压为 4.75~5.25 V,功率消耗为 495 mW,工作温度为 −40~+85 ℃。

### 2. VCA2612 的引脚功能与封装形式

VCA2612 采用 TQFP - 48 封装,引脚功能如表 3.5.1 所列。

**表 3.5.1　VCA2612 引脚功能**

| 引　脚 | 符　号 | 功　能 | 引　脚 | 符　号 | 功　能 |
|---|---|---|---|---|---|
| 1 | $V_{DDA}$ | 通道 A 电源+5 V | 19 | $V_{CM}$ | 连接 0.01 μF 电容到地 |
| 2 | NC | 未连接 | 20 | GNDR | 内部基准电源地 |
| 3 | NC | 未连接 | 21 | LNP$_{IN}$PB | 通道 BLNP 同相输入 |
| 4 | VCA$_{IN}$NA | 通道 A VCA 负输入 | 22 | LNP$_{GS1}$B | 通道 BLNP 增益设置 1 |
| 5 | VCA$_{IN}$PA | 通道 A VCA 正输入 | 23 | LNP$_{GS2}$B | 通道 B LNP 增益设置 2 |
| 6 | LNP$_{OUT}$NA | 通道 A LNP 负输出 | 24 | LNP$_{GS3}$B | 通道 B LNP 增益设置 3 |
| 7 | LNP$_{OUT}$PA | 通道 A LNP 正输出 | 25 | LNP$_{IN}$NB | 通道 B LNP 反相输入 |
| 8 | SWFBA | 通道 A 反馈控制开关 | 26 | COMP2B | 通道 B 频率补偿 2 |
| 9 | FBA | 通道 A 反馈输出 | 27 | COMP1B | 通道 B 频率补偿 1 |
| 10 | COMP1A | 通道 A 频率补偿 1 | 28 | FBB | 通道 B 反馈输出 |
| 11 | COMP2A | 通道 A 频率补偿 2 | 29 | SWFBB | 通道 B 反馈控制开关 |
| 12 | LNP$_{IN}$NA | 通道 ALNP 反相输入 | 30 | LNP$_{OUT}$PB | 通道 B LNP 正输出 |
| 13 | LNP$_{GS3}$A | 通道 A LNP 增益设置 3 | 31 | LNP$_{OUT}$NB | 通道 B LNP 负输出 |
| 14 | LNP$_{GS2}$A | 通道 A LNP 增益设置 2 | 32 | VCA$_{IN}$PB | 通道 B VCA 正输入 |
| 15 | LNP$_{GS1}$A | 通道 A LNP 增益设置 1 | 33 | VCA$_{IN}$NB | 通道 B VCA 负输入 |
| 16 | LNP$_{IN}$PA | 通道 ALNP 同相输入 | 34 | NC | 未连接 |
| 17 | $V_{DDR}$ | 内部基准电源正端 | 35 | NC | 未连接 |
| 18 | $V_{BIAS}$ | 连接 0.01 μF 电容到地 | 36 | $V_{DDB}$ | 通道 B 电源+5 V |

续表 3.5.1

| 引　脚 | 符　号 | 功　能 | 引　脚 | 符　号 | 功　能 |
|---|---|---|---|---|---|
| 37 | GNDB | B 通道模拟地 | 44 | VCAINSEL | VCA 输入选择,高电平选择外部输入 |
| 38 | VCA$_{OUT}$NB | B 通道 VCA 负输出 | | | |
| 39 | VCA$_{OUT}$PB | B 通道 VCA 正输出 | 45 | FBSW$_{CNTL}$ | 反馈开关控制,高电平导通 |
| 40 | MGS3 | 最大增益选择 3(LSB) | 46 | VCA$_{OUT}$PA | 通道 A VCA 正输出 |
| 41 | MGS2 | 最大增益选择 2 | 47 | VCA$_{OUT}$NA | 通道 A VCA 负输出 |
| 42 | MGS1 | 最大增益选择 1(MSB) | 48 | GNDA | 通道 A 模拟地 |
| 43 | VCA$_{CNTL}$ | VCA 控制电压 | | | |

### 3. VCA2612 的内部结构与应用电路

　　VCA2612 的芯片内部包含有两个相同的通道,都具有低噪声放大器(LNP)、可编程增益放大器(PGA)以及压控衰减器(VCA)等。

　　VCA2612 的电路应用形式如图 3.5.4 所示,VCA2612 的低噪声放大器(LNP)与 LNP$_{GS3}$、LNP$_{GS2}$、LNP$_{GS1}$ 三者的增益设置关系如表 3.5.2 所列。MGS$_3$、MGS$_2$、MGS$_1$ 的增益设置如表 3.5.3 所列。

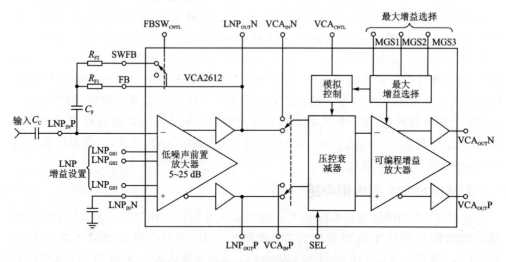

图 3.5.4　VCA2612 的电路应用形式

表 3.5.2　LNP 的增益设置

| LNP 增益/dB | 引脚端 LNP$_{GS3}$、LNP$_{GS2}$、LNP$_{GS1}$ 状态 |
|---|---|
| 25 | LNP$_{GS3}$、LNP$_{GS2}$、LNP$_{GS1}$ 连接在一起 |
| 22 | LNP$_{GS1}$ 连接到 LNP$_{GS3}$ |
| 17 | LNP$_{GS1}$ 连接到 LNP$_{GS2}$ |
| 5 | LNP$_{GS3}$、LNP$_{GS2}$、LNP$_{GS1}$ 开路 |

**表 3.5.3　MGS₃、MGS₂、MGS₁ 的增益设置**

| MGS$_3$、MGS$_2$、MGS$_1$ | 衰减增益<br>(VCA$_{CNTL}$＝0～3 V)/dB | 差分的 PGA<br>增益/dB | (衰减增益＋<br>PGA 增益)/dB |
|---|---|---|---|
| 000 | −24～0 | 24 | 0～24 |
| 001 | −27～0 | 27 | 0～27 |
| 010 | −30～0 | 30 | 0～30 |
| 011 | −33～0 | 33 | 0～33 |
| 100 | −36～0 | 36 | 0～36 |
| 101 | −39～0 | 39 | 0～39 |
| 110 | −42～0 | 42 | 0～42 |
| 111 | −45～0 | 45 | 0～45 |

### 3.5.3　基于 MAX9939 的 SPI 可编程增益放大器

#### 1. MAX9939 的主要技术特性

MAX9939 是一个通用、差分输入、SPI 可编程增益放大器(PGA)。该器件可通过 SPI 接口在 0.2～157 V/V 范围内设置差分增益,输入失调电压补偿;输出放大器可配置为高阶有源滤波器或提供一路差分输出;SPI 可编程增益为 0.2 V/V、1 V/V、10 V/V、20 V/V、30 V/V、40 V/V、60 V/V、80 V/V、119 V/V 和 157 V/V;PGA 经过优化用于宽带应用;精确的电阻匹配提供极低的增益温漂和极高的 CMRR;输入端具有±16 V 保护,允许器件承受故障条件及超范围的信号;采用 2.9～5.5 V 的单电源供电,在 5 V 供电下静态电流为 3.4 mA,带有软件可设置的关断模式,使电源电流降至 13 μA。MAX9939 采用 10 引脚 μMAX 封装,工作温度范围为−40～+125 ℃(汽车级)。

#### 2. MAX9939 的应用电路

MAX9939 的应用电路如图 3.5.5 和图 3.5.6 所示。图 3.5.5 使用 MAX9939 输出放大器作为一个抗混叠滤波器(角频率＝1.3 kHz)以获得最大奈奎斯特(Nyquist)带宽。图 3.5.6 使用 MAX9939 作为差分输入差分输出 PGA(可编程放大器)。

PGA 的增益由在增益寄存器中的 G3～G0 位编程确定,PGA 的增益、压摆率和小信号带宽与 G3～G0 位的关系如表 3.5.4 所列。输入失调电压微调由输入失调电压微调寄存器的 V3～V0 位编程确定,输入失调电压微调与 V3～V0 位的关系如表 3.5.5 所列。

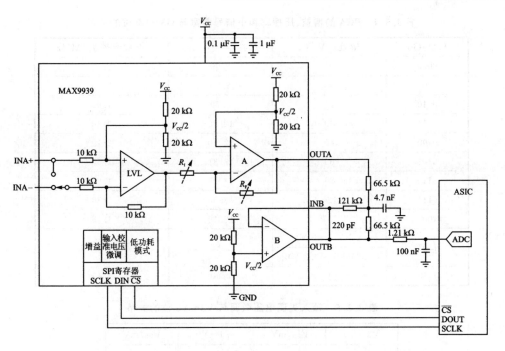

图 3.5.5　使用 MAX9939 输出放大器作为一个抗混叠滤波器

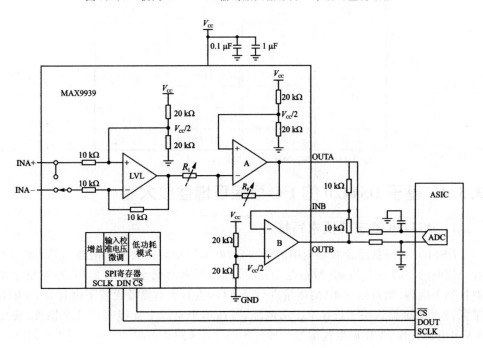

图 3.5.6　使用 MAX9939 作为差分输入、差分输出 PGA

表 3.5.4   PGA 的增益、压摆率和小信号带宽与 G3～G0 位的关系

| G3～G0 | 增益/(V/V) | 压摆率/(V/μs) | 小信号带宽/MHz |
|--------|-----------|---------------|----------------|
| 0000 | 1 | 2.90 | 2.15 |
| 0001 | 10 | 8.99 | 2.40 |
| 0010 | 20 | 8.70 | 1.95 |
| 0011 | 30 | 12.80 | 3.40 |
| 0100 | 40 | 12.50 | 2.15 |
| 0101 | 60 | 13.31 | 2.60 |
| 0110 | 80 | 12.15 | 1.91 |
| 0111 | 120 | 18.53 | 2.30 |
| 1000 | 157 | 16.49 | 1.78 |
| 1001 | $0.2(V_{CC}=5\ \text{V})$<br>$0.25(V_{CC}=3.3\ \text{V})$ | 2.86 | 1.95 |
| 1010 | 1 | 2.90 | 2.15 |

表 3.5.5   输入失调电压微调与 V3～V0 位的关系

| V3～V0 | $V_{OS}$/mV | V3～V0 | $V_{OS}$/mV |
|--------|-------------|--------|-------------|
| 0000 | 0 | 1000 | 10.6 |
| 0001 | 1.3 | 1001 | 11.7 |
| 0010 | 2.5 | 1010 | 12.7 |
| 0011 | 3.8 | 1011 | 13.7 |
| 0100 | 4.9 | 1100 | 14.7 |
| 0101 | 6.1 | 1101 | 15.7 |
| 0110 | 7.3 | 1110 | 16.7 |
| 0111 | 8.4 | 1111 | 17.6 |

注:V4=0,微调正;V4=1,微调负。

## 3.5.4   基于 DS4420 的 I²C 可编程增益放大器

### 1. DS4420 的主要技术特性

DS4420 是一款适合音频应用的全差分、可编程增益放大器。该器件具有由 I²C 接口控制的−35～+25 dB 增益范围;经过优化可驱动低至 50 Ω 的负载;在整个增益控制范围内,增益以 3 dB 的增量进行调节(步进),所有增益设置下都具有 20 kHz 带宽;3 个地址输入用于选择 I²C 从地址,可在单个总线上连接多达 8 个器件;使用 5 V 单电源工作;工作温度范围为−20～+70 ℃;采用 3 mm ×3 mm TDFN 封装。

### 2. DS4420 的应用电路

DS4420 的应用电路如图 3.5.7 所示。增益编程由控制字完成,控制字格式如

图 3.5.8 所示。

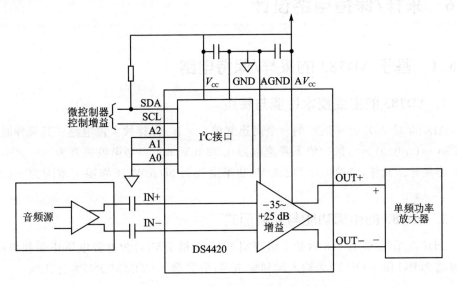

**图 3.5.7 DS4420 的应用电路**

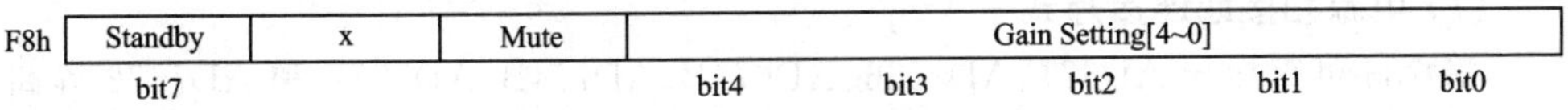

| F8h | Standby | x | Mute | Gain Setting[4~0] | | | | |
|---|---|---|---|---|---|---|---|---|
| | bit7 | | bit4 | bit3 | bit2 | bit1 | bit0 | |

**图 3.5.8 控制字格式**

控制字中:

bit7,Standby:控制 DS4420 的待机模式。0＝正常工作;1＝设置 DS4420 进入待机模式(加电时默认该模式)。

bit6,x:状态未定义,不注意。

bit5,Mute:静音设置。0＝正常工作;1＝放大器输出为静音状态。

bit4~0,Gain Setting:增益设置。增益设置表如表 3.5.6 所列,加电时默认设置为 00h。

**表 3.5.6 bit4~0 增益设置表**

| 增益设置 | 增益/dB | 增益设置 | 增益/dB | 增益设置 | 增益/dB | 增益设置 | 增益/dB |
|---|---|---|---|---|---|---|---|
| 00h | −35 | 06h | −17 | 0Ch | +1 | 11h | +16 |
| 01h | −32 | 07h | −14 | 0Dh | +4 | 12h | +19 |
| 02h | −29 | 08h | −11 | 0Eh | +7 | 13h | +22 |
| 03h | −26 | 09h | −8 | 0Fh | +10 | 14h | +25 |
| 04h | −23 | 0Ah | −5 | 10h | +13 | 15h~1Fh | — |
| 05h | −20 | 0Bh | −2 | | | | |

# 3.6 采样/保持电路设计

## 3.6.1 基于 AD783 的采样/保持电路

### 1. AD783 的主要技术性能与特点

AD783 是 ADI 公司生产的一个高速的单片采样/保持放大器电路。其采样时间为 250 ns($\pm 0.01\%$)，保持值下降速率为 0.02 mV/ms，典型谐波失真为 $-85$ dB，不需要连接外部元件，电源电压为 $\pm 5$ V，功率消耗为 95 mW，工作温度范围为 $-40 \sim +85$ ℃。

### 2. AD783 的引脚功能与封装形式

AD783 采用 SOIC - 8 封装。引脚端 1($V_{CC}$)和 5($V_{EE}$)为电源电压正端和负端；引脚端 2(IN)和 8(OUT)为输入端和输出端；引脚端 3(COMMON)为公共地。

### 3. AD783 的应用电路

**(1) 电源和接地连接方式**

AD783 可直接与 AD671、AD7586、AD674B、AD774B、AD7572 和 AD7672 等高速 ADC 连接使用。推荐的电源和接地连接方式如图 3.6.1 所示。

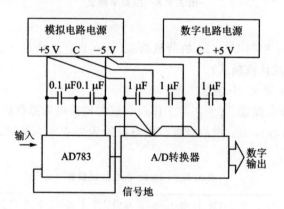

图 3.6.1 电源和接地连接方式

**(2) 与 ADC 的连接电路**

AD783 与 AD670 的连接电路如图 3.6.2 所示，AD783 与 AD671 的连接电路如图 3.6.3 所示。

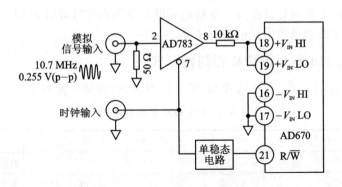

图 3.6.2 **AD783 与 AD670 的连接电路**

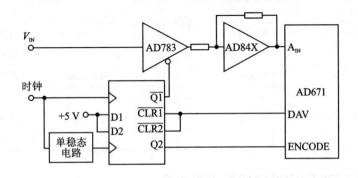

图 3.6.3 **AD783 与 AD671 的连接电路**

## 3.6.2 基于 SHC5320 的采样/保持电路

### 1. SHC5320 的主要技术性能与特点

SHC5320 是 TI 公司生产的(原 BURR - BROWN 公司)双极性单片采样/保持器电路。其模拟输入范围为 $-10 \sim +10$ V,共模电压范围为 $-10 \sim +10$ V,输入阻抗大于 1 MΩ,失调电流小于 $\pm 300$ nA,输出电压范围为 $-10 \sim +10$ V,输出电流大于 $\pm 10$ mA,输出阻抗小于 1 Ω,输入漂移小于 $\pm 20$ μV/℃,共模抑制比大于 72 dB,电源抑制比大于 65 dB,压摆率典型值为45 V/μs,采样时间小于 1.5 μs,从采样到保持的切换时间为 $165 \sim 350$ ns,下降速率典型值为 0.5 μV/μs(25 ℃时),差分输入,控制接口与 TTL 逻辑电平兼容,工作电源电压为 $\pm 12 \sim \pm 18$ V,电流消耗 $\pm 13$ mA,工作温度范围为 $-40 \sim +80$ ℃。它可广泛地应用于高精度数据采集系统、自动调零和 D/A 转换等电路中。

SHC5320 具有很高的速度和很低的漏电特性,其内部输入放大器是跨导型运放,可提供大量的电荷到保持电容,具有很短的采样时间。其输出积分放大器具有最佳偏置电流,以确保低的下降速度。由于模拟开关总是在虚地驱动负载,故电荷被注入到保持电容,并能很好地保持。保持电容既可使用内部电容(100 pF),也可外接电容,目的是为了改善输出电压的下降速度。

### 2. SHC5320 的引脚功能和封装形式

SHC5320 采用 DIP-14 或者 SOIC-16 封装,引脚端功能如表 3.6.1 所列。

3.6.1　SHC5320 引脚端功能

| 引　脚 | 符　号 | 功　能 | 引　脚 | 符　号 | 功　能 |
|---|---|---|---|---|---|
| 1 | −INPUT | 输入负端 | 9 | OUTPUT | 输出端 |
| 2 | +INPUT | 输入正端 | 10 | Bandwidth Control | 带宽控制 |
| 3 | NC | 未连接 | 11 | NC | 未连接 |
| 4 | Offset Adjustment | 偏移调节 | 12 | +V_CC | 电源电压正端 |
| 5 | Offset Adjustment | 偏移调节 | 13 | External Hold Cap. | 外接保持电容 |
| 6 | −V_CC | 电源负端 | 14 | NC | 未连接 |
| 7 | NC | 未连接 | 15 | Supply Common | 电源地 |
| 8 | Reference Common | 参考地 | 16 | Mode Control | 模式控制,高电平时为保持模式,低电平时为采样模式 |

### 3. SHC5320 的内部结构和应用电路

SHC5320 芯片内部包含输入放大器、采样保持放大器和保持电容。其中,保持电容 $C_H$ 为 CMOS 构成的 100 pF 电容。

**(1) 偏移调节电路**

在引脚端 Offset Adjustment(引脚 4、5)之间连接一个 10 kΩ 电位器可调节输出偏移,电路如图 3.6.4 所示。

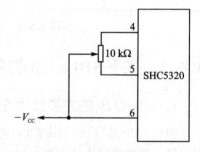

图 3.6.4　偏移调节电路

**(2) 采样/保持电路的典型应用电路**

采样/保持电路的典型应用电路如图 3.6.5 所示。其中,图 3.6.5(a)是增益＝ $1+(R_2/R_1)$ 的应用电路,图 3.6.5(b)是增益＝ $-(R_2/R_1)$ 的应用电路。在图 3.6.7 中,虚线连接的 $C_H$ 是外接保持电容,根据实际情况可接入或悬空。使用外接保持电容时,需要在引脚端 Bandwidth Control 连接一个 $0.1 \times C_H$(外接保持电容)的电容到地。另外,在实际应用中还可在差分输入端 −INPUT 和 +INPUT 之间接入保护二极管电路。

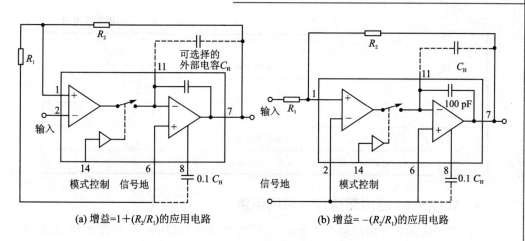

(a) 增益=1+($R_2$/$R_1$)的应用电路　　　　(b) 增益=−($R_2$/$R_1$)的应用电路

图 3.6.5  采样/保持电路的典型应用电路

## 3.6.3  基于 MAX5165 的 32 通道采样/保持电路设计

### 1. MAX5165 的主要技术性能与特点

MAX5165 是 MAXIM 公司生产的 32 通道采样/保持电路。其采样精度为 0.01%;采样时间为 2.5 μs;线性误差为 0.01%;下降速率为 1 mV/s;保持步幅为 0.25 mV;输出电压范围为+7~−4 V;电源电压范围:正模拟电源电压为 10 V,负模拟电源电压为−5 V,数字逻辑电路电源电压为+5 V;电流消耗为±36 mA;工作温度范围为−40~+85 ℃。

### 2. MAX5165 的引脚功能与封装形式

MAX5165 采用 TQFP-48 封装,各引脚功能如表 3.6.2 所列。

表 3.6.2  MAX5165 引脚功能

| 引　脚 | 符　号 | 功　能 |
|---|---|---|
| 1、47、48 | A2、A0、A1 | 通道地址选择,控制内部 4 个多路复用器的 1~8 通道 |
| 2~5 | M0~M3 | 模式选择/多路复用器使能控制 |
| 6 | $V_L$ | 数字逻辑电路电源电压 |
| 7 | DGND | 数字地 |
| 8 | $V_{SS}$ | 电源电压负端 |
| 9 | AGND | 模拟地 |
| 10 | IN | 模拟输入,连接到内部 4 个多路复用器 |
| 11 | CH | 钳位高电平输入,钳位 $V_{OUT}$ 到($V_{CH}$+0.7 V) |

| 引 脚 | 符 号 | 功 能 |
|---|---|---|
| 12 | CL | 钳位低电平输入,钳位 $V_{OUT}$ 到 $(V_{CL}-0.7\ V)$ |
| 13 | NC | 未连接 |
| 14~29 | OUT0~OUT15 | 采样/保持输出 0~15 |
| 30 | $V_{DD}$ | 电源电压正端 |
| 31~46 | OUT16~OUT31 | 采样/保持输出 16~31 |

### 3. MAX5165 的内部结构与应用电路

MAX5165 的芯片内部包含 4 个 1~8 路的多路复用器、采样/保持电路、地址译码器等。其通道选择和模式选择如表 3.6.3 和表 3.6.4 所列。一个 MAX5165 构成的 8 路 DAC 输出电路如图 3.6.6 所示。

表 3.6.3 通道选择

| 地 址 | | | 输出选择 | | | |
|---|---|---|---|---|---|---|
| A2 | A1 | A0 | MUX0 | MUX1 | MUX2 | MUX3 |
| 0 | 0 | 0 | OUT0 | OUT8 | OUT16 | OUT24 |
| 0 | 0 | 1 | OUT1 | OUT9 | OUT17 | OUT25 |
| 0 | 1 | 0 | OUT2 | OUT10 | OUT18 | OUT26 |
| 0 | 1 | 1 | OUT3 | OUT11 | OUT19 | OUT27 |
| 1 | 0 | 0 | OUT4 | OUT12 | OUT20 | OUT28 |
| 1 | 0 | 1 | OUT5 | OUT13 | OUT21 | OUT29 |
| 1 | 1 | 0 | OUT6 | OUT14 | OUT22 | OUT30 |
| 1 | 1 | 1 | OUT7 | OUT15 | OUT23 | OUT31 |

表 3.6.4 模式选择

| 模式选择输入(M3~M0) | 功 能 |
|---|---|
| 1 | 采样模式使能 |
| 0 | 保持模式使能 |

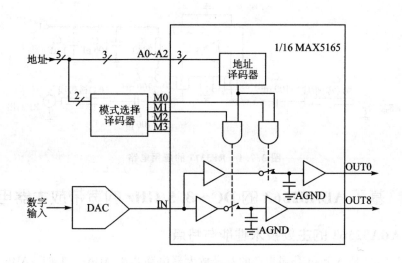

图 3.6.6　MAX5165 构成的 8 路 DAC 输出电路

## 3.7　宽带放大器电路设计

### 3.7.1　基于 RF3377 的 DC~6 GHz 宽带放大器电路

#### 1. RF3377 的主要技术性能与特点

RF3377 是 RF Micro Devices 公司生产的宽带放大器电路芯片。其工作频率范围为 DC~6 GHz,输入和输出阻抗内部匹配到 50 Ω,小信号增益为 15.5 dB,输出 IP3 为+25.5 dBm,输出 P1dB 为+13 dBm,工作电源电压范围为 3.65~4.5 V,电流消耗为 60 mA,工作温度范围为−40~+85 ℃。

RF Micro Devices 公司生产的宽带放大器电路芯片还有 RF2044~2048、RF2333~2337、RF3374~3378、RF3394~3398、NBBxx、NLBxx 等系列产品,频率覆盖范围为 DC~12 GHz。

#### 2. RF3377 的引脚封装与应用电路

RF3377 采用 SOT89 封装。其中:引脚端 1 为信号输入;引脚端 3 为信号输出;引脚端 2 和 4 为地。

RF3377 应用电路的原理图如图 3.7.1 所示。

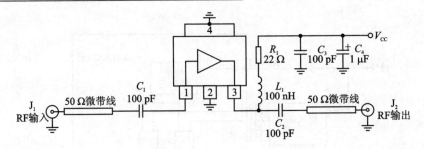

图 3.7.1　RF3377 的应用电路

## 3.7.2　基于 ABA52563 的 DC～3.5 GHz 的宽带放大器电路

### 1. ABA52563 的主要技术性能与特点

ABA52563 是 Agilent 公司生产的宽带放大器电路芯片 ABA-51563、ABA-52563 和 ABA-53563 之一,工作频率范围为 DC～3.5 GHz,增益为 21.5 dB,在整个工作频率范围 VSWR<2.0,输出 P1dB 为 9.8 dBm,噪声系数为 3.3 dB,电源电压为 5 V,电流消耗为 35 mA。

### 2. ABA52563 的引脚封装与应用电路

ABA52563 采用 SOT-363/SC70 封装。引脚端 INPUT 为信号输入端,OUTPUT&VCC 为输出和输出级电源电压引脚端,$V_{cc}$ 为前级放大器电源电压输入端,GND1/2/3 为地。

ABA52563 的应用电路及印制板和元器件布局图如图 3.7.2 所示。电路工作频率在 2 GHz 时,推荐的元件参数值如下：$C_1$、$C_2$、$C_3$ 为 18 pF(Garret 0603CG180J9B20),RFC 为 22 nH(Coilcraft 1008CS－220XMBC),$C_4$(电源去耦电容,可选择)为 390 pF,SMA 连接器采用 Johnson 142-0701-881。电路工作在 50 MHz～2 GHz 时,推荐的元件参数值为：$C_1$、$C_2$、$C_3$ 为 1 000 pF(Murata GRM40X7R102K50),RFC 为 620 nH(Coilcraft 1008CS-621XXKBC1),$C_4$ 为 1 μF,SMA 连接器采用 Johnson 142-0701-881。

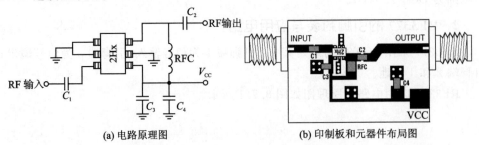

(a) 电路原理图　　　　　　　　(b) 印制板和元器件布局图

图 3.7.2　ABA52563 的应用电路和印制板图

## 3.8 宽带功率放大器电路设计

### 3.8.1 基于 AD815 的宽带功率放大器电路

#### 1. AD815 的主要技术特性

AD815 是一个高输出电流的差分驱动器。AD815 的 −3 dB 带宽为 120 MHz,芯片内部包含的两个放大器可提供 500 mA 的输出电流,在电源电压为 ±15 V 时,可输出 40 V(p − p)的信号,具有 −66 dB 谐波失真(1 MHz,200 Ω),0.05% 差分增益,0.45 相位误差($R_L$ = 25 Ω),差分摆率为 900 V/μs,建立时间为 70 ns,采用 SOIC −24,引脚端封装形式如图 3.8.1 所示。

#### 2. AD815 的应用电路

AD815 组成的一些应用电路如图 3.8.2 所示。图 3.8.2(c)所示放大器电路的增益 = 1 + $R_F/R_S$。图 3.8.2(d)所示单端输入、差分输出的放大器电路,放大器 1(正向输入的放大器)增益 = 1 +

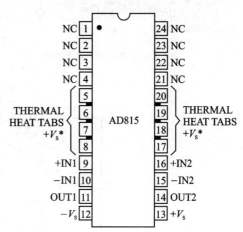

图 3.8.1 AD815 引脚端封装形式

$R_{F1}/R_G$,放大器 2(负向输入的放大器)增益 = $−R_{F2}/R_G$。图 3.8.2(g)所示并联输出的放大器电路可以提供一个 800 mA 输出电流到 12.5 Ω 负载。

AD815 放大器电路的信号线接地形式如图 3.8.3 所示,采用一点接地形式。

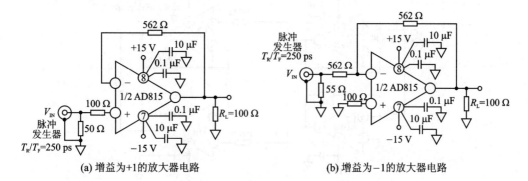

(a) 增益为 +1 的放大器电路      (b) 增益为 −1 的放大器电路

图 3.8.2 AD815 组成的一些应用电路

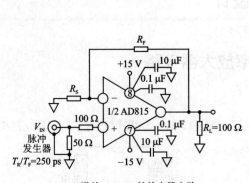

(c) 增益=$1+R_F/R_S$的放大器电路

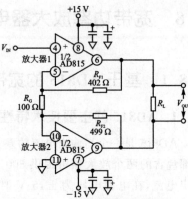

(d) 单端输入、差分输出的放大器电路

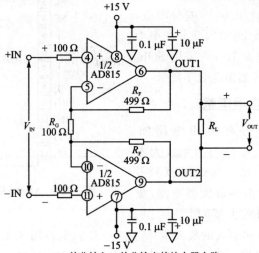

(e) 差分输入、差分输出的放大器电路

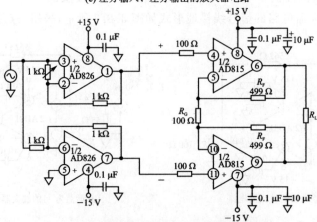

(f) 带跟随器的单端输入、差分输出的放大器电路

图 3.8.2　AD815 组成的一些应用电路（续）

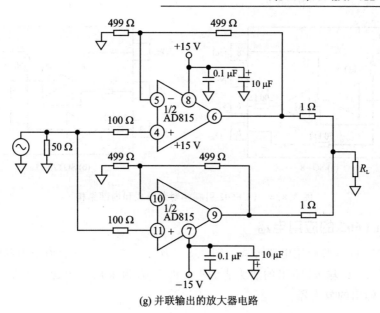

(g) 并联输出的放大器电路

**图 3.8.2　AD815 组成的一些应用电路(续)**

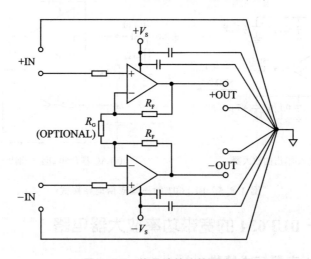

**图 3.8.3　信号地的连接形式**

## 3.8.2　基于 BUF602 的宽带功率放大器电路

### 1. BUF602 主要技术特性

BUF602 是一个高速、闭环的缓冲器芯片,带宽为 1 000 MHz,摆率为 8 000 V/s,连续输出电流为 60 mA,峰值输出电流为 350 mA,静态电流为 5.8 mA,电源电压为 $\pm 1.4 \sim \pm 6.3$ V 或者 $+2.8 \sim +12.6$ V,采用 SO-8 和 SOT23-5 封装,引脚端封装形式和内部结构如图 3.8.4 所示。

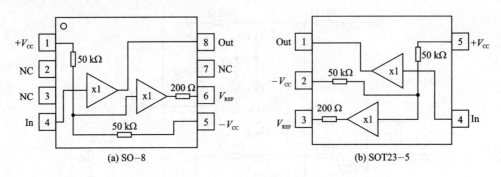

图 3.8.4 BUF602 引脚端封装形式和内部结构

**2. BUF602 的应用电路**

BUF602 的一些应用电路形式如图 3.8.5 所示。图 3.8.5(a)为采用双电源供电的 DC 耦合 50 Ω 输入/输出的放大器,图 3.8.5(b)为采用单电源供电的 AC 耦合 50 Ω 输入/输出的放大器。

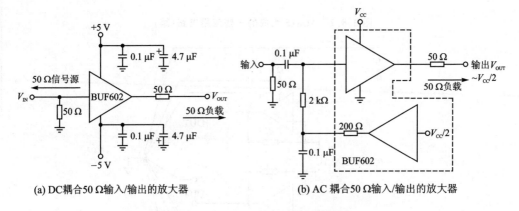

图 3.8.5 BUF602 的一些应用电路形式

### 3.8.3 基于 BUF634 的宽带功率放大器电路

**1. BUF634 主要技术特性**

BUF634 是 TI 公司生产的高速缓冲器芯片,输出电流可以达到 250 mA ,摆率为 2 000 V/$\mu$s,利用 V− 和 BW 引脚端的电阻可以设置带宽范围为 30~180 MHz,静态电流消耗为 1.5 mA(30 MHz BW),电源电压范围为 ±2.25~±18 V。

BUF634 采用 DIP - 8、SO - 8、5 引脚 TO - 220、5 引脚 DDPAK 封装,封装形式如图 3.8.6 所示。

**2. BUF634 的应用电路**

BUF634 的一些应用电路形式如图 3.8.7 所示。

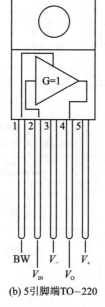

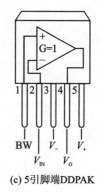

(a) DIP-8、SO-8　　　　(b) 5引脚端TO-220　　　　(c) 5引脚端DDPAK

图 3.8.6　BUF634 的封装形式

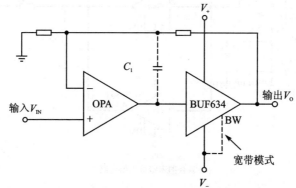

(a) 扩大运算放大器的输出电流

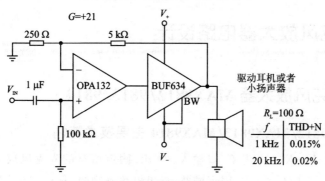

(b) 高性能的耳机驱动器

图 3.8.7　BUF634 的应用电路

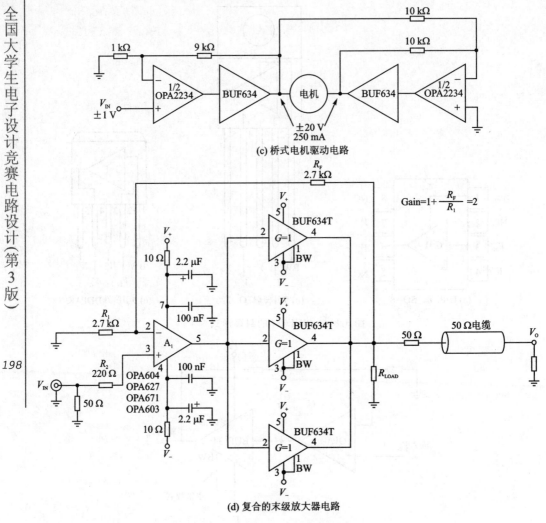

(c) 桥式电机驱动电路

(d) 复合的末级放大器电路

**图 3.8.7 BUF634 的应用电路(续)**

# 3.9 麦克风放大器电路设计

## 3.9.1 麦克风放大器 MAX9812/9813/9814

### 1. MAX9812/MAX9813/MAX9814 主要技术特性

MAX9812/MAX9813 为单/双输入、20 dB 固定增益的麦克风放大器。放大器增益带宽积为 500 kHz;20 dB 固定增益;输出可达满摆幅;具有 100 dB 电源抑制比;极低的 THD+N (0.015%);仅消耗 230 μA 的电源电流,关断模式可将电源电流及偏置电流总和降至 100 nA。

　　MAX9812 为单放大器,采用 6 引脚 SC70 封装(2 mm×2.1 mm);MAX9813 为双输入放大器,提供 8 引脚 SOT23 封装(3 mm×3 mm)。MAX9813 具有两路输入,可使两个麦克风多路复用一个输出端。

　　MAX9812/MAX9813 有两个级别的产品,其中 MAX9812L/MAX9813L 适用 2.7～3.6 V 电源电压;MAX9812H/MAX9813H 符合 PC2001 标准,适用 4.5～5.5 V电源电压。工作温度范围为−40～+85 ℃。

　　MAX9814 是一款低成本、高性能麦克风放大器芯片,具有自动增益控制(AGC)和低噪声麦克风偏置。器件具有低噪声前端放大器、可变增益放大器(VGA)、输出放大器、麦克风偏置电压发生器和 AGC 控制电路。低噪声前置放大器具有 12 dB 固定增益;VGA 增益根据输出电压和 AGC 门限在 20 dB 至 0 dB 间自动调节。输出放大器提供可选择的 8 dB、18 dB 和 28 dB 增益。在未压缩的情况下,放大器的级联增益为 40 dB、50 dB 或 60 dB。输出放大器增益由一个三态数字输入编程。AGC 门限由一个外部电阻分压器控制,动作/释放时间由单个电容编程。动作/释放时间比由一个三态数字输入设置。AGC 保持时间固定为 30 ms。低噪声麦克风偏置电压发生器可为绝大部分驻极体麦克风提供偏置。MAX9814 采用 14 引脚的 TDFN 封装。工作温度范围为−40～+85 ℃。

### 2. MAX9812/MAX9813/MAX9814

　　MAX9812/MAX9813 的应用电路如图 3.9.1 和图 3.9.2 所示。

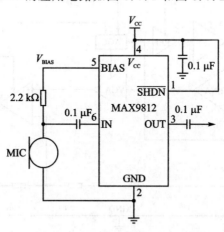

图 3.9.1　MAX9812 的应用电路

　　MAX9814 的应用电路如图 3.9.3 所示。MICBIAS 引脚端可以输出 20 mA 的电流,选择合适的电阻 $R_{\text{MICBIAS}}$,可以为驻极体麦克风提供偏置电流。$R_{\text{MICBIAS}}$ 典型值为 2.2 kΩ。$C_{\text{BIAS}}$ 为偏置电容器。

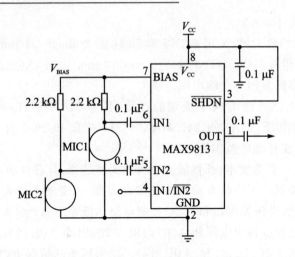

**图 3.9.2   MAX9813 的应用电路**

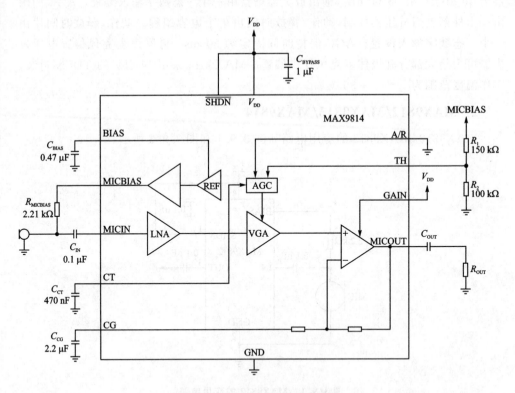

**图 3.9.3   MAX9814 的应用电路**

麦克风放大器的输入耦合电容($C_{IN}$)和输入电阻($R_{IN}$)组成一个高通滤波器,可以滤除输入信号中的直流成分,高通滤波器的 $-3$ dB 截止频率 $f_{-3dB-IN}$ 如下:

$$f_{-3dB-IN} = \frac{1}{2\pi \times R_{IN} \times C_{IN}}$$

选择适当的 $C_{IN}$，使 $-3$ dB 截止频率 $f_{-3dB-IN}$ 远低于敏感频率，$f_{-3dB-IN}$ 设置过高，会影响放大器的低频响应。输入耦合电容 $C_{IN}$ 可以选择铝电解电容器、钽电容器或者薄膜电介质电容器。选择高电压系数的电容器，如陶瓷电容器，会加剧低频失真。

MAX9814 的输出偏置在 1.23 V，如果要消除直流偏置，输出端需要连接一个输出电容器 $C_{OUT}$，$C_{OUT}$ 与下一级电路的输入阻抗构成一个高通滤波器，高通滤波器的 $-3$ dB 截止频率 $f_{-3dB-OUT}$ 如下：

$$f_{-3dB\text{-}OUT} = \frac{1}{2\pi \times R_L \times C_{OUT}}$$

MAX9814 可以设置 AGC 门限。在 MICBIAS 引脚端连接一个电阻分压器到地，分压器的输出连接到 TH 引脚端。

MAX9814 具有低功耗模式，$\overline{SHDN}$ 引脚端为低电平时，进入低功耗模式；$\overline{SHDN}$ 引脚端为高电平时，放大器使能。注意：$\overline{SHDN}$ 不能够悬空。

电源引脚端采用一个电容器旁路到地。

## 3.9.2　基于 TS472 的低噪声麦克风前置放大器电路

### 1. TS472 主要技术特性

TS472 是一种先进的麦克风前置放大器芯片，采用完全的差分输入/输出，具有 $10$ nV$/\sqrt{\text{Hz}}$ 的低噪声，0.1％ 的低失真，在 0 dB 时建立时间为 5 ms，电源电压为 $2.2\sim5.5$ V，电流消耗为 1.8 mA，采用 QFN24（4 mm×4 mm）封装。

### 2. TS472 应用电路

TS472 的应用电路如图 3.9.4 所示。

## 3.9.3　基于 NJM2781 的麦克风放大器电路

### 1. NJM2781 的主要技术特性

NJM2781 是一个单声道麦克风放大器芯片，具有待机功能，并且可以通过调整外部电阻来调整放大器的电压增益。工作电压为 $+2.7\sim+4.5$ V，电流消耗为 1.8 mA，待机模式电流消耗为 1 μA，采用 TVSP8 或者 SSOP8 封装。

### 2. NJM2781 的应用电路

NJM2781 的应用电路如图 3.9.5 所示。

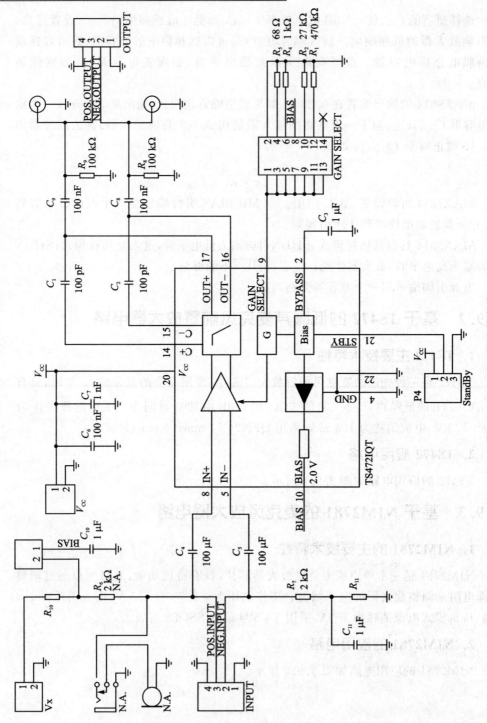

图 3.9.4　TS472 的应用电路

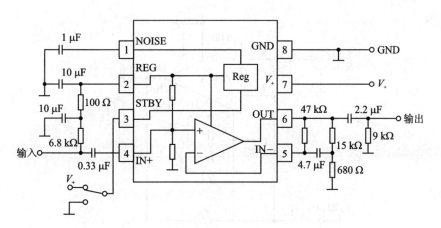

**图 3.9.5 NJM2781 的应用电路**

# 3.10 音频功率放大器电路设计

## 3.10.1 基于 LM4766 的音频功率放大器电路

### 1. LM4766 的主要技术性能与特点

LM4766 是 National Semiconductor 公司生产的立体声音频放大器电路。其采用非隔离的"T"型封装芯片时,每个通道输出功率为 40 W;采用隔离的"TF"型封装芯片时,每个通道输出功率为 30 W。THD+N(全部谐波失真+脉冲噪声)小于 0.1%(8 Ω 负载, 1 kHz,2×30 W 输出功率)。电源电压范围为 20~60 V,工作温度范围为 −20~+85 ℃。

### 2. LM4766 的封装形式与引脚功能

LM4766 采用非隔离 TO‑220‑15 或者隔离 TO‑220‑15 两种封装形式(见图 3.10.1),分 A 和 B 两通道,引脚端 $V_{CC}$ 和 $V_{EE}$ 为电源电压正端和负端,GND 为接地端,+IN 和 −IN

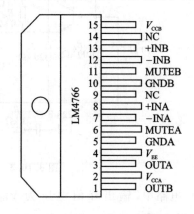

**图 3.10.1 LM4766 引脚封装形式**

为正、负输入引脚端,MUTE 为静音控制引脚端,NC 为空脚。

### 3. LM4766 的应用电路

LM4766 的双电源应用电路如图 3.10.2 所示,单电源应用电路如图 3.10.3 所示,桥式应用电路如图 3.10.4 所示。

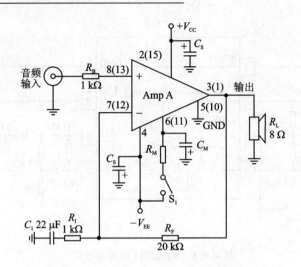

图 3.10.2　LM4766 的双电源应用电路

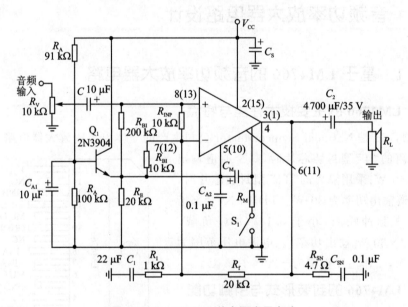

图 3.10.3　LM4766 单电源应用电路

电路中，输出峰值电压为 $V_{OPEAK} = \sqrt{(2R_L P_O)}$，输出峰值电流为 $I_{OPEAK} = \sqrt{(2P_O)/R_L}$，最大电源电压 $\approx \pm(V_{OPEAK} + V_{OD})(1 + 调节值)$，放大倍数 $A_V \geqslant \sqrt{(P_O R_L)}/(V_{IN})$，$R_1 = R_F(A_V - 1)$。静音控制开关连接引脚端 6 或 11 到 $V_{EE}$，电路进入静音模式。

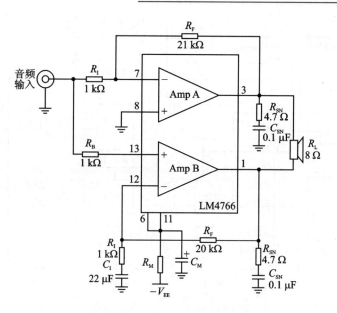

图 3.10.4 LM4766 桥式应用电路

## 3.10.2 基于 TS2012 的立体声 D 类音频放大器电路

### 1. TS2012 主要技术特性

TS2012 是一个完全的差分立体声 D 类功率放大器,在电源电压为 5 V 时,每个通道可以输出 1.35 W 功率到 8 Ω 的负载,具有 1% 的 THD+N。该器件利用引脚端 G0 和 G1,可以设置 6 dB、12 dB、18 dB、24 dB 四个不同的增益;具有开关通/断噪声抑制电路,采用 QFN20 封装(4 mm×4 mm);允许设备毫秒内开始。

### 2. TS2012 应用电路

TS2012 的应用电路如图 3.10.5 所示,输入耦合电容器 $C_{in}$ 与放大器的输入阻抗 $Z_{in}$ 构成高通滤波器,-3 dB 截止频率 $f_C$ 如下:

$$f_C = \frac{1}{2\pi \cdot Z_{in} \cdot C_{in}}$$

式中,$Z_{in}$ 为 30 kΩ。当选择 $C_{in}=220$ nF 时,$f_C=24.1$ Hz。

为降低输出噪声,可以在输出端连接一个 LC 滤波器电路,如图 3.10.6 所示。

引脚端 7 ($\overline{STBYL}$) 和引脚端 8 ($\overline{STBYR}$) 为待机控制(低功耗模式),低电平有效。

引脚端 15(G0) 和引脚端 1(G1),可以设置 6 dB、12 dB、18 dB、24 dB 四个不同的增益。

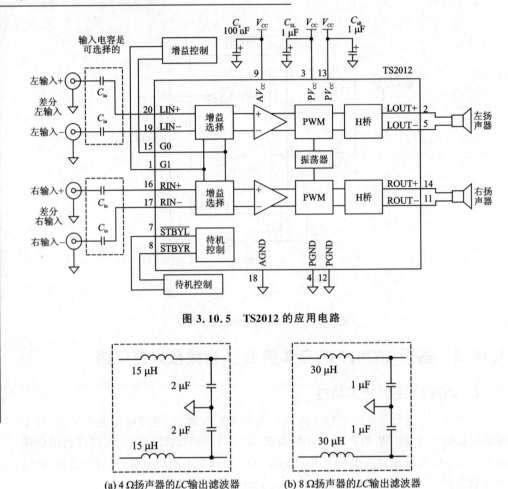

图 3.10.5　TS2012 的应用电路

(a) 4 Ω扬声器的 LC 输出滤波器　　　(b) 8 Ω扬声器的 LC 输出滤波器

图 3.10.6　LC 滤波器电路

## 3.10.3　基于 AD199x 的 D 类音频放大器电路

### 1. AD199x 的主要技术特性

AD199x 是两声道 BTL 开关音频功率放大器,芯片内部集成 $\Sigma$ - $\Delta$ 调制器。调制器接收一个 1 Vrms 输入信号(最大功率)和产生开关波形直接驱动扬声器。两个调制器的一个可以同时控制两个输出级,提供两倍输出电流供单通道应用。一个数字化微控制器兼容接口提供了复位、静音、PGA 增益控制以及过热和过流控制。输出级工作电源电压范围为 8~20 V,模拟调制器和数字逻辑电路工作电源电压为 5 V。

AD199x 具有 0.005% THD+N,101.5 dB 的动态范围,PSRR>65 dB,RDS - ON <0.3 Ω,效率> 80% @ 5 W/6 Ω。输出功率:AD1990 为 5 W×2(10 W×1),AD1992 为 10 W×2(20 W×1),AD1994 为 25 W×2(50 W×1),AD1996 为 40 W×

2(80W×1)。

## 2. AD199x 的应用电路

AD199x 的双通道应用电路如图 3.10.7 所示,单通道应用电路如图 3.10.8 所

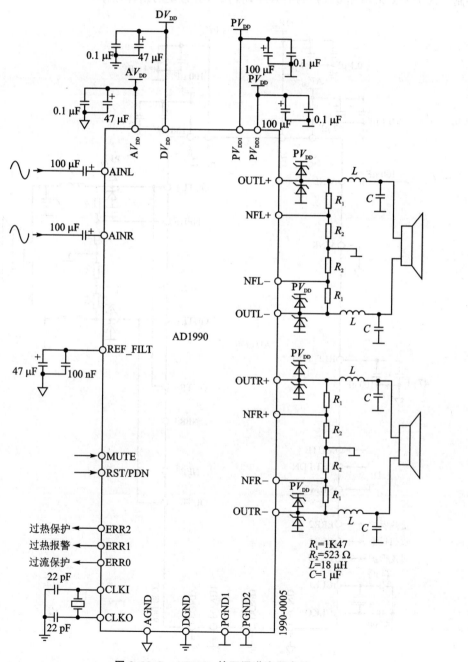

$R_1$=1K47
$R_2$=523 Ω
$L$=18 μH
$C$=1 μF

**图 3.10.7 AD199x 的双通道应用电路**

示,增益=$(R_1+R_2)/R_2$。引脚端 PGA0 和 PAG1 可以设置增益 0 dB、6 dB、12 dB、18 dB。引脚端 ERR1 输出过热报警信号,引脚端 ERR2 输出热关断信号,引脚端 ERR0 输出过流报警信号。引脚端 RST/PDN 为复位和上电控制,MUTE 为静音控制。AD199x 采用 $256 \times f_S$ 的时钟驱动,$f_S$ 为所希望的采样频率。

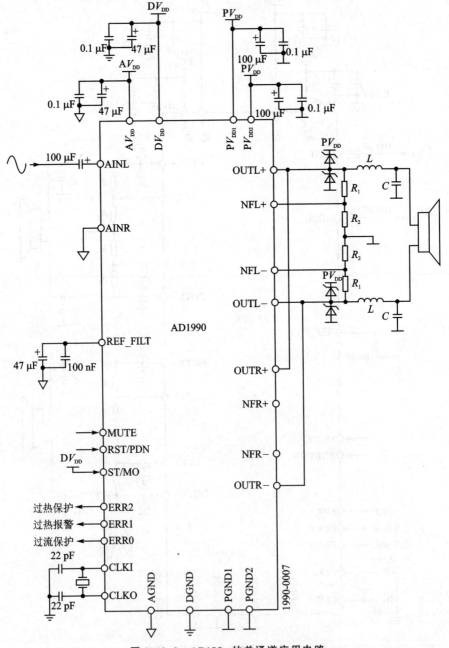

图 3.10.8　AD199x 的单通道应用电路

# 3.11　对数放大器电路设计

## 3.11.1　基于 AD8307 的对数放大器电路

### 1. AD8307 的主要技术特性

AD8307 是一个采用 8 引脚(SOIC_N)封装的对数放大器。其工作频率从直流至 500 MHz,线性度为±1 dB。在高达 100 MHz 的所有频率下,可提供 92 dB(±3 dB 误差)及 88 dB(±1 dB 误差界)的动态范围,92 dB 动态范围为－75～＋17 dBm,使用匹配网络可达到－90 dBm。斜率为 25 mV/dB,截点为－84 dBm。AD8307 采用 2.7～5.5 V 单电源供电,电源电流为 7.5 mA,在 3 V 电压下的功耗仅为 22.5 mW。具有待机模式,待机电流小于150 μA。

### 2. AD8307 的应用电路

#### (1) AD8307 采用缓冲输出的应用电路

AD8307 采用缓冲输出的应用电路如图 3.11.1 所示,输入信号范围为－75～＋16 dBm,输出为 50 mV/dB(±10％),C1 为输出滤波电容器(低通滤波器)。

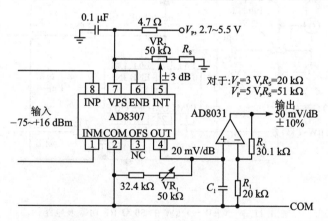

图 3.11.1　AD8307 采用缓冲输出的应用电路

#### (2) 驱动 50 Ω 电缆的对数放大器电路

一个采用 AD8307 能够驱动 50 Ω 电缆的对数放大器应用电路如图 3.11.2 所示,输入信号范围为－75～＋16 dBm,输出为 25 mV/dB(±10％),输出驱动 50 Ω 电缆。选择 $R_T$,可以实现输出为 12.5 mV/dB。

#### (3) 1 μW～1 kW 的 50 Ω RF 功率表电路

一个采用 AD8307 对数放大器构成的能够测量 1 μW～1 kW 的 50 Ω RF($f \geqslant$ 10 MHz)功率表电路如图 3.11.3 所示。该电路功率范围为－30(7.07 mVrms,或

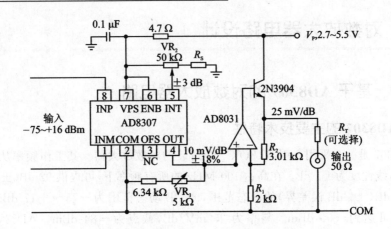

**图 3.11.2 驱动 50 Ω 电缆的对数放大器电路**

者 1 μW)～+60 dBm(223 Vrms,或者 1 kW);需要一个标准的电压衰减比为 158∶1 (44 dB),刻度系数为 0.25 V/decade,1.5 V 对应功率为 100 mW,2.0 V 对应于 10 W,2.5 V 对应于 1 kW,即 $P(\mathrm{dBm})=40(V_{\mathrm{OUT}}-1)$。

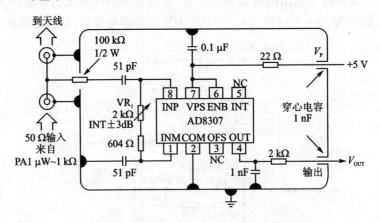

**图 3.11.3 1 μW～1 kW 的 50 Ω RF 功率表电路**

**(4) 动态范围为 120 dB 的测量电路**

一个采用 AD603 和 AD603 组合的能够测量动态范围为 120 dB 的测量电路如图 3.11.4 所示。该电路输入信号范围为−105～+15 dBm,输出为 10 mV/dB。

AD603 有一个很低的输入噪声 1.3nV/Hz(输入阻抗 100 Ω),当匹配阻抗到 50 Ω 时为 0.9 nV/Hz,刻度系数为 40 dB/V 或者 25 mV/dB。AD8307 的输出为 0.3～2.3 V。这个 2 V 的输出电压,通过电阻 $R_5$、$R_6$ 和 $R_7$ 分压,产生一个 1 V 的变化范围,可以调节 AD603 的增益范围为 40 dB。$VR_1$ 用来调节 AD603 的最大增益范围。带通滤波器可以使用 $LC$ 或者陶瓷滤波器。

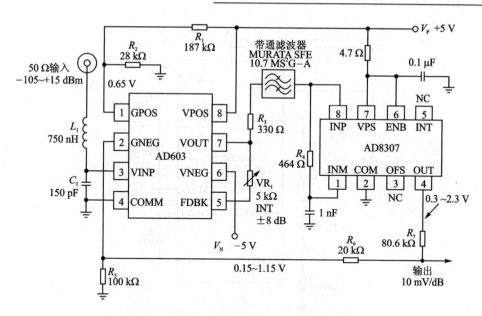

图 3.11.4 动态范围为 120 dB 的测量电路

## 3.11.2 基于 MAX4206 的对数放大器电路

### 1. MAX4206 的主要技术特性

MAX4206 是一个精密的互阻对数放大器,计算输入电流与基准电流(外部或内部生成的)的对数比,提供对应的电压输出,默认的比例系数为 0.25 V/10 倍。其输出比例系数和输出失调电压是可调节的;0.5 V 的输入共模电压;具有测量 $10^5$ 的输入电流能力,即 10 nA～1 mA 的动态范围;工作于 +2.7～+11 V 的单电源,或 ±2.7～±5.5 V 的双电源,内置 10 nA～10 $\mu$A 的基准电流源;采用引脚 QFN-16 封装(4 mm×4 mm×0.8 mm);工作温度范围为 -40～+85 ℃。

### 2. MAX4206 的应用电路

MAX4206 的应用电路如图 3.11.5 和图 3.11.6 所示。

图 3.11.5 为单电源供电的应用电路,电源电压范围为 +2.7～+11 V,$I_{LOG}$ 必须大于 $I_{REF}$,LOGV1 和 LOGV2 用来偏置 LOG 和基准放大器,连接引脚端 CMVOUT 到引脚端 CMVIN,输出(也可以外接)0.5～1 V 到 CMVIN 引脚端,单电源供电需要将引脚端 $V_{EE}$ 连接到引脚端 GND。选择 $R_{OS}$ 和 $I_{OS}$ 调节输出偏移电压,$V_{OS} = R_{OS} \times I_{OSADJ}$。

刻度系数 $K$ 是对数输出斜率。对于 LOGV1 放大器,$K = 0.25$ V/decade;对于单电源供电有 $R_2 = R_1(K/0.25 - 1)$,$R_1$ 选择范围为 1～100 k$\Omega$,理想值为 10 k$\Omega$。

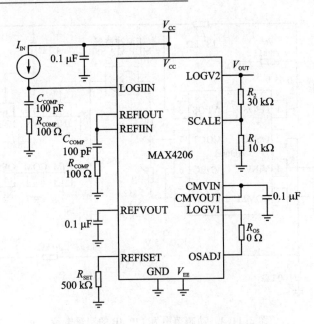

**图 3.11.5　MAX4206 单电源供电的应用电路**

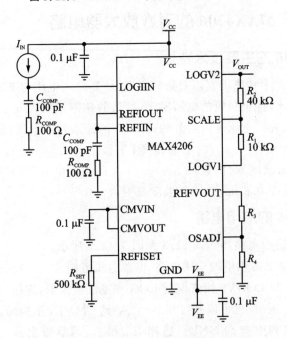

**图 3.11.6　MAX4206 双电源供电的应用电路**

　　图 3.11.6 为双电源供电的应用电路,电源电压范围为±2.7～±5.5 V,不要求
$I_{LOG}$ 必须大于 $I_{REF}$。当 $I_{LOG}$ 大于 $I_{REF}$ 时,LOGV1 输出一个正电压;当 $I_{LOG}$ 小于 $I_{REF}$
时,LOGV1 输出一个负电压。连接引脚端 CMVOUT 到引脚端 CMVIN,输出(也可

以外接)0.5～1 V 到CMVIN引脚端。对于双电源供电,要求 CMVIN<0.5 V。

选择 $R_1$、$R_2$ 和 $V_{OSADJ}$ 来调节输出偏移电压,$V_{OS}=V_{OSADJ}\left(1+\dfrac{R_2}{R_1}\right)$,其中

$V_{OSADJ}=V_{REFOUT}\left(\dfrac{R_4}{R_3+R_4}\right)$。

刻度系数 $K$ 是对数输出斜率,对于 LOGV1 放大器,$K=0.25$ V/decade,对于双电源供有 $R_2=R_1(K/0.25)$,$R_2$ 选择范围为 1～100 kΩ。

## 3.11.3 基于 LOG112/LOG2112 的对数放大器电路

### 1. LOG112/LOG2112 的主要技术特性

LOG112 和 LOG2112 是一个可以计算输入电流与参考电流的对数或对数比率的集成电路,输入电流范围为 100 pA～3.5 mA,精度为 0.2%。芯片内部具有 2.5 V 的电压基准,利用一个外部电阻器可以生成精确的 $I_{REF}$ 电流的比例。电源电压为 4.5～18 V,静态电流为 1.75 mA,采用 SO-14(LOG112)和 SO-16(LOG2112)封装。

### 2. LOG112/LOG2112 的应用电路

LOG112/LOG2112 的基本应用电路如图 3.11.7 和图 3.11.8 所示,输出电压 $V_{LOGOUT}=(0.5\ V)LOG\ (I_1/I_2)$。为保持所规定精度,LOG112 和 LOG2112 的输入电流范围被限制在 100 pA～3.5 mA。在使用 5 V 电源电压时,$(I_1+I_2)$ 被限制小于 4.5 mA。

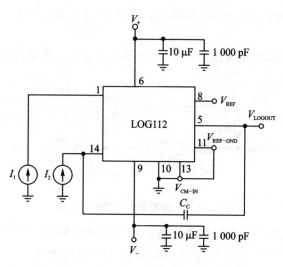

**图 3.11.7 LOG112 的基本应用电路**

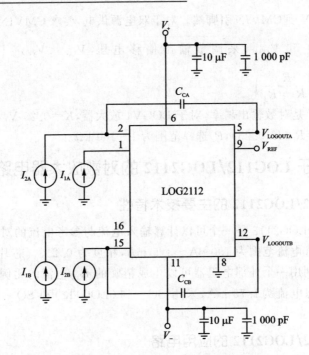

**图 3.11.8　LOG2112 的基本应用电路**

在 LOG112 和 LOG2112 被用于计算对数时，$I_1$ 或者 $I_2$ 可以保持不变，作为参考电流与其他输入电流进行比较，输出电压 $V_{LOGOUT} = (0.5 \text{ V})LOG(I_1/I_{REF})$。

$I_{REF}$ 可以由内部基准电压源 $V_{REF}$（LOG112 的引脚端 8 封装 LOG2112 的引脚端 9）通过设置一个外部电阻 $R_{REF}$ 实现，如果 $I_{REF}$ 是 10 nA，$V_{REF}$ 是 $+2.5$ V，有 $R_{REF} = 2.5$ V/10 nA=250 MΩ。

$I_{REF}$ 也可以由外部基准电压源产生，一个具有温度补偿的电流源电路如图 3.11.9 所示，$I_{REF} = 6$ V/$R_{REF}$。

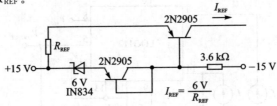

**图 3.11.9　具有温度补偿的电流源**

图 3.11.10 采用一个低失调运算放大器 OPA335 构成一个具有偏移补偿的电流源，可以降低 LOG112 和 LOG2112 的输入失调电压的影响。

一个吸光率测量电路如图 3.11.11 所示，采样的吸光率 $A = \log\lambda'_1/\lambda_1$，如果 $D_1$ 和 $D_2$ 是匹配的 $A \propto (0.5 \text{ V})\log I_1/I_2$。

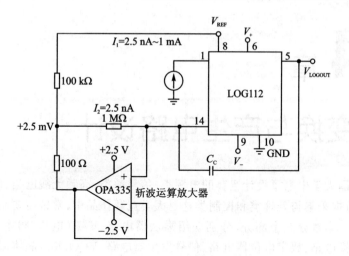

图 3.11.10　具有偏移补偿的电流源

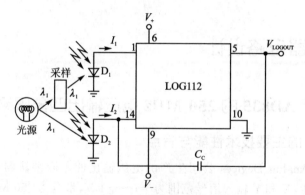

图 3.11.11　吸光率测量电路

# 第 **4** 章

# 信号变换与产生电路设计

历届全国大学生电子设计竞赛的电源类、信号源类、高频无线电类、放大器类、仪器仪表类、数据采集与处理类和控制类这七大类竞赛作品中,常常需要用到信号变换与产生电路。本章分 5 个部分,分别介绍乘法器电路、V/F(电压/频率)和 F/V(频率/电压)变换电路、数字电位器电路、信号发生器电路、VCO/RF/晶体振荡器等集成电路芯片的主要技术性能与特点、芯片封装与引脚功能、内部结构、工作原理和应用电路设计。

## 4.1 乘法器电路设计

### 4.1.1 基于 AD835 的 250 MHz 电压输出四象限乘法器电路

#### 1. AD835 的主要技术性能与特点

AD835 是 Analog Devices 公司生产的电压输出四象限乘法器电路,能够完成 $W = XY + Z$ 功能,$X$ 和 $Y$ 输入信号范围为 $-1 \sim +1$ V,带宽为 250 MHz,在 20 ns 内可稳定到满刻度的 $\pm 0.1\%$,乘法器噪声为 50 nV/$\sqrt{\text{Hz}}$,差分乘法器输入 $X$ 和 $Y$、求和输入 $Z$ 具有高的输入阻抗,输出引脚端 $W$ 具有低的输出阻抗,输出电压范围为 $-2.5 \sim +2.5$ V,可驱动负载电阻为 25 Ω。其电源电压为 $\pm 5$ V,电流消耗为 25 mA;工作温度范围为 $-40 \sim +85$ ℃。

#### 2. AD835 的引脚功能与封装形式

AD835 采用 PDIP - 8 或者 SOIC - 8 封装。引脚端 $X_1$ 和 $X_2$、$Y_1$ 和 $Y_2$ 为差分放大器的正、负输入端,$Z$ 为求和输入端,$W$ 为乘法器输出端,$V_P$ 和 $V_N$ 为电源电压正端和负端。

#### 3. AD835 的内部结构与应用电路

AD835 的芯片内部包含有 $X$ 和 $Y$ 差分输入放大器、求和器和输出缓冲放大器等。输出电压 $W$ 的计算公式如下:

$$W = \frac{(X_1 - Y_2)(Y_1 - Y_2)}{U} + Z$$

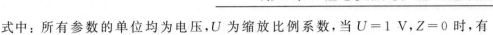

式中：所有参数的单位均为电压，$U$ 为缩放比例系数，当 $U=1$ V，$Z=0$ 时，有 $W=XY$。

### (1) 乘法器电路

由 AD835 构成的乘法器电路如图 4.1.1 所示。比例系数 $U$ 可以利用在引脚端 $W$ 和 $Z$ 之间的电阻分压器进行调节。

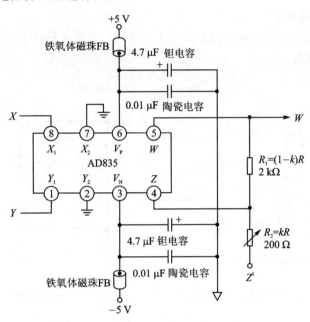

**图 4.1.1　AD835 构成的乘法器电路**

### (2) 宽带压控放大器电路

由 AD835 构成的宽带压控放大器电路如图 4.1.2 所示。其增益控制范围为 0～12 dB(实际为 −12～+14 dB)，带宽为 50 MHz，电阻 $R_1$ 和 $R_2$ 设置增益为标准值×4，增加增益会减小带宽。当 $V_G=0.25$ V 时，$G=0$ dB；当 $V_G=0.5$ V 时，$G=6$ dB；

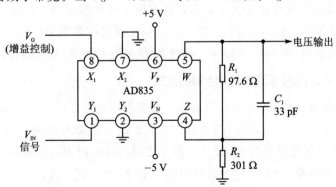

**图 4.1.2　AD835 构成的宽带压控放大器电路**

当 $V_G = 1$ V 时,$G = 12$ dB。AD835 也可以使用 +9 V 单电源电压工作。

**(3) 调幅电路**

AD835 构成的调幅电路如图 4.1.3 所示,载波从 $Y$ 和 $Z$ 输入,调制信号从 $X$ 输入。$X$ 输入范围为 $\pm 1$ V ,$\pm U \approx 1.05$ V,调制系数达到 100%。载波频率能够达到 300 MHz。

**(4) 宽带倍频电路**

AD835 构成的宽带倍频电路如图 4.1.4 所示。将输入信号 $E\sin \omega t$ 同时加到 $X$ 和 $Y$ 的输入端,则:

$$\frac{(E\sin \omega t)^2}{U} = \frac{E^2}{2U}(1 - \cos 2\omega t)$$

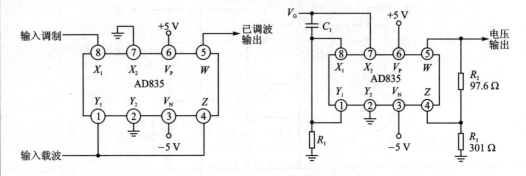

图 4.1.3  AD835 构成的调幅电路    图 4.1.4  AD835 构成的宽带倍频电路

## 4.1.2  基于 MC1495 的宽带线性四象限乘法器电路

### 1. MC1495 的主要技术性能与特点

MC1495 是 Freescale 公司生产的宽带线性四象限乘法器电路,输入电压范围为 $\pm 10$ V,$X$ 输入最大线性误差为 $\pm 1\%$,$Y$ 输入最大线性误差为 $\pm 2\%$,比例系数 $k$ 可调,电源电压范围为 $\pm 15$ V,电流消耗为 6 mA,工作温度范围为 $-40 \sim +125$ ℃。它适合乘法器、除法器、平方器、均方器、鉴相器、倍频器和调制/解调器等的应用。

### 2. MC1495 的引脚功能和封装形式

MC1495 采用 SO-14 封装。引脚端 1 和 7 为电源电压的正端和负端;引脚端 4 和 8 为 $Y$ 输入正端和负端;引脚端 9 和 12 为 $X$ 输入正端和负端;引脚端 5、6、3 和 11、10、13 为比例系数调节端;引脚端 5 和 6 之间连接电阻 $R_Y$;引脚端 11 和 10 之间连接电阻 $R_X$;引脚端 3 和 13 之间连接电流 $I_3$ 和 $I_{13}$ 调节电位器,$(V_Y/R_Y) < I_3$,$(V_Y/R_X) < I_{13}$;引脚端 2 和 14 为输出正端和负端,连接负载电阻 $R_L$,$R_L$ 的值可利用公式 $K = 2R_L/(R_X R_Y I_3)$ 求得。

全国大学生电子设计竞赛电路设计（第 3 版）

### 3. MC1495 的应用电路

#### (1) 乘法器电路

一个由 MC1495 和运算放大器 MC1741C 构成的乘法器电路如图 4.1.5 所示。MC1741C 完成电平移位，$X$ 和 $Y$ 输入电压范围为 $\pm 10$ V，输出电压 $V_O = (-V_X V_Y)/10$。

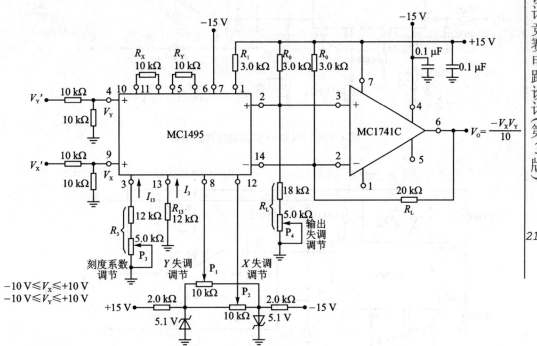

**图 4.1.5　MC1495 构成的乘法器电路**

#### (2) 除法器电路

一个由 MC1495 和运算放大器 MC1741C 构成的除法器电路如图 4.1.6 所示。MC1741C 完成电平移位，X 输入电压范围为 $0 \leqslant V_X' \leqslant +10$ V，Z 输入电压范围为 $-10$ V $\leqslant V_Z \leqslant +10$ V，输出电压 $V_O = (-10V_Z)/V_X$。

#### (3) 平方根电路

一个由 MC1495 和运算放大器 MC1741C 构成的平方根电路如图 4.1.7 所示。MC1741C 完成电平移位，Z 输入电压范围为 $-10$ V $\leqslant V_Z \leqslant +10$ V，输出电压 $V_O = \sqrt{10|V_Z|}$。

219

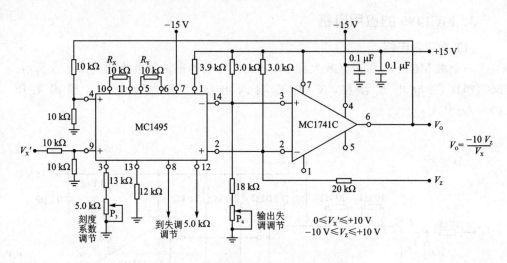

图 4.1.6　MC1495 构成的除法器电路

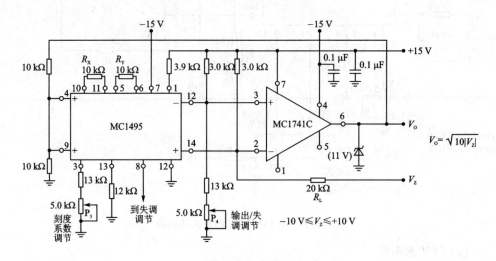

图 4.1.7　MC1495C 构成的平方根电路

**(4) 倍频电路**

一个由 MC1495 构成的倍频电路如图 4.1.8 所示, $X$ 输入电压为 $E\cos\omega t$, 输出电压 $e_O \approx (E^2/20)\cos 2\omega t$。

**(5) 平衡调制器电路**

一个由 MC1495 构成的平衡调制器电路如图 4.1.9 所示, $X$ 输入电压为 $e_X = E\cos\omega_C t$, $Y$ 输入电压为 $e_Y = E\cos\omega_m t$, 输出电压为:

$$K(E_m\cos\omega_m t)(E_C\cos\omega_C t) = (KE_CE_m/2)[\cos(\omega_C+\omega_m)t + \cos(\omega_C-\omega_m)t]$$

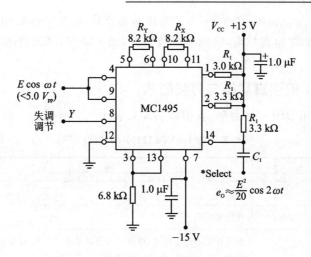

**图 4.1.8　MC1495 构成的倍频电路**

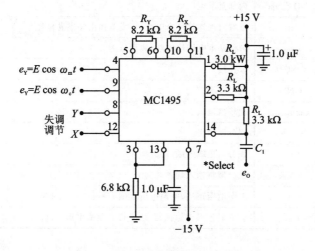

**图 4.1.9　MC1495 构成的平衡调制器电路**

# 4.2　$V/F$ 和 $F/V$ 变换电路设计

## 4.2.1　基于 VFC121 的精密单电源 $V/F$ 变换电路

### 1. VFC121 的主要技术性能与特点

VFC121 是 TI 公司(原 BURR-BROWN 公司)生产的精密单电源 $V/F$ 变换电路,输入阻抗典型值为 100 MΩ,输入失调小于 800 μV,失调电压漂移小于 10 μV/℃,非线性小于±0.03%,增益误差小于±10%,输出频率不低于 1.5 MHz,

积分输出电压范围为 0.8～2.9 V,参考电压输出范围为 2.59～2.61 V,电压/温度输出为 1 mV/°K,单电源供电,电源电压范围为4.5～36 V,电流消耗 10 mA,工作温度范围为－40～＋125 ℃。

### 2. VFC121 的引脚功能与封装形式

VFC121 采用 DIP - 14 封装,各引脚功能如表 4.2.1 所列。

**表 4.2.1 VFC121 引脚功能**

| 引 脚 | 符 号 | 功 能 |
|-------|-------|-------|
| 1 | NC | 未连接 |
| 2 | Disable | 使能控制端,低电平有效 |
| 3 | $V_T$ | 温度补偿电压输出端,该电压与绝对温度成正比,在室温(298 K)情况下,有 298 mV 电压输出,每变化 1 K 就对应有 1 mV 电压输出 |
| 4 | GND Sense | 内部基准电压地 |
| 5 | $C_{OS}$ | 该端对地连接一个电容,可设置输出频率满量程 |
| 6 | $V_{REF}$ | 内部基准电压输出端,典型值为 2.6 V |
| 7 | NC | 未连接 |
| 8 | GND | 地 |
| 9 | Comp In | 比较器输入 |
| 10 | Int Out | 积分器输出 |
| 11 | $+V_{IN}$ | 积分器正输入端 |
| 12 | $-V_{IN}$ | 积分器负输入端 |
| 13 | $+V_S$ | 电源电压正端,电源电压范围为＋4.5～＋36 V |
| 14 | $f_{OUT}$ | V/F 转换频率输出端,集电极开路输出形式,应外接上拉电阻 |

### 3. VFC121 的内部结构和应用电路

VFC121 芯片内部包含输入积分器、比较器、单稳态电路和基准电源等,输出电路为集电极开路输出形式,可与不同电平的器件接口。VFC121 的内部结构方框图和一个 2 V 满刻度输入,100 kHz 满刻度输出的 V/F 变换电路如图 4.2.1 所示。

该电路 V/F 变换满刻度输入电压与满刻度输出频率的关系如下:

$$f_{FS} = \frac{V_{FS}}{2(R_{IN})(C_{OS} + 60)}$$

满刻度输入电压和满刻度输出频率对应的外围元件推荐值如表 4.2.2 和表 4.2.3所列。

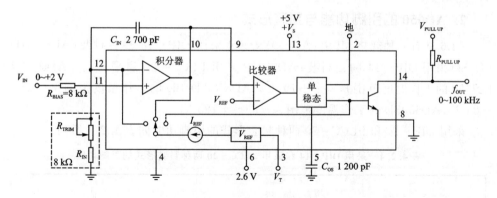

图 4.2.1　VFC121 构成的 2 V/100 kHz 的 V/F 变换电路

表 4.2.2　满刻度输入电压对应的外围元件推荐值

| 满刻度输入电压/V | $R_{IN} + R_{TRIM}$/kΩ |
| --- | --- |
| 2 | 8 |
| 5 | 20 |
| 8 | 40 |

表 4.2.3　满刻度输出频率对应的外围元件推荐值

| 满刻度输出频率/kHz | $C_{OS}$/pF | $C_{INT}$/pF |
| --- | --- | --- |
| 1 500 | 22 | 150 |
| 1 000 | 68 | 270 |
| 500 | 180 | 470 |
| 250 | 470 | 1 000 |
| 125 | 1 000 | 2 200 |
| 25 | 4 700 | 10 000 |

## 4.2.2　基于 AD650 的 V/F 和 F/V 变换电路

### 1. AD650 的主要技术性能与特点

AD650 是 ADI 公司生产的 V/F 和 F/V 变换电路,V/F 转换频率范围是 0～1 MHz。在 10 kHz、100 kHz、1 MHz 时,非线性误差分别为 0.002%、0.005% 和 0.07%。差分输入阻抗为 2 MΩ,共模输入电阻高达 1 000 MΩ,输入电容仅为 10 pF。利用可调电阻或电位器能进行零点校准及满度校准。V/F 输出为集电极开路输出形式,上拉电阻可接 5～30 V 电源电压,能与 CMOS、TTL 电路兼容。采用 ±9～±18 V 双电源供电,典型值为 ±15 V,电流消耗小于 8 mA。F/V 输出电压范围为 0～+10 V,输出电流 10 mA(750 Ω 负载),负载电容为 100 pF。

### 2. AD650 的引脚功能与封装形式

AD650 有 6 种规格，其中：AD650JN/KN 采用 DIP – 14 塑料封装；AD650AD/BD/SD 采用 DIP – 14 陶瓷封装；AD650JP 采用 PLCC – 20 扁平封装。AD650JN/KN/JP 的工作温度范围是 0～+70 ℃，AD650AD/BD 的工作温度范围是－25～+85 ℃，AD650SD 的工作温度范围为－55～+125 ℃。

采用 DIP – 14 和 PLCC – 20 两种封装形式的引脚功能如表 4.2.4 所列。

**表 4.2.4　采用 DIP – 14 和采用 PLCC – 20 两种封装形式的引脚功能**

| 引　脚 | | 符　号 | 功　能 |
| --- | --- | --- | --- |
| DIP – 14 | PLCC – 20 | | |
| 1 | 2 | $V_{OUT}$ | 积分放大器的输出端 |
| 2 | 3 | +IN | 模拟输入电压的正端 |
| 3 | 4 | −IN | 模拟输入电压的负端 |
| 4 | 6 | BIPOLAR OFFSET CURRENT | 失调电流输入端 |
| 5 | 8 | $-V_S$ | 电源电压负端 |
| 6 | 9 | ONE SHOT CAPACITOR | 单稳态触发器的外接定时电容引脚端 |
| 7 | 1,5,7,10,11,15,17 | NC | 空脚 |
| 8 | 12 | $F_{OUTPUT}$ | V/F 转换器的频率输出端 |
| 9 | 13 | COMPARATOR INPUT | 比较器输入端 |
| 10 | 14 | DIGITAL GND | 数字地 |
| 11 | 16 | ANALOG GND | 模拟地 |
| 12 | 18 | $+V_S$ | 电源电压正端 |
| 13,14 | 19,20 | OFFSET NULL | 失调零点调节端 |

### 3. AD650 的内部结构与工作原理

AD650 的芯片内部包含有积分放大器、电压比较器、单稳态触发器、开关 $S_1$、电流源和输出电路（集电极开路输出形式）等，外接元件主要有输入限流电阻 $R_{IN}$、积分电容 $C_{INT}$、定时电容 $C_{OS}$ 和输出端上拉电阻 $R_C$。

AD650 采用电荷平衡式原理进行 V/F 转换，分复位和积分两个阶段进行转换。正向输入电压 $V_{IN}$ 首先经过 $R_{IN}$ 转换成输入电流 $I_{IN}$（$I_{IN} = V_{IN}/R_{IN}$），然后 $C_{INT}$ 充电，积分器的输出电压 $V_O$ 按斜坡下降，当 $V_O$ 下降到－0.6 V（比较器阈值电压）时，比较器翻转，经单稳态触发器使模拟开关 $S_1$ 接通另一端，进入复位阶段。此时，恒流源电流 $I_H$ 对 $C_{INT}$ 进行反向充电，充电电流为（$I_H - I_{IN}$），使 $V_O$ 线性升高。如此反复进行。

积分放大器输出为锯齿波,经过单稳态触发器后,输出矩形窄脉冲。

单稳态触发器的定时周期为 $t_{OS}$:

$$t_{OS} = C_{OS} \times 6.8 \times 10^3 \text{ s/F} + 3.0 \times 10^{-7} \text{s}$$

$V/F$ 转换器的输出频率为:

$$f_{ODT} = \frac{I_{LN}}{t_{OS} \times 1 \text{ mA}} = 0.15 \frac{\text{F/Hz}}{A} \frac{V_{IN}/R_{IN}}{C_{OS} + 4.4 \times 10^{-11} \text{ F}}$$

式中,$C_{OS}$ 的单位为 pF。

积分器电容 $C_{INT}$ 由下式决定:

$$C_{INT} = \frac{10^{-4} \text{ F/s}}{f_{max}}(1\,000) \text{ pF(最小值)}$$

满刻度输出频率与输入电阻 $R_{IN}$ 和 $C_{OS}$ 有关。

### 4. AD650 的应用电路

#### (1) 0~1 MHz 的 V/F 变换电路

由 AD650 构成 0~1 MHz 的 $V/F$ 变换电路如图 4.2.2 所示。其输入电压范围为 0~10 V,输出频率范围是 0~1 MHz,电路采用 ±15 V 双电源供电。电路制作时,应尽量缩短各元器件引线的长度,以降低分布参数的影响。

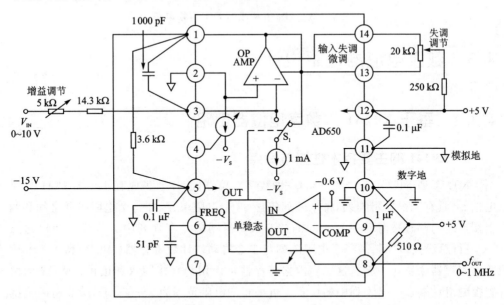

**图 4.2.2　AD650 构成 0~1 MHz 的 V/F 变换电路**

#### (2) F/V 变换电路

由 AD650 构成的 $F/V$ 变换电路如图 4.2.3 所示。

其输出电压为 $V_{OUTAVG} = t_{OS} \times R_{INT} \times \alpha \times f_{IN}$。式中,$f_{IN}$ 为输入频率,$\alpha$ 为电流源数值(对于 AD650,为 1 mA)。

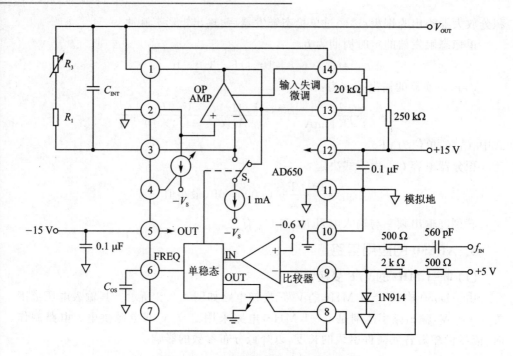

图 4.2.3　AD650 构成的 *F/V* 变换电路

# 4.3　数字电位器电路设计

## 4.3.1　基于 X9241 的数字电位器电路

### 1. X9241 的主要技术性能与特点

X9241 是 XICOR 公司生产的一种数字电位器,芯片上集成有 4 个 $E^2POT$ 数字电位器,具有 4 个电阻阵列,每个阵列包含 63 个电阻单元,在每个电阻单元之间和两个端点之间都有被滑动单元访问的抽头点。滑动单元在阵列中的位置由用户通过 $I^2C$ 串行总线接口控制。每个电阻阵列与 1 个滑动端计数寄存器(WCR)和 4 个 8 位数据寄存器联系在一起。这 4 个数据寄存器可由用户直接写入和读出。WCR 的内容控制滑动端在电阻阵列中的位置。可编程的电阻范围为 2～50 kΩ,级联电阻范围为 0.5～200 kΩ。X9241 具有 16 字节的 $E^2PROM$,编程数据可保存 100 年;电源电压为 5(1±10%) V,电流消耗为 3 mA,待机电流为 500 μA;工作温度范围为 −55～ +125 ℃。

### 2. X9241 的引脚功能与封装形式

X9241 采用 DIP - 20 或者 TSSOP - 20 或者 SOIC - 20 封装。各引脚端功能如

下：引脚端 1、6、13、19($V_{W0}$、$V_{W1}$、$V_{W2}$、$V_{W3}$)分别为 4 个电位器的滑动端；引脚端 2、7、12、18($V_{L0}$、$V_{L1}$、$V_{L2}$、$V_{L3}$)分别为 4 个电位器的低端；引脚端 3、8、11、17($V_{H0}$、$V_{H1}$、$V_{H2}$、$V_{H3}$)分别为 4 个电位器的高端；引脚端 4、16、5、15(A0、A1、A2、A3)为地址线（用来设置从属地址低 4 位）；引脚端 9、14(SDA、SCL)分别为串行数据和串行时钟；引脚端 20、10($V_{CC}$、$V_{SS}$)分别为电源和地引脚端。

### 3. X9241 的内部结构与工作原理

X9241 的芯片内部包含有 1 个 $I^2C$ 接口和 4 个数字电位器。每个数字电位器由 1 个电阻阵列、与电阻阵列对应的滑动端计数寄存器 WCR、4 个 8 位数据寄存器 $R_0\sim R_3$ 等构成。

**(1) 电阻阵列**

电阻阵列由 63 个串联连接的分立电阻段组成。电阻阵列的物理终端等效于机械电位器的固定端($V_H$ 和 $V_L$ 输入端)。阵列的 $V_H$ 和 $V_L$ 以及电阻段之间的接点（即抽头）通过 FET 开关连接滑动输出端 $V_W$，而 $V_W$ 在电阻阵列中的位置由 WCR 控制。

如果将 4 个电阻阵列中的 2、3 或 4 个串联起来，则可构成 127、190 或 253 个抽头的数字电位器。

X9241 电位器电阻阵列的阻值种类根据后缀的不同而有所区别。当后缀分别为 Y、W、U 时，电阻阵列分别为 4 个 2 kΩ、4 个 10 kΩ、4 个 50 kΩ 的数字电位器；而当后缀为 M 时，其内部 4 个数字电位器阻值则分别为 2 kΩ、10 kΩ、10 kΩ、50 kΩ。

**(2) 滑动端计数寄存器 WCR**

滑动端计数寄存器 WCR 实际上是一个 6 位带有译码输出的计数器，用来实现选择 64 选 1 的 FET 开关的位置，即控制滑动端在电阻阵列中的位置。WCR 是一种易失性存储器，其内容可通过指令改写，在上电时装入数据寄存器 $R_0$ 的内容（注意：此值可能与断电时的值不同）。

**(3) 数据寄存器**

数据寄存器的内容可由用户读出或写入，其内容可传输到滑动计数寄存器 WCR，以设置滑动端的位置。每个数字电位器有 4 个 8 位非易失性数据寄存器 R0～R3。

**(4) 串行接口**

X9241 支持 $I^2C$ 串行双向总线。实际应用时，X9241 为从器件，由主机启动数据的传输，并为发送和接收操作提供时钟。起始条件：SCL 为高时，SDA 由高至低跳变；终止条件：SCL 为高时，SDA 由低至高跳变。送给 X9241 的所有命令都由开始条件引导，在其后输出 X9241 从器件的地址。X9241 把串行数据流与该器件的地址比较，若地址比较成功，则做出一个应答响应。

**(5) 器件寻址及指令结构**

① 器件寻址

在起始后，主器件输出它所要访问的从器件地址。该地址的格式如下：

器件类型

| 0 | 1 | 0 | 1 | A3 | A2 | A1 | A0 |
|---|---|---|---|---|---|---|---|

器件地址

对于 X9241 来说,这个地址的高 4 位固定为 0101,低 4 位由物理的器件地址 A0～A3 输入端状态决定。这样,X9241 把串行数据流与地址输入端的状态进行比较,若所有位都比较成功,则该器件在总线上做出一个应答响应。

② 指令结构

主器件在发送完起始条件及器件地址且从器件做出应答之后,送到 X9241 的下一个字节(包括指令及寄存器指针的信息),高 4 位为指令,低 4 位用来指出 4 个电位器中的 1 个及 4 个辅助寄存器中的 1 个,其格式为:

电位器选择

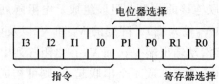

| I3 | I2 | I1 | I0 | P1 | P0 | R1 | R0 |
|---|---|---|---|---|---|---|---|

指令　　　　　　　寄存器选择

X9241 共有 9 条指令,如表 4.3.1 所列,其中 4 条两字节指令,4 条三字节指令和 1 条增加/减少指令。

**表 4.3.1　X9241 指令**

| 指　　令 | 指令格式 | | | | | | | | 功　能 |
|---|---|---|---|---|---|---|---|---|---|
| | I3 | I2 | I1 | I0 | P1 | P0 | R1 | R0 | |
| 读 WCR | 1 | 0 | 0 | 1 | 1/0 | 1/0 | × | × | 读 P1、P0 指定的滑动端计数寄存器内容 |
| 写 WCR | 1 | 0 | 1 | 0 | 1/0 | 1/0 | × | × | 写入新值到 P1、P0 指定的滑动端计数寄存器中 |
| 读数据寄存器 | 1 | 0 | 1 | 1 | 1/0 | 1/0 | 1/0 | 1/0 | 读出由 P1、P0 和 R1、R0 指定的寄存器内容 |
| 写数据寄存器 | 1 | 1 | 0 | 0 | 1/0 | 1/0 | 1/0 | 1/0 | 写入新值到 P1、P0 和 R1、R0 指定的寄存器中 |
| 数据寄存器至 WCR(单个) | 1 | 1 | 0 | 1 | 1/0 | 1/0 | 1/0 | 1/0 | 传输由 P1、P0 和 R1、R0 指定的寄存器的内容到与它们相应的 WCR 中 |
| WCR 至数据寄存器(单个) | 1 | 1 | 1 | 0 | 1/0 | 1/0 | 1/0 | 1/0 | 传输由 P1、P0 指定的 WCR 中的内容到 R1、R0 指定的寄存器中 |
| 数据寄存器至 WCR(全部) | 0 | 0 | 0 | 1 | × | × | 1/0 | 1/0 | 传输由 R1、R0 指定的所有 4 个数据寄存器的内容到与它们相应的 WCR 中 |
| WCR 至数据寄存器(全部) | 1 | 0 | 0 | 0 | × | × | 1/0 | 1/0 | 传输所有 WCR 中的内容到与它们相应的由 R1、R0 指定的数据寄存器中 |
| 增 加/减 小 滑动端 | 0 | 0 | 1 | 0 | 1/0 | 1/0 | × | × | 使能增加/减少由 P1、P0 指定的 WCR 的内容 |

228

**两字节指令** 4条两字节指令用于在 WCR 与数据寄存器之一这二者之间交换数据。这种传输可以发生在 4 个电位器之一与它们的一个辅助寄存器之间,或全局性地发生在所有 4 个电位器与它们的一个辅助寄存器之间。其操作时序参见图 4.3.1(a)。

**三字节指令** 4条三字节指令是在主机和 X9241 之间传输数据,无论是主机与一个数据寄存器或是主机直接与 WCR 间都可以。这些指令是读、写 WCR(即读出、写入选定电位器的当前滑动端的位置)或读、写数据寄存器(即读出、写入选定的非易失性寄存器的内容)。其操作时序参见图 4.3.1(b)。

**增加/减少指令** 增加/减少指令与其他指令不同,一旦这条指令发出且 X9241 已用一个应答来响应后,主机才能够以时钟来触发选定的滑动端升或降一个电阻段。其操作时序参见图 4.3.1(c)。

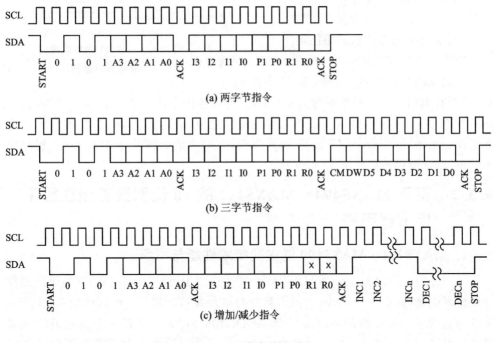

图 4.3.1 命令操作时序

### 4. X9241 的应用电路

#### (1) X9241 的串联应用电路

X9241 可以把一个电阻阵列的 63 个电阻元件与一个相邻电阻阵列的电阻元件串联起来,示意图参见图 4.3.2,其控制位在三字节的指令中。在三字节的指令中,数据字节包括用来定义滑动端位置的 6 位(LSBs)及 CM(串联方式 Caseade Mode)和 DW(禁止滑动端 Disable Wipe)的高 2 位。CM 位的状态用来使能或禁止串联方

全国大学生电子设计竞赛电路设计(第3版)

230

式,当 WCR 的 CM 位被设置为"0"时,电位器为正常工作方式;当 CM 位设置为"1"时,则本电位器的电阻阵列与它相邻的高序号的电位器电阻阵列相串联。例如电位器 WCR0 的位 7 被置为"1",则 POT0 与 POT1 被串联使用。DW 位的状态用于使能或禁止滑动端。当 WCR 的 DW 位被置为"0"(或"1")时,则滑动端被使能(或被禁止),且禁止时,该滑动端是电气上隔离并且是浮空的。当工作于串联方式时,被串联阵列的 $V_H$、$V_L$ 及滑动端 $V_W$ 这 3 个输出端必须在电气上与外部连接,除了一个滑动端被使能以外,其余的滑动端必须被禁止。用户可以通过改变 WCR 的内容来改变滑动端的位置。

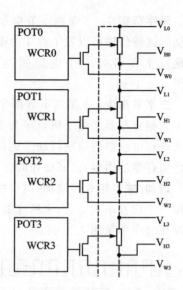

图 4.3.2　X9241 的电阻阵列串联结构示意图

**(2) X9241 与单片机的接口电路**

X9241 与单片机接口时,单片机 I/O 端与 X9241 的 SCL 和 SDA 连接,需要外接两个 10 kΩ 上拉电阻。单片机的时钟为 6 MHz。当只连接一片 X9241 数字电位器时,地址 A3A2A1A0＝0000,故 X9241 的器件地址固定为 50H。调用时,将直接位 02H 用作滑动端的增减位,命令字节放至 30H 单元,要写入的数据放至 32H 单元;程序执行结束,将读出的数据放至 31H 单元。

## 4.3.2　基于 MAX5494～MAX5499 的 10 位双通道线性数字电位器电路

### 1. MAX5494～MAX5499 的主要技术性能与特点

MAX5494～MAX5499 是 MAXIM 公司生产的 10 位(1024 抽头)双通道线性数字电位器电路,具有与 3-wire SPI™ 兼容的串行接口。MAX5494/MAX5495 是一个双通道的三端可编程的电压分压器,MAX5496/MAX5497 是一个双通道的两端可变电阻,MAX5498/MAX5499 包含一个两端可变电阻和一个三端可编程的电压分压器。

MAX5494～MAX5499 采用内部 $E^2$PROM 存储滑动端的位置,与 3-wire SPI 兼容的串行接口通信数据速率可达到 7 MHz;具有温度系数为 $35 \times 10^{-6}/℃$ 的 10 kΩ 和 50 kΩ 端到端电阻;工作电源电压可采用 2.7～5.25 V 单电源或者 ±2.5 V 双电源,电流消耗为 400 $\mu$A,待机电流为 1.5 $\mu$A;工作温度范围为 −40～+85 ℃。

### 2. MAX5494～MAX5499 的引脚功能和封装形式

MAX5494～MAX5499 采用 5 mm×5 mm×0.8 mm TQFN-16 封装。芯片内

部包含 SPI 串行接口、2×10 位的非易失存储器、10 位锁存器、译码器等,其中:MAX5494/MAX5495 包含 2 个三端可编程的电压分压器,MAX5496/MAX5497 包含 2 个两端可变电阻,MAX5498/MAX5499 包含 1 个两端可变电阻和 1 个三端可编程的电压分压器。MAX5494~MAX5499 引脚功能如表 4.3.2 所列。

**表 4.3.2 MAX5494~MAX5499 引脚功能**

| 引 脚 | | | 符 号 | 功 能 |
|---|---|---|---|---|
| MAX5494/<br>MAX5495 | MAX5496/<br>MAX5497 | MAX5498/<br>MAX5499 | | |
| 1 | 1 | 1 | $\overline{CS}$ | 片选,低电平有效。$\overline{CS}=1$ 时,芯片进入低功耗待机状态 |
| 2 | 2 | 2 | W2 | 电阻 2 滑动端 |
| 3 | 3 | 3 | L2 | 电阻 2 低端 |
| 4 | — | — | H2 | 电阻 2 高端 |
| 5 | 5 | 5 | $V_{DD}$ | 电源电压正端。要求 2.7 V$\leqslant V_{DD}\leqslant$5.25 V,连接一个 0.1 $\mu$F电容到地 |
| 6,7,14,15 | 6,7,14,15 | 6,7,14,15 | NC | 未连接 |
| 8 | 8 | 8 | $V_{SS}$ | 电源电压负端。单电源工作时,$V_{SS}=$ GND = 0;双电源工作时,$-2.5$ V$\leqslant V_{SS}\leqslant -0.2$ V,要求 $(V_{DD}-V_{SS})\leqslant 5.25$ V,连接一个 0.1 $\mu$F电容到地 |
| 9 | — | 9 | H1 | 电阻 1 高端 |
| 10 | 10 | 10 | L1 | 电阻 1 低端 |
| 11 | 11 | 11 | W1 | 电阻 1 滑动端 |
| 12 | 12 | 12 | GND | 地 |
| 13 | 13 | 13 | DIN | 串行数据输入。在每个时钟的上升沿,引脚端 DIN 的数据被装入移位寄存器 |
| 16 | 16 | 16 | SCLK | 串行时钟输入 |
| — | 4,9 | 4 | D.N.C | 未连接 |
| EP | EP | EP | Exposed Pad | 裸露的焊盘,采用低阻抗方式连接到 $V_{SS}$ |

### 3. MAX5494~MAX5499 的命令字与寄存器操作

MAX5494~MAX5499 命令字与寄存器操作如表 4.3.3 所列,其中有 4 个 24 位命令字和 6 个 8 位命令字。命令字时序图如图 4.3.3 所示。

表 4.3.3　MAX5494～MAX5499 命令字与寄存器操作

| 时　钟 | 1 | 2 | 3 | 4 | 5 | 6 | 7 | 8 | 9 | 10 | 11 | 12 | 13 | 14 | 15 | 16 | 17 | 18 | ... | 24 |
|---|---|---|---|---|---|---|---|---|---|---|---|---|---|---|---|---|---|---|---|---|
| 位 | — | — | C1 | C0 | — | — | RA1 | RA0 | D9 | D8 | D7 | D6 | D5 | D4 | D3 | D2 | D1 | D0 | | |
| 写滑动端寄存器 1 | 0 | 0 | 0 | 0 | 0 | 0 | 0 | 1 | D9 | D8 | D7 | D6 | D5 | D4 | D3 | D2 | D1 | D0 | | |
| 写滑动端寄存器 2 | 0 | 0 | 0 | 0 | 0 | 0 | 1 | 0 | D9 | D8 | D7 | D6 | D5 | D4 | D3 | D2 | D1 | D0 | | |
| 写非易失寄存器 1 | 0 | 0 | 0 | 1 | 0 | 0 | 0 | 1 | D9 | D8 | D7 | D6 | D5 | D4 | D3 | D2 | D1 | D0 | | |
| 写非易失寄存器 2 | 0 | 0 | 0 | 1 | 0 | 0 | 1 | 0 | D9 | D8 | D7 | D6 | D5 | D4 | D3 | D2 | D1 | D0 | | |
| 复制滑动端寄存器 1 内容到非易失寄存器 1 | 0 | 0 | 1 | 0 | 0 | 0 | 1 | | | | | | | | | | | | | |
| 复制滑动端寄存器 2 内容到非易失寄存器 2 | 0 | 0 | 1 | 0 | 0 | 0 | 0 | | | | | | | | | | | | | |
| 同时复制滑动端寄存器 1 内容到非易失寄存器 1,复制滑动端寄存器 2 内容到非易失寄存器 2 | 0 | 0 | 1 | 0 | 0 | 0 | 1 | | | | | | | | | | | | | |
| 复制非易失寄存器 1 内容到滑动端寄存器 1 | 0 | 0 | 1 | 1 | 0 | 0 | 1 | | | | | | | | | | | | | |
| 复制非易失寄存器 2 内容到滑动端寄存器 2 | 0 | 0 | 1 | 1 | 0 | 0 | 0 | | | | | | | | | | | | | |
| 同时复制非易失寄存器 1 内容到滑动端寄存器 1,复制非易失寄存器 2 内容到滑动端寄存器 2 | 0 | 0 | 1 | 1 | 0 | 0 | 1 | | | | | | | | | | | | | |

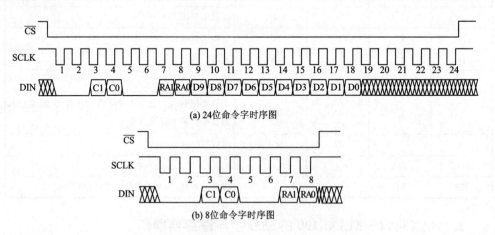

(a) 24 位命令字时序图

(b) 8 位命令字时序图

图 4.3.3　MAX5494～MAX5499 命令字时序图

### 4. MAX5494～MAX5499 的应用电路

#### (1) 正电压 LCD 偏置控制电路

正电压 LCD 偏置控制电路如图 4.3.4 所示,运算放大器为电阻分压器提供一个放大和缓冲输出。

**（2）可编程的滤波器电路**

一个一阶可编程的滤波器电路如图4.3.5所示。滤波器的增益由电阻 $R_2$ 调节，$G=1+(R_1/R_2)$；截止频率由电阻 $R_3$ 调节，$f_C=1/(2\pi R_3 \times C)$。

**（3）增益和失调电压调节电路**

一个由 MAX5498/MAX5499 构成的增益和失调电压调节电路如图 4.3.6所示。

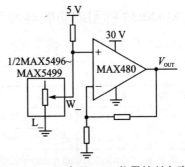

图 **4.3.4**　正电压 LCD 偏置控制电路

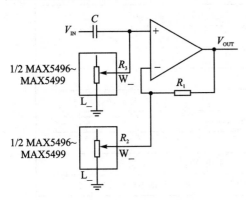

图 **4.3.5**　一阶可编程的滤波器电路

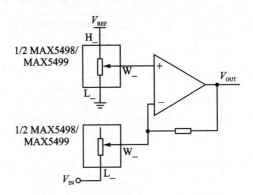

图 **4.3.6**　MAX5498/MAX5499 构成的增益和失调电压调节电路

# 4.4　信号发生器电路设计

## 4.4.1　基于 MAX038 的函数信号发生器电路

### 1. MAX038 的主要技术性能与特点

MAX038 是 MAXIM 公司生产的精密高频波形产生器电路，能够产生准确的高频三角波、矩形波、脉冲波和正弦波，输出频率可由内部的 2.5 V 带隙电压基准及一个外部的电阻和电容控制，频率范围为 0.1 Hz～20 MHz。其占空比变化范围为 15%～85%，频率扫描范围为 350∶1，正弦波失真低于 0.75%，温度漂移为 $200\times10^{-6}/℃$，所有的输出波形都对称于地电位的 2 V（峰峰值）信号，低阻抗输出的驱动能力可以达到 ±20 mA，在 SYNC 输出端可以输出一个占空比为 50% 的同步信号，电源电压为 ±5 V，正电源电流消耗为 45 mA，负电源电流消耗为 55 mA，工作温度范围为 −40～＋85 ℃。

## 2. MAX038 的引脚功能与内部结构

MAX038 采用 DIP - 20 或者 SO - 20 封装，引脚端功能如表 4.4.1 所列。

**表 4.4.1　MAX038 引脚端功能**

| 引　脚 | 名　　称 | 功　　　　　能 |
|---|---|---|
| 1 | REF | 2.5 V 能隙基准电压输出端 |
| 2 | GND | 地 * |
| 3 | A0 | 波形选择输入端：TTL/CMOS 兼容 |
| 4 | A1 | 波形选择输入端：TTL/CMOS 兼容 |
| 5 | COSC | 外部电容器连接端 |
| 6 | GND | 地 * |
| 7 | DADJ | 占空比调整输入端 |
| 8 | FADJ | 频率调整输入端 |
| 9 | GND | 地 * |
| 10 | IIN | 用于频率控制的电流输入端 |
| 11 | GND | 地 * |
| 12 | PDO | 相位检波器输出端。如果不用，则相位检波器接地 |
| 13 | PDI | 相位检波器基准时钟输入端。如果不用，则相位检波器接地 |
| 14 | SYNC | TTL/CMOS 兼容的同步输出端，可由 DGND 至 DV+ 间的电压作为基准。可以用一个外部信号来同步内部的振荡器。如果不用，则开路 |
| 15 | DGND | 数字电路地。让它开路使 SYNC 无效，或是 SYNC 不用 |
| 16 | $DV_+$ | 数字电路 +5 V 电源输入端。如果 SYNC 不用，则开路 |
| 17 | $V_+$ | +5 V 电源输入端 |
| 18 | GND | 地 * |
| 19 | OUT | 正弦波、矩形波或三角波输出端 |
| 20 | $V_-$ | −5 V 电源输入端 |

　　* 这 5 个 GND 引脚内部并未连接，需要将它们接到靠近器件的一个接地点，建议采用一个接地面。

## 3. MAX038 的内部结构与工作原理

MAX038 的芯片内部包含振荡器、比较器、基准电压和正弦波形成器等。

MAX038 产生信号的频率和占空比可以通过调整电流、电压或电阻来分别控制。所需的输出波形可由在 A0 和 A1 输入端设置适当的代码来选择，所有的输出波形都对称于地电位的 2 V（峰峰值）信号。低阻抗输出的驱动能力可以达到 ±20 mA。在 SYNC 输出引脚端输出一个由内部振荡器产生的、与 TTL 兼容的、占空比为 50％的波形（不管其他波形的占空比是多少），可作为系统中其他器件的同步信号。内部振荡器也可以由连接到 PDI 引脚上的外部 TTL 时钟来同步。

MAX038 的工作电源为±5(1±5％) V。基本的振荡器是一个交变地、以恒流向电容器（$C_F$）充电和放电的弛张振荡器，同时也就产生一个三角波和矩形波。充电和放电的电流是由流入引脚端 IIN 的电流来控制的，并由加到引脚端 FADJ 和 DADJ 上的电压调制。流入引脚端 IIN 的电流可由 2 $\mu$A 变化到 750 $\mu$A，对任一电容器 $C_F$ 值可以产生大于两个数量级（100 倍）的频率变化。在引脚端 FADJ 上加±2.4 V 电压可改变±70％的标称频率（与 $V_{FADJ}$＝0 V 时比较），这种方法可以用作精确的控制。

占空比（输出波形为正时所占时间的百分数）可由加±2.3 V 的电源到引脚端 DADJ 上来控制其从 10％变化到 90％。这个电压改变了 $C_F$ 的充电和放电电流的比值，而维持频率近似不变。引脚端 REF 的 2.5 V 基准电压可以用固定电阻连接到引脚端 IIN、FADJ 或 DADJ，也可以用电位器从这些输入端接到 REF 端进行调整。FADJ 和/或 DADJ 可以接地产生具有占空比为 50％的标称频率信号。

输出频率反比于电容器 $C_F$ 值。

### （1）波形选择

MAX038 可以产生正弦波、矩形波或三角波形，设置地址 A0 和 A1 引脚端的状态可选择输出波形（TTL/CMOS 逻辑电平）如表 4.4.2 所列。波形切换可以在任意时刻进行，而不管输出信号当时的相位。切换发生在 0.3 $\mu$s 之内，但是输出波形可能有一段小的延续 0.5 $\mu$s 的过渡状态。

**表 4.4.2　地址 A0 和 A1 引脚端工作状态的设置与波形选择**

| A0 | A1 | 波　形 |
|----|----|-------|
| X | 1 | 正弦波 |
| 0 | 0 | 矩形波 |
| A0 | A1 | 波　形 |
| 1 | 0 | 三角波 |

### （2）输出频率

MAX038 输出频率取决于注入引脚端 IIN 的电流大小、引脚端 COSC 的电容量（对地）和引脚端 FADJ 上的电压 $V_{FADJ}$。当 $V_{FADJ}$＝0 V 时，输出的基波频率（$F_O$）由下式给出：

$$F_O(\text{MHz}) = I_{IN}(\mu A) \div C_F(\text{pF})$$

周期（$t_O$）则为：

$$t_O(\mu s) = C_F(\text{pF}) \div I_{IN}(\mu A)$$

式中，$I_{IN}$ 为注入 IIN 引脚端的电流（2～750 $\mu$A），$C_F$ 为接到 COSC 引脚端和地之间的电容值（20 pF～100 $\mu$F）。

例如：

$$0.5 \text{ MHz} = 100 \ \mu A \div 200 \text{ pF}$$

或

$$2 \ \mu s = 200 \ pF \div 100 \ \mu A$$

虽然 $I_{IN}$ 在 $2 \sim 750 \ \mu A$ 范围时线性是好的，但最佳的性能在 $I_{IN}$ 为 $10 \sim 400 \ \mu A$ 范围内，建议电流值不要超出这个范围。对于固定频率工作，设置 $I_{IN}$ 接近于 $100 \ \mu A$ 并选择一个适当的电容值。这个电流值具有最小的温度系数，并在改变占空比时产生最小的频率偏移。

电容范围可以是 $20 \ pF \sim 100 \ \mu F$，但必须用短的引线使电路的分布电容减到最小。在引脚端 COSC 以及它的引线周围用一个接地平面，以减小其他杂散信号对这个支路的耦合。高于 $20 \ MHz$ 的振荡也是可能的，但在这种情况下波形失真会加大。低频率振荡的限制是由 $C_{OSC}$ 电容器的漏电流和所需输出频率的精度决定的。良好精度的最低工作频率通常用非极化电容来获得。

一个内部的闭环放大器迫使 $I_{IN}$ 流向虚拟地，并使输入偏置电压小于 $\pm 2 \ mV$。$I_{IN}$ 可以为一个电流源（$I_{IN}$），或是由一个电压（$V_{IN}$）与一个电阻（$R_{IN}$）串联的电路来产生（一个接在引脚端 REF 和引脚端 IIN 之间的电阻，可提供一种简便地产生 $I_{IN}$ 的方法，$I_{IN} = V_{REF} / R_{IN}$）。当使用一个电压与一个电阻串联时，振荡器频率的计算公式如下：

$$F_O(MHz) = V_{IN} \div [R_{IN} \times C_F(pF)]$$

及

$$t_O(\mu s) = C_F(pF) \div R_{IN} \div V_{IN}$$

当 MAX038 的频率是由一个电压源（$V_{IN}$）与一个固定的电阻（$R_{IN}$）串联来控制时，输出频率（如上面公式所示）为 $V_{IN}$ 的函数。改变 $V_{IN}$ 即可调整振荡器的频率。例如，$R_{IN}$ 选用 $10 \ k\Omega$，并将 $V_{IN}$ 的值从 $20 \ mV$ 变化到 $7.5 \ V$，则可产生大的频率变动（高达 375：1）。选择 $R_{IN}$ 时，应将 $I_{IN}$ 保留在 $2 \sim 750 \ \mu A$ 的范围内。$I_{IN}$ 的控制放大器的带宽限制了调制信号的最高频率，典型值是 $2 \ MHz$。引脚端 IIN 可被用作一个求和点，由几个信号源电流相加或相减。这就允许输出频率是几个变量之和的函数。当 $V_{IN}$ 接近 $0 \ V$ 时，引脚端 IIN 的偏移电压导致 $I_{IN}$ 误差增加。

**（3）FADJ 输入端**

① FADJ 输入

输出频率可由 FADJ 端的电压来调整，FADJ 通过内部的锁相环来实现精细的频率控制。一旦基频或中心频率（$F_O$）由 $I_{IN}$ 设置，它还可以通过在引脚端 FADJ 上设置不同于 $0 \ V$ 的电压来进一步改变。该电压可以从 $-2.4 \ V$ 变化到 $+2.4 \ V$，这将引起当引脚端 FADJ 是 $0 \ V$ 时的输出频率值从 1.7 倍到 0.30 倍（即（$1 \pm 70\%$）$F_O$）的变化。电压超过 $\pm 2.4 \ V$ 将引起不稳定或是频率向相反的方向变化。

引起输出频率偏离 $F_O$ 时，在 FADJ 上所需的电压值为 $D_X$（以％表示），它由下式给出：

$$V_{FADJ} = -0.034 \ 3 \times D_X$$

其中：$V_{FADJ}$ 是在引脚端 FADJ 上的电压，应该在 $-2.4 \sim +2.4 \ V$ 之间。

注意：$I_{\text{IN}}$ 正比于基频或中心频率（$F_O$），而 $V_{\text{FADJ}}$ 则是以百分比（%）线性相关地偏离 $F_O$。$V_{\text{FADJ}}$ 向 0 V 的某一方变化，对应于向加或减的方向偏离。

在引脚端 FADJ 上的电压所对应的频率由下式给出：

$$V_{\text{FADJ}} = (F_O - F_X) \div (0.2915 \times F_O)$$

其中：$F_X$ 为输出频率；$F_O$ 为当 $V_{\text{FADJ}}$ 为 0 V 时的频率。

同样，对周期的计算公式如下：

$$V_{\text{FADJ}} = 3.43 \times (t_X - t_O) \div t_X$$

其中：$t_X$ 为输出周期；$t_O$ 为当 $V_{\text{FADJ}}$ 为 0 V 时的周期。

相反地，如果 $V_{\text{FADJ}}$ 是已知的，则频率由下式给出：

$$F_X = F_O \times [1 - (0.2915 \times V_{\text{FADJ}})]$$

而周期则为：

$$t_X = t_O \div [1 - (0.2915 \times V_{\text{FADJ}})]$$

② FADJ 调整

连接在 REF（+2.5 V）和引脚端 FADJ 之间的可变电阻 $R_F$ 提供了一个方便的人工调整频率的方法。$R_F$ 的阻值如下：

$$R_F = (V_{\text{REF}} - V_{\text{FADJ}}) \div 250 \ \mu\text{A}$$

例如，如果 $V_{\text{FADJ}}$ 是 −2.0 V（+58.3% 偏移），则上式变为：

$$R_F = [+2.5 - (-2.0 \ \text{V})] \div 250 \ \mu\text{A} = 4.5 \ \text{V} \div 250 \ \mu\text{A} = 18 \ \text{k}\Omega$$

③ FADJ 禁止

引脚端 FADJ 电路对输出频率增加了一个小的温度系数。对要求严格的开环应用，它可以用一个 12 kΩ 的电阻把引脚端 FADJ 连接到地来禁止。FADJ 虽被禁止，但输出频率仍可通过调整 $I_{\text{IN}}$ 来改变。

**（4）占空比**

引脚端 DADJ 上的电压控制波形的占空比（定义为输出波形为正时所占时间的百分数）。通常 $V_{\text{DADJ}} = 0$ V，则占空比为 50%。此电压变化范围为 +2.3 ～ −2.3 V，将引起输出占空比在 15% ～ 85% 的范围内变化，约每伏电压使占空比变化 15%。若电压超过 ±2.3 V，将使频率发生偏移或引起不稳定。

DADJ 端的电压可以用来减小正弦波的失真。未调整（$V_{\text{DADJ}} = 0$ V）的占空比是 50% ± 12%；而偏离准确的 50% 时，将引起偶次谐波的产生。通过加一个小的调整电压（典型值为小于 ±100 mV）到 DADJ 端，即可得到准确的对称，从而减小失真。

需要产生一定的占空比而加在 DADJ 端上的电压由下式给出：

$$V_{\text{DADJ}} = (50\% - \text{dc}) \times 0.0575$$

或

$$V_{\text{DADJ}} = [0.5 - (t_{\text{ON}} \div t_O)] \times 5.75$$

其中：$V_{\text{DADJ}}$ 为 DADJ 端电压（注意极性）；dc 为占空比（duty cycle%）；$t_{\text{ON}}$ 为接通（正半周）时间；$t_O$ 为波形周期。

相反,如果 $V_{DADJ}$ 是已知的,则占空比和接通时间由下式计算:

$$dc = 50\% - (V_{DADJ} \times 17.4)$$

$$t_{ON} = t_O \times [0.5 - (V_{DADJ} \times 0.174)]$$

连接在引脚端 REF$(-2.5\ \text{V})$ 和 DADJ 之间的可变电阻 $R_D$ 提供了人工调整占空比的方法。$R_D$ 的阻值计算如下:

$$R_D = (V_{REF} - V_{DADJ}) \div 250\ \mu\text{A}$$

例如,如果 $V_{DADJ}$ 为 $-1.5\ \text{V}$(23%占空比),则公式变为:

$$R_D = [+2.5\ \text{V} - (-1.5\ \text{V})] \div 250\ \mu\text{A} = 4.0\ \text{V} \div 250\ \mu\text{A} = 16\ \text{k}\Omega$$

在 $15\% \sim 85\%$ 范围内改变占空比对输出频率的影响最小,当 $25\ \mu\text{A} < I_{IN} < 250\ \mu\text{A}$ 时,典型值为小于 2%。DADJ 电路是宽带的,可以用高达 2 MHz 的信号来调制。

### 4. MAX038 的应用电路

#### (1) 正弦波发生器电路

采用 MAX038 构成的正弦波发生器电路如图 4.4.1 所示,输出频率 $F_O = (2 \times 2.5\ \text{V})/(R_{IN} \times C_F)$。

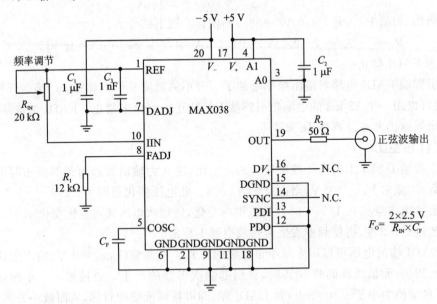

**图 4.4.1　采用 MAX038 构成的正弦波发生器电路**

#### (2) PLL 电路

采用 MAX038 构成的使用外部鉴相器的 PLL 电路如图 4.4.2 所示。

#### (3) 布线考虑

要实现 MAX038 的全部性能,需要小心注意电源旁路和印刷板布线。使用一个

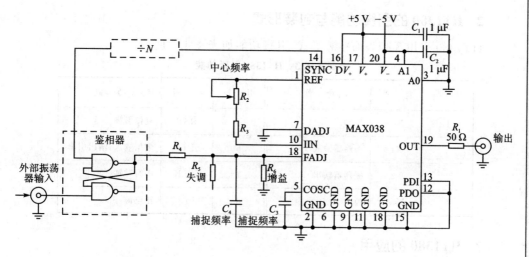

图 4.4.2　MAX038 构成的使用外部鉴相器的 PLL 电路

低阻抗的地平面,将所有的 5 个接地引脚端直接接上。用 1 μF 陶瓷电容器(或 1 μF 钽电容器)与 1 nF 的陶瓷电容器并联来旁路 $V_+$ 和 $V_-$,直接接到地平面。电容器引线要短(特别是 1 nF 陶瓷电容器),以减小串联电感。

如果使用 SYNC,则 $DV_+$ 必须接到 $V_+$,DGND 必须接到地平面。此外,第 2 个 1 nF 陶瓷电容器必须接在 $DV_+$ 与 DGND 引脚端 16 和 15 之间,并且越近越好。不需要单独用另一个电源或引另一根线到 $DV_+$。如果 SYNC 被禁止,则 DGND 必须开路,但这时 $DV_+$ 可以接到 $V_+$,也可令其开路。

应减小 COSC 引线的面积(以及在 COSC 下面的地平面的面积)以减小分布电容,并用地来围绕这个引线端,以避免其他信号的耦合。可采用相同的措施来对待引脚端 DADJ、FADJ 和 IIN 等。将 $C_F$ 接到地平面,并靠近引脚端 6(GND)。

## 4.4.2　基于 HT1380 的串行时钟电路

### 1. HT1380 的主要技术性能与特点

HT1380 是 HOLTEK 公司生产的一款带秒、分、时、日、星期、月、年的串行时钟芯片,每个月多少天以及闰年均能自动调节。HT1380 具有低功耗工作方式,采用寄存器保存相关信息,用一个 32.768 kHz 的晶振来校准时钟。HT1380 使用 RST(复位)、SCLK(串行时钟)和 I/O 口三根引线与微控制器连接。

HT1380 的工作电压范围为 2.0~5.5 V,工作电流在 2.0 V 时至少为 300 nA,在 5.0 V 时至少为 1 μA;最大输入串行时钟在 2.0 V 时为 500 kHz,在 5.0 V 时为 2 MHz;数据串行 I/O 口传送,与 TTL 兼容;具有单字节传送和多字节传送(字符组方式)两种数据传送方式,所有寄存器都以 BCD 码格式存储数据。

## 2. HT1380 的引脚功能与封装形式

HT1380 采用 8 脚表面贴装形式，引脚功能如表 4.4.3 所列。

**表 4.4.3　HT1380 引脚功能**

| 引　脚 | 符　号 | 功　能 | 引　脚 | 符　号 | 功　能 |
|---|---|---|---|---|---|
| 1 | NC | 空脚 | 5 | $\overline{RST}$ | 复位引脚 |
| 2 | X1 | 振荡器输入 | 6 | I/O | 数据输入/输出引脚 |
| 3 | X2 | 振荡器输出 | 7 | SCLK | 串行时钟 |
| 4 | $V_{SS}$ | 地 | 8 | $V_{DD}$ | 正电源 |

## 3. HT1380 的应用

HT1380 有 8 个内部寄存器，其地址、功能与定义如表 4.4.4 所列。

**表 4.4.4　HT1380 内部寄存器的地址、功能与定义**

| 寄存器地址 A0~A2 | 特　征 | 命令地址 | 读/写控制 | 数据(BCD) | 寄存器定义 | | | | | | | |
|---|---|---|---|---|---|---|---|---|---|---|---|---|
| | | | | | 7 | 6 | 5 | 4 | 3 | 2 | 1 | 0 |
| 0 | 秒 | 80 | 写 | 00~59 | CH | | 10秒 | | | 秒 | | |
| | | 81 | 读 | | | | | | | | | |
| 1 | 分 | 82 | 写 | 00~59 | 0 | | 10分 | | | 分 | | |
| | | 83 | 读 | | | | | | | | | |
| 2 | 12 小时 | 84 | 写 | 01~12 | 12/24 | A | AP | HR | | 时 | | |
| | 24 小时 | 85 | 读 | 00~23 | | 0 | 10 | HR | | | | |
| 3 | 日期 | 86 | 写 | 01~31 | 0 | 0 | 10日期 | | | 日期 | | |
| | | 87 | 读 | | | | | | | | | |
| 4 | 月 | 88 | 写 | 01~21 | 0 | 0 | 0 | 10月 | | 月 | | |
| | | 89 | 读 | | | | | | | | | |
| 5 | 日 | 8A | 写 | 01~07 | 0 | 0 | 0 | 0 | | 星期 | | |
| | | 8B | 读 | | | | | | | | | |
| 6 | 年 | 8C | 写 | 00~99 | 10年 | | | | | 年 | | |
| | | 8D | 读 | | | | | | | | | |

续表 4.4.4

| 寄存器地址 A0～A2 | 特　征 | 命令地址 | 读/写控制 | 数据(BCD) | 寄存器定义 | | | | | | | |
|---|---|---|---|---|---|---|---|---|---|---|---|---|
| | | | | | 7 | 6 | 5 | 4 | 3 | 2 | 1 | 0 |
| 7 | 写保护 | 8E | 写 | 00～80 | WP | | | 通常 0 | | | | |
| | | 8F | 读 | | | | | | | | | |

注：CH——时钟停止位。CH＝0,振荡器工作
　　允许；
　　CH＝1,振荡器停止。
WP——写保护位。WP＝0,寄存器数据能够
　　写入；WP＝1,寄存器数据不能写入。

寄存器 2 的第 7 位——12/24 小时标志。bit7＝
　　1,12 小时模式；bit7＝0,24 小时模式。
寄存器 2 的第 5 位——AM/PM 定义。AP＝1,下
　　午模式；AP＝0,上午模式。

HT1380 与 P87LPC764 单片机的接口电路如图 4.4.3 所示,P87LPC764 单片机选取内部振荡器及内部复位电路。

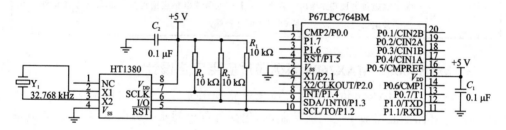

图 4.4.3　HT1380 与单片机的接口电路

# 4.5　振荡器电路设计

## 4.5.1　基于 MAX2605～MAX2609 45～650 MHz VCO 电路

### 1. MAX2605～MAX2609 主要技术特性

MAX2605～MAX2609 是一系列微型、高性能 IF(中频)压控振荡器。其 IF 振荡器频率范围为 45～650 MHz,具有低噪声、低功耗工作特性,适用于便携式无线通信系统。

MAX2605～MAX2609 低噪声的 VCO 采用片上集成的变容二极管和反馈电容,可以不需要外部调谐元件。此系列芯片仅需要一个外部电感,用来设置振荡器的频率。集成的差分输出缓冲器可用来驱动混频器或前置分频器。缓冲器输出采用简单的输出功率匹配,可提供大小为－8 dBm(差分)功率输出,并对来自负载阻抗的变化进行隔离。它们的电源电压为2.7～5.5 V,电流消耗为 2.6～7.5 mA。

### 2. MAX2605~MAX2609 引脚功能

MAX2605~MAX2609 系列芯片采用 SOT23-6 封装,引脚功能如表 4.5.1 所列。

表 4.5.1　MAX2605~MAX2609 引脚功能

| 引　脚 | 符　号 | 功　能 |
|---|---|---|
| 1 | IND | 调谐电感端口。从 IND 连接一个电感到地,对 VCO 中心频率进行设置 |
| 2 | GND | 接地端。通过低感应系数的导线连接到地 |
| 3 | TUNE | 振荡器频率调谐电压输入。输入电压范围为 $+0.4$~$+2.4$ V |
| 4 | OUT− | 高阻集电极开路输出。需要一个上拉电阻或电感连接到 $V_{CC}$ 端,输出功率由外部负载阻抗决定,OUT− 是 OUT+ 的互补端 |
| 5 | $V_{CC}$ | 电源电压输入端。连接一个外部旁路电容到地,使振荡器得到低噪声和低寄生性能 |
| 6 | OUT+ | 高阻集电极开路输出。需要一个上拉电阻或电感连接到 $V_{CC}$ 端,输出功率由外部负载阻抗决定,OUT− 是 OUT+ 的互补端 |

### 3. MAX2605~MAX2609 系列芯片应用电路设计

MAX2605~MAX2609 系列芯片应用电路如图 4.5.1 所示,其 VCO 输出电压是由 PLL 环路滤波器输出电压所控制的,包括外部电感 $L_F$、旁路电容 $C_{BYP}$、差分输出放大器、外部匹配电路及负载 $R_{LOAD}$。

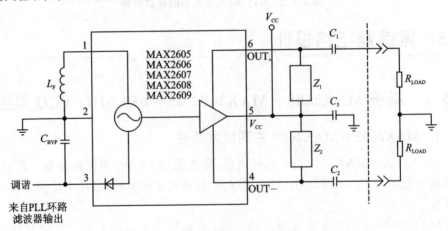

图 4.5.1　MAX2605~MAX2609 系列芯片应用电路

### (1) 振荡器频率

所需的 VCO 频率由外部电感 $L_F$ 的值设定,需要正确地选择电感值,以保证在任何情况下能进行正确地工作。

242

**（2）电感选择**

在规定的工作频率下，所需要的电感值不可能与标准 SMT 电感值相一致，要求选择的电感值可增加 1.2 倍。在此情况下，为了能够获得所必需的电感值，通常采用两个电感 $L_{F1}$ 和 $L_{F2}$ 构成。选择一个数值稍低于所需 $L_F$ 的 $L_{F1}$ 标准电感，再选择一个数值稍低于所需 $(L_F - L_{F1})$ 的 $L_{F2}$ 标准电感。$L_{F1}$ 应该遵循最低品质因数 $Q$ 的必要条件，但 $L_{F2}$ 有可能选择一个较低成本、较低 $Q$、薄膜封装的 SMT 电感，其低 $Q$ 特性电感对全部品质因数 $Q$ 的影响要求小于 20%。然而，$L_{F1}$ 和 $L_{F2}$ 全部品质因数 $Q$ 之和必然要比最小电感品质因数 $Q$ 要大很多（见表 4.5.2）。

**表 4.5.2　外部电感 $L_F$ 范围**

| 型　　号 | 频率范围/MHz | 电感值范围/nH | 最小品质因数 $Q$ |
|---|---|---|---|
| MAX2605 | 45～70 | $680 \leqslant L_F \leqslant 2\ 200$ | 35 |
| MAX2606 | 70～150 | $150 \leqslant L_F \leqslant 820$ | 35 |
| MAX2607 | 150～300 | $39 \leqslant L_F \leqslant 180$ | 35 |
| MAX2608 | 300～500 | $10 \leqslant L_F \leqslant 47$ | 40 |
| MAX2609 | 500～650 | $3.9 \leqslant L_F \leqslant 15$ | 40 |

同时也可以使用 PCB 印制导线提供少量电感，借此来调整全部的电感值。在 MAX2608/MAX2609 上，$L_{F2}$ 的电感值有时可能用 PCB 导线（对地短接）来实现，而不仅仅是采用一个 SMT 电感。当设计带有两个电感的 $L_F$ 时，需使用如图 4.5.2 中的简单模型来计算 $X_L$ 和 $L_{EQ}$。

243

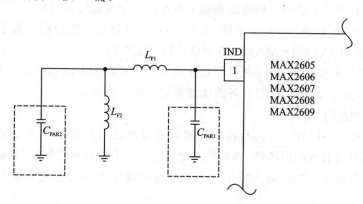

**图 4.5.2　外部电感简单模型**

$L_F$ 表示由引脚端 1（IND）所看到的一个等效电感。此等效电感与连接到所需振荡频率（$f_{NOMINAL}$）上的 IND 的电感相一致。如图 4.5.3 所示，公式 $L_{EQ} = X_L/(2\pi f_{NOMINAL})$。

在所需 $f_{NOMINA}$ 条件下设计 $L_{EQ} = L_F$，在 IND 引脚端上的外部寄生电容值大约可达到 0.5 pF。此电容是在器件引脚端和电感焊盘的寄生电容。并联的电容器是不推荐的,因为它降低了频率调谐范围。

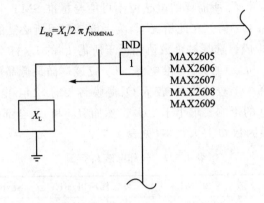

$L_{EQ} = X_L / 2 \pi f_{NOMINAL}$

**IND**

**1**

MAX2605
MAX2606
MAX2607
MAX2608
MAX2609

$X_L$

**图 4.5.3　引脚 1 (IND)的感应电抗**

**(3) TUNE 引脚端上的旁路电容**

MAX2605～MAX2609 的振荡器设计使用不同的 Colpitts 拓扑结构,变容二极管的直流偏置电压被加到 TUNE 引脚端上,并通过外部电感 $L_F$ 接地。对于变容二极管,TUNE 引脚端需要一个高频交流耦合到地。这通过在 TUNE 引脚端连接一个旁路电热器到地来实现,其电容值大于或等于表 4.5.3所列出的电容值。

**表 4.5.3　$C_{BYPASS}$(旁路电容)值**

| 型　号 | $C_{BYPASS}$/pF |
|---|---|
| MAX2605 | ≥820 |
| MAX2606 | ≥680 |
| MAX2606 | ≥330 |
| MAX2606 | ≥100 |
| MAX2606 | ≥39 |

这个电容器对于变容二极管的内部节点提供一个交流短接到地。使用低损耗的非电抗性电容(比如 NPO)是适合的,选择 X7R 电容器是不适合的。若忽略了这个电容,将会对 MAX2605～MAX2609 调谐特性产生影响。

加在 TUNE 引脚的 0.4～2.4 V 电压对 MAX2605～MAX2609 的 VCO 频率范围进行调谐,这个电压是由 PLL 环路滤波器输出电压所控制的。

**(4) 输出接口**

MAX2605～MAX2609 芯片在振荡器核心电路之后放置了一个差分输出放大器。放大器具备有效的隔离性,并提供一个到中频放大器的可变接口,其输出可以使用单端或差分输出,然而,最大输出功率和最低谐波输出都是在差分输出模式下完成的。

OUT－和 OUT＋输出均为集电器开路输出端,连接到电源电压时需一个上拉元件。使用上拉电阻是输出接口连接的最简单的方法。

在图 4.2.2 中,阻值为 1 kΩ 的 $Z_1$ 和 $Z_2$ 连接到电源,它们是分别连接到引脚端 OUT＋和 OUT－的上拉电阻。这些电阻为输出放大器提供直流偏置。除此之外,这些阻值为 1 kΩ 电阻使负载振幅获得最大值,引脚端 OUT－和 OUT＋通过隔直电容与负载连接。

**（5）PCB 的布线**

一般来说，对于任何射频/微波电路适当的 PCB 设计是必要的。对高频信号一般使用受控阻抗线（微带线、共面波导等）。放置去耦电容时要尽可能地靠近 $V_{CC}$ 引脚端。对于降低相位噪声和寄生电容，需使用一个合适的去耦电容。对于长的电源线，有必要在远离器件的地方附加另外的去耦电容；需要提供一条低感应的接地通道；保证 GND 通孔尽可能靠近器件；除此之外，VCO 应该被放置在远离噪声区，如一个开关电路或数字电路；需要使用星型拓扑结构分离接地回路。

并联谐振回路（$L_F$）确定 VCO 的性能参数。为获得最佳性能，需要使用高 $Q$ 值的元件和选择适当的数组。为了降低寄生元件对电路性能的影响，需要将 $L_F$ 和 $C_{BYP}$ 靠近各自的引脚端放置。特别要将 $C_{BYP}$ 直接放置在引脚端 2（GND）和引脚端 3（TUNE）之间。

对于在较高频率的应用，在确定振荡器频率时，需考虑附加的寄生电感和电容的影响。如在 IND 引脚端焊盘上的 PCB 电容，在两个串联电感连接点的 PCB 电容，PCB 导线串联电感，来自电感和集成电路 GND 引脚端接地的接地板返回通道上的电感。为得到最佳性能，调谐电感应尽可能靠近引脚端 2（GND）。除此之外，除去围绕在 $L_F$ 和 $C_{BYP}$ 下面的接地线，将寄生电容的影响减少到最小。

## 4.5.2 基于 MAX2620 的 10～1 050 MHz RF 振荡器电路

### 1. MAX2620 主要技术特性

MAX2620 是集成了一个低噪声振荡器和两个输出缓冲器的电路，振荡器与一个外部变容二极管连接构成谐振回路，具有－110 dBc/Hz 低相位噪声。两个缓冲输出可以用来驱动混频器或前置分频器。缓冲器为振荡器提供负载隔离，阻止因负载的变化而影响频率变化。在工作模式，功耗只有 27 mW（$V_{CC}$＝3.0 V）；而在待机模式，功耗下降到少于 0.3 $\mu$W，电流消耗为 0.1 $\mu$A。MAX2620 电源电压为＋2.7～＋4.35 V。

### 2. MAX2620 引脚功能与内部结构

MAX2620 采用微型 $\mu$MAX-8 封装，引脚功能如表 4.5.4 所列。

MAX2620 内部包含有振荡器和输出合成器电路。振荡器电路是共集电极负阻形式，IC 内部无源元件在发射基极端口产生一个负阻抗。晶体管的基极和发射极连接外部的反馈电容和谐振器。谐振电路调谐到适当的频率并连接到基极，产生振荡。在谐振电路中使用一个变容二极管来构成压控振荡器（VCO）。振荡器内部偏置到一个理想的工作状态，且由于偏置电压的出现，基极和发射极引脚端需要采用电容耦合。输出缓冲器（OUT 和 $\overline{OUT}$）是集电极开路形式，差分对结构，提供振荡器与负载的隔离。差分输出可以用来驱动一个集成的混频器；或者一个输出用来驱动混频器（上变频或下变频），另一个输出用来驱动前置分频器。当 $\overline{SHDN}$ 为低电平时，关闭整

全国大学生电子设计竞赛电路设计(第3版)

个电路。

表 4.5.4　MAX2620 的引脚功能

| 编　号 | 名　称 | 功　能 |
|---|---|---|
| 1 | $V_{CC1}$ | 振荡器直流电源电压输入。需要连接一个 1 000 pF 去耦电容到地;也可以使用一个电容和一个串联电感(尺寸 0805 或更小)进行去耦;或者在 $V_{CC1}$ 到电源引脚端串联连接一个 10 Ω 电阻进行电源去耦。适当的电源去耦对振荡器降低噪声和寄生是重要的 |
| 2 | TANK | 连接振荡器的谐振电路 |
| 3 | FDBK | 振荡器反馈电路连接。在 FDBK 和 TANK 以及 FDBK 和 GND 之间,连接适当的电容来调谐振荡器反馈增益(负电阻),达到所要求的振荡器频率值 |
| 4 | $\overline{SHDN}$ | 逻辑控制输入,高阻抗输入。$\overline{SHDN}$ 为低电平时,关闭整个电路 |
| 5 | $\overline{OUT}$ | 缓冲器集电极开路输出负端。需要外部上拉到电源。上拉可以采用电阻、扼流圈或电感(匹配网络的一部分)。匹配电路提供最大功率输出和最大功率效率。OUT 可以和 $\overline{OUT}$ 一起构成差分输出形式 |
| 6 | GND | 接地。采用一个低自感系数连接到地 |
| 7 | $V_{CC2}$ | 输出缓冲器直流电源电压输入。需要连接一个 1 000 pF 去耦电容到地;也可以使用一个电容和一个串联电感(尺寸 0805 或更小)进行去耦 |
| 8 | OUT | 缓冲器集电极开路输出正端。需要外部上拉到电源。上拉可以采用电阻、扼流圈或电感(匹配网络的一部分)。匹配电路提供最大功率输出和最大功率效率。OUT 可以和 $\overline{OUT}$ 一起构成差分输出形式 |

### 3. 使用 *LC*(变容二极管)谐振器电路 10 MHz VCO 电路

使用 *LC*(变容二极管)谐振器电路 10 MHz VCO 电路如图 4.5.4 所示,变容二极管的型号为 SMV1200‒155。

### 4. 10 MHz 晶体振荡器电路

MAX2620 构成的 10 MHz 晶体振荡电路如图 4.5.5 所示。

### 5. 谐振回路参数计算

谐振回路模型如图 4.5.6 所示,谐振频率可由下式得出:

$$f_O = \frac{1}{2\pi \sqrt{L_1 \left[ C_{STRAY} + \dfrac{C_{17} \times C_{D1}}{C_{17} + C_{D1}} + C_6 + \dfrac{C_5 \times C_n}{C_5 + C_n} \right]}} \tag{4.5.1}$$

式中:

$$C_n = \frac{(C_3 + C_{03})(C_4 + C_{04})}{C_3 + C_{03} + C_4 + C_{04}}$$

全国大学生电子设计竞赛电路设计(第3版)

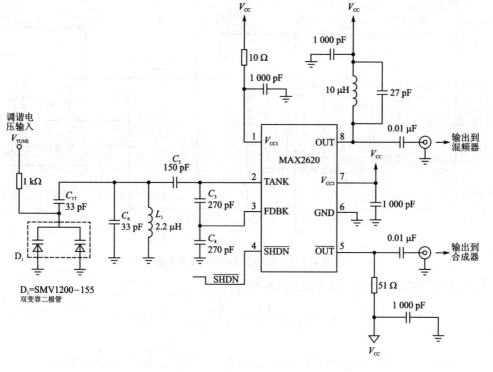

图 4.5.4　使用 $LC$(变容二极管)谐振器电路 10 MHz VCO 电路

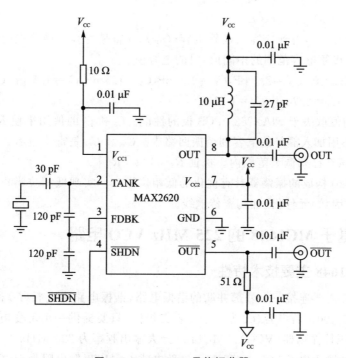

图 4.5.5　10 MHz 晶体振荡器

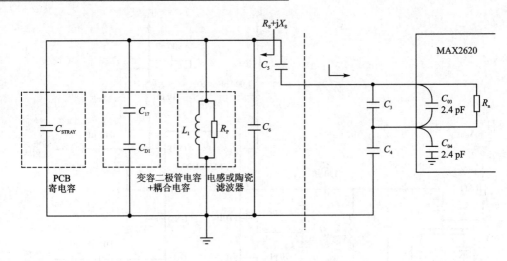

**图 4.5.6　MAX2620 谐振回路模型**

$R_n$ 是负的实部阻抗,由 $C_3$ 和 $C_4$ 决定,大约为:

$$R_n = g_m \left( \frac{1}{2\pi f(C_3 + C_{03})} \right) \left( \frac{1}{2\pi f(C_4 + C_{04})} \right) \quad (4.5.2)$$

式中:$g_m = 18$ ms。

以图 4.5.5 的电路为例,说明振荡器中心频率为 900 MHz 的振荡器设计:

选择:$L_1 = 5$ nH$\pm 10\%$,$Q = 140$。

计算:$R_P = Q \times 2\pi \times f \times L_1$

使用式(4.5.1)得到变容二极管电容($C_{D1}$)。$C_{D1}$ 是变容二极管在得到一半电源电压(变容二极管电容范围的中间值)时的电容值。

假设以下值:$C_{STRAY} = 2.7$ pF,$C_{17} = 1.5$ pF,$C_6 = 1.5$ pF,$C_5 = 1.5$ pF,$C_{03} = 2.4$ pF,$C_{04} = 2.4$ pF,$C_3 = 2.7$ pF,$C_4 = 1$ pF。

$C_{STRAY}$ 的值取决于 MAX2620 PCB 板的性能。$C_3$ 和 $C_4$ 的值用来使 $R_n$ 最小化,见式(4.5.2),不用加入额外的电容到谐振回路中。$C_{03}$ 和 $C_{04}$ 是寄生电容。变容二极管电容范围应该在已知调节范围内。保证 $R_S < 1/2 \mid R_n \mid$。

MAX2620 构成的振荡器具有优化的低相位噪声。实现低相位噪声特性要求使用高 $Q$(品质因数)元件,比如陶瓷传输线。

## 4.5.3　基于 MC1648 的 225 MHz VCO 电路

### 1. MC1648 主要技术特性

MC1648 需要连接一个外部并联的谐振电路,谐振电路由电感($L$)和电容($C$)组成,要求 $Q_L \geqslant 100$。若电容($C$)为一个变容二极管,只要提供一个可变电压输入就可以构成一个压控振荡器(VCO)。MC1468 最大输出频率为 225 MHz。

MC1648 输入电容为 6.0 pF,对于外部电感 $L$ 最大串联电阻为 50 Ω。根据系统的要求,可以工作在 +5.0 V 的直流电源或 -5.2 V 的直流电源下,功率消耗为 150 mW。

MC1468 通常设计用在锁相环电路中,也可以用于其他许多应用。例如,作为一个固定或可变的频率、高频谱纯度的时钟源。

**注意**:MC1648 不能够作为晶体振荡器。

### 2. MC1648 引脚功能

MC1648 采用 CASE 775 - 02、CASE 632 - 08、CASE 646 - 06、CASE 751 - 05 多种封装,引脚端功能如下:引脚端 12(TANK)连接外部谐振电路,引脚端 10(BIAS)为偏置电流设置端,引脚端 5(AGC)为自动增益控制端,引脚端 3(OUT)为输出端,引脚端 1、14($V_{CC}$)为电源电压输入端,引脚端 7、8($V_{EE}$)为接地端,引脚端 2、4、6、9、11、13(NC)未连接。

### 3. MC1648 的应用电路设计

MC1648 构成的 VCO 电路形式如图 4.5.7 所示,振荡器谐振回路元器件参数如表 4.5.5 所列。

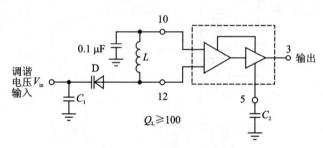

**图 4.5.7　MC1648 构成的 VCO 电路形式**

**表 4.5.5　振荡器谐振回路元器件参数**

| 谐振频率($f$)/ MHz | 变容二极管(D)型号 | 谐振回路电感($L$)/μH |
| --- | --- | --- |
| 1.0~10 | MV2115 | 100 |
| 10~60 | MV2115 | 2.3 |
| 60~100 | MV2106 | 0.15 |

一个振荡器频率为 8~50 MHz 的 VCO 电路如图 4.5.8 所示,$L$ 采用 Micro Metal Toroidal Core ♯T44 - 10,No. 22 铜线绕 4 圈构成,电感值 $L$ = 0. 13 $\mu$H ,$Q_L \geqslant 100$。控制电压范围为 2~8 V,振荡器频率范围为 8~50 MHz。

在图 4.5.8 所示电路,$L$ 采用 Micro Metal Toroidal Core ♯T44 - 10,No. 22 铜线绕 20 圈构成,电感值 $L$ = 1. 58 $\mu$H ,$Q_L \geqslant 100$。在 $L$ 两端并联一个电容器,$C$ = 500 pF.控制电压范围为 2~6 V 时,振荡器频率范围为 8~15 MHz。

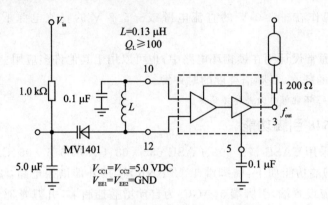

图 4.5.8　8～50 MHz VCO 电路

　　一个振荡器频率为 50～170 MHz 的 VCO 电路如图 4.5.9 所示，$L$ 采用 Micro Metal Toroidal Core ♯ T30‑12，No. 22 铜线绕 6 圈构成，电感值 $L=0.065\ \mu H$，$Q_L \geqslant 100$。控制电压范围为 2～10 V，振荡器频率范围为 50～170 MHz。

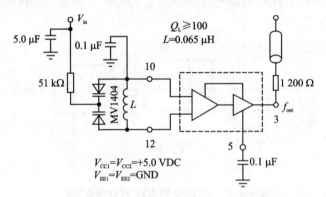

图 4.5.9　50～170 MHz 的 VCO 电路

# 4.5.4　基于 MC12148 的 1 100 MHz VCO 电路

## 1. MC12148 芯片主要技术性能

　　MC12148 需要一个外部并联的谐振电路，谐振电路由电感($L$)和电容($C$)组成。要求 $Q_L \geqslant 100$，这样，在各种振荡频率都能够实现最佳性能。若电容($C$)为一个变容二极管，只要提供一个可变电压输入，可以构成一个压控振荡器(VCO)。此器件也可以在其他一些需要固定时钟频率的应用中使用。MC12148 芯片在本地振荡器中应用是一个理想芯片。

　　MC12148 芯片是基于 MC1648 芯片的 VCO 电路技术的芯片。MC12148 的性能超过 MC1648 芯片，可以在更高的工作频率下使用，而仅需要一半的工作电流。通常使用 MC1648 芯片的数据作为参考。

MC12148 芯片工作频率可达 1 100 MHz,在 5 V 直流电源电压的情况下,电流消耗为20 mA。相位噪声可达 $-90$ dBc/Hz(在 25 kHz),工作温度范围为 $-40\sim$ 85 ℃。

MC12148 芯片的 ECL(发射极开路输出结构)输出电路有一个 500 Ω 的片上终端电阻,这可以使输出信号直接采用交流耦合进入到一条传输线之内。由于此输出结构,不需要外部下拉电阻便提供一条直流输出通道。这个输出结构是为了驱动一个 ECL 负载。如果用户需要独立的信号可以采用 MC10 EL16 线的接收/驱动 ECL 缓冲器。

注意:MC12148 不能作为晶体振荡器使用。

### 2. MC12148 引脚功能与内部结构

MC12148 芯片内部包含有一系列差分放大电路。MC12148 芯片采用 SOIC - 8 封装,引脚封装形式如图 4.9.1 所示,MC12148 引脚功能:引脚端 1($V_{cc}$)为电源电压输入;引脚端 2(AGC)为电路自动增益控制;引脚端 3(TANK)为谐振回路连接端;引脚端 4($V_{ref}$)为基准电源电压;引脚端 5(GND)为接地端;引脚端 6(OUT)为电路输出端;引脚端 7($V_{cco}$)为放大电路电源;引脚端 8(GND)为接地端。

### 3. MC12148 芯片应用电路设计

MC12148 芯片应用电路如图 4.5.10 所示,电路使用电源电压($V_{cc}$)范围为 4.5~5.5 V,在其引脚 3 和 4 连接的变容二极管组成并联谐振回路,$V_{in}$ 为振荡器提供可变的控制电压。注意:图中 1 200 Ω 电阻和示波器的输入电阻组成一个 25:1 的衰减探头。

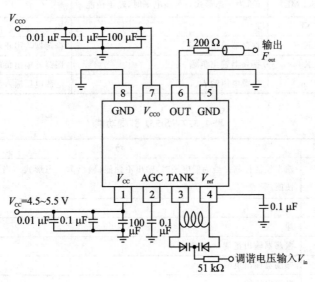

**图 4.5.10　MC12148 应用电路图**

## 4.5.5　基于 Si530/531 的 10 MHz～1.4 GHz 晶体振荡器电路

### 1. Si530/531 主要技术特性

Si530/531 晶体振荡器采用 Silicon Laboratories 先进的 DSPLL 电路技术,提供一个低抖动的高频时钟。Si530/531 提供 10～945 MHz 任意比率的输出频率,可选择频率到 1 400 MHz。传统的晶体振荡器对于每一个输出频率需要不同的晶振,而 Si530/531 使用一个固定的晶振可以提供一个宽的输出频率范围。

Si530/531 能够提供 CMOS、LVPECL、LVDS 和 CML 输出,可选择 3.3 V、2.5 V 和 1.8 V 电源电压,电流消耗为 90 mA。工作温度范围为－40～85 ℃。

### 2. Si530/531 引脚功能与内部结构

Si530/531 采用 5 mm×7 mm 模块式封装。Si530 有 LVDS/LVPECL/CML 输出和 CMOS 输出两种形式,如图 4.13.1 所示。Si531 只有 LVDS/LVPECL/CML 输出形式。Si530/531 内部结构方框图如图 4.5.11 所示。Si530/531 引脚端功能如表 4.5.6 和表 4.5.7 所列。

**表 4.5.6　Si530 引脚功能**

| 引　脚 | 符　号 | Si530 LVDS/LVPECL/CML 输出 | Si530 CMOS 输出 |
|---|---|---|---|
| 1 | OE(CMOS) | 未连接 | 输出使能控制。当为低电平时,输出不使能(输出为三态形式);为高电平时,输出使能 |
| 2 | OE(LVPECL、LVDS、CML) | 输出使能控制。当为低电平时,输出不使能(为三态形式);为高电平时,输出使能 | 未连接 |
| 3 | GND | 地 | 地 |
| 4 | CLK+ | 振荡器输出正端 | 振荡器输出正端 |
| 5 | CLK- | 振荡器输出负端 | 振荡器输出负端 |
| 6 | $V_{DD}$ | 电源电压输入 | 电源电压输入 |

**表 4.5.7　Si531 引脚功能**

| 引　脚 | 符　号 | 功　能 |
|---|---|---|
| 1 | OE | 输出使能控制。当为低电平时,输出不使能(输出为三态形式);当为高电平时,输出使能 |
| 2 | NC | 未连接 |
| 3 | GND | 地 |
| 4 | CLK+ | 振荡器输出正端 |
| 5 | CLK- | 振荡器输出负端 |
| 6 | $V_{DD}$ | 电源电压输入 |

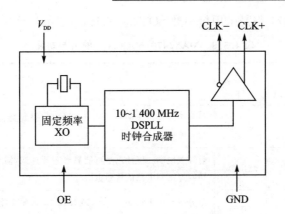

图 4.5.11　Si530/531 内部结构方框图

### 3. Si530/531 的应用

Si530/531 晶体振荡器不需要外部电路,可以直接与其他电路连接使用。

## 4.5.6　基于 MAX2470/2471 的 10～500 MHz VCO 输出缓冲电路

### 1. MAX2470/2471 的主要技术特性

MAX2470/2471 是灵活的、低成本的、高反向隔离的缓冲放大器芯片,常用于 VCO 电路及多种振荡器电路中,在蜂窝电话、PCS 移动电话和 ISM 频带等系统中应用。

MAX2470/2471 有高的输入阻抗。MAX2470 提供单端的输入,可将单端输入转换为差分输出,50 Ω 的差分输出阻抗可用来驱动差分(平衡)的负载。而 MAX2471 提供差分输入,将一个差分输入变换成两个单端输出,可用来驱动两个分离的单端(不平衡)的 50 Ω 负载。

MAX2470 有两个可选择的工作频率范围 10～500 MHz 和 10～200 MHz。 MAX2471 工作频率范围为 10～500 MHz,增益为 8.9～15.3 dB,噪声系数为 10.2 dB, 最大 VSWR 输出为 1.5：1,反向隔离为 75 dB。MAX2470/MAX2471 在 200 MHz 频率下的功率增益大于14 dB,并有 64 dB 典型的反向隔离。

MAX2470/MAX2471 的 HI/$\overline{\text{LO}}$ 高电平输入为 $2.0V_{min}$,HI/$\overline{\text{LO}}$ 低电平输入为 $0.6\ V_{max}$。

MAX2470/MAX2471 使用单电源工作,电压范围为 +2.7 ～ +5.5 V,电源电流为 3.0～7.4 mA,在 -5 dBm 的输出功率下,电流消耗为 3.6～5.5 mA。

### 2. MAX2470/2471 引脚功能与内部结构

MAX2470/2471 的芯片内部包含有输入缓冲放大器、输出同相和反相驱动器以及偏置控制电路。

MAX2470/2471 都是采用超小型 SOT23 - 6 封装，引脚功能如表 4.5.8 所列。

表 4.5.8 MAX2470/MAX2471 的引脚功能

| 引 脚 | | 符 号 | 功 能 |
|---|---|---|---|
| MAX2470 | MAX2471 | | |
| 1 | 1 | OUT | 差分缓冲输出正端。宽带 50 Ω 输出，需要交流耦合，该引脚端不能接直流电源 |
| 2 | 2 | GND | 射频接地端。接地点尽可能靠近芯片连接，需要采用低电感系数的导线连接到电路的接地板 |
| 3 | 3 | $\overline{\text{OUT}}$ | 差分缓冲输出负端。宽带 50 Ω 输出，需要交流耦合，该引脚端不能接直流电源 |
| 4 | — | HI/$\overline{\text{LO}}$ | 偏置和带宽控制输入端。若与 $V_{\text{CC}}$ 连接，设置内部偏置使芯片工作在较高频带（10～500 MHz）。若与 GND 连接，设置内部偏置使芯片工作在低频带（10～200 MHz），这样可以降低电流消耗 |
| — | 4 | $\overline{\text{IN}}$ | 差分缓冲输入负端。高阻抗输入到缓冲放大器 |
| 5 | 5 | IN | 差分缓冲输入正端。高阻抗输入到缓冲放大器 |
| 6 | 6 | $V_{\text{CC}}$ | 电源电压输入正端。+2.7 V<$V_{\text{CC}}$< 5.5 V |

254

### 3. MAX2470/2471 的应用电路设计

MAX2470/2471 应用电路原理图如图 4.5.12 所示，设计中应考虑以下几个方面。

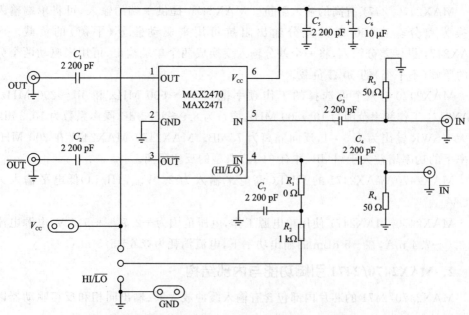

图 4.5.12 MAX2470/MAX2471 应用电路原理图

**（1）带宽控制电路**

MAX2470 有逻辑控制偏压电路,使输入频率在 $10\sim500$ MHz（HI/$\overline{\text{LO}}$＝$V_{\text{CC}}$）、$10\sim200$ MHz（HI/$\overline{\text{LO}}$＝GND）时有最优的工作性能。当芯片工作在 HI/$\overline{\text{LO}}$＝GND 时,可明显地降低功率消耗。

**（2）输入考虑**

MAX2470/2471 提供高阻抗输入,可实现 VCO 的低失真缓冲。在基于晶体管振荡器设计时,用简单的 AC 耦合将振荡器直接接入到输入端,缓冲器的高输入阻抗导致振荡器的负载最小化。可用一个并联 $L$ 紧接串联隔直电容 $C$ 组成匹配电路。在匹配电阻为 50 Ω 的 VCO 模块中,缓冲器的输入端采用 50 Ω 并联电阻紧接串联隔直电容,形成了非常稳定的50 Ω 匹配,并提高了反向隔离。

**（3）输出考虑**

MAX2470 和 MAX2471 提供完全差分输出级,能够驱动一个 AC 耦合的 100 Ω 差分负载或两个 AC 耦合的 50 Ω 的单端负载。振荡器可同时驱动两个应用电路（例如混频器和 PLL）,输出到输出的高隔离特性,可以确保多个负载电路之间的交叉感应最小。

**（4）布线和电源旁路**

对任何射频/微波电路,适当的 PCB（印制电路板）设计是必要的,对高频信号一般使用受控阻抗线。放置电源去耦电容时要尽可能地接近 $V_{\text{CC}}$ 引脚端,对于长的电源线（感性）,有必要在远离器件的地方附加额外的去耦电容。

为获得最大隔离性能,接地引脚端的适当连接是必要的。两个 GND 引脚直接连接到 PCB 顶层的接地板。如果接地面不是在元器件面,最好的方法是把 GND 引脚端通过通孔与底层的接地面连接,通孔的位置要尽可能靠近封装 GND 引脚端。

MAX2470/MAX2471 实用电路的 PCB 板在出厂前已经装配好并测试通过,根据下面的连接和装配部分的说明可以得到电路参数测试。该电路能够测试器件的射频工作而不需要外加支持电路。信号输出使用 SMA 连接器,可便于射频测试器件的连接。MAX2470 连接 MAX2470 指定处,内有高阻抗输入（焊盘终端接有 50 Ω 电阻）,并连接一对匹配了 50 Ω 电阻的输出。JU1 在 HI/$\overline{\text{LO}}$控制偏压输入处设置为逻辑低电平,工作在 $10\sim500$ MHz 或 $10\sim200$ MHz 的频率范围。而 MAX2471 连接着 MAX2471 指定处,有两个高阻抗输入（焊盘终端接有 50 Ω 电阻）和一对匹配了 50Ω 电阻的差分输出。

**（5）所需的测试设备**

● 直流电源,电压范围为＋2.7～＋5.5 V,产生电流最小值为 10 mA。

● 射频频谱分析仪,在 MAX2470/2471 的工作带宽处进行测量,产生少量的谐波,例如 HP 8561E。

● 射频信号发生器,在 500 MHz 处产生 0 dBm 的输出功率,例如 HP 8648C 信号发生器。

- 转换比为 2：1 的两个不平衡变压器,工作频率为 10～500 MHz,例如 Ma-com 模块号为 96341 的 180°混合器(不平衡变压器)。MAX2470 在输出时需要一个信号的 180°混合,而 MAX2471 要求两个 180°混合:一个在输入端,另一个在输出端。

**(6) 连接和安装**

- 直流电源电压小于+5.5 V,最好的启动点是电压为+3.0 V 时。电源电压连接在 $V_{cc}$ 和 GND 之间。

- 在频率为 200 MHz 时设置信号发生器的输出功率为－20 dBm 。将信号发生器的输出接到 SMA 连接器的 IN 引脚处(MAX2470)。而 MAX2471 在信号发生器和差分输入之间接有不平衡变压器(IN 和 $\overline{\text{IN}}$)。

- 在缓冲输出和频谱分析仪之间连接着不平衡变压器,可以测出差分功率增益。

**(7) 分　析**

调整频率范围,中心频率和频谱分析仪的振幅可以在 200 MHz 下得到信号峰值;MAX2470 的输出信号功率接近－6 dBm,而 MAX2471 的输出信号功率为－5 dBm。

# 第 5 章

# 射频电路设计

在全国大学生电子设计竞赛中,在无线环境监测模拟装置(2009 年 D 题)、无线识别装置(2007 年 B 题)、单工无线呼叫系统(2005 年 D 题)、简易无线电遥控系统(1995 年 C 题)等"无线电类"赛题中,使用了射频低噪声放大器、功率放大器、调制/解调、RF 收发器等电路。在"无线电类"赛题是不允许采用现成的 RF 模块的。因此,熟练掌握射频电路的特性、设计和制作要点是该类竞赛作品能否成功的关键之一。本章分 7 个部分,分别介绍了 LNA 放大器电路、功率放大器电路、混频器电路、调制器与解调器电路、PLL、DDS 和单片无线收发器电路等集成电路芯片的主要技术性能与特点、芯片封装与引脚功能、内部结构、工作原理和应用电路设计。

## 5.1 低噪声放大器电路设计

### 5.1.1 基于 MBC13720 的 0.4～2.4 GHz低噪声放大器电路

#### 1. MBC13720 的主要技术性能与特点

MBC13720LNA 是 Freescale 公司生产的低噪声放大器(LNA)电路,频率范围为 400 MHz～2.4 GHz,射频增益为 11.5～20 dB,工作电压为 2.5～3.0 V。

MBC13720 有 4 种模式:低 IP3、高 IP3、旁路和待机。低 IP3 和高 IP3 的工作电流为5.0 mA 和 11 mA,具有可完全关断器件的待机模式。最高输入互调截点 IP3 为 10 dBm(1.9 GHz)和 13 dBm(2.4 GHz)。最低噪声指数为 1.38 dB(1.9 GHz)和 1.55 dB(2.4 GHz)。输入/输出匹配能够满足设计的灵活性要求。

#### 2. MBC13720 的引脚功能与封装形式

MBC13720 采用 SOT - 363 封装。各引脚功能如下:引脚 2($V_{cc}$)为电源电压输入端;引脚 3(RF OUT)为射频输出端;引脚 4(RF IN)为射频输入端;引脚 5(GND)为接地端;引脚 6(EN1)和引脚 1(EN2)的功能如表 5.1.1 所列。

表 5.1.1 EN1 和 EN2 功能真值表

| EN1 | EN2 | 状　态 | 电流消耗 | EN1 | EN2 | 状　态 | 电流消耗 |
|---|---|---|---|---|---|---|---|
| 0 | 0 | 待机 | <20 μA | 1 | 0 | 高 IP3 | 约 11 mA |
| 0 | 1 | 旁路 | 0 μA | 1 | 1 | 低 IP3 | 约 5.0 mA |

### 3. MBC13720 的内部结构与应用电路设计

MBC13720 芯片内部包含有一个放大器、一个开关和一个偏置控制电路。由引脚 EN1 和 EN2 编程确定其工作状态。旁路开关的设计就是为了使待机模式和放大模式间的输入和输出回波损耗变化最小。

MBC13720 的模式状态由引脚 EN1 和 EN2 编程确定。在低 IP3 模式下，电流消耗为最优化，具有较好的噪声系数性能；而高 IP3 模式的电流消耗大，但可提高截获点性能。高 IP3 模式和低 IP3 模式的增益差别一般为 1.0 dB。

内部的旁路开关可使旁路模式和放大模式间的输入和输出回波损耗的变化最小，使 LNA 的输入和输出端的失配最小，简化了匹配网络的设计。

MBC13720 构成的 900 GHz LNA 应用电路的电路原理图、印制板图和元器件装配图如图 5.1.1 所示。此电路使用输入低频陷波电路使输入截点最大，并有适中的 IP3 性能和较高的增益。

## 5.1.2 基于 MGA72543 的 0.1～6 GHz 低噪声放大器电路

### 1. MGA72543 的主要技术性能与特点

MGA72543 是 Agilent 公司生产的低噪声放大器（LNA）电路，其工作频率范围为 0.1～6.0 GHz；能提供 14 dB 的增益；工作电压范围为 2.7～4.2 V；噪声系数在 2 GHz 时为 1.4 dB；在芯片上的旁路开关损耗为 +2.5 dB（$I_d$<5 μA）；固定 $IIP_3$ 为 +35 dBm，可调 $IIP_3$ 为 +2～+14 dBm；当该电路设定为旁路模式时，输入和输出都由内部匹配到 50 Ω；设置为低噪声放大器时，输出内部匹配到 50 Ω，为了获得最低的噪声系数，输入也须匹配到 50 Ω；为了得到低 VSWR（电压驻波比），输入可再通过增加一个串联电感进行外部匹配。

MGA72543 有一个旁路开关功能，它把电流设置为 0，并产生低的插入损耗。当接收高信号电平时，旁路模式能扩大动态范围。它在 CDMA 驱动放大器应用时，可产生适当的增益和线性度。当手持设备发射最高功率时，可满足 ACPR（相邻信道功率响应）的需要。当发射较低的功率时，MGA72543 被旁路，可以降低工作电流。其工作温度范围为 -40～+85 ℃。

### 2. MGA72543 的引脚功能与封装形式

MGA72543 采用 SOT343（SC-70）封装，引脚端 1、4（GND）为接地端；引脚端 3

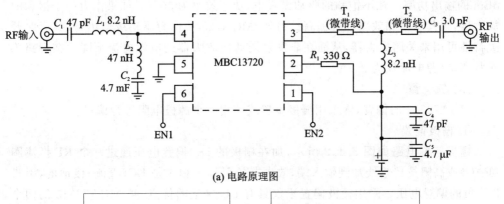

(a) 电路原理图

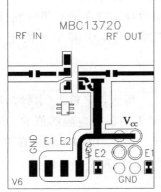
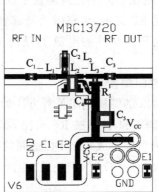

(b) 印制板图和元器件装配图

**图 5.1.1　MBC13720 构成的 900 GHz LNA 应用电路**

（INPUT & $V_{REF}$）为射频输入端；引脚端 2（OUTPUT & $V_d$）为射频输出端。

### 3. MGA72543 的内部结构与工作原理

MGA72543 是一个单级的 GaAs RFIC 放大器，有一个完整的旁路开关。旁路开关可看作是一个 1 位数字 AGC（自动增益控制）电路，用来防止接收高信号失真，还可减少 16 dB 的系统前端增益，从而避免在接收器中过驱动下一级，比如混频器。

### 4. MGA72543 的应用电路

#### （1）LNA 应用时的偏置电流

MGA72543 在低噪声放大器应用时，其偏置应设置在 10～20 mA 范围内。在 20 mA 时，NF 最小。不推荐使用小于 10 mA 的偏置电流，这是因为器件的特性在低电流下迅速改变。

#### （2）驱动放大器应用时的偏置电流

由于 MGA72543 具有可灵活地调整电流的特性，所以适合在发射器驱动级中使用。若放大器的偏置电流设置为 40～50 mA，在 1 dB 增益压缩点可传送最大为 +16

dBm 的输出功率。在不饱和的驱动模式中,功率效率为 30％。如果作为一个饱和的放大器,则其功率和效率都将提高。另外,MGA72543 作为驱动级使用时,其旁路开关特性可用来关闭放大器,从而在非发射周期使放大器的电源电流下降。在旁路工作状态,电源电流仅为 2 μA。

**(3) 偏　置**

MGA72543 的偏置,常采用栅极偏置或使用一个源极电阻进行偏置。

① 栅极偏置

栅极偏置电路如图 5.1.2 所示,加在栅极的 DC 偏置电压通过一个 RF 扼流圈(RFC)或高阻抗传输线加到输入端,放大器的引脚 1 和 4 是 DC(直流)接地的,引脚 3 接负的偏置电压。采用栅极偏置不仅具有 DC 接地的优点,且 MGA72543 的两个接地引脚都是 RF 接地,可稍微改进其性能,从而减少潜在的不稳定性;其缺点是需要负的电源电压。器件的电流 $I_d$ 是由 INPUT& $V_{REF}$(引脚 3)相对于地的电压确定的。

② 源极电阻偏置

MGA72543 的源极电阻偏置方法如图 5.1.3 所示,RF 输入(引脚 3)DC 接地,两个接地端(引脚 1 和 4)都被 RF 旁路,器件电流 $I_d$ 由源极电阻的值 $R_{bias}$ 决定,$R_{bias}$ 为 MGA72543 的引脚 1 或 4 与 DC 地间的电阻值。注意:引脚 1 和 4 在 RFIC 内连接在一起。当 $R_{bias}$ = 0 Ω 时,产生最大的器件电流(大约为 65 mA)。

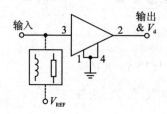

图 5.1.2　MGA72543 的栅极偏置电路

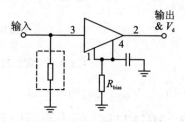

图 5.1.3　源极电阻偏置方法

③ 自适应偏置

在输入功率电平改变幅度很大的应用中,MGA72543 的偏置可采用动态方法,以适应信号的变化,与信号电平匹配。自适应偏置的两种方法如图 5.1.4 所示。在模拟控制的情况下,在源极偏置电阻中,使用一个可控制的电流源。在数字控制的情况下,采用电子开关来控制源电阻的数值。

④ 电源电压

电源电压通过 RF 输出连接(引脚 2)为 MGA72543 提供电压 $V_d$。用一个 RFC 隔离 RF 信号到 DC 电源。电源端采用电容接地,滤除 DC 电源线的 RF 信号。实际上,采用高阻抗传输线(λ/4)代替 RFC 更经济。

当采用栅极偏置的方法时,加在器件上的总电压等于引脚 3 的电压 $V_{REF}$ 和引脚

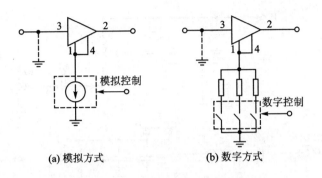

**(a) 模拟方式**　　　　　**(b) 数字方式**

图 5.1.4　自适应偏置的两种方法

2 的电压 $V_d$ 之和。例如,工作电压为 3 V 时,为了使 $V_{REF}$ 为 $-0.5$ V,可把 $V_d$ 设置到 2.5 V。DC 栅极偏置电路如图 5.1.5 所示。

对于源极电阻偏置,与栅极偏置方法一样,器件的总电压等于 $(V_{REF}+V_d)$。当使用源电阻时,$V_{REF}$ 为 0,器件的工作电压与 $V_d$ 相同,等于 3 V。源极电阻 DC 偏置电路如图 5.1.6 所示。在 RF OUTPUT 端与引脚 2 使用隔直电容,把电源电压与随后的电路隔离。

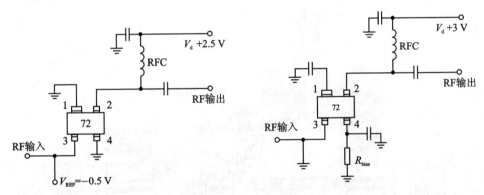

图 5.1.5　DC 栅极偏置电路　　　　　图 5.1.6　源极电阻 DC 偏置电路

**(4) 1 900 MHz 下应用电路举例**

MGA72543 工作在 1 900 MHz 下的应用电路原理图和 PCB 布线图如图 5.1.7 所示,应用电路中使用的元器件参数如表 5.1.2 所列。该电路输入与输出端连接了隔直电容,工作电压为 +3 V。采用一个 2 位 DIP 开关(SW₁ 和 SW₂)设定 MGA72543 的工作状态,如:①旁路模式,开关旁路放大器;②低噪声放大器模式,低偏置电流;③和④驱动放大器模式,高偏置电流。

电阻 $R_3$ 和 $R_4$ 构成源偏置电阻 $R_{bias}$,选择 $R_3=10$ Ω 和 $R_4=24$ Ω 的电阻值来设置 4 种状态下的器件电流:a. 旁路模式为 0 mA;b. LNA 模式为 20 mA;c. 驱动器模式为 35 mA;d. 驱动器模式为 40 mA。此时,$V_{con}$ 端应保持开路。

全国大学生电子设计竞赛电路设计(第3版)

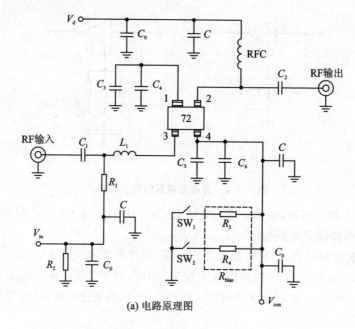

(a) 电路原理图

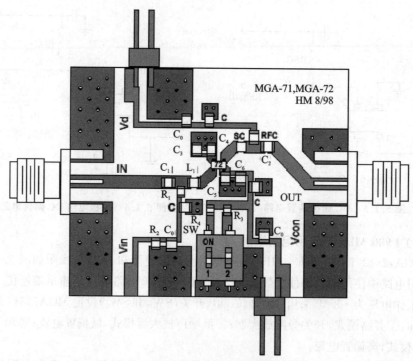

(b) 元器件布局和印制板图

**图 5.1.7　MGA72543 工作在 1 900 MHz 的应用电路**

此外,也可以通过断开 DIP 开关设置为旁路状态,另增加一个外部偏置电阻到 $V_{con}$,采用这个外置电阻设置电流。

**表 5.1.2 MGA72543 工作在 1 900 MHz 的应用电路使用的元器件参数**

| 元件名称 | 参 数 | 元件名称 | 参 数 |
|---|---|---|---|
| $R_1$ | 5.1 kΩ | RFC | 22 nH |
| $R_2$ | 5.1 kΩ | $C_1$ | 100 pF |
| $R_3$ | 10 Ω | $C_2$ | 47 pF |
| $R_4$ | 24 Ω | $C_3$ | 30 pF |
| SC | Short | $C_4$ | 22 pF |
| $L_1$ | 2.9 nH | $C_5$ | 22 pF |
| $SW_1$ | 2 位 DIP 开关 | $C_6$ | 30 pF |
| $SW_2$ | 2 位 DIP 开关 | $C_0$ | 1 000 pF |

# 5.2 射频功率放大器电路设计

## 5.2.1 基于 AD8353 的 0.1～2.7 GHz 射频功率放大器电路

### 1. AD8353 的主要技术性能与特点

AD8353 是 ADI 公司生产的宽带、固定增益、线性功率放大器电路。其工作频率范围为 100 MHz～2.7 GHz,输入和输出端内部匹配到 50 Ω,工作温度范围为 $-40～+85$ ℃。

AD8353 由外置 RF 扼流圈连接电源(3 V)和输出脚时,能够产生 9 dBm 的线性输出功率,电源电流为 42 mA。工作在 900 MHz 时,有 20 dB 的增益;输出三阶截点(OIP3)大于 23 dBm;噪声系数为 5.3 dB;反向隔离为 $-35$ dB。而工作在 2.7 GHz 时,OIP3 为 19 dBm;噪声系数为 6.8 dB;反向隔离为 $-30$ dB。AD8353 采用 5 V 电源供电,不需要外置电感,工作在 900 MHz 时,增益为 20 dB,OIP3 为 8 dBm。

### 2. AD8353 的引脚功能和封装形式

AD8353 采用 CP - 8 封装,引脚功能如表 5.2.1 所列。

**表 5.2.1 AD8353 引脚功能**

| 引 脚 | 符 号 | 功 能 | 引 脚 | 符 号 | 功 能 |
|---|---|---|---|---|---|
| 1,8 | COM1 | 地 | 4,5 | COM2 | 地 |
| 2 | NC | 未连接 | 6 | $V_{POS}$ | 电源电压正端 |
| 3 | INPT | RF 输入 | 7 | $V_{OUT}$ | RF 输出 |

### 3. AD8353 的内部结构与应用电路

AD8353 是一个采用单端输入和输出的固定增益放大器,内部具有并联和串联二级反馈放大器。其第一级放大器产生约 10 dB 的增益;第二级放大器是 PNP - NPN 达林顿输出级,产生约 10 dB 的增益。它可直接插入一个 50 Ω 的系统,无需阻抗匹配电路。温度和电源电压的变化对这个器件影响很小,输入和输出阻抗十分稳定,无需阻抗匹配补偿。

AD8353 应用电路如图 5.2.1 所示,电路采用 2.7～5.5 V 的单电源供电,电源采用0.47 μF 和 100 pF 的电容去耦。$L_1$ 是 RF 扼流圈,$L_1 = 100$ nH,仅在 $V_P = 3$ V 时使用,用于提高输出级的电流。当 $V_P = 5$ V 时,无须使用扼流圈。电容和电感元件尺寸为 0603。

AD8353 可作为发射器的功率放大器驱动器。AD8353 的高反向隔离性能适合作为一个本机振荡器缓冲器使用。

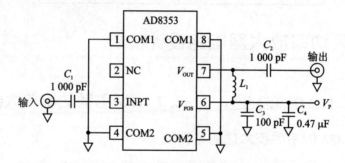

图 5.2.1　AD8353 应用电路原理图

## 5.2.2　基于 SGA5263 的 DC～4.5 GHz 的射频功率放大器电路

### 1. SGA5263 的主要技术性能与特点

SGA5263 是 Sirenza 公司生产的一个高性能的、可级联的射频功率放大器电路。其工作频率范围为 DC～4.5 GHz,内部匹配到 50 Ω,连接外部元件需要连接隔直电容。SGA5263 采用 3.4 V 单电源供电,电流消耗为 60 mA。

SGA5263 使用了一个有电阻反馈的达林顿对拓扑结构,从而在整个温度范围内有较好的宽带性能和稳定性,工作温度范围为—40～+85 ℃。

SGA5263 在不同频率下的电气特性如表 5.2.2 所列。

### 2. SGA5263 的引脚功能与封装形式

SGA5263 采用 6 脚扁平封装形式,引脚功能如表 5.2.3 所列。

表 5.2.2　SGA5263 在不同频率下的电气特性

| 参数（典型值） | 100 MHz | 500 MHz | 850 MHz | 1 950 MHz | 1 950 MHz | 3 500 Mz |
|---|---|---|---|---|---|---|
| 增益/dB | 13.6 | 13.5 | 13.3 | 12.6 | 12.3 | 11.8 |
| 输出 IP3/dB | 33.6 | 33.0 | 32.5 | 29.3 | 27.3 | 23.1 |
| 输出 $P_{1\,dB}$/dBm | 16.1 | 16.4 | 16.3 | 15.0 | 14.0 | 11.6 |
| 输入回波损耗/dBm | 26.0 | 23.5 | 21.4 | 20.2 | 23.0 | 24.6 |
| 反向隔离/dB | 17.7 | 18.0 | 18.3 | 19.2 | 19.5 | 19.6 |
| 噪声系数/dB | 3.9 | 3.9 | 4.0 | 4.0 | | |

注:除特殊说明外,测试条件 $I_D = 60$ mA,音调间隔$=1$ MHz,$P_{OUT(单音调)}=-10$ dBm,$Z_S = 50\ \Omega$。

表 5.2.3　SGA‐5263 的引脚功能

| 引　脚 | 符　号 | 功　　能 |
|---|---|---|
| 1,2,4,5 | GND | 接地端。为了获得最好的性能使用通孔(尽量靠近接地引线),从而减少引线电感 |
| 3 | RF IN | RF 输入端。这个引脚要求连接外部的隔直电容,这个电容要与工作频率相配 |
| 6 | RF OUT | RF 输出和偏置端。通过一个串联的电阻和 RF 扼流电感来实现偏置。因为在这个引脚端已有 DC 偏置,应连接隔直电容。偏置网络的电源输入端应连接旁路电容 |

## 3. SGA5263 的内部结构与应用电路

SGA5263 芯片内部包含达林顿晶体管和电阻。其应用电路如图 5.2.2 所示,元器件参数如表 5.2.4 和表 5.2.5 所列。

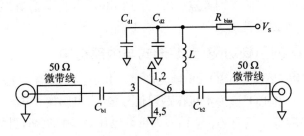

图 5.2.2　SGA‐5263 的应用电路

表 5.2.4　SGA5263 的应用电路中偏置电阻参数

| 电源电压/V | 5 | 7.5 | 9 | 12 |
|---|---|---|---|---|
| $R_{bias}$/$\Omega$ | 27 | 68 | 91 | 140 |

表 5.2.5　SGA5263 不同频率的应用电路使用的元器件参数

| 元件 | 功能 | 500 MHz | 850 MHz | 1 950 MHz | 2 400 MHz |
|---|---|---|---|---|---|
| $C_{b1}$ | 隔直电容 | 220 pF | 100 pF | 68 pF | 56 pF |
| $C_{b2}$ | 隔直电容 | 220 pF | 100 pF | 68 pF | 56 pF |
| $C_{d1}$ | 去耦电容 | 1 $\mu$F | 1 $\mu$F | 1 $\mu$F | 1 $\mu$F |
| $C_{d2}$ | 去耦电容 | 100 pF | 68 pF | 22 pF | 22 pF |
| $L$ | 扼流圈电感 | 68 nH | 33 nH | 22 nH | 18 nH |

## 5.3　混频器电路设计

### 5.3.1　基于 MC13143 的 DC～2.4 GHz 线性混频器电路

#### 1. MC13143 的主要技术性能与特点

MC13143 是 Freescale 公司生产的一个双平衡混频器电路,具有超小功率,输入和输出频带宽和混频器线性度高等特点,可用于 0～2.4 GHz 的上变频和下变频电路中。

MC13143 的电源电压工作范围为 1.8～6.0 V,电流消耗为 1 mA,功耗为 1.8 mW。射频输入端为单端方式,本地振荡器输入端和中频输出端为差动方式。MC13143 的电压转换增益为 9.0 dB,功率转换增益为 -3.5～-1.6 dB,1 dB 增益压缩为 1.0 dBm,输入三阶互调截点(IP$_3$)为 16 dBm,本机振荡器(LO)驱动电平为 -5.0 dBm。其工作温度范围为 -40～+85 ℃。

#### 2. MC13143 的引脚功能、封装形式与内部结构

MC13143 采用 CASE751SO - 8 封装形式。其中:引脚端 1(Dec)为偏置调节;引脚端 3 和 4(LO+和 LO-)为本机振荡器信号输入;引脚端 5 和 6(IF- 和 IF+)为混频信号输出;引脚端 2 和 7($V_{CC}$ 和 $V_{EE}$)为电源电压正端和负端;引脚端 8(RF)为射频信号输入。

MC13143 内含有一个双平衡四象限乘法器,这个乘法器是基于一个外部可编程线性控制的电流源而进行偏置的,在 2.3 mA 控制电流时能获得三阶互调截断点(IP$_{3inM}$)为 +20 dBm。混频器有 50 Ω 的单端 RF 输入和集电极开路的差分 IF 输出,其线性增益约为 -5.0 dB。LO 差分输入,内部偏置在 $V_{CC}-1.0V_{BE}$,对于低电压操作,该输入端通过 51 Ω 电阻连接 $V_{CC}$。

### 3. MC13143 的应用电路设计

MC13143 的应用电路原理图、元器件布局和印制板图如图 5.3.1 所示。采用 *LC* 匹配网络的窄带中频输出电路如图 5.3.2 所示。

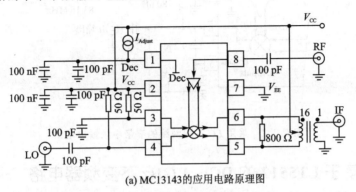

(a) MC13143的应用电路原理图

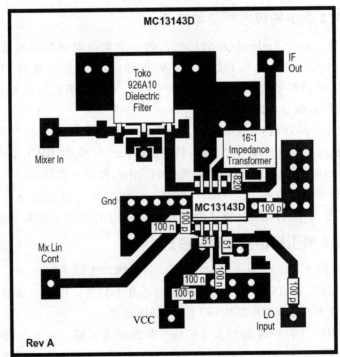

(b) 元器件布局和印制板图

图 5.3.1　MC13143 的应用电路、元器件布局和印制板图

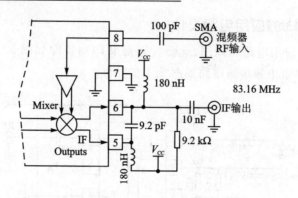

图 5.3.2　采用 *LC* 匹配网络的窄带中频输出电路

## 5.3.2　基于 LT5512 的 DC～3 GHz 下变频器电路

### 1. LT5512 的主要技术性能与特点

LT5512 是 Linear Technology 公司生产的一个宽带混频器集成电路。芯片内部的 RF 缓冲放大器用来改善了 LO-RF 隔离度；一个高速限制的 LO(本机振荡器)缓冲器用来驱动双平衡混频器。LO 信号可以采用单端输入或差分输入方式；不需要精确的外部偏置电阻。

LT5512 的 RF 和 LO 输入频率范围为 DC～3 000 MHz，IF 输出频率范围为 DC～2 000 MHz；LO 输入功率为 $-15 \sim -5$ dBm；具有高输入三阶截点(IIP$_3$)，在 950 MHz 时 IIP$_3$ 为 $+20$ dBm，在 1 900 MHz 时 IIP$_3$ 为 $+17$ dBm；典型变换增益在 1 900 MHz 时为 1 dB；单边带噪声系数在 1 900 MHz 时为 14 dB；电源电压范围为 4.5～5.25 V，工作电流消耗为 74 mA，低功耗模式电流为 100 μA；工作温度范围为 $-40 \sim +85$ ℃。

### 2. LT5512 的引脚功能与封装形式

LT5512 采用 4 mm×4 mm QFN 封装。各引脚功能如下：

● NC(引脚端 1、4、8、13、16)为空脚。内部并不相连。这些引脚应接电路板的地，以改善 LO 到 RF 以及 LO 到 IF 的隔离度。

● RF+、RF-(引脚端 2、3)为 RF 信号的差分输入端。每个引脚吸收 15 mA 电流(总共为 30 mA)。此直流偏置回路可通过中间抽头的不平衡转换器来实现，或通过并联电感来实现。RF 输入端阻抗匹配到 50 Ω(或 75 Ω)，阻抗变换是必要的。

● EN(引脚端 5)为使能控制端。当输入电压高于 3 V 时，混频器通过引脚端 6、7、10 和 11 的电路电源被激活。当输入电压低于 0.3 V 时，所有电路均被禁止。使能控制端的典型输入电流：当 EN 为 5 V 时，为 50 μA；当 EN 为 0 V 时，为 0 μA。

- $V_{CC1}$（引脚端 6）为 LO 缓冲器部分的电源电压输入端。典型消耗电流为 22 mA。此引脚端应被外接到其他 $V_{CC}$ 端，并用 100 pF 和 0.01 $\mu$F 的电容去耦。

- $V_{CC2}$（引脚端 7）为偏置电路的电源电压输入端。典型消耗电流是 4 mA。此引脚应被外接到其他 $V_{CC}$ 端，并用 100 pF 和 0.01 $\mu$F 的电容去耦。

- GND（引脚端 9、12）为接地端。此引脚在内部被连于裸露的背面地，以达到更好的隔离度。在电路板上应与射频地相连。

- IF－、IF＋（引脚端 10、11）为 IF 信号的差分输出端。为输出端匹配，需要阻抗变换。这些引脚端必须通过阻抗匹配电感、射频扼流圈或变压器中间抽头与 $V_{CC}$ 相连。

- LO－、LO＋（引脚端 14、15）为本机振荡器信号差分输入端。也可以把其中一个引脚通过隔直电容与射频地相连来实现单端驱动。这些引脚被内部偏置到 2 V，因此，需要隔直电容；并需要阻抗变换器来把 LO 缓冲器输入端匹配到 50 Ω（或 75 Ω）。

- GROUND（裸露背部接点）为整个芯片的地，必须被焊接在印刷板接地面上。

### 3. LT5512 的内部结构与应用电路

LT5512 的芯片内部包含一个射频缓冲放大器、一个高速限制的 LO（本机振荡器）缓冲器以及一个双平衡混频器和偏置/使能电路。

LT5512 的 1 230 MHz 下变频器应用电路原理图和元器件布局如图 5.3.3 所示，所使用的元器件参数如表 5.3.1 所列。

表 5.3.1　LT5512 1 230 MHz 下变频器应用电路使用的元器件参数

| 符　号 | 参　数 | 尺　寸 | 厂商与元件规格 |
|---|---|---|---|
| $C_1$,$C_5$,$C_6$,$C_7$,$C_9$,$C_{10}$ | 100 pF | 0402 | Murata GRP1555C1H101J |
| $C_2$ | 0.01 $\mu$F | 0402 | Murata GRP155R71C103K |
| $C_3$ | 1.0 $\mu$F | 0603 | Taiyo Yuden LMK107F105ZA |
| $C_4$ | 2.7 pF | 0402 | Murata GRP1555C1H2R7C |
| $L_1$,$L_2$ | 12nH | 0402 | Toko LL1005－FH12N |
| $L_3$ | 8.2 nH | 0402 | Toko LL1005－FH8N2 |
| $R_1$ | 10 Ω | 0402 | |
| $T_1$ | 1：1 | | Murata LDB311G2705C－428 |
| $T_2$ | 4：1 | | M/A－COM ETC1.6－4－2－3 |
| $TL_1$,$TL_2$ | $Z_0 = 72$ Ω | $\theta = 5.4°$ | （$W = 0.4$ mm,$L = 2.0$ mm） |

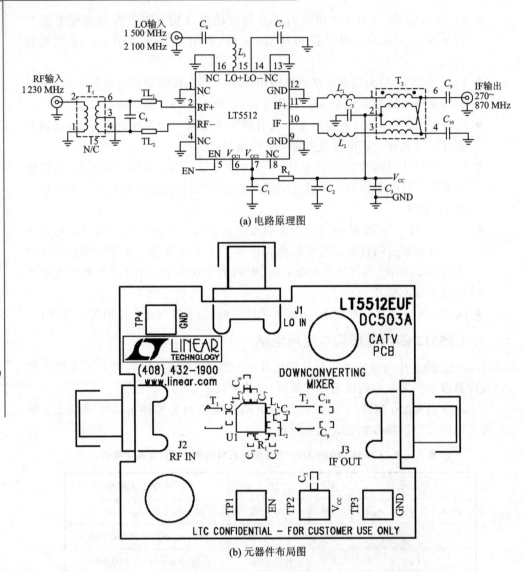

(a) 电路原理图

(b) 元器件布局图

图 5.3.3　LT5512 1 230 MHz 下变频器应用电路原理图和元器件布局图

## 5.3.3　基于 LT5511 的 400～3 000 MHz 上变频器电路

### 1. LT5511 的主要技术性能与特点

LT5511 是 Linear Technology 公司生产的 400～3 000 MHz 上变频器电路。其中频输入频率范围为 10～300 MHz，本振输入频率范围为 400～2 700 MHz，射频输出频率范围为 400～3 000 MHz，IF 输入信号电平为－5 dBm；射频输出频率为 950 MHz 时，IIP3 为＋17 dBm；射频输出频率为 1 900 MHz 时，IIP3 为＋15.5 dBm；输入 1 dB 压

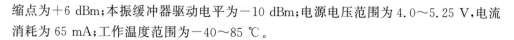

缩点为＋6 dBm;本振缓冲器驱动电平为－10 dBm;电源电压范围为 4.0～5.25 V,电流消耗为 65 mA;工作温度范围为－40～85 ℃。

## 2. LT5511 的引脚功能与封装形式

LT5511 采用 TSSOP－16 封装,引脚功能如表 5.3.2 所列。

表 5.3.2 LT5511 引脚功能

| 引 脚 | 符 号 | 功 能 |
|---|---|---|
| 1,16 | LO－,LO＋ | 本振信号差分输入端。也可以把其中一个引脚通过隔直电容与射频地相连来实现单端驱动,将 LO＋作为本振输入。引脚端 LO－和 LO＋在内部被偏置到 1.4 V,因此,需要连接隔直电容。需要阻抗变换器来把 LO 缓冲器输入端匹配到 50 Ω(或 75 Ω) |
| 2,9 | NC | 空脚。内部并不相连。这些引脚端应接电路板的地,以改善 LO 到 RF 以及 LO 到 IF 的隔离度 |
| 3,6,8,11,14 | GND | 地。为改善隔离的内部地,不能作为 DC 和 RF 的地。连接这些点直接到地,以获得最佳特性 |
| 4,5 | IF＋,IF－ | IF 信号的差分输入端。差分信号作用在两个引脚端上,内部偏置大约 1.2 V。为获得最佳 LO 抑制,两个引脚端必须加隔直电容。两个信号之间的幅度和相位不平衡将降低这个混频器的线性度 |
| 7 | VCC$_{bias}$ | LO 缓冲器偏置和使能电路电源电压输入端。这个引脚端应连接到 $V_{CC}$,加旁路电容,以防止 RF 信号渗漏到 $V_{CC}$,连线应尽量短 |
| 10 | EN | 使能控制端。当这个引脚端电压高于 3 V 时,IC 使能;当电压低于 0.5 V 时,IC 不使能,而且 DC 电流下降到大约 1 μA |
| 12,13 | RF－,RF＋ | RF 信号差动输出端。为匹配 RF 输出端阻抗,阻抗变换是必需的。这个引脚端通过 RF 扼流圈和变压器中间抽头连接混频器到 DC 电源,使 RF 信号泄漏到 LO 缓冲器和电路电源减到最小 |
| 15 | VCC$_{LO}$ | 本振电路的电源电压输入端。这个引脚端连接到 $V_{CC}$,加适当的 RF 旁路电容,以防止 RF 信号渗漏到 $V_{CC}$。连线应尽量短 |
| 17 | GROUND | 背部裸露接点。整个芯片 DC 和 RF 的地,必须被焊接在印刷板接地上 |

## 3. LT5511 的内部结构与应用电路

LT5511 的芯片内部包含一个差动本振缓冲放大器、双平衡混频器和偏置/使能电路。LT5511 工作在 950 MHz 的应用电路原理图和印制板图如图 5.3.4 所示,所使用的元器件参数如表 5.3.3 所列。

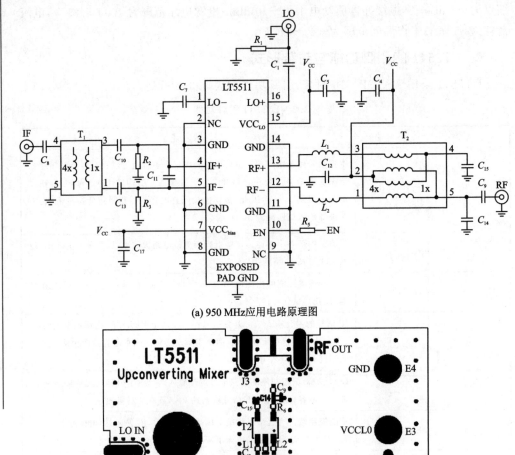

(a) 950 MHz应用电路原理图

(b) 元器件布局图

图 5.3.4　LT5511 的 950 MHz 应用电路与元器件布局图

表 5.3.3　LT5511 的 950 MHz 应用电路使用的元器件参数

| 符　号 | 参　数 | 尺寸与代码 |
|---|---|---|
| $C_1$,$C_9$,$C_{11}$,$C_{15}$ | 22 pF | 0402 |
| $C_5$,$C_7$,$C_{17}$ | 100 pF | 0402 |
| $C_4$ | 0.1 $\mu$F | 0402 |
| $C_8$ | 220 pF | 0402 |
| $C_{10}$,$C_{12}$,$C_{13}$ | 1 000 pF | 0402 |
| $C_{14}$ | 1.5 pF | 0402 |
| $L_1$,$L_2$ | 6.8 nH | 0402 |
| $R_1$ | 62 Ω | 0402 |
| $R_2$,$R_3$ | 75 Ω,±0.1% | 0603 |
| $R_5$ | 10 kΩ | 0402 |
| $T_1$ | 4 : 1 | 线圈工艺 TTWB-4-A |
| $T_2$ | 4 : 1 | M/A-Com ETC1.6-4-2-3 |

# 5.4　调制器与解调器电路设计

## 5.4.1　基于 U2793B 的 300 MHz 调制器电路

### 1. U2793B 的主要技术性能与特点

U2793B 是 Atmel 公司生产的一个 300 MHz 的正交调制器电路,基带输入电压范围(差分形式)为 1500 mV(p-p),输入阻抗为 30 kΩ,输入频率范围 0～50 MHz;LO 输入频率范围为 30～300 MHz,输入电平为 -15～-5 dBm;电源电压为 5 V,电流消耗为 15 mA,具有低功耗模式;工作温度范围为 -40～+85 ℃。

### 2. U2793B 的引脚功能与封装形式

U2793B 采用 SSO-20 封装形式,引脚功能如表 5.4.1 所列。

### 3. U2793B 的内部结构与应用电路

U2793B 的芯片内部包含有 3 个放大器、2 个混频器、加法器、移相器、占空系数发生器、倍频器和控制环路等。

U2793B 的应用电路原理图如图 5.4.1 所示,所使用的元件参数如表 5.4.2 所列。

**表 5.4.1 U2793B 的引脚功能**

| 引　脚 | 符　号 | 功　能 | 引　脚 | 符　号 | 功　能 |
|---|---|---|---|---|---|
| 1 | PU | 电源导通输入 | 11 | $BB_{BI}$ | 同相基带输入 B |
| 2,5 | $AC_{GND}$ | 交流地 | 12 | $\overline{BB_I}$ | 反相基带输入 B |
| 3 | GND | 接地 | 13 | $V_{REF}$ | 基准电压(2.5 V) |
| 4 | $RF_O$ | RF 输出 | 14 | $LO_I$ | LO 输入 |
| 6,7 | $V_S$ | 电源电压 | 15 | $\overline{LO_I}$ | LO 反相输入，一般接地 |
| 8 | $S_{PU}$ | 设置电源导通时间 | 16,17,18 | GND | 接地 |
| 9 | $BB_{AI}$ | 同相基带输入 A | 19 | $LP_2$ | 低通输出和电源控制 |
| 10 | $\overline{BB_{AI}}$ | 反相基带输入 A | 20 | $LP_1$ | 低通输出和电源控制 |

**表 5.4.2　U2793B 评估板电路所使用的元件参数**

| 元件符号 | 参　数 |
|---|---|
| $C_1,C_2,C_3,C_4,C_6$ | 1 nF |
| $C_7,C_8$ | 100 pF |
| $C_5$ | 100 nF |
| $C_9$ | 1~10 pF |
| —— | 50 Ω 微带线 |

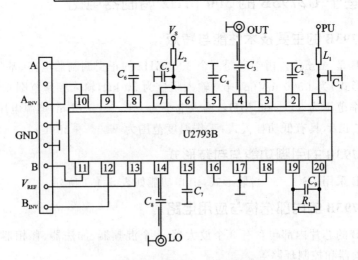

**图 5.4.1　U2793B 的应用电路**

## 5.4.2　基于 RF2721 的 0.1～500 MHz 解调器电路

### 1. RF2721 的主要技术性能与特点

RF2721 是 RF Micro Devices 公司生产的一个单片集成正交解调器电路,具有实现接收器解调功能所需要的所有电路。RF2721 从被放大和滤波的中频信号中获得同相(I)和移相 $90°$(Q)的基带信号,基带频率范围为 DC～10 MHz;中频范围为 0.1～500 MHz;本振频率是中频频率的两倍;电源电压为 5 V,电流消耗为 7.2 mA,低功耗状态电流消耗为 500 $\mu$A;具有与 ADC 兼容的输出特性;低功耗模式控制采用数字控制方式。

### 2. RF2721 的引脚功能和封装形式

RF2721 采用 SOIC-14 封装,芯片内部主要由晶体振荡器、2 个双平衡混频器、放大器、功率控制部分、移相器和二分频器等电路组成。各引脚功能如下:

- 引脚端 1(IF IN+)和 14(IF IN−)为平衡中频输入端。400 mV(p-p)的输入电压可提供满幅输出。需保证线性工作时,建议使用输入电压最大为 250 mV(p-p)。该引脚端没有内部隔直元件,在直流通道上需要外接一个 100 nF 的电容。
- 引脚端 2(GND)为接地端。
- 引脚端 3(OSCB)为本振晶体管的基极。此引脚不与其他引脚端连接。这个晶体管可以用作振荡器,其集电极连接于 $V_{cc}$。
- 引脚端 4(OSCE)为本振晶体管的发射极。
- 引脚端 5(GND)为接地端。
- 引脚端 6(LO2−)为 LO 的平衡输入端,内接二分频网络产生混频器的本振。当本振采用单端驱动时,这个引脚端需要连接一个 100 nF 电容到地。该引脚有一个内部上拉电阻到 $V_{cc}$,需要外接一个 100 nF 隔直电容。
- 引脚端 7(LO2+)为 LO 的平衡输入端,输入频率为中频频率的两倍,内接一个二分频电路产生混频器的本振信号。此引脚内部有一个上拉电阻到 $V_{cc}$,需要外接一个 100 nF 隔直电容。
- 引脚端 8(Q OUT)和 10(I OUT)为解调基带信号 Q 和 I 输出。这个引脚的直流参考电压是由引脚端 9(REF IN)的电压设定的。引脚端 9(REF IN)通过一个 5 kΩ 电阻与引脚端 8 连接,到达推挽输出的集电极。如果引脚端 9(REF IN)连接一个低阻抗源,则产生一个 5 kΩ 的输出阻抗。负载电容取决于最大的基带频率,采用很小的容性负载即可获得超过 10 MHz 的带宽。增加带宽的另一种方法是连接一个分流电阻,这样可减少增益。
- 引脚端 9(REF IN)为基带输出的基准电压输入。这个引脚应连接在模/数转换器的基准电压源上。芯片内部通过 5 kΩ 电阻连接于 I/Q 输出。此引脚端应外接一个足够大的去耦电容,以滤除最低基带频率。

- 引脚端 11(GND)为接地端。
- 引脚端 12(PD)为低功耗控制引脚端。当此引脚端为低电平时,所有的电路关断;当此引脚端为高电平时,所有电路正常工作。
- 引脚端 13($V_{CC}$)为电源电压,建议外接一个 100 nF 的旁路电容。

### 3. RF2721 的应用电路

RF2721 的应用电路原理图如图 5.4.2 所示。

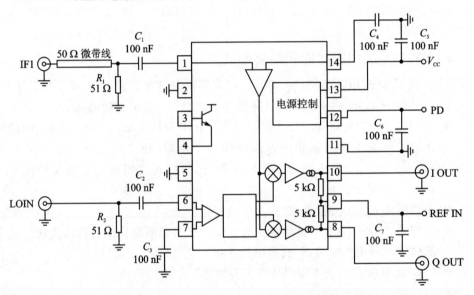

**图 5.4.2　RF2721 的应用电路原理图**

# 5.5　锁相环电路设计

## 5.5.1　基于 MC145106 的 4 MHz PLL 电路

### 1. MC145106 的主要技术性能与特点

MC145106 是 Freescale 公司生产的一个 CMOS 单片集成的锁相环频率合成器电路,芯片内部包含一个振荡器/放大器、一个对振荡器信号分频的 $2^{10}$ 和 $2^{11}$ 分频器、一个能对输入信号可编程的分频器和一个三态相位检波器。MC145106 有一个 10.24 MHz 的晶体振荡器,也采用一个外部频率信号工作。电路提供一个 5.12 MHz 的输出信号。可通过一个 $2^9$ 位的可编程分频器对输入信号的频率进行分频。相位检波器可以控制一个 VCO 并产生一个输入频率很低时的高电平信号和输入频率很高时的低电平信号。

在失锁情况下,芯片内相位检波器产生一个 0 电平的失锁信号。

MC145106 输入频率范围为 $0\sim4.0$ MHz;采用单电源工作;电源电压范围为 $4.5\sim12$ V;电流消耗为 50 mA;工作温度范围为 $-40\sim85$ ℃。

### 2. MC145106 的引脚功能和封装形式

MC145106 采用 DIP - 18 或 SOG - 20 封装,各引脚功能如表 5.5.1 所列。MC145106 P0～P8 的真值表如表 5.5.2 所列。

表 5.5.1　MC145106 引脚功能

| 引脚 | | 符　号 | 功　　能 |
|---|---|---|---|
| PDIP | SOG | | |
| 1 | 1 | $V_{DD}$ | 电源电压正端 |
| 3 | 3 | OSCIN | 振荡器/放大器输入端口 |
| 4 | 4 | OSCOUT | 振荡器/放大器输出端口 |
| 5 | 5 | ÷2OUT | 经二分频的基准频率输出端。当使用 10.24 MHz 的振荡器频率时,输出频率为 5.12 MHz |
| 6 | 6 | FS | 振荡器基准频率的选择端。当使用 10.24 MHz 的振荡频率时,"1"选择 10 kHz 的频率;"0"选择 5.0 kHz 的频率 |
| 7 | 7 | ΦDetout | 相位检波器输出。控制外部 VCO 的信号。当 $f_{IN}/N$ 小于基准频率时,输出高电平。基准频率是振荡器被分频后的频率,输入频率的典型值是 $5.0\sim10$ kHz |
| 8 | 8 | LD | 锁相检波器输出。当环路被锁定时,LD 输出高电平;当失锁时,LD 输出低电平 |
| 17～9 | 19,17～14,12～9 | P0～P8 | 可编程分频器输入(二进制) |
| 2 | 2 | $f_{IN}$ | 可编程分频器频率输入(被 VCO 分频) |
| 18 | 20 | $V_{SS}$ | 电源电压负端,接地 |
| | 13,18 | NC | 未连接 |

表 5.5.2　MC145106 的 P0～P8 真值表

| P8 | P7 | P6 | P5 | P4 | P3 | P2 | P1 | P0 | N 分频数 |
|---|---|---|---|---|---|---|---|---|---|
| 0 | 0 | 0 | 0 | 0 | 0 | 0 | 0 | 0 | 2* |
| 0 | 0 | 0 | 0 | 0 | 0 | 0 | 0 | 1 | 3* |
| 0 | 0 | 0 | 0 | 0 | 0 | 0 | 1 | 0 | 2 |
| 0 | 0 | 0 | 0 | 0 | 0 | 0 | 1 | 1 | 3 |
| 0 | 0 | 0 | 0 | 0 | 0 | 1 | 0 | 0 | 4 |
| ⋮ | ⋮ | ⋮ | ⋮ | ⋮ | ⋮ | ⋮ | ⋮ | ⋮ | ⋮ |
| 0 | 1 | 1 | 1 | 1 | 1 | 1 | 1 | 1 | 255 |
| ⋮ | ⋮ | ⋮ | ⋮ | ⋮ | ⋮ | ⋮ | ⋮ | ⋮ | ⋮ |
| 1 | 1 | 1 | 1 | 1 | 1 | 1 | 1 | 1 | 511 |

　* "1"表示高电平,等于 $V_{DD}$;"0"表示低电平,等于接地或者输入开路。当 P0～P8 的二进制数字设置为 000000000 和 000000001 时,芯片产生 2 和 3 的分频,而不是 $2^N$;当引脚端没有接逻辑电平信号时,可以看成是"0"。

### 3. MC145106 的内部结构与应用电路

MC14510 的芯片内部包含有 $2^9$ 或者 $2^{10}$ 的基准分频器、($2^9-1$) 位 $N$ 计数器分频器和相位检波器等。

**(1) 40 频道的 CB 收发机的频率合成器**

MC145106 非常适合用在民用波段（CB）无线电，可满足多信道频率的需要。一个使用单一晶体振荡器的基准频率、40 频道的 CB 收发机的频率合成器如图 5.5.1 所示。其发射机频率范围为 26.965～27.405 MHz，接收机频率范围为 26.510～26.950 MHz，接收机的中频值为 10.695 MHz 和 445 kHz。

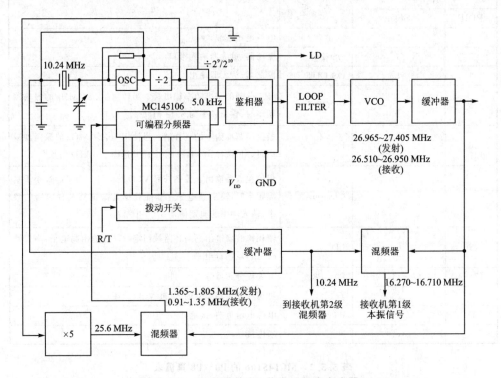

**图 5.5.1　40 频道的 CB 收发机频率合成器**

**(2) VHF 航海用频率合成器**

一个 FM 收发机使用的单一环路方式的 VHF 航海用频率合成器原理图如图 5.5.2 所示。其发射机频率范围为 156.025～157.425 MHz，中心频率为 157.4 MHz；接收机频率范围为 145.575～152.575 MHz，中心频率范围为 151.3 MHz；接收机中频 IF 为 10.7 MHz；步长为 25 kHz。

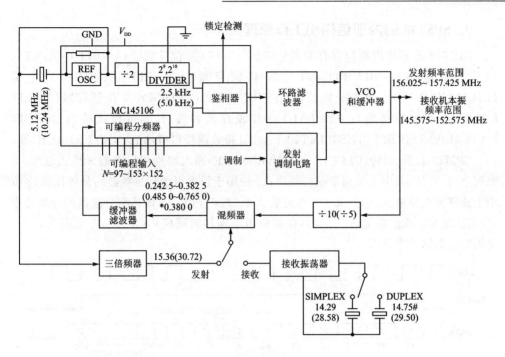

图 5.5.2　VHF 航海收发器的频率合成器原理图

## 5.5.2　基于 SP5748 的 2.4 GHz PLL 电路

### 1. SP5748 的主要技术性能与特点

SP5748 是 Zarlink Semiconductor 公司生产的一款频率合成器专用芯片。其 RF 输入频率范围为 80～2 400 MHz,晶振频率为 2～20 MHz,RF 分频比率为 240～131 071,基准分频比率为 2～320。SP5748 具有 ESD 保护(最小为 2 kV),符合 MIL－STD－883B 方法 3015 Cat.1 要求。它的工作电源电压范围为 4.5～5.5 V,电源电流消耗为 20 mA,工作温度范围为－40～＋80 ℃。

SP5748 可替代 SP5658 和 SP5668 芯片。

### 2. SP5748 的引脚功能和封装形式

SP5748 采用 MP－14 或者 QP－16 封装。其中:引脚端 12 和 13(RF inputs)为射频输入端;引脚端 5、6 和 4(DATA、CLOCK 和 ENABLE)分别为数据接口的数据、时钟和使能端;引脚端 2 和 3(CRYSTAL CAP 和 CRYSTAL)为内部基准振荡器的电容和晶振连接端;引脚端 8 和 7(PORT P0/OP 和 PORT P1/OC)为通道 0 和通道 1 接口引脚端;引脚端 9(REF)为基准频率输出;引脚端 14(DRIVE)为缓冲输出端;引脚端 1(PUMP)为充电泵引脚端;引脚端 10($V_{cc}$)为电源电压正端;引脚端 15($V_{EE}$)为电源电压负端。

### 3. SP5748 的内部结构和工作原理

SP5748 的芯片内部包含有前置分频器(16/17)、4 位计数器(4 - BIT COUNT)、13 位计数器(13 - BIT COUNT)、17 位锁存器(17 - BIT LATCH)、充电泵(CHARGE PUMP)、基准分频器(REFERENCE DIVEDER)、6 位锁存器(6 - BIT LATCH)、晶体振荡器(CRYSTAL)、3 位锁存器和端口/测试模式接口(3 - BIT LATCH AND PORT/TEST INTERFACE)和数据接口(DATA INTERFACE)等。

SP5748 数据、时钟(CLOCK)和使能(ENABLE)输入端采用标准的 3 线式总线,可编程字有 26 位,其中 2 位用于端口选择;17 位用于设置可编程分频器的分频比率;2 位用于选择充电泵电流位 C0 和 C1(参见表 5.5.3);4 位用于选择基准分频器的分频比率(位 RD 和 R0~R2,参见表 5.5.4);保留位用于连接测试模式(位 T0,参见表 5.5.5)。可编程数据格式参见图 5.5.3。

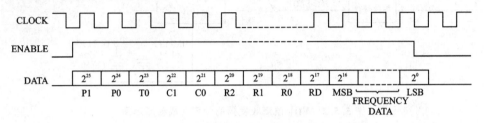

**图 5.5.3　SP5748 数据格式**

图 5.5.3 中:$2^0 \sim 2^{16}$ 为可编程分频器的分频比率控制位;RD 为基准分频器模式选择(参见表 5.5.4);R2、R1、R0 为基准分频器控制位(参见表 5.5.4);C1、C0 为充电泵电流位(参见表 5.5.3);T0 为测试模式使能位,P1、P0 为端口控制位(参见表 5.5.5)。

在使能信号为低电平期间,时钟输入无效;在使能信号为高电平期间,数据能被装入到内部的移位寄存器;在使能信号从高电平到低电平的跳变时,数据被锁入到控制缓冲器中。数据装入也是与可编程分频器同步的,因此,能给出平滑的细调谐。

RF 信号送入到一个内部的前置放大器;前置放大器的输出被加入到 17 位的 MN＋A 结构的可编程计数器。其中,M 计数器是 13 位,A 计数器是 4 位。

相位检波器的输出提供给充电泵和环路放大器。当一个外部的高电压晶体管和环路滤波器连接时,可积分一个电流脉冲形成变容二极管的线性控制电压。充电泵电流设置参见表 5.5.3。

**表 5.5.3　充电泵电流**

| C1 | C0 | 充电泵电流/$\mu$A |
|----|----|----------------|
| 0 | 0 | ±230 |
| 0 | 1 | ＋1000 |
| 1 | 0 | ±115 |
| 1 | 1 | ±500 |

可编程分频器的输出送入到相位比较器,由它对可编程分频器的输出与比较频率的相位和频率范围进行比较。比较频率既可以来自于芯片上的可控振荡器,也可以来自一个外部的基准频率源。在这两种情况下,通过编程比率从 1 到 16 的基准分频器可以对基准频率分频,分频控制如表 5.5.4 所列。

表 5.5.4　基准分频器控制

| RD | R2 | R1 | R0 | 分频比率 |
|----|----|----|----|----------|
| 0 | 0' | 0 | 0 | 2 |
| 0 | 0 | 0 | 1 | 4 |
| 0 | 0 | 1 | 0 | 8 |
| 0 | 0 | 1 | 1 | 16 |
| 0 | 1 | 0 | 0 | 32 |
| 0 | 1 | 0 | 1 | 64 |
| 0 | 1 | 1 | 0 | 128 |
| 0 | 1 | 1 | 1 | 256 |

经过缓冲的晶体基准频率从引脚端 9 输出,能够驱动多个频率合成器。如果不需要,则这个输出能通过连接到 $V_{CC}$ 使它无效。

可编程分频器除以 2 后输出、$f_{PD}/2$ 和比较频率 $f_{COMP}$ 能通过开关来分别关断端口 P0 和 P1,使器件进入到测试模式(测试模式如表 5.5.5 所列)。

表 5.5.5　SP5748 测试模式

| P1 | P0 | T0 | 测试模式描述 |
|----|----|----|--------------|
| X | X | 0 | 正常工作 |
| 0 | 0 | 1 | 充电泵吸收 |
| 0 | 1 | 1 | 充电泵电源 |
| 1 | 0 | 1 | 充电泵无效 |
| 1 | 1 | 1 | 端口 P1＝$f_{COMP}$,P0＝$f_{PD}/2$ |

### 4. SP5748 的应用电路

"使用说明 AN168"描述了 SP5748 的频率合成器设计,其中涉及了环路滤波器设计和去耦电路的设计。"使用说明 AN168"发表在 Zarlink 半导体公司的主页(http:/www.zarlink.com)上。

SP5748 的典型应用电路如图 5.5.4 所示。

全国大学生电子设计竞赛电路设计(第 3 版)

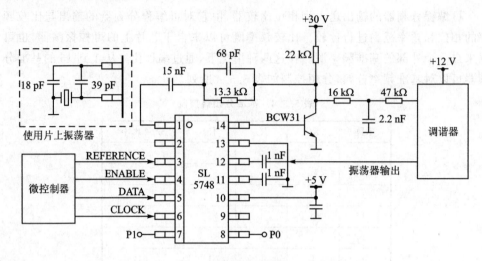

图 5.5.4 SP5748 的典型应用电路

# 5.6 直接数字频率合成器电路设计

## 5.6.1 基于 AD9834 的 50 MHz DDS 电路

### 1. AD9834 的主要技术性能与特点

AD9834 是 ADI 公司生产的一个将相位累加器、正弦只读存储器（SIN ROM）和一个 10 位 D/A 转换器集成在单片 CMOS 芯片上的 DDS 电路。该芯片仅需要 1 个基准时钟、1 个低精度电阻和 8 个去耦电容，便可提供数控产生的正弦波，频率可以达到 25 MHz。利用 DSP（Digital Signal Processing，数字信号处理）还可以精确、简单地完成复杂的调制算法，实现范围较宽的简单或复杂的调制方案。

AD9834 的电源电压为 2.3～5.5 V，在 3 V 时仅消耗功率 20 mW；具有低抖动的时钟输出和正弦波输出/三角波输出；时钟频率为 50 MHz；控制字采用串行装载方式，窄带 SFDR＞72 dB。

### 2. AD9834 的引脚功能与封装形式

AD9834 采用 TSSOP - 20 封装，引脚功能如表 5.6.1 所列。

### 3. AD9834 的内部结构

AD9834 芯片内部包含数控振荡器、脉冲相位调制器、正弦波只读存储器（SIN ROM）、DAC、相位比较器和稳压器等。

**表 5.6.1　AD9834 引脚功能**

| 引　脚 | 符　号 | 功　能 |
|---|---|---|
| | | **模拟信号和基准信号** |
| 1 | FS ADJUST | 满量程校准控制端。此引脚连接电阻 $R_{SET}$ 到引脚 18(AGND)。电阻 $R_{SET}$ 用来定义满量程 DAC 电流的大小。$R_{SET}$ 和满刻度电流之间的关系如下：当 $V_{REFOUT}=1.20$ V，$R_{SET}=68$ kΩ 时，$I_{OUT\ FULL\ SCALE}=18\times V_{REFOUT}/R_{SET}$ |
| 2 | REFOUT | 基准电压输出。AD9834 在此引脚端提供一个 1.20 V 基准电压 |
| 3 | COMP | DAC 偏置引脚端。这个引脚端被用来去耦 DAC 偏置电压 |
| 17 | $V_{IN}$ | 比较器输入。比较器可以将 DAC 输出的正弦曲线转化成方波。在将 DAC 输出输入到比较器之前，应该进行适当的滤波，以改善信号的不稳定性。当控制寄存器内的 OPBITEN 位和 SIGNPIB 位被设置为"1"时，比较器输入端连接到 $V_{IN}$ 端 |
| 19<br>20 | IOUT,IOUTB | 电流输出。这是一个高阻抗电流源。此引脚端应连接一个 200 Ω 的负载电阻到 AGND。推荐在 IOUT/IOUTB 和 AGND 之间连接一个 20 pF 的电容，以防止时钟的串扰反馈 |
| | | **电源电压** |
| 4 | $AV_{DD}$ | 模拟电路部分的电源电压正端。$AV_{DD}$ 取值范围为 2.3～5.5 V。$AV_{DD}$ 和 AGND 之间有一个 0.1 $\mu$F 的去耦电容 |
| 5 | $DV_{DD}$ | 数字电路部分的电源电压正端。$DV_{DD}$ 取值范围为 2.3～5.5 V。引脚端 $DV_{DD}$ 和 DGND 之间有一个 0.1 $\mu$F 的去耦电容 |
| 6 | CAP/2.5 | 数字电路工作电压为 2.5 V。这个 2.5 V 电压由 $DV_{DD}$ 利用在芯片上的稳压器产生(当 $DV_{DD}$ 的值超过 2.7 V 时)。在 CAP/2.5 V 与 DGND 之间需要连接一个 100 nF 的去耦电容器。如果 $DV_{DD}$ 的值等于或小于 2.7 V，则 CAP/2.5 V 应当被短接到 $DV_{DD}$ 引脚端 |
| 7 | DGND | 数字接地 |
| 18 | AGND | 模拟接地 |
| | | **数字接口和控制器** |
| 8 | MCLK | 数字时钟输入。DDS 输出频率用二进制的分数表示，即为 MCLK 频率的二进制的分数。输出频率精确度和相位噪声由该时钟定义 |
| 9 | FSELECT | 频率选择输入。FSELECT 控制频率寄存器 FREQ0 或者 FREQ1,在相位累加器中的使用。频率寄存器的使用选择可通过引脚 FSELECT 和 FSEL 位完成。当 FSEL 位被用来选择频率寄存器时,引脚 FSELECT 应连接到 COMS 高电平或低电平 |

| 引　脚 | 符　号 | 功　能 |
| --- | --- | --- |
| 10 | PSELECT | 相位选择输入。PSELECT 控制相位寄存器 PHASE0 或者 PHASE1,是被附加到相位累加器的输出。相位寄存器的使用选择可通过引脚 PSELECT 或 PSEL 位完成。当 PSEL 位被用来控制相位寄存器时,引脚 PSELECT 应连接到 COMS 高电平或低电平 |
| 11 | RESET | 复位,高电平数字信号输入有效。RESET 将内部寄存器内容复位为 0, RESET 不影响任何一个地址寄存器 |
| 12 | SLEEP | 睡眠模式控制,高电平输入有效。当该引脚为高电平时,DAC 电源关断。该引脚与控制位 SLEEP12 具有相同的功能 |
| 13 | SDATA | 串行数据输入。16 位串行数据字被加到此引脚端 |
| 14 | SCLK | 串行时钟输入。数据在每个 SCLK 下降沿被装入 AD9834 芯片 |
| 15 | FSYNC | 输入数据的帧同步信号,低电平控制输入有效。当 FSYNC 为低电平时,内部逻辑电路将告知一个新的控制字被装入芯片 |
| 16 | SIGN BIT OUT | 逻辑输出。将控制寄存器内的位 POBITEN 设置为"1",可以使能此输出端。此引脚可作为比较器输出,或者 NCO 的 MSB 位输出,二者择其一,由控制位 SIGNPIB 确定在这个引脚上的输出是比较器输出还是 NCO 的 MSB 位输出 |

**(1) NCO 脉冲相位调制器(Numerical Controlled Oscillator Plus Phase Modulator)**

这部分由 2 个频率选择寄存器、1 个相位累加器、2 个相位偏移量寄存器和 1 个相位偏移量加法器组成。NCO 的主要元件是一个 28 位的相位累加器。连续时间信号有一个 $0 \sim 2\pi$ 的相位范围。这个范围以外的数对于正弦曲线函数是周期性地重复变化。采用数字方法实现正弦曲线函数也与此相同。累加器只是测量相位数的范围,并送出一个多位数字字。AD9834 内的相位累加器是一个 28 位累加器。因此,对于 AD9834,$2\pi$ 可分解成 $2^{28}$ 份。同样地,$\Delta$Phase 为:$0 < \Delta$Phase$ < 2^{28} - 1$,代入上式可得:

$$f = \Delta \text{Phase} \times f_{\text{MCLK}} / 2^{28}$$

相位累加器的输入可以通过 FREQ0 寄存器或 FREQ1 寄存器来选择,并且被引脚 FSELECT 或 FSEL 位控制。NCO 本身产生连续相位信号,因此,消除了频率间切换时所产生的输出中断。

在 NCO 之后利用一个 12 位相位寄存器,增加一个相位偏移量,用来完成相位调制。这些相位调制寄存器内容的一部分是被加到 NCO 的最重要的数据位上。AD9834 有 2 个相位寄存器,其分辨力为 $2\pi / 4\,096$。

**(2) SIN ROM**

为了使 NCO 的输出有用,就必须由相位信息转换为正弦曲线值。因为是将相位信息直接转换成振幅,SIN ROM 将数字相位信息当作查表地址使用,并将相位信息转换成振幅。虽然 NCO 包含一个 28 位相位累加器,NCO 输出被缩减为 12 位,但使用完全的相位累加器分辨力是不切实际的,并且是不必要的,因为这需要查表 $2^{28}$ 次。因此只需要足够的相位分辨力,以保证误差小于 10 位 DAC 的分辨力即可。这里需要 SIN ROM 必须有大于 10 位 DAC 的分辨力两位的相位分辨力。SIN ROM 使用控制寄存器的 MODE 和 POBITEN 控制位控制使能。

**(3) DAC(Digital - to - Analog Converter,数/模转换器)**

AD9834 包含一个高阻抗电流源的 10 位 DAC,有能力驱动一个较宽范围的负载。满量程输出电流可以通过使用一个外接电阻($R_{SET}$)来调整,以满足电源和外接负载的需求。

DAC 能够被设置为单端或差动工作方式。IOUT 和 IOUTB 输出端可以通过等值外接电阻与 AGND 相连,以改善补偿输出电压。只要满量程电压不超出正常工作范围,负载电阻就可以根据需要来确定数值。因为满量程电流由 $R_{SET}$ 控制,所以调节 $R_{SET}$ 可以平衡负载电阻的改变。

**(4) 比较器(Comparator)**

AD9834 能够产生合成的数字时钟信号,是通过在芯片上的自偏置比较器实现的,比较器将 DAC 的正弦曲线信号转换成方波信号。DAC 输出在作为比较器的输入使用之前,应在比较器的外部进行滤波。比较器的基准电压是所加的 $V_{IN}$ 信号的时间平均值。比较器可以接收 1 V(p - p)的信号。因为比较器的输入采用 AC 耦合,以使作为过零点的检波器正常工作,故它需要一个 3 MHz 的最小输入频率。比较器的输出是一个幅度从 0 V～$DV_{DD}$ 的方波。使能比较器,控制寄存器内的 SIGN-PIB 控制位和 POBITEN 控制位都要设置为"1"。

**(5) 稳压器(Regulator)**

对于模拟电路和数字电路部分,AD9834 提供了独立的电源。$AV_{DD}$ 提供了模拟电路部分所需要的电源,而 $DV_{DD}$ 则提供了数字电路部分所需要的电源。这两个电源的取值范围均为 2.3～5.5 V,而且每个都是独立的。例如模拟电路部分能够工作在 5 V 电压下,而同时数字电路部分工作在 3 V 或者是其他值的电压下。

AD9834 内部的数字电路部分通常工作在 2.5 V。芯片上的稳压器将 $DV_{DD}$ 的电源电压降至 2.5 V。AD9834 的数字接口(串行端口)工作电压也来自 $DV_{DD}$。这些数字信号在 AD9834 内进行调整,使它们与 2.5 V 一致。

当 AD9834 的 $DV_{DD}$ 引脚的电源电压等于或小于 2.7 V 时,引脚 CAP/2.5 V 和 $DV_{DD}$ 将同时被约束,从而将芯片上的稳压器旁路。

**(6) 串行接口**

AD9834 有一个标准的三线串行接口,与 SPI、QSPI、MICROWRE 和 DSP 接口标准兼容。

数据(一个 16 位字)在串行时钟输入(SCLK)控制下被装入芯片。

FSYNC 输入是一个电平触发输入,作为帧同步和芯片使能。当 FSYNC 为低电平时,数据能被传输进入芯片。

开始传输串行数据前,FSYNC 应该设置为低电平,同时注意相对 SCLK 下降沿设置 FSYNC 时间最小值($t_7$)。在 FSYNC 变为低电平后,串行数据将在 16 个时钟脉冲 SCLK 的下降沿转移到芯片上的输入移位寄存器。FSYNC 在第 16 个 SCLK 下降沿后变为高电平,注意相对最小 SCLK 下降沿设置 FSYNC 上升沿时间($t_8$)。

另外,FSYNC 能够在多个 16 个 SCLK 脉冲的整数倍时间内保持低电平,然后在数据传输结束时变为高电平。这样,当 FSYNC 保持低电平时,16 位字的连续数据流能被加载,同时 FSYNC 在最后一个数据被载入(第 16 个 SCLK 下降沿)之后变为高电平。

SCLK 可以是连续的,也可闲置为高电平或是低电平。但在写操作期间,当 FSYNC 转为低电平时,SCLK 必须为高电平状态。

**(7) 寄存器**

AD9834 包含一个 16 位的控制寄存器,用来将 AD9834 设置为用户所希望的工作状态。所有控制位(除 MODE 外)都在 MCLK 的内部负边沿上被采样。为了向 AD9834 传输用户想改变的控制寄存器的内容,DB14、DB15 和 DB0 必须设置为"0"。

AD9834 包含 2 个频率寄存器和 2 个相位寄存器,来自 AD9834 的模拟输出为 ($f_{\text{MCLK}}/2^{28}$)×FREQREG。这里,FREQREG 是被加载给被选择的频率寄存器的值。此信号的相位移位为($2\pi/4\,096$)×PHASEREG。这里,PHASEREG 是包含在被选择的相位寄存器的值。要考虑被选的输出频率和基准时钟频率之间的关系,以避免不必要的异常输出。

频率和相位寄存器的存取由 FSELECT/PSELECT 引脚和 FSEL/PSEL 控制位共同控制(参见表 5.6.2 和表 5.6.3)。如果控制位 PIN/SW＝1,则 FSELECT/PSELECT 引脚控制此项功能;反之,如果 PIN/SW＝0,则由 FSEL/PSEL 控制位控制此项功能。如果 FSEL/PSEL 控制位被使用,则引脚应该更适宜在 CMOS 逻辑高或低时被保存。频率/相位寄存器的控制能够被从引脚控制交换为位控制。

表 5.6.2　选择频率寄存器

| FSELECT | FSEL | PIN/SW | 选择寄存器 |
| --- | --- | --- | --- |
| 0 | X | 1 | FREQ0 REG |
| 1 | X | 1 | FREQ1 REG |
| X | 0 | 0 | FREQ0 REG |
| X | 1 | 0 | FREQ1 REG |

表 5.6.3　选择相位寄存器

| PSELECT | FSEL | PIN/SW | 选择寄存器 |
| --- | --- | --- | --- |
| 0 | X | 1 | PHASE0 REG |
| 1 | X | 1 | PHASE1 REG |
| X | 0 | 0 | PHASE0 REG |
| X | 1 | 0 | PHASE1 REG |

FSELECT 和 PSELECT 引脚在内部 MCLK 下降沿被采样。作为推荐，这两个引脚上的数据在 MCLK 下降沿的时间窗内不产生变化。如果 FSELSECT/PSELECT 在下降沿发生时改变值，则当控制数据被传送另一个频率/相位寄存器时，在一个 MCLK 周期内有一个数据不确定。

### (8) 复位(RESET)功能

RESET 功能将部分内部寄存器复位为"0"，以提供一个中量程模拟输出。RESET 不能够复位相位、频率或控制寄存器。

当 AD9834 电源关断时，器件应该被复位。为了将 AD9834 复位，设置 RESET 引脚/位为"1"；若要使器件离开复位，则可设置此引脚/位为"0"。在 RESET 被设置为"0"之后的第 7 个 MCLK 周期，DAC 输出中将出现一个信号。

RESET 功能由 RESET 引脚和 RESET 控制位同时控制（参见表 5.6.4）。如果控制位 PIN/SW＝0，则 RESET 位控制复位功能；反之，如果 PIN/SW＝1，则 RESET 引脚控制复位功能。RESET 的负跳变在内部 MCLK 下降沿被采样。

表 5.6.4　RESET 功能的应用

| RESET 引脚 | RESET 位 | PIN/SW | 结　果 |
|:---:|:---:|:---:|:---:|
| 0 | X | 1 | 没有复位应用 |
| 1 | X | 1 | 内部寄存器复位 |
| X | 0 | 0 | 没有复位应用 |
| X | 1 | 0 | 内部寄存器复位 |

### (9) 睡眠(SLEEP)功能

AD9834 的不被使用部分可以处于低功耗模式，以减少功率消耗。这可以通过 SLEEP 功能来实现。片上内部时钟和 DAC 部分能够被关断。DAC 能够通过硬件和软件关断电源。SLEEP 功能所需要的引脚/控制位如表 5.6.5 所列。

表 5.6.5　睡眠功能的应用

| SLEEP 引脚 | SLEEP1 位 | SLEEP12 位 | PIN/SW 位 | 结　　果 |
|:---:|:---:|:---:|:---:|:---|
| 0 | X | X | 1 | 没有电源关 |
| 1 | X | X | 1 | DAC 电源关断 |
| X | 0 | 0 | 0 | 没有电源关 |
| X | 0 | 1 | 0 | DAC 电源关断 |
| X | 1 | 0 | 0 | 内部时钟不使能 |
| X | 1 | 1 | 0 | DAC 电源关断，内部时钟不使能 |

### (10) SIGN BIT OUT 引脚

AD9834 提供了多种输出。来自 SIGN BIT OUT 引脚的数字输出是有用的。可利用的输出是比较器输出或 DAC 数据的 MSB。控制 SIGN BIT OUT 引脚的控制位如表 5.6.6 所列。

在使用前,此引脚必须被使能。这个引脚的使能/禁止是由控制寄存器内的控制位OPBITEN(D5)来控制的。当 OPBITEN＝1 时,此引脚使能。注意:如果 OP-BITEN＝1,则控制寄存器内的 MODE 位(D1)应当被设置为"0"。

**表 5.6.6 来自 SIGN BIT OUT 的各种输出**

| OPBITEN 位 | MODE 位 | SIGNPIB 位 | DIV2 位 | SIGN BIT OUT 引脚 |
|:---:|:---:|:---:|:---:|:---|
| 0 | X | X | X | 高阻抗 |
| 1 | 0 | 0 | 0 | DAC 数据 MSB/2 |
| 1 | 0 | 0 | 1 | DAC 数据 MSB |
| 1 | 0 | 1 | 0 | 预置 |
| 1 | 0 | 1 | 1 | 比较器输出 |
| 1 | 1 | X | X | 预置 |

### (11) IOUT /IOUTB 引脚

AD9834 的模拟输出是 IOUT/IOUTB 引脚端输出,可输出一个正弦波或斜坡电压。IOUT/IOUTB 的各种输出如表 5.6.7 所列。

## 4. AD9834 的应用电路设计

AD9834 有一个标准的串行接口,它允许 AD9834 器件直接与微控制器连接。芯片使用一个外部串行时钟将数据/控制信息写入芯片。串行时钟频率的最大值为 40 MHz。串行时钟可以是连续的,或者在写操作中闲置为高或低。当数据/控制信息被写入 AD9834 时,FSYNC 被设置为低电平,并且一直保持为低电平,直到数据的 16 个位被完全写入 AD9834。在 FSYNC 信号帧中,16 位信息被加载到 AD9834。

AD9834 与 80C51/50L51 之间的接口电路如图 5.6.1 所示。

**表 5.6.7 IOUT/IOUTB 的各种输出**

| OPBITEN 位 | MODE 位 | IOUT/IOUTB 引脚 |
|:---:|:---:|:---|
| 0 | 0 | 正弦曲线 |
| 0 | 1 | 上升/下降斜坡电压 |
| 1 | 0 | 正弦曲线 |
| 1 | 1 | 预置 |

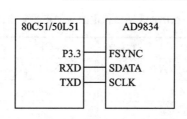

图 5.6.1　AD9834 与 80C51/50L51 之间的接口电路

AD9834 的评估板电路如图 5.6.2 所示,所使用的元器件参数如表 5.6.8 所列。

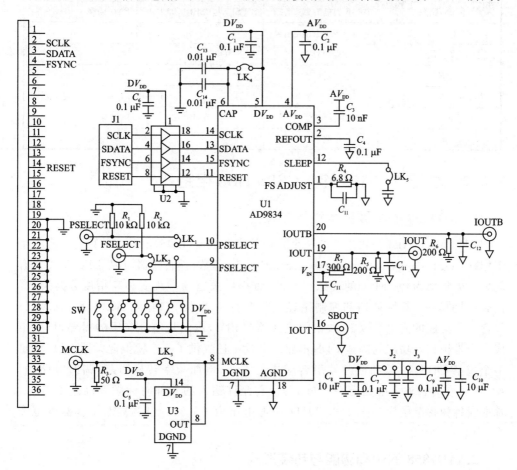

图 5.6.2　AD9834 的评估板电路图

表 5.6.8　AD9834 评估板电路所使用的元器件的参数

| 符　号 | 元器件型号与参数 | 符　号 | 元器件型号与参数 |
|---|---|---|---|
| U3 | 50 MHz 晶体振荡器 | LK$_1$,LK$_2$,LK$_5$ | 3 端 Sil 插头 |
| U1 | AD9834BRU | LK$_3$,LK$_4$ | 2 端 Sil 插头 |
| U2 | 74HCT244 | | |
| C$_1$,C$_2$,C$_5$,C$_6$,C$_7$,C$_9$,C$_{14}$ | 100 nF 陶瓷电容器 | SW | 开关 |
| C$_3$,C$_4$,C$_{13}$ | 10 nF 陶瓷电容器 | | |
| C$_8$,C$_{10}$ | 10 μF 钽电容器 | PSEL1,FSEL1,CLK1 | BNC 插座 |
| C$_{11}$,C$_{12}$,C$_{15}$,C$_{16}$ | 可以选择的去耦电容器 | | |
| R$_1$,R$_2$ | 10 kΩ 电阻器 | IOUT,IOUTB | SBOUT 连接器 |
| R$_3$ | 51 Ω 电阻器 | | |
| R$_4$ | 6.8 kΩ 电阻器 | J$_1$ | 36 端　Edge 连接器 |
| R$_5$,R$_6$ | 200 Ω 电阻器 | J$_2$,J$_3$ | PCB 接头 |
| R$_7$ | 300 Ω 电阻器 | | |

## 5.6.2　基于 AD9858 的 1 GSPS DDS 电路

### 1. AD9858 的主要技术性能与特点

AD9858 是 ADI 公司生产的一个直接数字合成器(DDS)电路。其特色是有一个工作在1 GSPS(giga - samples per second)的 10 位数/模转换器(10 - BIT DAC),有能力产生频率为400 MHz的模拟正弦波,可提供快速频率跳变和高精度分辨力(32位频率控制字),频率调谐和控制字经 8 位并行口或串行口输入 AD9858。AD9858包含一个集成的充电泵(CP)和相频检波器(PFD),以满足组合应用的需要,可以组成一个带锁相环功能的高速 DDS 电路。芯片上还提供了一个模拟混频器,可以满足一个包括 DDS、PLL 和混频器组合应用的需要,例如频率转换回路、调谐电路等。AD9858 在时钟输入电路有一个分频器,它允许输入的外部时钟频率高达 2 GHz。基准时钟频率范围为10~2 000 MHz,电源电压为+3.3(1±5%) V,工作温度范围为−40~+80 ℃。

### 2. AD9858 的引脚功能与封装形式

AD9858 采用 EPAD - TQFP - 100 封装,各引脚功能如表 5.6.9 所列。

表 5.6.9　AD9858 的引脚功能

| 引　脚 | 符　号 | I/O | 功　能 |
|---|---|---|---|
| 1~4,9~12 | D7~D0 | I/O | 并行数据端口。注意:只有当 I/O 端口被设置为并行端口时,这些引脚的功能才有效 |

| 引　　脚 | 符　　号 | I/O | 功　　能 |
|---|---|---|---|
| 5,6,21,28,<br>87,88,95,96 | DGND | — | 数字地 |
| 7,8,20,23~27,<br>93,94 | $DV_{DD}$ | — | 数字电源电压正端 |
| 13~15 | ADDR5~ADDR3 | I | 当 I/O 端口设置为并行端口时,这些引脚端与引脚端 16~18 一起作为 6 位地址选择线用于访问芯片上的寄存器(在串行端口模式下,参考引脚端 IORESET、SDO 和 SDIO) |
| 16 | ADDR2/IORESET | I | 注意:仅对串行编程模式有效。输入信号高电平有效,可以复位串行 I/O 总线控制器。当串行总线因接收到非法程序协议而无法答复时,它起复位的作用。I/O 复位既不影响可编程寄存器以前的内容,也不调用默认值 |
| 17 | ADDR1/SDO | O | 注意:仅对串行编程模式有效。当 I/O 端口作为三线串行端口工作时,此引脚为单向串行数据输出引脚。工作在二线串行端口状态时,此引脚闲置 |
| 18 | ADDR0/SDIO | I 或 I/O | 注意:仅对串行编程模式有效。当 I/O 端口作为三线串行接口工作时,此引脚端为串行数据输入端。工作在二线串行接口时,此引脚为双向串行数据引脚端 |
| 19 | $\overline{WR}$/SCLK | I | 当 I/O 端口被设置为并行编程模式时,此引脚端作为写入脉冲($\overline{WR}$),低电平有效;设置为串行编程模式时,此引脚端作为串行数据时钟( SCLK) |
| 22 | $\overline{RD}$/$\overline{CS}$ | I | 当 I/O 端口被设置为并行编程模式时,此引脚的功能是作为低电平有效的读出脉冲($\overline{RD}$);当设置为串行编程模式时,此引脚作为低电平有效的片选($\overline{CS}$),它允许乘法器与之共享串行总线 |
| 29,30,37~39,41,<br>42,52,74,80,85 | AGND | I | 模拟地 |
| 31,32,35,36,40,43,<br>44,47,48,51,70,73,<br>77,86,89,90 | $AV_{DD}$ | I | 模拟电源电压 |
| 33 | $\overline{REFCLK}$ | I | 基准时钟输入,时钟频率最高为 2 GHz。注意:当 $\overline{REFCLK}$端口工作在单端模式下时,$\overline{REFCLK}$与 $AV_{DD}$ 之间应该接一个 0.1 $\mu$F 的去耦电容 |

| 引　脚 | 符　号 | I/O | 功　能 |
|---|---|---|---|
| 34 | REFCLK | I | 基准时钟输入,时钟频率最高为 2 GHz |
| 45 | $\overline{\text{LO}}$ | I | 混频器本机振荡器(LO)输入,频率最高为 2 GHz。注意:当 $\overline{\text{LO}}$ 端口工作在单端模式下时,$\overline{\text{LO}}$ 与 $AV_{DD}$ 之间应该接一个 0.1 $\mu$F 的去耦电容 |
| 46 | LO | I | 混频器本机振荡器(LO)输入,频率最高为 2 GHz |
| 53 | $\overline{\text{RF}}$ | I | 模拟混频器 RF 输入,频率最高为 2 GHz。注意:当 $\overline{\text{RF}}$ 端口工作在单端模式下时,$\overline{\text{RF}}$ 与 $AV_{DD}$ 之间应该接一个 0.1 $\mu$F 的去耦电容 |
| 54 | RF | I | 模拟混频器 RF 输入,频率最高为 2 GHz |
| 55 | IF | O | 模拟混频器 IF 输出 |
| 56 | $\overline{\text{IF}}$ | O | 模拟混频器 IF 反相输出 |
| 57 | $\overline{\text{PFD}}$ | I | 相频检波器输入(最高直接频率为 150 MHz,当 4 选项被激活时为 400 MHz)。注意:当 $\overline{\text{PFD}}$ 端口工作在单端模式下时,$\overline{\text{PFD}}$ 与 $AV_{DD}$ 之间应该接一个 0.1 $\mu$F 的去耦电容 |
| 58 | PFD | I | 相频检波器输入(最高直接频率为 150 MHz,当 4 选项被激活时为 400 MHz) |
| 59,60,75,76 | NC | — | 空脚 |
| 61 | CPISET | I | 充电泵输出电流控制。用电阻连接引脚 CPISET 和 CPGND,以确定充电泵的基准电流 |
| 62,67 | $CPV_{DD}$ | I | 充电泵激励电压 |
| 63,68 | CPGND | I | 充电泵地 |
| 64 | CPFL | O | 充电泵快速同步输出 |
| 65,66 | CP | O | 充电泵输出 |
| 71 | DIV | I | 相位检波器反馈输入(最高直接频率为 150 MHz,当 4 选项被激活时为 400 MHz) |
| 72 | $\overline{\text{DIV}}$ | I | 相位检波器反馈输入(最高直接频率为 150 MHz,当 4 选项被激活时为 400 MHz)。注意:当 $\overline{\text{DIV}}$ 端口工作在单端模式下时,$\overline{\text{DIV}}$ 与 $AV_{DD}$ 之间应该接一个 0.1 $\mu$F 的去耦电容 |
| 78 | DACBP | — | DAC 基线去耦引脚端。例如接一个 0.1 $\mu$F 的旁路电容到引脚端 77 |
| 79 | DACISET | I | 用电阻连接引脚端 DACISET 和 AGND,以确定 DAC 的基准电流 |

| 引　脚 | 符　号 | I/O | 功　能 |
|---|---|---|---|
| 81,82 | IOUT | O | DAC 输出 |
| 83,84 | $\overline{\text{IOUT}}$ | O | DAC 输出 |
| 91 | SPSELECT | I | I/O 端口的串行/并行程序模式选择端。逻辑低电平 0:串行程序模式;逻辑高电平 1:并行程序模式 |
| 92 | RESET | I | 复位引脚端,高电平有效。引脚端 RESET 的控制信号强制 AD9858 进入默认工作状态 |
| 97,98 | PS0,PS1 | I | 用于内部形式的 4 选 1。这些引脚端与 SYNCLK 输出同步工作 |
| 99 | FUD | I | 频率更新。在上升沿将内部缓冲寄存器的内容传输给存储寄存器。此引脚端与 SYNCLK 同步工作 |
| 100 | SYCLK | O | 时钟输出引脚端,作为外部硬件的同步信号。SYNCLK 时钟频率为 REFCLK/8 |

### 3. AD9858 的内部结构与工作原理

AD9858 芯片内部包含一个带 32 位相位累加器和 14 位相位偏移调整器的数控振荡器(NCO)、一个高性能的 DDS 核、一个 1 GSPS 的 10 位数/模转换器、一个能在 2 GHz 下工作的模拟混频器、一个相频检波器(PFD)和一个具有高速同步能力的可编程充电泵。这些 RF 构件可以用来组成各种各样的频率合成回路。

**(1) 数字直接频率合成器的核心(DDS Core)**

DDS 核产生一个由数值确定的正弦曲线。根据 DDS 运行模式的不同,正弦曲线可以改变频率和相位,或者随调制信号改变。输出信号的频率由用户的可编程的频率调谐字(FTW)确定。器件的输出频率 $F_O$ 和系统时钟 SYSCLK 之间的关系如下:

$$F_O = \frac{(\text{FTW} \times \text{SYSCLK})}{2^N}$$

对于 AD9858 来说,$N=32$。

**(2) 数模转换器输出(DAC OUTPUT)**

AD9858 具有一个电流输出的 10 位 DAC,两路互补地输出所提供的满刻度输出电流($I_{OUT}$)。采用差分输出形式可降低在 DAC 输出中出现的共模噪声,提高信噪比。满刻度电流由连接在引脚端 DACISET 和模拟地之间的外部电阻 $R_{SET}$ 控制。满刻度电流 $I_{OUT}$ 与电阻值 $R_{SET}$ 之间的比例关系如下:

$$R_{SET} = 39.19/I_{OUT}$$

DAC 的最大满刻度输出电流是 20 mA,但通常限制在 10 mA,以保证在最佳不失真动态范围(spurious-free-dynamic-range,SFDR)内的性能。DAC 输出应在

$(AV_{DD}-1.5\ V)\sim(AV_{DD}+0.5\ V)$ 的范围内。电压若超出这个范围,将引起 DAC 失真,并有可能损坏 DAC 输出电路。应适当注意 DAC 输出电路的负载,以保证输出电压在允许工作范围内。当差动输出端连接变压器时,中心抽头应连接到 $AV_{DD}$。

**(3) 锁相环频率合成器(PLL Frequency Synthesizer)**

锁相环(PLL)频率合成器是一个独立的功能模块,设计中通常将它与 DDS 一起使用,以扩展合成器的应用范围。功能块包含一个数字相位频率检波器(Phase Frequency Detector,PFD)和充电泵(Charge Pump,CP),使用者需要连接一个外部环路滤波器和一个或多个压控振荡器(VCO)。锁相环(PLL)频率合成器回路中还包括一个高速模拟混频器。在使用 PLL 频率合成器时,可以将不同的功能块与 DDS 连接,以构成能够满足不同要求的 DDS 电路。

**(4) 相频检波器(Phase‐Frequency Detector)**

相位检波器有两路模拟输入(PDin 和 DIVin),可以运行在差分或单端输入方式下。当四分频模式运行时,信号频率可达 400 MHz,但是通常都设计工作频率为 150 MHz。在 PD 和 DIV 引脚端输入电平的大小分别为 800 mV(p‐p)(差分输入方式)、400 mV(p‐p)(单端输入方式)。可编程分频器提供的分频率为 $M$ 和 $N=\{1,2,4\}$,分频率通过控制寄存器来控制。

**(5) 充电泵(Charge Pump,CP)**

充电泵输出的基准电流取决于连接的外部电阻(约为 2.4 kΩ),内部基准电流($I_{CP0}$)的最大值为 500 $\mu$A。CP 有频率检测、宽带闭环回路、末级闭环回路等工作模式,基准电流为此提供相应的激励电流。每种模式下的电流比例值可以通过控制寄存器来控制。

CP 的正、负极与 PD 的输入有关。当 CP 被设置为正极性时,如果 DIV 输入超前于 PD 输入,则充电泵将会减少 VCO 控制节点的电压;如果 DIV 输入滞后与 PD 输入,则充电泵将增加 VCO 控制节点的电压。当 CP 极性为负时,则与上述情况相反。用户可以任意定义一路输入为反馈电路。AD9858 允许连接以地或电压为参考点的 VCO。这项功能在控制功能寄存器的充电泵极性位(CPP)中定义。当 CPP=0(默认)时,充电泵设置与采用接地基准的 VCO 一起工作;当 CPP=1 时,充电泵设置与采用电压基准的 VCO 一起工作。

在 CP 的内部,$I_{CP0}$ 电流是用来为不同的工作模式提供不同的驱动电流输出值的。末级闭环模式可编程 $I_{CP0}$ 比例为 1、3 或 4;宽带闭环模式可编程 $I_{CP0}$ 比例为 0、2、4、6、8、10、12 或 14;频率检测模式可编程 $I_{CP0}$ 比例为 0、20、40 或 60。不同的工作模式下,由快速锁定逻辑控制选择。

CP 有一个能够工作在 5.25 V 电压的独立的电源引脚端。电压应该保持在 0.5~4.5 V 范围内,以确保最佳稳定状态。可编程的电流输出、可编程的极性、宽的工作范围和专有的快速锁定性能的组合,为数字 PLL 的应用提供了必需的灵活性。

### (6) 快速锁定逻辑(Fast Locking Logic)

充电泵采用了快速锁定算法，以打破传统 PLL 在频率转换时间上所受的限制。快速锁定算法与在外接的环路滤波器共同合作，提供了极高的频率转换性能。

基于反馈信号和基准信号之间的误差，快速锁定算法将充电泵设置为以下三种状态之一：频率检测模式、宽带闭环模式和末级闭环模式。在频率检测模式下，反馈和基准信号寄存真实的相位和频率误差，优于工作在连续闭环反馈模式。充电泵提供一个正极性的固定电流到 VCO 控制节点，以驱动环路指向频率锁定。一旦频率锁定被检测，快速锁定逻辑改变电路部分进入闭环模式。在闭环模式下，无论是宽带还是末级的闭环模式，充电泵都为环路滤波器提供电流。频率检测模式是为系统提供频率锁定形式的，使中间的闭环系统可以快速完成相位锁定。

频率锁定的精确性的指标涉及锁定范围。一旦频率在锁定范围以内，完成相锁所需的时间可以通过标准的 PLL 瞬时分析方法定义。注意：当闭环电流源被连接到引脚端 65 和 66 时，与频率检测模式有关的充电泵电流源即被连接到引脚端 64。引脚端 64 直接与环路滤波器的零点补偿电容相连。这样的连接可以平滑地由频率检测模式转换为闭环模式，而且能够得到更短的全面切换时间。引脚端 65 和 66 按常规方式连接到环路滤波器。

### (7) 频率检测功能块

在频率检测电路中，比较逻辑操作采用的频率为 DDS 系统时钟频率的 1/8。比较产生的频率在第 19 个 DDS 时钟周期后，出现在 PD 输入端和 DIV 输入端。当频差在 PPL 锁定范围内时，为了确保频率锁定检测的完成，VCO 输入的回转率应该像锁定范围一样受限，不能超过 19 个 DDS 时钟周期。根据可编程的频率检测电流和零位补偿电容的大小，VCO 输入的回转率可依照以下关系定义：

$$\frac{\mathrm{d}V}{\mathrm{d}t} = (I_{f\det})/C_Z$$

一旦频率检测发生，回路将关闭；对于宽带闭环模式，环路将在编程电流的基础上锁定。在宽带闭环模式，回路的闭环稳定性设计是很重要的。在这个模式下，较少的允许相位失真是可以接受的，因为这个模式只是用来提高锁定时间，而不是用于锁定的自由运行状态。一旦宽带闭环模式通过内部锁定检波器完成了相位锁定，相位检波器/充电泵将跃迁至末级闭环状态。如果宽带闭环电流没有被编程，则回路将从频率检波模式直接转换为末级闭环状态。在末级闭环状态下，回路特性将被最优化，以得到自由运行回路所需的带宽。

### (8) 模拟混频器(Analog Mixer)

模拟混频器采用 Gilbert Cell 结构，RF(Radio Frequency 射频)和 LO(Local Oscillator 本机振荡器)输入工作频率最大为 2 GHz，差分模拟输入方式，输入级都在内部被 DC 偏置，将通过 AC 耦合与外部连接。外部输入电平是在 800 mV(p－p)范围内(差动输入)。IF(中频)输出是差分模拟输出，最高频率在 400 MHz 以下。

**(9) 工作模式(Modes of Operation)**

AD9858 DDS 器件有单音频模式、频率扫描和完全睡眠模式 3 种工作模式。RF 部分的功能模块(PFD、CP、混频器)能够被激活或者进入低功耗模式。

在单音频模式,器件产生一个单一的输出频率,输出频率将通过一个装在内部寄存器的 32 位的控制字(频率调谐字 FTW,即 Frequency Tuning Word)来设置。输出频率能够根据需要而改变,并且迅速跳频完成,仅需要更新相应的寄存器控制字所需时间。甚至如果需要更快的跳频,4 个预置可用的结构形式可以通过外部的片选信号在已存储的 4 个频率值之间更快速地跳频,节省了由于乘法寄存器经由 I/O 端口运行的时间。

频率扫描模式允许自动完成大部分的频率扫描任务,通过 I/O 通道操作多个寄存器,可以实现线性和其他频率扫描。

无论器件在哪种模式下运行,频率变化相位都是连续的。

**(10) 单音频模式(Single‐Tone Mode)**

当在单音频模式时,AD9858 产生一个单一频率的信号或音调。频率由用户加载到频率调谐字(FTW)寄存器的数值确定。频率可以在 0 Hz 到 DAC 采样频率(SYSCLK)一半以下的范围内取值。DDS 的频率范围实际上限取决于外部低通滤波器的特性,从由 DAC 输出的被采样的振幅值数据流输入滤波器,通过滤波器得到模拟正弦波输出信号。

使用 1 GHz 的 SYSCLK,AD9858 能够产生的最大输出频率在 $400 \sim 450$ MHz 之间。

对于输出频率的期望值($F_O$)和采样率(SYSCLK),AD9858 的频率调节字(FTW)可以通过下列公式计算得到:

$$FTW = (F_O \times 2^N)/SYSCLK$$

这里的 $N$ 是相位累加器分辨力位数(AD9858 是 32 位),$F_O$ 的单位为 Hz,FTW 是一个十进制数。一旦一个十进制的数字被确定,它必须是整数,并且要转换为一个 32 位的二进制数。当 SYSCLK 为 1 GHz 时,AD9858 的分解频率为 0.233 Hz。

**(11) 频率扫描模式(Frequency‐Sweeping Mode)**

AD9858 具有自动频率扫描功能,且频率扫描通过频率累加器实现。频率累加器重复地增加频率增量到当前值,创造新的频率调节字,同时引起由 DDS 产生的频率变化。频率增量或步长作为频率增量调节字(Delta Frequency Tuning Word,DFTW)而被输入寄存器。频率增加率由另外一个的寄存器设置,即频率增量斜率(Delta Frequency Ramp Rate Word,DFRRW)。在这两个寄存器的共同作用下,AD9858 以需要的速率和频率步长,从 FTW 设置的初始频率进行向上或向下的扫描,从而得到线性度非常好的扫频或调频脉冲。

频率增量斜率字(DFRRW)像一个倒计时定时器,DFRRW 值以 SYSCLK/8 的速率衰减。这就意味着当"1"值载入 DFRRW 时,将出现最快速的频率字更新,并得到 SYSCLK 速率的 1/8 的频率增量;若接一个 1 GHz 的 SYSCLK,则频率能以 125 MHz 的最大速率增加(DFRRW＝1)。频率扫描由初始频率开始后,无论是向上还是向下,都必须指定频率增量调节字(DFTW)。因此,DFTW 被表示为一个二进制补码,正表示向上,负表示向下。

当"0"的 DFRRW 值写入寄存器时,所有的频率扫描都将终止。器件没有在给定频率下自动终止的功能。用户必须计算出达到最终所需频率的时间间隔,然后发出指令将"0"写入 DFRRW 寄存器。频率扫描所需时间可通过以下公式计算得出:

$$T=\frac{|f_F-f_S|\times 2^{25}}{SysClk^2}\times \frac{DFRRW}{DFTW}$$

式中,$T$ 为扫描时间,单位为 s;$f_S$ 为初始频率,定义为 $f_S=(FTW/2^{32})\times SysClk$;$f_F$ 是最终频率。

频率增量步长定义为 $\Delta f=(DFTW\times SysClk)/2^{32}$。须记住:DFTW 是一个带符号(2 位补码)的值;每个频段时间间隔($\Delta t$)定义为 $\Delta t=(8\times DFRRW)/SysClk$;最终频率 $f_F$ 定义为 $f_F=f_S+(\Delta f/\Delta t)$。

**(12) 返回到初始频率**

最初的频率调节字(FTW)被写入频率调谐寄存器后,在扫描过程的任何时候都不能改变,这意味着 DDS 在扫描过程中随时可以回到初始频率扫描,设置自动清除频率累加器指定的控制字,迫使频率累加器为 0,DDS 立即返回被存储 FTW 的频率调节字所确定的频率。

**(13) 完全睡眠模式(Full Sleep Mode)**

设置在控制功能寄存器内所有的电源关闭位,激活完全睡眠模式。在电源关闭状态下,与器件的各功能模块相关的时钟全部关闭,能有效地节约能源。

**(14) 同步(Synchronization)**

AD9858 的定时是由用户提供的,从 REFCLK 输入。REFCLK 输入经过缓冲后,在器件内部产生 SYSCLK 信号。SYSCLK 的频率可以与 REFCLK 的频率相同,或者是 REFCLK 的 1/2(由一个在控制功能寄存器 CFR 中设置的二分频功能实现)。REFCLK 的输入频率可高达 2 GHz。因此,器件 SYSCLK 的最高频率可以设定为 1 GHz。当 REFCLK 的频率大于 1 GHz 时,"可编程的二分频功能"将被激活。

SYSCLK 作为 DAC 的"采样时钟",并且被馈送到 8 分频器,产生 DDSCLK。DDSCLK 通过引脚端 SYNCLK 提供给用户,使外部硬件与 AD9858 的内部 DDS 时钟同步。与 SYNCLK 信号同步的外部硬件就能够为 AD9858 提供频率更新(Frequency Up Date,FUD)信号。FUD 信号和 SYNCLK 将内部缓冲寄存器的内容转移到器件的存储寄存器内。

SYNCLK 也用来使预置可用的结构形式选择引脚端(PS0、PS1)处于同步状态。引脚端 FUD、PS0 和 PS1 在 SYNCLK 的上升沿初始化。

**(15) AD9858 的编程(Programming the AD9858)**

将用户的数据传输至 DDS 核心,要经过两个步骤。通过写操作,用户先通过并行端口(包括地址及数据)或串行模式(地址和数据结合为一个串行字)将数据资料写入 I/O 缓冲器。不管采用什么方法将数据输入到 I/O 缓冲器,在数据从 I/O 缓冲器存入存储寄存器之前,DDS 核心都不能够存取数据。切换 FUD 引脚或改变预置可用的结构形式选择引脚端,都将使 I/O 内存单元更新的数据进入 DDS 核心的寄存器存储器单元。

**(16) I/O 端口功能(I/O Port Functionality)**

I/O 端口能够在串行或并行编程模式下运行。模式选择由 S/P 选择引脚端完成。当此引脚端为逻辑低电平"0"时,I/O 端口为串行模式;当为逻辑高电平"1"时,定义为并行模式。

在设计的实验阶段,两种模式都具有读出寄存器内容的能力,以便于调试程序的进行。但是,无论在哪种模式下,预置结构形式选择寄存器的读出都需要将片选引脚(P0、P1)设置为选择需要的寄存器数据库。当访问预置结构形式选择寄存器的一个寄存器时,寄存器地址作为偏移量从预置结构形式选择寄存器内选择一个寄存器。预置结构形式选择寄存器选择引脚端控制寄存器数据库的基址,并选择适当的寄存器分组。

**(17) 并行编程模式**

在并行编程模式下,I/O 端口共使用 8 个双向数据引脚(D0～D7)、6 个地址输入引脚(ADDR5～ADDR0)、1 个只读输入引脚(RD)和 1 个只写输入引脚(WR)。一个寄存器通过提供正确的地址而被选择,这在寄存器地址表中有详细说明。读/写功能是通过选择加脉冲到适当的引脚(RD 或 WR)而被调用,这两种操作是相互排斥的(即不能同时进行)。读或写数据被传送到 D7～D0 引脚上。

一个特殊的寄存器地址的 D7～D0 数据位及其功能的相互关系,在寄存器地址表和寄存器位描述中有详细说明。

在单一的 I/O 操作下,并行 I/O 操作允许以 100 MHz 的速率写一字节数据到 I/O 缓冲存储器内的任意寄存器;然而,与写操作不同,它并不能保证能以 100 MHz 的速率读出。调试时,它只能低速操作。读/写周期的时序图如图 5.6.3 和图 5.6.4 所示。

**(18) 串行编程模式**

在串行编程模式下,I/O 端口使用 1 个片选引脚(CS)、1 个串行时钟引脚(SCLK)、1 个 I/O 复位引脚(RESET)以及 1 个或 2 个串行数据引脚(SDIO 和 SDO,或任意一个)。使用的串行数据引脚的数量取决于 I/O 端口的配置,由控制功能寄存器来定义器件是被设置为二线还是三线串行操作。在二线模式下,SDIO 引脚作为双向串行数据引脚;在三线模式下,SDIO 引脚只是作为串行数据输入引脚,同时 SDO 引脚是作为串行输出引脚。SCLK 的最大时钟速率是未定义的。但是,在读操

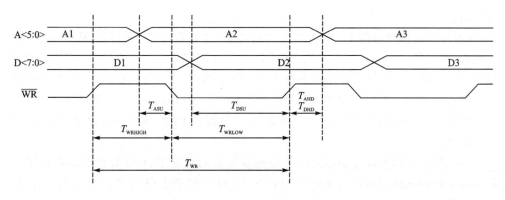

**图 5.6.3　I/O 端口写时序图**

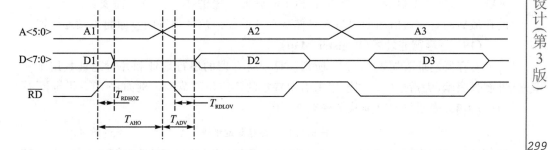

**图 5.6.4　I/O 端口读时序图（并行）**

作期间,这个未定义的速率是没有保证的。

　　串行端口是一个与 SPI 兼容的串行接口,其操作实质上与 AD9852/9854 相同。串行端口通信分两个阶段。阶段 1 是由一个 8 位字组成的指令周期。指令字节的最高有效字节(MSB)标志下一个操作是读操作还是写操作。6 位最低有效字节定义目标寄存器的串行地址,这在寄存器地址表(Register Map)中被定义。指令字节格式在表 5.6.10 中给出。阶段 2 包含发送数据给确定地址的寄存器或者从确定地址的寄存器读数据。在此阶段,传输的字节数取决于目标寄存器的长度,要求传输所有的与串行寄存器地址相关的二进制数据位。

**表 5.6.10　指令字节格式**

| 位 | (MSB)<br>D7 | D6 | D5 | D4 | D3 | D2 | D1 | (LSB)<br>D0 |
|---|---|---|---|---|---|---|---|---|
| 描　述 | 1:<br>Read<br>0:<br>Write | X | A5 | A4 | A3 | A2 | A1 | A0 |

　　串行端口通信的两个阶段都需要串行时钟,当写入设备时,串行二进制数据位在 SCLK 的上升沿被传输;当从器件读取数据时,串行输出二进制位在 SCLK 的下降沿

被传输。

CS 是片选控制引脚端。当 CS 在逻辑高电平"1"状态时，引脚端 SDO 和 SDIO 不使能（被迫进入高阻抗状态）；当 CS 引脚处于逻辑低电平"0"状态时，引脚端 SDO 和 SDIO 被激活。这种结构允许多个器件同时连接在同一串行总线上。如果多个器件同时连接在同一串行总线上，那么要完成与单个器件的通信，只需要将目标器件上的引脚端 CS 设置为逻辑低电平"0"状态，将其他器件上的引脚端 CS 设定为逻辑"1"状态即可。

在 AD9858 和外部控制器之间 I/O 同步丢失的情况下，I/O 复位引脚提供了一种不需要初始化整个器件而重建同步的方法：使引脚端 I/O 为逻辑高电平状态，复位串行端口的状态机。这将终止当前的 I/O 操作，并将器件转入下一个状态。在这种状态下，等待 I/O 在下一个 8 个 SCLK 脉冲传输的指令字节。需要注意的是，先前在最后的有效通信周期内写入存储寄存器的任何信息都将同步原封不动地保留。

### (19) 寄存器地址表（Register Map）

寄存器地址表如表 5.6.11 所列。每个寄存器的串行地址和并行地址数用十六进制数表示，尖括号（<>）被用来引用特定的位或位的范围。例如：<3>指定位 3；而<7：3>表明位的范围从 7 降至 3。

**表 5.6.11　寄存器地址表**

| 寄存器 | 地址 | | MSB Bit7 | Bit6 | Bit5 | Bit4 | Bit3 | Bit2 | Bit1 | LSB Bit0 | 默认值 | 预置状态 |
|---|---|---|---|---|---|---|---|---|---|---|---|---|
| 名称 | Ser | Par | | | | | | | | | | |
| 控制功能寄存器 CFR | 00h | 00h <7：0> | 开 | 2 GHz 分频器不使能 | 同步时钟输出不使能 | 混频器电源低功耗模式 | 相位检波器电源低功耗模式 | 电源低功耗模式 | 只有 SDIO 输出 | LSB 首先传输 | 18h | N/A |
| | | 01h <15：8> | 频率扫描使能 | 使能正弦输出 | 充电泵偏移位 | 相位检波器分频比（N） | | 充电泵极性 | 相位检波器分频比（M） | | 00h | N/A |
| | | 02h <23：16> | 自动清除频率累加 | 自动清除相位累加 | 加载频率增量定时器 | 清除频率累加 | 清除相位累加 | 开 | 快速锁定使能 | 为了快速锁定，禁用 FTW | 00h | N/A |
| | | 03h <31：24> | 频率检波器充电泵电流 | | 末级闭环充电泵电流 | | | 宽闭环充电泵电流 | | | 00h | N/A |
| 频率增量调节字 DFTW | 01h | 04h | 频率增量字<7：0> | | | | | | | | — | N/A |
| | | 05h | 频率增量字<15：8> | | | | | | | | — | N/A |
| | | 06h | 频率增量字<23：16> | | | | | | | | — | N/A |
| | | 07h | 频率增量字<31：24> | | | | | | | | — | N/A |
| 频率增量斜率 DFRRW | 02h | 08h | 频率增量斜率字<7：0> | | | | | | | | — | N/A |
| | | 09h | 频率增量斜率字<15：8> | | | | | | | | — | N/A |

| 寄存器名称 | 地址 | | MSB Bit7 | Bit6 | Bit5 | Bit4 | Bit3 | Bit2 | Bit1 | LSB Bit0 | 默认值 | 预置状态 |
|---|---|---|---|---|---|---|---|---|---|---|---|---|
| | Ser | Par | | | | | | | | | | |
| 频率<br>调节字<br>#0<br>FTW0 | 03h | 0Ah | 频率调节字 #0<7：0> | | | | | | | | 00h | 0 |
| | | 0Bh | 频率调节字 #0<15：8> | | | | | | | | 00h | 0 |
| | | 0Ch | 频率调节字 #0<23：16> | | | | | | | | 00h | 0 |
| | | 0Dh | 频率调节字 #0<31：24> | | | | | | | | 00h | 0 |
| 相位偏移字<br>#0　POW0 | 04h | 0Eh | 相位偏移字 #0<7：0> | | | | | | | | 00h | 0 |
| | | 0Fh | 开 | 开 | 相位偏移字 #0<15：8> | | | | | | 00h | 0 |
| 频率<br>调节字<br>#0<br>FTW0 | 05h | 10h | 频率调节字 #1<7：0> | | | | | | | | — | 1 |
| | | 11h | 频率调节字 #1<15：8> | | | | | | | | — | 1 |
| | | 12h | 频率调节字 #1<23：16> | | | | | | | | — | 1 |
| | | 13h | 频率调节字 #1<31：24> | | | | | | | | — | 1 |
| 相位偏移字<br>#1　POW1 | 06h | 14h | 相位偏移字 #1<7：0> | | | | | | | | — | 1 |
| | | 15h | 开 | 开 | 相位偏移字 #1<15：8> | | | | | | — | 1 |
| 频率<br>调节字<br>#2<br>FTW2 | 07h | 16h | 频率调节字 #2<7：0> | | | | | | | | — | 2 |
| | | 17h | 频率调节字 #2<15：8> | | | | | | | | — | 2 |
| | | 18h | 频率调节字 #2<23：16> | | | | | | | | — | 2 |
| | | 19h | 频率调节字 #2<31：24> | | | | | | | | — | 2 |
| 相位偏移字<br>#2　POW2 | 08h | 1Ah | 相位偏移字 #2<7：0> | | | | | | | | — | 2 |
| | | 1Bh | 开 | 开 | 相位偏移字 #2<15：8> | | | | | | — | 2 |
| 频率<br>调节字<br>#3<br>FTW3 | 09h | 1Ch | 频率调节字 #3<7：0> | | | | | | | | — | 3 |
| | | 1Dh | 频率调节字 #3<15：8> | | | | | | | | — | 3 |
| | | 1Eh | 频率调节字 #3<23：16> | | | | | | | | — | 3 |
| | | 1Fh | 频率调节字 #3<31：24> | | | | | | | | — | 3 |
| 相位偏移字<br>#3　POW3 | 0Ah | 20h | 相位偏移字 #3<7：0> | | | | | | | | — | 3 |
| | | 21h | 开 | 开 | 相位偏移字 #3<15：8> | | | | | | — | 3 |
| 保留 | 0Bh | 22h | 保留(Reserved),写禁止,在 h'FF 时离开 | | | | | | | | FFh | N/A |
| | | 23h | 保留(Reserved),写禁止,在 h'FF 时离开 | | | | | | | | FFh | N/A |

**（20）寄存器描述（Register Descriptions）**

① 控制功能寄存器（CFR，Control Function Register）

CFR 由地址为 03H～00H 中的 4 字节组成。CFR 被用来控制 AD9858 的各种功能、特性及工作模式。每位的功能将在下面进行详细说明。寄存器位是根据它们起始的最高有效位的串行寄存器位存储单元来确定的。

CFR<31：30>：频率检测模式充电泵电流控制；

CFR<29：27>：末级闭环模式（Final Closed - Loop Mode）充电泵输出电流控制；

CFR<26：24>：宽闭环（Wide Close Loop）充电泵输出电流控制；

CFR<23>：自动清除频率累加位（Auto Clear Frequency Accumulator Bit）；

CFR<22>：自动清除相位累加位（Auto Clear Phase Accumulator Bit）；

CFR<21>：加载频率增量定时器（Load Delta‑Frequency Timer）；

CFR<20>：清除频率累加位（Clear Frequency Accumulator Bit）；

CFR<19>：清除相位累加器位（Clear Phase Accumulator Bit）；

CFR<20>：锁相环快速锁定使能位（PLL Fast‑Lock Enable Bit）；

CFR<16>：该位允许用户控制 PLL 的快速锁定运算是否使用调节字的值，确定是否进入快速锁定模式；

CFR<15>：频率扫描使能位（Frequencey Sweep Enable Bit）；

CFR<14>：正弦/余弦选择位；

CFR<13>：充电泵电流偏移位；

CFR<12：11>：相位检波器基准输入频率分频比率控制；

CFR<10>：充电泵极性选择位；

CFR<9：8>：相位检波器反馈输入分频率控制；

CFR<7>：闲置；

CFR<6>：对于 2 GHz 的基准时钟（RefClk），此位禁用；

CFR<5>：SYNCLK 屏蔽位；

CFR<4：2>：电源关闭位；

CFR<1>：SDIO 仅作为输入；

CFR<0>：最低有效位（LSB First）（只有当 I/O 端口被设置为串行端口时，此位才有效）。

② 频率增量调节字（DFTW）

DFTW 寄存器由地址为 04H～07H 的 4 字节组成。DFTW 的内容被用于频率累加器的输入。不同于与相位寄存器相关的频率调节字（32 位无符号整数），DTFW 是一个 32 位的带符号整数，因为控制频率变化的范围，而频率可以是正值，也可以是负值，所以 DFTW 被定义为带符号的数。当器件处于频率扫描状态时，频率累加器的输出增加频率调节字，并反馈给相位累加器，这就使得 AD9858 具备了频率扫描能力。DFTW 控制了与频率扫描相关的频率分辨力。频率增量调节字的最高有效字节存储在地址 07H 为并行寄存器，较低位的字节以递减次序存储在地址为 06H、05H 和 04H 的并行寄存器中。

③ 频率增量斜率字（DFRRW）

DFRRW 由地址为 08H～09H 的 4 字节组成。DFRRW 是一个 16 位无符号数，作为一个分频器为定时器服务，常用于频率累加器的定时。定时器在 DDS 时钟范围内运行，产生一个时钟信号送入频率累加器。存储在 DFRRW 寄存器内的数值，决定随后输入频率累加器信号的 DDS 时钟周期数。DFRRW 的最高有效字节存储在地址为 09H 的寄存器内，最低有效字节存储在地址为 08H 的寄存器内。

④ 用户预置结构寄存器（User Profile Registers）

用户预置结构寄存器包括 4 个频率调节字和 4 个相位调节字。每对频率和相位寄存器组成一个可配置的用户预置结构，可通过用户预置结构引脚端进行选择。

⑤ 用户预置结构（User Profiles）

AD9858 具有 4 个用户预置结构（0～3），可通过器件的用户预置结构选择引脚（PS0、PS1）进行选择。每个用户预置结构都有自己的频率调节字。这允许用户将不同的频率调节字输入到每个用户预置结构，从而通过用户预置结构选择引脚，选择所需要的结构。这使得在单音频模式下，以 1/8 个 SYSCLK 周期的速率在不同频率之间跳变成为可能。AD9858 同时为每个用户预置结构提供了一个相位偏移字，这是一个 14 位无符号整数（POW），用来表征加到瞬时相位值上的均衡（PO/214）相位偏移量。因而，输出信号的相位在相位能产生细微增量（约为0.022°）时，得到相应的调整。当 AD9858 以某个用户预置结构所指定的频率运行时，若将其切换到包含最新载入频率的用户预置结构时，则可以更新这个用户预置结构的 FTW 和 POW。改变当前的用户预置结构将同时更新 2 个参数，因此，必须注意确保没有不必要的参量改变的发生。

重复地将一个新的频率写入被选用户预置结构的 FTW 寄存器，因为频率更新引脚（FUD）的过滤作用而跳过这个新频率，所以这些情况都是可能发生的。虽然允许跳变到任意的频率，但也受到一定范围的限制。在受限制的这个范围内，可以通过 I/O 端口在并行模式下以 100 MHz 的速度为每个新的频率调节字传送数字字节来完成。

**(21) 频率调节控制**

DDS 的输出频率取决于 32 位的频率调节字（FTW）和系统时钟（SYSCLK），其关系由如下公式给出：

$$F_O = (FTW \times SYSCLK)/2^N$$

对于 AD9858 来说，这里的 $N=32$。在单音模式下，FTW 由激活的用户预置结构提供；在频率扫描模式下，FTW 是频率累加器的输出结果。

**(22) 相位偏移控制**

一个 14 位的相位偏移（$\theta$）可以通过调整存储在存储寄存器内的相位偏移字，加入相位累加器产生输出。相位控制的 3 种方法如下。

第 1 种方法是静态相位调整。一个固定的相位偏移量被载入适当的相位偏移量寄存器，并且相位偏移量寄存器左边的内容未改变。结果是：输出信号是一个恒量角相对于标称信号的偏移量。

第 2 种方法是用户定期地经由 I/O 端口更新适当的相位偏移寄存器。通过适当地更改相位偏移量作为时间函数，用户就能实现相位已调制的输出信号。实现相位调制的范围，受 I/O 端口的速率和 SYSCLK 频率的限制。

第 3 种方法包括用户预置结构寄存器。首先，用户将 4 个不同的频率偏移字输入适当的预置结构；然后，通过 AD9858 的用户预置结构选择引脚，在 4 个预载的相位偏移值之间进行选择。这样，相位变化就可以通过操纵硬件引脚端完成，而不是写入 I/O 端口,从而避免了 I/O 端口速度的限制。然而,这个方法受限于只有 4 个不同的相位偏移值(每个用户预置结构有一个偏移量值)。每个用户预置结构都有一个与频率和相位相关的值,改变当前的用户预置结构将更新 2 个参数,因此,必须注意确保没有不必要的参数改变的发生。

**(23) 用户预置结构选择(Profile Selection)**

用户预置结构由存储寄存器的一个特定组组成。AD9858 的每个用户预置结构包含 1 个 32 位的频率调节字和 1 个 14 位的相位偏移量字。每个用户预置结构可以经由 2 个外部的用户预置结构选择引脚端(PS0 和 PS1)选择,定义如表 5.6.27 所列。用户应该意识到:用户预置结构的选择应该与使用 SYNCLK 定时的 DDS 时钟同步,即 SYNCLK 通常与用户预置结构选择引脚端(PS0、PS1)同步。

在通过外部硬件控制来提供快速的器件参数的变化中,用户可用到 4 种用户预置结构,这样可以避免由 I/O 端口附加的速度限制。例如,用户可以对 4 个相位偏移寄存器预编程序,使偏移量值与 90°的相位增量对应。通过控制引脚端 PS0 和 PS1,用户可以实现 $\pi/2$ 相位调制。数据调制率将比经由 I/O 端口重复地加载单一的相位偏移寄存器高得多。

### 4. AD9858 的应用电路设计

**(1) AD9858 DDS 合成器作为中间回路振荡器的电路结构**

AD9858 DDS 合成器作为中间回路振荡器电路结构如图 5.6.5 所示。在这个应用电路中,DDS 被定时,而且输出直接由 DAC 产生,模拟混频器和 PLL 不工作。

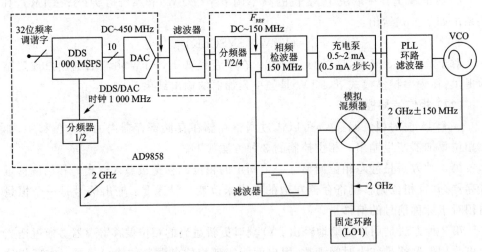

图 5.6.5　AD9858 DDS 合成器作为中间回路振荡器电路结构

**(2) AD9858 DDS 合成器作为单环 PLL 上变频器的电路结构**

AD9858 DDS 合成器作为单环 PLL 上变频器电路如图 5.6.6 所示。这是一个集分频回路、DDS、相位检测器和充电泵于一体的电路。在应用中,DDS 使用在 PLL 回路中。不同于传统的 PLL 回路中使用固定值的分频器,输出信号通过 DDS 被分频处理并反馈给相位检波器。从而,PLL 回路的输出信号就可以作为基准时钟反馈给 DDS。DDS 要与基准输入频率相匹配。因为 DDS 输出频率可以取值 $2^{32}$,输出频率范围是从 0 Hz 到 PLL 回路输出频率的 1/2。AD9858 合成器作为直接上变频器,如图 5.6.7 所示。

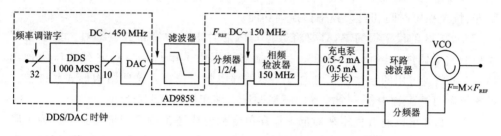

图 5.6.6　AD9858 DDS 合成器作为单环 PLL 上变频器

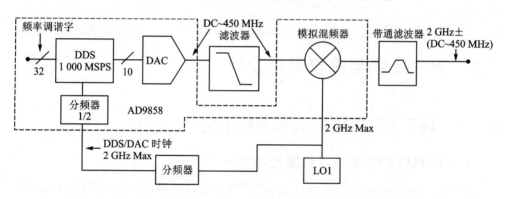

图 5.6.7　AD9858 合成器作为直接上变频器

### (3) AD9858 作为分数值为 $N$ 的小数分频频率合成器的电路结构

AD9858 作为分数值为 $N$ 的小数分频频率合成器电路如图 5.6.8 所示。在这个应用电路中,RF 混频器与回路的反馈通路一体,可以直接改变输出频率的大小。

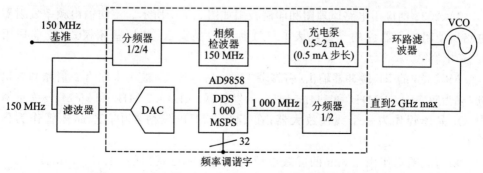

图 5.6.8　AD9858 作为分数值为 $N$ 的小数分频频率合成器

在 1 GHz 的内部时钟速率的驱动下,AD9858 能直接产生频率为 400 MHz 的信号。这个时钟可以通过芯片上的二分频器分频 2 GHz 的外部时钟源得到。由于芯片上具有混频器和 PFD/CP,所以使 AD9858 能构成产生频率在 1~2 GHz 范围内甚至更高的频率合成器。

对于一个 DDS 系统来说,AD9858 的一个优点就是具有工作灵活性大的模拟频率合成技术(PLL,混频),可以产生高频率分辨力的精密频率信号,并具有快速频率跳变、快速稳定时间和自动频率扫描等功能。

AD9858 的设定很简单,只要将数据写入芯片上的数字寄存器即可。数字寄存器控制整个器件的运行。AD9858 为控制器件提供了串行端口和并行端口两种选择。4 个预置可用的结构形式可通过一对外部引脚来选择。这些结构形式允许独立设置 4 种可选配置中任一个配置的频率调谐字和相位偏移调整字。

AD9858 可以通过程序来确定工作在单音频模式还是频率扫描模式下。为了降低能源损耗,还有完全睡眠模式,在此期间,器件的大部分电路都停止运行,以减少电流的消耗。

DDS 的详细描述可以访问 Analog Devices 的网站(http://www.analog.com/dds)。

## 5.7 单片发射与接收电路设计

### 5.7.1 基于 MC2833 的调频发射电路

#### 1. MC2833 的主要技术性能与特点

MC2833 是 Freescale 公司生产的单片调频发射器电路,芯片内部包含麦克风放大器、压控振荡器以及 2 个晶体管等。采用片上晶体管放大器可获得 +10 dBm 功率输出;采用直接射频输出方式,在 60 MHz 范围内可获得 −30 dBm 输出功率;采用 SO-16 封装;工作电源电压为 2.8~9.0 V,电流消耗为 2.9 mA。

#### 2. MC2833 的应用电路

MC2833 的应用电路原理图和印制板图如图 5.7.1 所示。不同输出频率发射器电路所使用的元器件的参数如表 5.7.1 所列。晶振 $X_1$ 使用基频模式,校准采用 32 pF 电容。

MC2833 的 RF 缓冲器输出(引脚端 14)和晶体管 $Q_2$ 被用来作为 2 倍频和 3 倍频,成为频率为 76 MHz 和 144.6 MHz 的发射器。在 49.7 MHz 和 76 MHz 发射器中,$Q_1$ 晶体管作为一个线性放大器;在 144.6 MHz 发射器中,$Q_1$ 晶体管作为倍频器。

所有线圈均使用 7 mm 的屏蔽电感,如 CoilCraft 系列的 M1175A、M1282A~M1289A 和 M1312A,或者使用同类型产品。

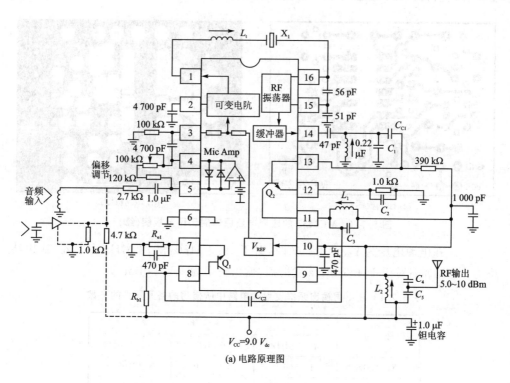

(a) 电路原理图

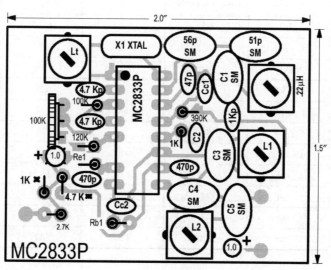

(b) 元器件布局图

图 5.7.1　MC2833 的应用电路原理图和印制板图

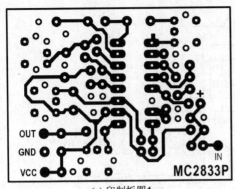 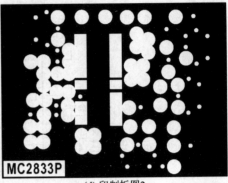

(c) 印制板图1　　　　　　　　　　　　　　　(d) 印制板图2

图 5.7.1　MC2833 的应用电路原理图和印制板图(续)

在电源电压为 $V_{cc}=8.0$ V 时,对于 49.7 MHz 和 76 MHz 发射器,输出功率为 $+10$ dBm;对于 144.6 MHz 发射器,输出功率为 $+5.0$ dBm。

表 5.7.1　在不同输出频率发射器电路中所使用的各元器件的参数

| 符　号 | 元件参数 | | |
|---|---|---|---|
| | 49.7 MHz | 76 MHz | 144.6 MHz |
| $X_1$/MHz | 16.566 7 | 12.600 0 | 12.05 |
| $L_t$/$\mu$H | 3.3~4.7 | 5.1 | 5.6 |
| $L_1$/$\mu$H | 0.22 | 0.22 | 0.15 |
| $L_2$/$\mu$H | 0.22 | 0.22 | 0.10 |
| $R_{e1}$/$\Omega$ | 330 | 150 | 150 |
| $R_{b1}$/k$\Omega$ | 390 | 300 | 220 |
| $C_{C1}$/pF | 33 | 68 | 47 |
| $C_{C2}$/pF | 33 | 10 | 10 |
| $C_1$/pF | 33 | 68 | 68 |
| $C_2$/pF | 470 | 470 | 1 000 |
| $C_3$/pF | 33 | 12 | 18 |
| $C_4$/pF | 47 | 20 | 12 |
| $C_5$/pF | 220 | 120 | 33 |

## 5.7.2　基于 MC3371/3372 的窄带调频接收电路

### 1. MC3371/3372 的主要技术性能与特点

MC3371/MC3372 是 Freescale 公司生产的单片窄带调频接收电路。其最高工作频率可达100 MHz,具有 $-3$ dB 输入电压灵敏度,信号电平指示器具有 60 dB 的动态范围,工作电压范围为 2.0～9.0 V。当 $V_{CC}$＝4.0 V、静噪电路关闭时,耗电仅为 3.2 mA。其工作温度范围为－30～＋70 ℃。

MC3371/MC3372 芯片内部包含振荡电路、混频电路、限幅放大器、积分鉴频器、滤波器、静噪开关和仪表驱动等。MC3371/MC3372 类似于 MC3361 和 MC3359 等接收电路,除了用信号仪表指示器代替 MC3361 的扫描驱动电路外,其余功能特性相同。MC3371 使用 $LC$ 鉴频电路,MC3372 则可使用 455 kHz 陶瓷滤波器或 $LC$ 谐振电路,主要应用于语音或数据通信的无线接收机。

### 2. MC3371/3372 的封装形式和引脚功能

MC3371/MC3372 采用 DIP - 16、TSSOP - 16 或者 SO - 16 三种封装形式。各引脚功能如下:

- 引脚端 1(Crystal Osc 1)为 Colpitts 振荡器的基极,使用高阻抗和低电容的探头,可观察到一个 450 mV(p－p)的交流波形。
- 引脚端 2(Crystal Osc 2)为 Colpitts 振荡器的发射极,典型信号电平为 200 mV(p－p)。注意:信号波形与引脚端 1 的波形相比有些失真。
- 引脚端 3(Mixer Output)为混频器输出,射频载波成分是叠加在 455 kHz 信号上的,典型值为 60 mV(p－p)。
- 引脚端 4($V_{CC}$)为电源电压,范围为－2.0～＋9.0 V。$V_{CC}$ 与地之间加去耦电容。
- 引脚端 5(Limiter Input)为 IF 放大器输入,混频器输出通过 455 kHz 的陶瓷滤波器后输入到 IF 放大器,典型值为 50 mV(p－p)。
- 引脚端 6 和 7(Decoupling)为 IF 放大器去耦,外接一个 0.1 $\mu$F 的电容到 $V_{CC}$。
- 引脚端 8(Quad Coil)为积分调谐线圈,呈现一个 455 kHz IF 信号,典型值为 500 mV(p－p)。
- 引脚端 9(Recovered Audio)为恢复的音频信号输出,是 FM 解调输出信号,包含载波成分,典型值为 1.4 V(p－p)。经过滤波后,恢复音频信号,典型值为 800 mV(p－p)。
- 引脚端 10(Filter Input)为滤波放大器输入。
- 引脚端 11(Filter Output)为滤波放大器输出,典型值为 400 mV(p－p)。
- 引脚端 12(Squelch Input)为抑制输入。
- 引脚端 13(RSSI)为 RSSI 输出。
- 引脚端 14(Mute)为静音输出。
- 引脚端 15(Gnd)为地。
- 引脚端 16(Mixer Input)为混频器输入。其串联输入阻抗:在 10 MHz 时为 (309－j33) Ω,在 45 MHz 时为(200－j13) Ω。

MC3372 引脚功能与 MC3371 基本相同,引脚端 9(Recovered Audio)为恢复的音频信号输出,是 FM 解调输出信号,包含载波成分,典型值为 800 mV(p－p)。经滤波后,恢复音频信号,典型值为 $500\ \mathrm{mV(p-p)}$ 。

### 3. MC3371/3372 的应用电路与工作原理

MC3371 在 10.7 MHz 的典型应用电路如图 5.7.2 所示。MC3371 的内部振荡电路与引脚 1 和 2 的外接元件组成第 2 本振级,第 1 中频 IF 输入信号 10.7 MHz 从 MC3371 的引脚 16 输入,在内部第 2 混频级进行混频,其差频为:$(10.700-10.245)$ MHz=0.455 MHz,也即 455 kHz 第 2 中频信号。第 2 中频信号由引脚 3 输出,由 455 kHz 陶瓷滤波器选频,再经引脚 5 送入 MC3371 的限幅放大器进行高增益放大。限幅放大级是整个电路的主要增益级。引脚 8 的外接元件组成 455 kHz 鉴频谐振回路,经放大后的第 2 中频信号在内部进行鉴频解调,并经一级音频电压放大后由引脚 9 输出音频信号,送往后级的功率放大电路。引脚 12~15 为载频检测和电子开关电路,通过外接少量的元件即可构成载频检测电路,用于调频接收机的静噪控制。MC3371 内部还置有一级滤波信号放大级,加上少量的外接元件可组成有源选频电路,为载频检测电路提供信号。该滤波器引脚 10 为输入端,引脚 11 为输出端,引脚 6 和 7 连接第 2 中放级的去耦电容。

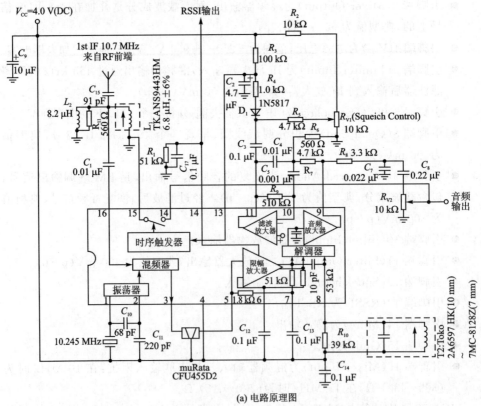

(a) 电路原理图

**图 5.7.2    MC3371 在 10.7 MHz 的典型应用电路**

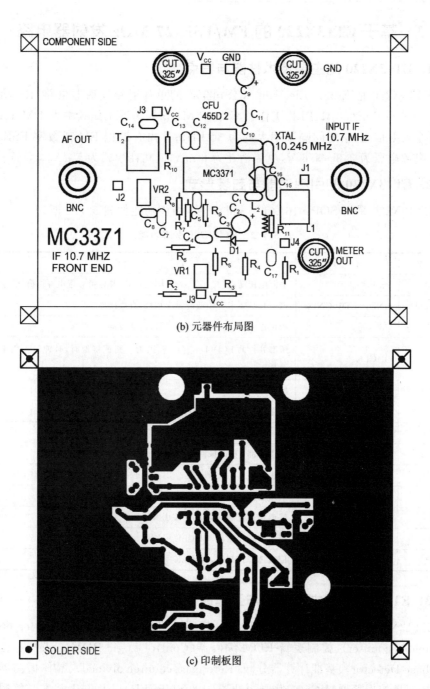

(b) 元器件布局图

(c) 印制板图

**图 5.7.2　MC3371 在 10.7 MHz 的典型应用电路(续)**

MC3372 在 10.7 MHz 的典型应用电路与 MC3371 在 10.7 MHz 的典型应用电路基本相同。

### 5.7.3　基于 ET13X220 的 FM/FSK 27 MHz 发射器电路

#### 1. ET13X220 的主要技术性能与特点

ET13X220 是 Etoms Electronics 公司生产的单片射频发射器电路,RF 功率输出为 $-3\sim0$ dBm@50 $\Omega$;PLL 工作频率为 27 MHz;振荡器工作频率为 4 MHz;能提供 10 个发射信道;信道间隔频率大约为 30 kHz;片内有模拟 FM 或数字 FSK 调制方式;电源电压为 2.3~3.6 V,电流消耗为 8 mA,低功耗模式为 5 μA。

#### 2. ET13X220 的引脚功能与封装形式

ET13X220 采用 SOP - 16L(150 mil)封装,引脚功能如表 5.7.2 所列。

表 5.7.2　ET13X220 引脚功能

| 引　脚 | 符　号 | 功　　能 |
|---|---|---|
| 2,9 | $V_{DD1}$,$V_{DD2}$ | 电源电压端,连接 0.1 μF 去耦电容器,要尽量靠近电源引脚端 |
| 5,7,11 | GND,GND1,GND2 | 该引脚端要求有较低的感应系数,直接接地 |
| 6 | CPO | 相位检波器输出,连接到外部低通滤波器 |
| 1 | CHCLK | 所有并行的 BCD(D0~D3)输入为开路或接地时,时钟输入用于信道选择 |
| 12 | ENB | 使能控制输入 |
| 8 | XTAL | 晶振输入连接(4.0 MHz 的晶体) |
| 10 | TXO | RF 功率输出 |
| 3 | VCO1 | 连接外部 $LC$ 谐振回路 |
| 4 | VCO2 | 连接外部 $LC$ 谐振回路 |
| 13 | D0 | 信道选择控制端,控制时钟信号的引脚接地 |
| 14 | D1 | 信道选择控制端,CHCLK 引脚接地 |
| 15 | D2 | 信道选择控制端,CHCLK 引脚接地 |
| 16 | D3 | 信道选择控制端,CHCLK 引脚接地 |

#### 3. ET13X220 的内部结构与工作原理

ET13X220 的芯片内部包含有预置分频器和可编程计算器(Prescaller & Programmable counter)、控制逻辑 ROM 编码器(Control Logic ROM code)、相位检波器(Phase Detector)、基准计算器分频(Reference counter divided)、晶体振荡器(Oscillator)、压控振荡器(VCO)、发射缓冲器(TX BUFFER)以及电压基准与能隙电源(Voltage Reference & Bandgap)等。

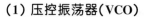

**(1) 压控振荡器(VCO)**

采用 $LC$ 谐振电路来实现低相位噪音的特性。电感 $L$ 为芯片外部连接的高 $Q$ 值电感器,根据调谐范围和基带数据的不同,由变容二极管提供。

**(2) 锁相环(PLL)**

锁相环包含 64/65 前置分频器,充电泵,鉴频器,N、A 吞咽计数器及多频道应用的 R 计数器。通过并行 BCD 输入的机械开关来选择信道,或直接输入可选址的只读储存器的时钟信号到引脚 CHCLK 来选择信道。

**(3) D0~D3/CHCLK**

输入提供的 BCD 码用来选择 10 个信道中的 1 个,并锁定在发射和接收环路中。如果输入的地址数据在 1~10 之外,则逻辑译码默认信道 10。当 CHCLK 接地时,频率分配、频率基准及 D0~D3 对应信道如表 5.7.3 所列。D0~D3 的输入内部有上拉装置。

当所有并行的 BCD(D0~D3)输入为开路或者接地时,通过 MCU 控制引脚 1 的时钟信号上升沿来设置信道。开启电源后(内部电源重新启动),初始信道为 10 信道。

表 5.7.3　VCO 频率和分配比率(振荡器频率为 4.0 MHz,基准分频系数为 800)

| 信　道 | VCO 频率 /MHz | TXO 频率 /MHz | TX 分频器 (基准频率 5.0 kHz) | 输　入 | | | |
| --- | --- | --- | --- | --- | --- | --- | --- |
| | | | | D3 | D2 | D1 | D0 |
| 1 | 26.985 | 26.985 | 5397 | 0 | 0 | 0 | 1 |
| 2 | 27.015 | 27.015 | 5403 | 0 | 0 | 1 | 0 |
| 3 | 27.045 | 27.045 | 5409 | 0 | 0 | 1 | 1 |
| 4 | 27.075 | 27.075 | 5415 | 0 | 1 | 0 | 0 |
| 5 | 27.105 | 27.105 | 5421 | 0 | 1 | 0 | 1 |
| 6 | 27.135 | 27.135 | 5427 | 0 | 1 | 1 | 0 |
| 7 | 27.165 | 27.165 | 5433 | 0 | 1 | 1 | 1 |
| 8 | 27.195 | 27.195 | 5439 | 1 | 0 | 0 | 0 |
| 9 | 27.225 | 27.225 | 5445 | 1 | 0 | 0 | 1 |
| 10 | 27.255 | 27.255 | 5451 | 1 | 0 | 1 | 0 |
| | 27.255 | 27.255 | 5451 | 1 | 0 | 1 | 1 |
| | 27.255 | 27.255 | 5451 | 1 | 1 | 0 | 0 |
| | 27.255 | 27.255 | 5451 | 1 | 1 | 0 | 1 |
| | 27.255 | 27.255 | 5451 | 1 | 1 | 1 | 0 |

**(4) 发射(TX)输出驱动器**

TX 输出驱动电路中含有一个前置驱动器和一个漏极开路输出极,片外的负载网络并联一个 RLC 调谐电路,在电源电压为 3 V 时,输出到负载的最大驱动能力为 0 dBm。

**(5) 信道时钟时间选择表**

信道时钟时间选择如表 5.7.4 所列。信道时钟允许的误差范围为±150 $\mu$s。

表 5.7.4  信道时钟时间选择表

| 频　道 | 时钟/ms | 频　道 | 时钟/ms |
|---|---|---|---|
| 1 | 0.6 | 6 | 3.6 |
| 2 | 1.2 | 7 | 4.2 |
| 3 | 1.8 | 8 | 4.8 |
| 4 | 2.4 | 9 | 5.4 |
| 5 | 3.0 | 10 | 6.0 |

**4. ET13X220 应用电路**

ET13X220C 的应用电路如图 5.7.3 所示,应用电路元器件如表 5.7.5 所列。该电路通过微控制器控制 BCD 码或时钟引脚端来选择信道。当 ENB 端为"低"时,电路处于工作模式;为"高"时,电路处于空闲模式。

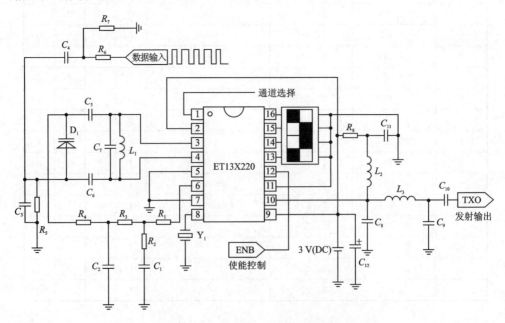

图 5.7.3  ET13X220C 的应用电路

表 5.7.5　ET13X220C 的应用电路元器件

| 符　号 | 元器件参数 | 符　号 | 元器件参数 |
|---|---|---|---|
| $R_8$ | 金属膜电阻,390 Ω | $C_9$ | 陶瓷电容,820 pF,NPO |
| $R_7$ | 金属膜电阻,750 Ω | $C_3$ | 陶瓷电容,10 nF,X7R |
| $R_5$ | 金属膜电阻,1 kΩ | $C_2$ | 陶瓷电容,47 nF,X7R |
| $R_1$ | 金属膜电阻,2.2 kΩ | $C_4$,$C_{11}$ | 陶瓷电容,100 nF,X7R |
| $R_3$ | 金属膜电阻,22 kΩ | $C_1$ | 陶瓷电容,330 nF,X7R |
| $R_2$ | 金属膜电阻,47 kΩ | $C_{12}$ | 电解电容,10 μF/6.3 V |
| $R_4$,$R_6$ | 金属膜电阻,100 kΩ | $D_1$ | 变容二极管,1SV229 |
| $C_6$,$C_7$ | 陶瓷电容,33 pF,NPO | $L_3$ | 电感,100 nH |
| $C_5$ | 陶瓷电容,120 pF,NPO | $L_2$ | 电感,680 nH |
| $C_{10}$ | 陶瓷电容,560 pF,NPO | $L_1$ | 可调电感,650 nH |
| $C_8$ | 陶瓷电容,680 pF,NPO | $Y_1$ | 晶振,4M30P149US |
|  |  | $SW_1$ | DIP - 4,开关 |

## 5.7.4　基于 ET13X210 的 FSK 27 MHz 接收器电路

### 1. ET13X210 主要技术性能与特点

ET13X210 是 Etoms Electronics 公司生产的单片 10 信道数字接收器芯片,工作频率为 27 MHz;数据传输速率为 9.5 kb/s;片内有锁存器;信道选择由 D0～D3 BCD 码设置;信道间隔频率为 30 kHz;工作电压为 2.7～5.5 V;工作电流为 6 mA,低功耗模式电流为 10 μA。

### 2. ET13X210 引脚功能与芯片封装

ET13X210 采用 SOP - 24 封装,引脚功能如表 5.7.6 所列。

表 5.7.6　ET13X210 的引脚功能

| 引　脚 | 符　号 | 功　能 |
|---|---|---|
| 18,20 | $V_{DD}$ | 电源端。0.1 μF 去耦电容器尽可能接近地 |
| 7,16 | GND | 地 |
| 1 | CHCLK | 信道选择的时钟输入端。在 D0～D3 引脚并行输入高电平或低电平的时钟来控制信道的选择 |
| 2 | ENB | 低功耗控制输入 |
| 19 | XTAL | 晶振(4 MHz)输入 |
| 5 | MIX_I | RF 信号输入到混频器 |
| 6 | MIX_O | 混频器信号输出 |

续表 5.7.6

| 引　脚 | 符　号 | 功　能 |
|---|---|---|
| 8 | LIM_I | 中频频率放大器输入 |
| 11 | LIM_O | 限幅放大器输出 |
| 12 | DEM_I | 解调器输入 |
| 13 | DEM_O | 解调器输出 |
| 14 | FIL_I | 滤波放大器输入 |
| 15 | FIL_O | 滤波放大器输出 |
| 9 | DEC1 | 中频去耦,外部连接 0.1 μF 的中频去耦电容器到地 |
| 10 | DEC2 | 中频去耦,外部连接 0.1 μF 的中频去耦电容器到地 |
| 3 | VCO1 | 外部 LC 谐振回路 |
| 4 | VCO2 | 外部 LC 谐振回路 |
| 17 | CPO | 相位检波器输出,连接外部低通滤波器 |
| 21 | D0 | 信道选择端,引脚端 CHCLK 连接到地 |
| 22 | D1 | 信道选择端,引脚端 CHCLK 连接到地 |
| 23 | D2 | 信道选择端,引脚端 CHCLK 连接到地 |
| 24 | D3 | 信道选择端,引脚端 CHCLK 连接到地 |

### 3. ET13X210 内部结构与工作原理

ET13X210 的芯片包含中频放大器和限幅放大器(IF & Limiting AMP)、解调器(Demodulator)、压控振荡器(VCO)、混频器(MIXER)、前置分频器和 N 计数器(Prescaler & N counter)、相位检波器(Phase Detector)、R 计数器(R Counter)、晶体振荡器(Oscillator)、逻辑控制与 ROM 编码(Control Logic ROM Code)以及电压基准和能隙电源(V Reference Bandgap)等。

#### (1) 混频器和限幅放大器

混频器和振荡器(VCO)联合转换输入频率(27 MHz)下变频为 455 kHz,经外部带通滤波器大多数信号被放大。用一个常用的正交调频(FM)检波器来解调,恢复音频信号。通过带通滤波(陶瓷或者 LC)后,信号经由引脚 8 进入限幅放大器,然后从引脚 11 输出到乘法器。内部和外部信号一起通过一个正交线圈或鉴频器,到 FM 检波器。限幅放大器有 75 dB 的增益(典型值)。去耦电容器贴近引脚端 9 和 10 来确保低噪声以及工作稳定。一个运算放大器在引脚 15 输出,并提供直流偏置(内部提供 1.5 V 电压)到引脚端 14 输入。

#### (2) 压控振荡器

电路采用 LC 槽路结构来实现低相位噪音特性,L 是片外高 Q 值电感器的值,C 根据不同的调谐范围由变容二极管提供。

### (3) 锁相环

锁相环包括 64/65 前置分频器、充电泵、鉴频器、N/A 吞咽计数器以及多信道应用 R 计数器。信道的选择可通过机械开关并行输入 PCB 码或者由引脚端 CHCLK 输入设置,直接选择 ROM 表的地址。

### (4) D0~D3 /CHCLK

输入 BCD 码选择 10 个信道中的 1 个,锁定在接收和发射环路。当 1~10 信道地址数据输入后,译码逻辑默认信道 10。CHCLK 端连接到地 D0~D3 的频率分配和基准频率如表 2.3.4 所列。D0~D3 输入端有内部上拉设计。当所有并行 BCD 输入开路或者接地,信道设置由 MCU 通过引脚 1 控制时钟信号的上升沿来实现。开启电源后,初始信道设置为信道 10。信道 VCO 频率和分频比率选择如表 5.7.7 所列。

表 5.7.7　VCO 频率和分频比率(振荡器频率 4.0 MHz,基准分频器系数是 800)

| 信　道 | VCO 频率 /MHz | 接收频率 /MHz | 接收器分频器 (基准 5.0 kHz) | 输入* | | | |
|---|---|---|---|---|---|---|---|
| | | | | D3 | D2 | D1 | D0 |
| 1 | 26.530 | 26.985 | 5306 | 0 | 0 | 0 | 1 |
| 2 | 26.560 | 27.015 | 5312 | 0 | 0 | 1 | 0 |
| 3 | 26.590 | 27.045 | 5318 | 0 | 0 | 1 | 1 |
| 4 | 26.620 | 27.075 | 5324 | 0 | 1 | 0 | 0 |
| 5 | 26.650 | 27.105 | 5330 | 0 | 1 | 0 | 1 |
| 6 | 26.680 | 27.135 | 5336 | 0 | 1 | 1 | 0 |
| 7 | 26.710 | 27.165 | 5342 | 0 | 1 | 1 | 1 |
| 8 | 26.740 | 27.195 | 5348 | 1 | 0 | 0 | 0 |
| 9 | 26.770 | 27.225 | 5354 | 1 | 0 | 0 | 1 |
| 10 | 26.800 | 27.225 | 5360 | 1 | 0 | 1 | 0 |
| | 26.800 | 27.225 | 5360 | 1 | 0 | 1 | 1 |
| | 26.800 | 27.225 | 5360 | 1 | 1 | 0 | 0 |
| | 26.800 | 27.225 | 5360 | 1 | 1 | 0 | 1 |
| | 26.800 | 27.225 | 5360 | 1 | 1 | 1 | 0 |

*1=开路,0=接地。

## 4. ET13X210 应用电路设计

ET13X210 的应用电路如图 5.7.4 所示,图中元器件参数如表 5.7.8 所列。

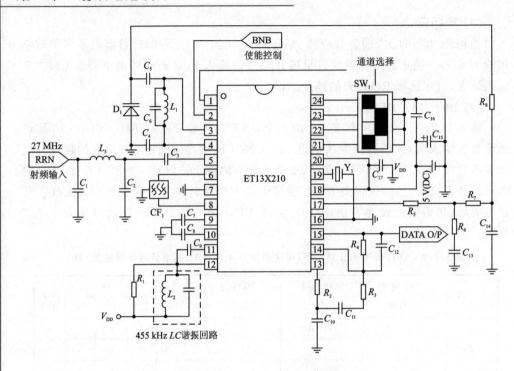

**图 5.7.4　ET13X210 的应用电路**

**表 5.7.8　ET13X210 的应用电路元器件参数**

| 符　号 | 元器件参数 | 符　号 | 元器件参数 |
|---|---|---|---|
| $R_5$ | 电阻,2.2 kΩ | $C_{10}$ | 陶瓷电容器,1.5 nF,X7R |
| $R_3$ | 电阻,10 kΩ | $C_{11}$ | 陶瓷电容器,10 nF,X7R |
| $R_7$ | 电阻,22 kΩ | $C_{14}$ | 陶瓷电容器,47 nF,X7R |
| $R_2$ | 电阻,39 kΩ | $C_7,C_8,C_{16},C_{17}$ | 陶瓷电容器,100 nF X7R |
| $R_1,R_6$ | 电阻,47 kΩ | $C_{13}$ | 陶瓷电容器,330 nF,X7R |
| $R_8$ | 电阻,100 kΩ | $C_{15}$ | 电解电容器,10 μF,6.3 V |
| $R_4$ | 电阻,3.3 MΩ | $D_1$ | 变容二极管,1SV229 |
| $C_2,C_4,C_{12}$ | 陶瓷电容器,30 pF,NPO | $L_2$ | 鉴频器中电感器,谐振在 455 kHz |
| $C_6$ | 陶瓷电容器,47 pF,NPO | $L_1$ | 可变电感器,650 nH |
| $C_5,C_9$ | 陶瓷电容器,120 pF,NPO | $L_3$ | 电感器,1.2 μH |
| $C_1$ | 陶瓷电容器,220 pF,NPO | $Y_1$ | 晶振,4M30P1 49US |
| $C_3$ | 陶瓷电容器,1 nF,X7R | $SW_1$ | 开关(4P) |
|  |  | $CF_1$ | 陶瓷过滤器,455 kHz |

# 第 **6** 章

# 电动机控制电路设计

在全国大学生电子设计竞赛中,在四旋翼自主飞行器(2013 年 B 题)、简易旋转倒立摆及控制装置(2013 年 C 题)、基于自由摆的平板控制系统(2011 年 B 题)、智能小车(2011 年 C 题)、声音导引系统(2009 年 B 题)、悬挂运动控制系统(2005 年 E 题)等赛题中使用了电动机作为物体的运动的动力。因此,确定控制电动机转动的驱动、速度及方向的最佳设计方案是完成竞赛作品重要环节,熟练掌握各种类型电动机控制电路是这类竞赛作品能否成功的关键之一。本章分 6 个部分,分别介绍了直流电动机控制电路、直流无刷电动机控制电路、步进电机控制电路、异步电动机控制电路、单相交流电机控制电路、栅极驱动电路等集成电路芯片的主要技术性能与特点、芯片封装与引脚功能、内部结构、工作原理和应用电路设计。

## 6.1　直流电动机控制电路设计

直流电动机是一种以直流电压电源工作的旋转电动机。直流电动机有永磁直流电动机、串励和并励直流电动机。

### 1. 直流电动机的单极性和双极性驱动方式

直流电动机的驱动有单极性和双极性两种方式。

当电动机只需要单方向旋转时,可采用单极性驱动方式。单极性驱动电路如图 6.1.1所示。

图 6.1.1(a)所示电路由模拟控制器或微控制器的 PWM 信号控制一个功率 MOSFET 开关管的导通状态,在电动机两端并联一个续流二极管。功率开关管串联在电动机下方(靠近电源地),其栅极驱动应采用低侧栅极驱动器。如果功率开关管串联在电动机上方(靠近电源正极),则其栅极驱动应采用高侧栅极驱动器。对于高侧开关,它的栅极驱动需要附加的电平提升电路,故大多采用低侧驱动方式。该电路因电流通过续流二极管续流,故时间较长,损耗较大,典型应用为小型风机和泵的驱动。

为避免因续流二极管续流所带来的时间较长、损耗较大的问题,可采用图 6.1.1 (b)所示的半桥驱动电路。其中的二极管 $D_1$、$D_2$ 实际上是 DMOS 管的"体"二极管,在工艺上与 DMOS 管一起自动生成。这样,无须再附加续流二极管。半桥驱动电路可实现电动机的制动控制,在断开 VF₁ 停止对电动机供电的同时,将 VF₂ 连续开通,电动机的电动势(EMF)经 VF₂ 短路,使电动机制动。此时,如果 VF₂ 不是连续开通的,而是 PWM 控制,则可实现电动机的软制动。

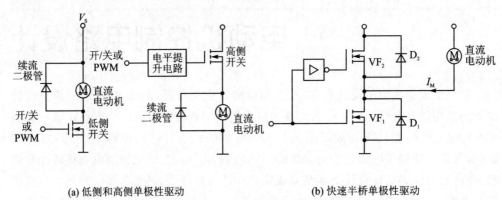

(a) 低侧和高侧单极性驱动　　　　(b) 快速半桥单极性驱动

**图 6.1.1　直流电动机单极性驱动方式**

当电动机需要正反两个方向旋转时,采用双极性驱动方式。由 4 个功率开关管组成的 H 桥电路的双极性驱动电路如图 6.1.2 所示。

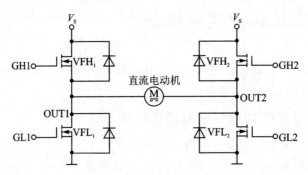

**图 6.1.2　基本 H 桥电路**

## 2. 直流电动机控制集成电路的品种

各国半导体厂商生产的直流电动机控制集成电路品种繁多,现将部分直流电动机控制集成电路的品种介绍如下:

① Semiconductors 公司生产的直流电动机控制集成电路有 CS7054、CS4124、NCV7701 和 MC33030 等型号。CS7054/CS4124 是驱动低侧/高侧 MOSFET 直流电动机 PWM 控制器,电源电压为 30 V,输出峰值电流为 0.2 A/0.15 A,具有"睡眠"模式以及过电压和过电流保护功能,采用 DIP-14 和 SO-16L 封装形式。NCV7701 是 H 桥驱动器,电源电压为 26 V,输出峰值电流为 2 A,具有交叉导通、

过电压保护以及欠电压保护、过电流保护、正反转和制动等功能,采用 SO - 20L 封装形式。MC33030 是直流伺服电动机 H 桥驱动器,电源电压为 36 V,输出峰值电流为 1 A,具有过电压保护、过电流保护、四象限控制等功能,采用 DIP - 16 封装形式。

② Allegro Microsystems 公司生产的直流电动机控制集成电路在办公自动化、工业自动化、汽车和便携式电子设备方面得到广泛应用。其中:双全桥 PWM 电动机驱动器驱动电流为 ±500～±750 mA、电源电压为 20～30 V 的产品有 A3965～A3968 和 A3967;驱动电流为 ±750 mA、电源电压为 45 V 的产品有 A2916、A2919 和 A6219;驱动电流为 ±1 500 mA、电源电压为 50 V 的产品有 A2917、A3948、A3955、A3957、A3972 和 A3974;驱动电流为 ±2 000 mA、电源电压为 50 V 的产品有 A3952 和 A3958;驱动电流为 ±2 500 mA、电源电压为 50 V/30 V 的产品有 A3971/A3977;驱动电流为 ±3 000 mA、电源电压为 50 V 的产品有 A3959。另外,可用于微步距控制的产品有 A3967、A3973A、3955、A3957、A3972 和 A3977。

这些双全桥电动机驱动器也可用于步进电动机的控制和驱动。

③ ST Microelectronics 公司生产的直流电动机驱动器集成电路有 L149(4 A 线性驱动器)、L165(3 A 功率运算放大器)、L290(测速信号转换器)、L292(开关驱动器)、L293(4 通道推挽驱动器)和 L298(双全桥驱动器)。

④ Fairchild Semi 公司生产的直流电动机驱动器集成电路,其中:输出电流为 1.6 A,DIP 封装的产品有 FAN8082、KA3082B(双向)和 KA830IL;输出电流为 1 A,SSOP 封装的产品有 KA9258D 和 KA9259ED;FAN8082D(双向)的输出电流为 0.8 A,SOIC 封装。它们适合在 VCR、CD 播放机和玩具中应用。

⑤ Infineon 公司生产的直流电动机伺服驱动器集成电路有 TLE4205、TLE4205 - G、TLE4206 - G 和 TLE4209。其中:TLE4205/TLE4205 - G 的工作电压为 6～32 V,最大电流为 1 A,工作电流为 0.6 A,采用 P - DIP - 18 - 3/P - DSO - 20 - 6 封装;TLE4206 - G/TLE4209 的工作电压为 8～18 V,最大电流为 1 A,工作电流为 0.8 A,采用 P - DSO - 14 - 8/P - DIP - 8 - 4 封装。它们都具有对地短路保护。

⑥ ROHM 公司生产的直流电动机驱动器集成电路有驱动 1 个或 2 个电动机的两种类型。驱动 1 个电动机的是一个 H 桥输出,输出电压可由引脚输入设定;驱动 2 个电动机的采用 6 个开关管构成 3 个半桥,其中 1 个半桥是共用的。

在驱动 1 个电动机的产品中:最大输出电流为 0.5 A,电源电压为 4.5～15 V 的有 BA6208/F;最大输出电流为 0.7 A,电源电压为 4.5～15 V 的有 BA6218 和 BA6418;最大输出电流为 1 A,电源电压为 4.5～15 V 的有 BA6955N、BA6956AN、BA6283N、BA6285FS/FP、BA6286/N、BA6287F、BA6288FS 和 BA6418F;而 BA6229 的最大输出电流为 1.2 A,电源电压为 8～23 V;BA6209/N 的最大输出电流为 1.6 A,电源电压为 6～18 V;BA6219B/BFP - Y 的最大输出电流为 2.2 A,电源电压为 8～18 V。

在驱动 2 个电动机的产品中：最大输出电流为 1 A，电源电压为 8～18 V 的有 BA6246N、BA6247NFP‑Y 和 BA6259N；而 BA6239A/AN 的最大输出电流为 1.2 A，电源电压为 8～18 V；BA6238A/AN 的最大输出电流为 1.6 A，电源电压为 8～18 V。

⑦ TOSHIBA 公司生产的直流电动机驱动器集成电路电源电压在 25 V 以下的有 TA7257P、TA91P、TA33F、TA8401～TA8409 和 TB6552FL/FN 等型号，最大输出电流为 0.5～1.5 A；30 V 以上的有 TA8428F/K、TA8429、TA8440H 和 TB6549F/P，最大输出电流为 2.4～4.5 A。

⑧ 三菱电机公司生产的直流伺服电动机控制器集成电路有 M51971P/L 和 M51660L；直流双向电动机驱动器集成电路有 M54641FP/L 和 M54687FP，并具有制动功能。

⑨ SANYO 公司生产的单向直流电动机驱动器集成电路有 LA5527、LA5528N/NM 和 LA5586；双向直流电动机驱动器集成电路有 LA550、LB1630、LB1634、LB1638、LB1640～LB1651、LB1830、LB1832～LB1843 和 LB1930～LB1947T 等。4 通道电动机驱动器有 LB8106M～LB8109M、LV8200W 和 LV8206T 等。

⑩ Texas Instruments 公司和 Freescale 公司提供多通道的低侧开关驱动器、高侧开关驱动器、高侧和低侧（半桥）开关驱动器以及 H 桥开关驱动器产品，可用于直流电动机的驱动控制。

## 6.1.1　基于 TPIC2101 的直流电动机速度控制电路

### 1. TPIC2101 的主要技术性能与特点

TPIC2101 是 Texas Instruments 公司生产的控制直流电动机的单片集成电路，输出可驱动外接 N 沟道 MOSFET 或 IGBT，利用模拟电压信号或 PWM 信号可调节电动机速度。TPIC2101 也可用来控制白炽灯、螺线管线圈等感性负载。

TPIC2101 有正常运转、睡眠和故障三种运行状态。在正常运转状态，接收输入指令控制电动机转速；在睡眠状态，栅极驱动端（GD）保持为低电平，整个芯片电流降到 200 $\mu$A；在故障状态，当芯片检测到过电压、过电流等故障后，进入保护状态。TPIC2101 具有自动和手动两种速度控制模式，自动模式（auto mode）接收 0～100% PWM 信号，手动模式（manual mode）接收 0～2.2 V 差动电压。其工作电压范围为 8～16 V，驱动输出电流能力为 50 mA，工作环境温度为 −40～+105 ℃。

### 2. TPIC2101 的引脚功能与封装形式

TPIC2101 采用 DIP‑14（N）或者 SOIC‑14（D）封装，引脚功能如表 6.1.1 所列。

表 6.1.1　TPIC2101 的引脚功能

| 引　脚 | 符　号 | I/O | 功　　能 |
|---|---|---|---|
| 1 | V5P5 | O | 5.5 V 电压输出端,是 $V_{bat}$ 电源电压经稳后的输出。在运行状态时,内部开关连接到 ARET 端。该引脚端需要连接一个 4.7 $\mu$F 钽电容到地 (GND) |
| 2 | MAN | I | 手动控制输入端,高电平有效(大于 5.5 V)。手动模式时,此引脚端作为差分输入的正输入端(满量程为 0～2.3 V),$I_{man}$ 约等于 $20I_{CC}$ |
| 3 | AUTO | I | PWM 控制输入端。当振荡器频率计数器每隔 2 048 个发出一个脉冲,AUTO 是低电平有效。此引脚端也可作为手动模式差分输入的负输入端;自动模式时,$I_{AUTO}$ 约等于 $13I_{CC}$(上拉);手动模式时,$I_{AUTO}$ 约等于 $20I_{CC}$(下拉) |
| 4 | SPEED | O | 积分输出,引脚端 SPEED 和 INT 必须连接电阻,最小值为 20 k$\Omega$,($RC$ 的时间常数典型值为 1 s,或者采用软起动) |
| 5 | $R_{OSC}$ | O | 连接振荡器外接电阻 $R_{OSC}$ 到地,由 $R_{OSC}$ 决定对 $C_{OSC}$ 的充电电流,在运行状态,芯片要加上 $V_{bat}/4$ 的电压 |
| 6 | $C_{OSC}$ | O | 连接振荡器外接电容 $C_{OSC}$ 到地,和 $R_{OSC}$ 决定开关频率。振荡器频率 $f$ (osc)=2/($R_{OSC} \times C_{OSC}$) |
| 7 | INT | I | 积分器输入,需要连接一个 4.7 $\mu$F 积分电容,此引脚端和引脚端 SPEED 之间必须连接一个 20 k$\Omega$ 电阻 |
| 8 | $I_{LR}$ | I | 限流参考输入,$I_{LR}$ 是从引脚端 AREF 电压由电阻分压得到 |
| 9 | $I_{LS}$ | I | 限流检测输入,$I_{LS}$ 检测外部 FET 的漏极电压 |
| 10 | GND | O | 地 |
| 11 | GD | I | 栅极驱动输出 |
| 12 | $V_{bat}$ | O | 电源电压正端 |
| 13 | AREF | O | 5.5 V 基准电压 |
| 14 | CCS | | 恒流源(吸收),需要一个外接电阻 $R_{CCS}$,$I_{CCS}=V_{AREF}/(2R_{CCS})$ |

### 3. TPIC2101 的内部结构与应用电路

TPIC2101 的芯片内部包含有自动和手动输入配置(AUTO and MAN Input Config),睡眠、自动和手动工作逻辑(Sleep、AUTO and MAN Logic),振荡器和斜坡电压波形发生器(Oscillator and Voltage Ramp Waveform Generator),栅极驱动(Gate Drive)和能隙电源(Bandgap)等。

TPIC2101 构成的直流电动 PWM 速度控制电路如图 6.1.3 所示,TPIC2101 输出 GD 脚接到一个 NMOS 开关管的栅极(IRF530),以低侧驱动方式驱动电动机,$D_1$ (MBR1045)是续流二极管,外接电源电压 $V_{bat}$,控制输入端 MAN 和 AUTO 连接到外部控制电路。推荐的外接元件数值如表 6.1.2 所列。

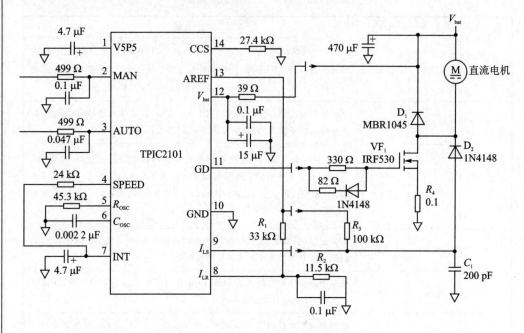

**图 6.1.3　TPIC2101 构成的直流电动机 PWM 速度控制电路**

**表 6.1.2　TPIC2101 推荐外接元件数值**

| 引　脚 | 符　号 | 外接元件数值 |
|---|---|---|
| 1 | V5P5 | 4.7 μF 钽电容器 |
| 2 | MAN | 0.1 μF 电容器 |
| 2 | MAN | 499 Ω 电阻器，±1% |
| 3 | AUTO | 0.47 μF 电容器 |
| 3 | AUTO | 499 Ω 电阻器，±1% |
| 4 | SPEED | 100 kΩ 电阻器，±1%，接到 INT 脚，(至少 20 kΩ) |
| 5 | $R_{OSC}$ | 45.3 kΩ 电阻器 |
| 6 | $C_{OSC}$ | 2 200 pF 电容器 |
| 7 | INT | 4.7 μF 电容器 |
| 14 | CCS | 27.4 kΩ 电阻器，±1% |

　　在图 6.1.3 中，当 TPIC2101 的引脚端 GD 输出为高电平时，NMOS 开关管 (IRF530) 导通，同时电容器 $C_1$ 通过 $R_3$ 从 AREF 开始充电，使 $I_{LS}$ 脚电压上升，直到前向偏置二极管 $D_2$ 将它钳到 IRF530 的漏极电位上。在此 IRF530 导通期间，引脚端

$I_{LS}$ 的电压可由式(6.1.1)表示。

$$V_{ILS} = I_D \times (R_4 + R_{DS(on)}) + V_{FDI} \qquad (6.1.1)$$

式中，$I_D$ 为预定的过载漏电流，$I_D = 3.6$ A；$R_4$ 为无感检测电阻，$R_4 = 0.1\ \Omega$；$R_{DS(on)}$ 为 IRF530 在 3.6 A 时的通态电阻，$R_{DS(on)} = 0.1\ \Omega$；$V_{FDI}$ 为二极管正向电压 0.7 V。计算得 $V_{ILS} = 1.42$ V。如果在引脚端 $I_{LR}$ 的电压设置为 1.45 V，负载电流达到 3.6 A 时，电流限制保护动作。

在自动控制模式(参见图 6.1.4)，频率约为 100 Hz 的 PWM 控制信号经 NPN 晶体管送入引脚端 AUTO(集电极开路)，经内部处理后从引脚端 SPEED 输出，经 RC 积分在引脚端 INT 产生随 AUTO 输入的 PWM 信号的占空比变化的直流电压信号，在 GD 端对应输出的占空比变化的 PWM 信号。可以通过改变供电电压 $V_{bat}$ 的方法，调节输出 PWM 信号的占空比来保持电动机电压恒定。在自动模式，输出 PWM 信号的占空比与电源电压 $V_{bat}$ 的关系如式(6.1.2)所示。

$$\mathrm{PWM_{out}} = \frac{2.88 + 13.12(1 - 输入占空系数)}{V_{bat}} \times 100\% \qquad (6.1.2)$$

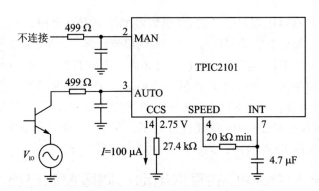

**图 6.1.4　自动控制模式电路**

在手动模式(参见图 6.1.5)下，MAN 连接到电压 $V_{bat}$($>5.5$ V)，芯片内部 CCS 电路使 MAN 和 AUTO 脚间流过 2 mA 的恒定电流，利用图 6.1.5 所示的一个手动可调 1 kΩ 电位器，就能产生约 0～2.2 V 电压的变化(此时 NPN 管应截止)。在手动控制模式，输入电压信号对应输出 PWM 信号的占空比与电源电压 $V_{bat}$ 的关系如式(6.1.3)所示。

$$\mathrm{PWM_{out}} = \frac{2.88 + 6.56(V_{MAN} - V_{AUTO})}{V_{bat}} \times 100\% \qquad (6.1.3)$$

TPIC2101 具有欠电压保护功能，当电压 $V_{bat}$ 低于 8 V 时，芯片进入睡眠模式，输出维持低电平；当 $V_{bat}$ 增加到高于电压阈值(约 7 V)1 V 以上时，自动恢复正常。

TPIC2101 具有过电压保护功能，其门限设定在 17～20 V 之间，典型值为 18.5 V，用户不可更改。当内部检测 $V_{bat}$ 高于门限电压时，进入故障状态；当 $V_{bat}$ 回降到比门限电压低 0.5～1 V 时，自动恢复正常。

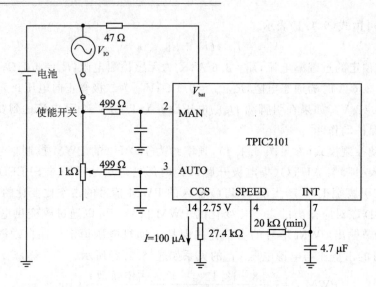

**图 6.1.5　手动控制模式电路**

　　TPIC2101 具有过电流保护功能,当引脚端 GD 是低电平时,内部电路维持引脚端 $I_{LS}$ 为低电平。如果引脚端 GD 为高电平,则限流检测 $I_{LS}$ 端可能高于限流基准 $I_{LR}$ 端,内电路将引脚端 INT 电压拉低（通过内部低于 500 Ω 的电阻）,命令 GD 端输出占空比降低,从而限制了输出电流和芯片的损耗。上述情况最低可设置持续 8 192 个时钟周期。如果设置 8 组 8 192 个时钟周期,则到达 65 536 个时钟周期时,芯片将自动进入过电流保护状态,GD 脚维持低电平。然后,一个自动恢复重新开始。但是,如果过电流故障条件还存在,则故障保护状态保持。

## 6.1.2　基于 M51660L 的直流电动机伺服控制电路

### 1. M51660L 的主要技术性能和特点

　　M51660L 是三菱电机公司生产的直流伺服电动机控制集成电路,芯片内部含有稳压器和差动放大器电路,工作电源电压为 3.5～5 V,工作电流输出开路时最大为 5 mA,输出导通时为 20 mA；输出低电平电压最大为 0.2 V($I_{OSINK}=100$ mA),输出高电平电压最低为 3.4 V；驱动外部 PNP 晶体管的驱动电流为 30 mA；内部稳压器电压为 2.3～2.6 V；稳压器输出电流为 3.0 mA。

### 2. M51660L 的引脚功能与封装形式

　　M51660L 采用 Outline 14P5A 封装,各引脚功能如表 6.1.3 所列。

表 6.1.3 M51660L 引脚功能

| 引　脚 | 符　号 | 功　能 |
|---|---|---|
| 1 | Servo position voltage | 伺服位置电压输入端 |
| 2 | Timing capacitor | 连接定时电容 |
| 3 | Timing resistor | 连接定时电阻 |
| 4 | External PNP transistor drive(1) | 连接外部 PNP 晶体管 1 的基极 |
| 5 | Input | 输入端 |
| 6 | Output(1) | 输出 1 |
| 7,8 | GND | 地 |
| 9 | Error pulse output | 错误脉冲输出,连接电阻 |
| 10 | Output(2) | 输出 2 |
| 11 | Stretcher input | 脉冲延宽输入 |
| 12 | External PNP transistor drive(2) | 连接外部 PNP 晶体管 2 的基极 |
| 13 | Regulated voltage output | 内部稳压器输出 |
| 14 | Supply | 电源 |

## 3. M51660L 的内部结构与应用电路

M51660L 的芯片内部包含有控制逻辑电路(Control logic circuit)、触发器(Flip - flop)、输出驱动电路(Output drive circuit)、单稳态多谐振荡器(One - shot multivibrator)、脉冲展宽电路(Pulse stretcher)和稳压器(Voltage regulating circuit)等。

M51660L 是专门为无线电操纵的车、船、飞机模型等电动玩具设计的。由无线电发射器发出的脉宽变化信号,通过本电路来驱动直流电动机作旋转和正反转运行。该直流电动机作为模型电动玩具的动力,通过遥控器可以实现电动玩具的运动控制。一个可用来控制电动玩具方向(如控制船的舵、飞机副翼和尾舵的运动)的位置伺服电机控制电路如图 6.1.6 所示。

在图 6.1.6 所示电路中,引脚端 1 与电位器滑动端(5 kΩ)连接,此电压信号与内部三角波比较,产生电压驱动电动机。引脚端 1 须连接约 0.1 μF 电容,用于抑制噪声。引脚端 2 接定时电容,产生恒流充电的三角波,并连接从输出端 1 来的反馈电阻。引脚端 3 连接定时电阻,电阻值决定三角波的恒流值,比如取 18 kΩ 电阻,则对应电流为 1.0 mA。用一个 0.03 μF 电容与定时电阻并联,可提高稳定性。引脚端 5 输入端连接峰值为 3 V 以上的正脉冲。引脚端 6 连接反馈电阻到引脚端 2,引脚端 6 和 10 连接被控直流伺服电动机。引脚端 9 连接一个电阻到引脚端 11,决定死区时间。引脚端 13 内部稳压器输出,连接一个 2.2 μF 电容用来稳定电压,引脚端 14 连接电源电压,外接一个 10 μF 电容。

西安亚同集成电路技术有限公司生产的 YT5166 与 M51660L 功能相同。它采

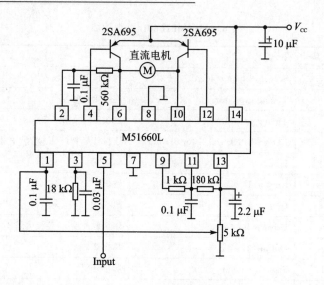

**图 6.1.6　M51660L 应用电路**

用 DIP - 14 封装形式,引脚布置不同。YT5166 的引脚功能如表 6.1.4 所列。

**表 6.1.4　YT5166 的引脚功能**

| 引　脚 | 符　号 | 功　能 |
|---|---|---|
| 1 | PNPDR1 | 连接外围 PNP 晶体管 1 的基极 |
| 2 | IN | 输入正脉冲,峰值为 3 V 或更高。标准周期 $T = 20$ ms,脉冲宽度为 1.0～2.0 ms(可变) |
| 3 | OUT1 | 引脚 3 和 13 之间连接一个反馈电阻,约定值为 560 kΩ |
| 4 | GND | 接地 |
| 5 | DDBAND | 引脚 5 和 7 之间连接一个电阻,根据电阻的数值来改变死区宽度。电阻变化范围为 2～20 kΩ |
| 6 | OUT2 | 连接外围 PNP 晶体管 2 集电极 |
| 7 | PULSTR | 连接电容和电阻来扩展脉冲区域,连接一个 220 kΩ 的电阻到引脚 9 |
| 8 | PNPDR2 | 连接外围 PNP 晶体管 2 的基极 |
| 9 | REGOUT | 内部稳压器输出,连接大约 2.2 μF 的电容来提高电压的稳定性 |
| 10 | $V_{CC}$ | 电源电压在 3.5～6.5 V 的范围内 |
| 11 | POSFEB | 连接电位器滑动端,用于调节内部比较器输入端电压,通过该电压与三角波电压相比较,来调整零点。连接一个滤波电容,以降低噪声的影响 |
| 12 | NULL | 空脚 |
| 13 | TIMECAP | 连接一个电容,通过恒定电流产生一个三角波,典型数值为 0.1 μF,须使用温度特性好的 CBB 或 NPO 电容,在输出端连接一个电阻 |
| 14 | TIMRES | 连接一个电阻,决定引脚 13 电流的数值,18 kΩ 的电阻产生 1.0 mA 的电流。一个 0.1 μF 的电容和电阻并联,用于提高可靠性 |

## 6.2　无刷直流电动机控制电路设计

无刷直流电动机（BLDG）是由电动机和电子驱动器两部分组成的。其结构和经典的交流永磁同步电动机相似,定子上有多相绕组,转子上镶有永磁体和转子位置传感器。位置传感器检测出转子磁轴线和定子相绕组轴线的相对位置,决定任意时刻相绕组的通电状态。因此,无刷直流电动机可以看成是由专门的电子逆变器驱动的、由位置传感器反馈控制的交流同步电动机。无刷直流电动机的相绕组的换相过程是借助于位置传感器和逆变器的功率开关器件来完成的。无刷直流电动机以电子换相代替了普通直流电动机的机械换向,从而使得其具有与普通直流电动机相似的线性机械特性和线性转矩/电流特性。

无刷直流电动机已在各个领域得到日益广泛的应用,因此,许多半导体制造厂商也都十分重视无刷直流电动机专用芯片和器件的开发和生产,例如美国的国家半导体公司、Freescale 公司、德克萨斯仪器公司、仙童公司、无线电公司等,日本的东芝公司、三洋公司、松下公司、日立公司、三菱公司等,以及德国、英国、法国、荷兰、意大利等国家也有不少公司。

目前,商品化的无刷直流电动机专用集成电路包括控制器和驱动器,其中以面向三相和单相无刷直流电动机者为多。单相无刷直流电动机集成电路主要用作无刷风机驱动,按对电动机相绕组驱动电流是单向还是双向,可分为单极性和双极性两种驱动电路。单相集成电路以单极性驱动电路为多,而三相集成电路以双极性驱动电路为多。少数厂商提供两相、四相无刷直流电动机专用集成电路。

### 6.2.1　基于 UCC2626/3626 的三相无刷直流电动机控制电路

#### 1. UCC2626/3626 的主要技术性能和特点

UCC2626/3626 是 TI 公司生产的三相无刷直流电动机控制器集成电路,芯片内部包含有设计无刷直流电动机两象限或四象限、三相控制器所必需的功能电路,转子位置输入信号解码,6 个驱动外部功率级的输出控制信号;芯片内部的三角波振荡器和比较器提供电压控制或电流控制模式下的 PWM 控制;外部时钟经由 SYNCH 输入,振荡器可以与一个外部时钟同步;设有一个 QUAD 选择端,可选择输出功率桥四象限或两象限斩波控制;差动电流传感放大器和绝对值电路,为电动机控制建立正确的电流和提供逐周的过电流保护;利用精密测速电路,可实现闭环速度控制;TACH - OUT 速度信号是一个占空比可变的频率输出信号,可直接用于数字速度控制,或经滤波后提供一个模拟速度反馈信号;以及 COAST、BRAKE 和 DIR_IN、DIR_OUT 等输入控制功能。

UCC2626/3626 的电源电压 $V_{cc}$ 为 12 V（最大为 15 V）,电流消耗为 5 mA,欠电

压保护典型值为 10.5 V。其工作温度范围：UCC2626N 为 −40～85 ℃；UCC3626N 为 0～70 ℃。

## 2. UCC2626/3626 的引脚功能与封装形式

UCC2626/3626 采用 PDIP-28、SOIC-28 或者 TSSOP-28 封装，各引脚功能如下。

- 引脚端 AHI、BHI、CHI：控制三相逆变器高侧开关的数字输出信号。
- 引脚端 ALOW、BLOW、CLOW：控制三相逆变器低侧开关的数字输出信号。
- 引脚端 BRAKE：BRAKE 是一个数字输入信号，使器件进入制动模式。在制动模式下，所有高侧输出（AHI、BHI & CHI）为关断，所有低侧输出（ALOW、BLOW、CLOW）为导通。在制动模式期间，转速表维持工作。
- 引脚端 COAST：当 COAST 输入端电压超过 1.75 V 时，输出不使能。
- 引脚端 CT：该引脚端与 $R_{TACH}$ 联合，设置振荡器频率。连接一个定时器电容到地，电容在 2.5 V 和 7.5 V 之间交替充电和放电。
- 引脚端 $C_{TACH}$：连接一个定时电容到地，用来设置 TACH_OUT 输出脉冲宽度。电容的充电和放电电流由连接在引脚端 $R_{TACH}$ 的电阻决定。
- 引脚端 DIR_IN：DIR_IN 是一个数字输入信号，决定 HALLA、HALLB 和 HALLC 的输入解码次序。
- 引脚端 DIR_OUT：DIR_OUT 表示由 HALLA、HALLB 和 HALLC 输入解码所确定的实际转子方向。
- 引脚端 GND：地。
- 引脚端 HALLA、HALLB、HALLC：接收转子位置信息，需要上拉到 $V_{REF}$ 或者其他辅助电源。
- 引脚端 $I_{OUT}$：电流检测和绝对值放大器输出，输出信号 $I_{OUT} = ABS(I_{SNS-1} - I_{SNS-NI}) \times 5$，可以作为电流控制回路的电流检测信号。
- 引脚端 OC_REF：模拟输入信号，用来设置过电流比较器的门限电压。
- 引脚端 PWM_NI：PWM 比较器的同相输入。
- 引脚端 PWM_I：PWM 比较器的反相输入。
- 引脚端 QUAD：两象限操作（QUAD=0）或者四象限操作（QUAD=1）控制。当进入两象限模式时，仅低侧器件受 PWM 比较器输出控制；当进入四象限模式时，高侧和低侧器件都受 PWM 比较器输出控制。
- 引脚端 SYNCH：外部数字时钟输入，用来同步 PWM 振荡器。当使用 SYNCH 功能时，用一个等于 $R_{TACH}$ 的电阻与 CT 并联；当不使用 SYNCH 功能时，SYNCH 必须接地。
- 引脚端 SNS_NI 和 SNS_I：电流检测放大器的同相和反相输入端，电流检测放大器增益为 4。当工作在四象限时，电流检测放大器的输出表示实际电机电流。
- 引脚端 TACH_OUT：单稳态触发器输出，导通时间由连接在引脚端 $C_{TACH}$ 的电容决定。

- 引脚端 $R_{\_TACH}$：一个电阻连接在 $R_{\_TACH}$ 和地之间，设置振荡器和转速表电流。
- 引脚端 $V_{DD}$：连接到电源电压，电源电压低于 10.5 V 时，低电压锁定功能使输出关断。连接一个 0.1 $\mu$F 的陶瓷电容到地。
- 引脚端 $V_{REF}$：一个 5 V/5 mA 的基准电压输出，误差为 ±2%，连接一个 0.1 $\mu$F 的陶瓷电容到地。

### 3. UCC2626/3626 的内部结构与应用电路

UCC2626/3626 的芯片内部包含有检测放大器（sense amplifier）、过电流比较器（overcurrent comparator）、振荡器（oscillator）、方向探测器（direction detector）、EDGE 探测器（EDGE detector）、单稳态触发器（one shot）、5 V 电压基准（5 V reference）、PWM 逻辑（PWM logic）、方向选择（direction select）、霍尔解码器（HALL decoder）以及 PWM 比较器（PWM comparator）等。

#### (1) 位置传感器的连接

位置传感器通常采用集电极开路的霍尔元件，检测信号输入到引脚端 HALLA、HALLB 和 HALLC，这三者需连接 1 kΩ 的上拉电阻。霍尔元件输出的检测信号也可通过 $RC$ 低通滤波器连接到引脚端 HALLA、HALLB 和 HALLC，如图 6.2.1 所示。$RC$ 滤波器应尽量安装靠近芯片的 HALLA、HALLB 和 HALLC 端。

UCC2626/3626 原设计的位置传感器结构为 120°，而对于电动机位置传感器结构为 60°的情况，可采用如图 6.2.2 所示电路的连接方式。

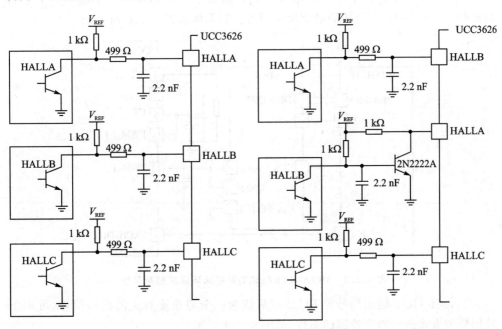

图 6.2.1　连接 $RC$ 低通滤波器　　　图 6.2.2　变换电机 60°位置传感器结构到 120°的电路

**（2）振荡器配置**

UCC2626/3626 芯片内部的三角波振荡器的工作频率可达 250 kHz，振荡器频率由接引脚端 R_TACH 的电阻 $R_{\_TACH}$ 和接引脚端 $C_T$ 的电容 $C_T$ 决定：

$$f_{OSC} = \frac{2.5}{R_{\_TACH} \times C_T}(Hz)$$

其中：电阻 $R_{\_TACH}$ 可在 $25 \sim 500$ kΩ 之间选择；电容 $C_T$ 可在 $100 \sim 1$ μF 之间选择；$f_{osc}$ 的单位为 Hz。

UCC2626/3626 可以通过引脚端 SYNCH 输入主设时钟信号与主设同步，要求振荡器频率低于主设时钟频率。不使用同步功能时，引脚端 SYNCH 接地。

**（3）转速测量与速度控制**

UCC2626/3626 的转速测量由单稳态等电路组成。单稳态电路由来自 HAL-LA、HALLB 和 HALLC 三个霍尔输入信号中任意一个的上升沿或下降沿触发；单稳态触发器输出的 TACH_OUT 是一个可变占空比的方波；频率 $f_{TACH\_OUT}$ 与电机的速度成比例，且 $f_{TACH\_OUT} = \dfrac{V \times P}{20}(Hz)$，式中 $P$ 是电动机极对数，$V$ 是转速。

单稳态电路导通时间 $t_{ON}$ 由连接到引脚端 $R_{\_TACH}$ 和 $C_{\_TACH}$ 的电阻 $R_{\_TACH}$ 和电容 $C_{\_TACH}$ 决定：

$$t_{ON} = R_{\_TACH} \times C_{\_TACH}(s)$$

TACH_OUT 输出信号可采用微控制器的数字闭环速度控制系统。一个采用微控制器 MC68HC11 组成的数字闭环速度控制系统如图 6.2.3 所示。

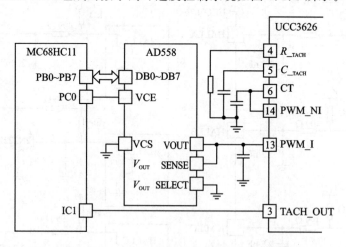

**图 6.2.3　MC68HC11 组成的数字闭环速度控制系统**

TACH_OUT 输出信号经 $RC$ 滤波后成为一个与速度有关的模拟信号，可用于采用模拟方式进行速度控制的系统，如图 6.2.4 所示。

**（4）两象限和四象限控制**

UCC2626/3626 可由 QUAD 端选择两象限或四象限控制。当选择两象限控制

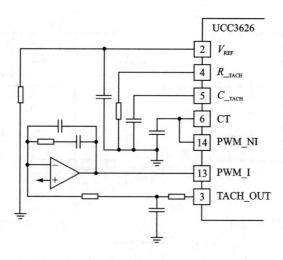

图 6.2.4 采用模拟方式的速度控制系统

时,QUAD=0,只对输出功率级的低侧器件进行控制,且在两象限工作的无刷直流电动机除了摩擦力之外,不具有使负载减速的能力,因此,这种方式限于要求不高的场合;当选择四象限控制时,QUAD=1,同时对高侧器件和低侧器件进行控制,转矩和转速可以是方向相反的,四象限控制提高了系统运动的速度。

### (5) 功率级设计考虑

UCC2626/3626 为功率级提供 6 个驱动信号,推荐的功率输出级电路如图 6.2.5 所示。对于两象限或四象限控制,不需要制动功能时,可采用如图 6.2.5(a)所示电路。可用MOSFET的体二极管作为续流之用,以减少元器件数量和成本。如果对效率有要求,则采用肖特基二极管与开关管并联。

如果系统需要制动功能,则采用如图 6.2.5(b)和图 6.2.5(c)所示电路。每个桥臂需要串联二极管,低侧续流二极管一定要接地,以避免制动电流在下半桥流过。图 6.2.5(c)所示电路适于需要制动功能而且为四象限控制的系统。此外,还可附加一个传感电阻,以检测 PWM 的 OFF 期间电流。

### (6) 电流检测

UCC2626/3626 的芯片内部包含一个增益为 5 的差动电流检测放大器和一个绝对值电路,电流检测信号经低通滤波器后输入。如果检测信号的电压需要调整,推荐的两个分压电路如图 6.2.6 所示。其中:图 6.2.6(a)所示为一个差分式的输入分压器电路;图 6.2.6(b)所示为一个低阻值的输入分压器电路。

### (7) 175 V/2 A 的两象限速度控制电路例

UCC2626/3626 构成一个 175 V/2 A 的两象限速度控制电路如图 6.2.7 所示。图中,UCC2626/3626 通过 3 只 IR2210 与 N 沟道功率 MOSFET 接口。为了提供制动能力,功率级采用了图 6.2.5(c)所示的拓扑结构。

速度控制由电位器 $R_{30}$ 调节,TACH_OUT 速度反馈信号通过 $R_{11}$ 和 $C_9$ 进行低通

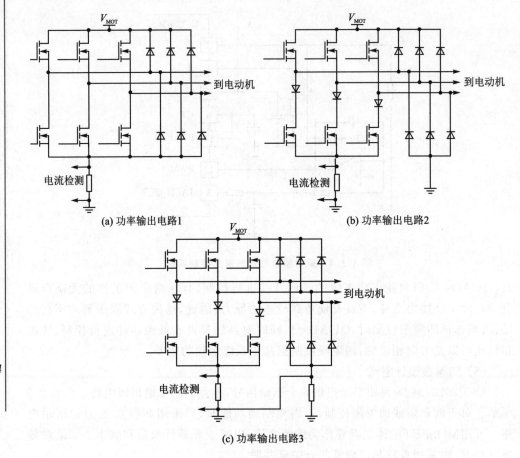

(a) 功率输出电路1

(b) 功率输出电路2

(c) 功率输出电路3

**图 6.2.5 功率级拓扑结构**

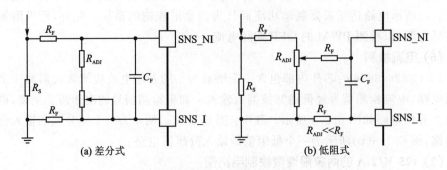

(a) 差分式

(b) 低阻式

**图 6.2.6 电流检测分压电路**

滤波和缓冲。速度控制回路的小信号补偿由放大器 U5A 提供,其输出用来控制 PWM 占空比,而积分电容 $C_8$ 和电阻 $R_{10}$ 作为零点校正。

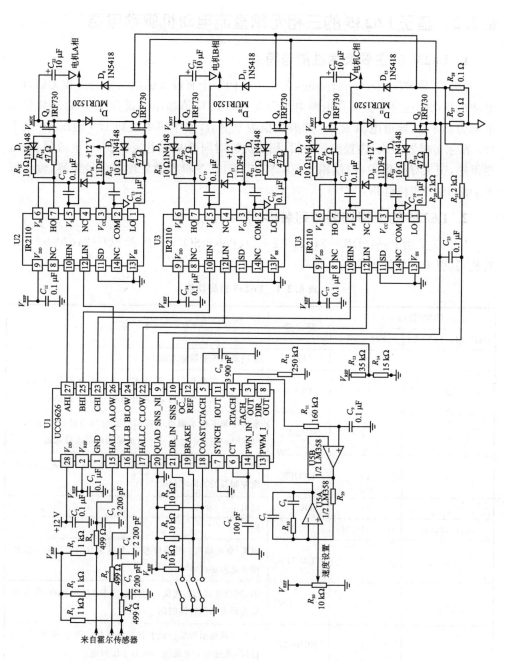

图 6.2.7 UCC2626/3626 构成 175 V/2 A 的两象限速度控制电路

## 6.2.2　基于 L6235 的三相无刷直流电动机驱动电路

### 1. L6235 的主要技术性能与特点

L6235 是 ST Microelectronics 公司生产的一个有较大输出功率的三相无刷直流电动机驱动器电路。其工作电源电压为 8～52 V，峰值输出电流为 5.6 A，连续输出电流为 2.8 A，导通电阻 $R_{Ds(on)}$ 的典型值为 0.3 Ω，工作频率达到 100 kHz，60°或者 120°霍尔传感器输入，内置解码逻辑，固定关断时间 PWM 电流控制，过电流保护，过热保护，交叉导通保护，控制输入与 CMOS/TTL 逻辑和微处理器信号兼容，输出级为 DMOS 三相桥电路。

### 2. L6235 的引脚功能与封装形式

L6235 采用 PowerDIP - 24(20＋2＋2)、PowerSO - 36 或者 SO - 24(20＋2＋2)封装，其引脚功能如表 6.2.1 所列。

表 6.2.1　L6235 引脚功能

| 引脚（Power） | | 符　号 | 功　　能 |
|---|---|---|---|
| DIP - 24/SO - 24 | SO - 36 | | |
| 1 | 10 | H1 | 单端霍尔传感器输入端 1 |
| 2 | 11 | DIAG | 过电流检测和热保护引脚端。当检测高侧功率 MOS-FET 管或者热保护时，内部开漏极 FET 下拉到地 |
| 3 | 12 | SENSE$_A$ | 半桥 1 和半桥 2 源极引脚端。此引脚端必须与引脚端 SENSE$_B$ 相连接，通过一个电流检测电阻连接到地 |
| 4 | 13 | RCOFF | RC 网络连接端。连接一个并联的 RC 网络到地，设置电流控制器的关断时间 |
| 5 | 15 | OUT1 | 输出 1 |
| 6,7,18,19 | 1,18,19,36 | GND | 地 |
| 8 | 22 | TACHO | 频率/电压输出。开漏极形式，脉冲来自引脚端 H$_1$，脉冲宽带是固定或者可变形式 |
| 9 | 24 | RCPULSE | RC 网络连接端。连接一个并联的 RC 网络到地，设置单稳态触发器的持续时间 |
| 10 | 25 | SENSE$_B$ | 半桥 3 源极引脚端。此引脚端必须与引脚端 SENSE$_A$ 相连接，通过一个电流检测电阻连接到地 |
| 11 | 26 | FWD/REV | 旋转方向选择。高电平正转，低电平反转。不使用时，连接到地或者＋5 V |

续表 6.2.1

| 引脚(Power) | | 符　号 | 功　能 |
|---|---|---|---|
| DIP - 24/SO - 24 | SO - 36 | | |
| 12 | 27 | EN | 芯片使能控制端。低电平时,关断所有的功率 MOSFET 管。不使用时,连接到+5 V |
| 13 | 28 | $V_{REF}$ | 电流控制器基准电压。不使用时,开路或者连接到地 |
| 14 | 29 | BRAKE | 制动控制输入端。低电平时,导通所有高侧功率 MOS-FET 管,实现制动功能。不使用时,连接到+5 V |
| 15 | 30 | VBOOT | 高侧功率 MOSFET 管驱动电压 |
| 16 | 32 | OUT3 | 输出 3 |
| 17 | 33 | $VS_B$ | 半桥 3 电源电压,必须连接到与引脚端 $VS_A$ 连接的电源电压端 |
| 20 | 4 | $VS_A$ | 半桥 1 和半桥 2 电源电压,必须连接到与引脚端 $VS_B$ 连接的电源电压端 |
| 21 | 5 | OUT2 | 输出 2 |
| 22 | 7 | VCP | 充电泵振荡器输出 |
| 23 | 8 | H2 | 单端霍尔传感器输入端 2 |
| 24 | 9 | H3 | 单端霍尔传感器输入端 3 |

## 3. L6235 的内部结构与工作原理

L6235 芯片内部的功率桥由 6 个功率 MOSFET 管组成。L6235 的电压/电流额定值为 60 V/5 A(峰值);$R_{DS(ON)}=0.3$ Ω;源漏之间并联有快速二极管,它具有低的正向压降。功率 MOSFET 管在芯片内部分为一个全桥和一个半桥,在每个桥臂的任何两个高侧和低侧功率 MOSFET 管之间设置了 1 μs 的死区时间,用于实现交叉导通保护。电源电压引脚 $VS_A$ 和 $VS_B$ 必须连接在一起,低侧功率 MOSFET 管的源极连接到电流检测电阻。

单端(集电极开路形式)霍尔传感器输入端的电平与 TTL 兼容,霍尔传感器位置输入信号和电流控制触发电路的输出一起送入内部解码逻辑电路,驱动 6 个功率 MOSFET 管的导通和关断顺序。FWD/REV 转向控制信号和 EN 使能控制信号也通过解码逻辑电路进行处理,实现转向和使能控制;当 EN 为低电平时,关断所有功率 MOSFET 管。

转速信号通过引脚端 TACHO 输出,来自霍尔传感器 H1 引脚端的脉冲转换成一个方波脉冲,脉冲宽度由 RCPULSE 引脚端的 RC 决定。方波脉冲通过低通滤波器滤波可获得与转速成正比的模拟电压。在误差放大器中,该电压与参考电压进行比较,由误差放大器输出送至 $V_{REF}$ 引脚端,可实现一个闭环速度控制。

### 4. L6235 的应用电路设计

L6235 的典型应用电路如图 6.2.8 所示，电路所使用的元器件的参数如表 6.2.2 所列。

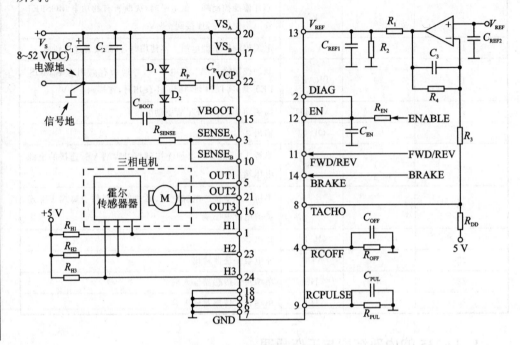

**图 6.2.8　L6235 的应用电路**

**表 6.2.2　L6235 应用电路元器件参数**

| 符　号 | 参　数 | 符　号 | 参　数 | 符　号 | 参　数 | 符　号 | 参　数 |
|---|---|---|---|---|---|---|---|
| $C_1$ | 100 μF | $R_1$ | 5.6 kΩ | $C_{REF1}$ | 33 nF | $R_P$ | 100 Ω |
| $C_2$ | 100 nF | $R_2$ | 1.8 kΩ | $C_{REF2}$ | 100 nF | $R_{SENSE}$ | 0.3 Ω |
| $C_3$ | 220 nF | $R_3$ | 4.7 kΩ | $C_{EN}$ | 5.6 nF | $R_{OFF}$ | 33 kΩ |
| $C_{BOOT}$ | 220 nF | $R_4$ | 1 MΩ | $C_P$ | 10 nF | $R_{PUT}$ | 47 kΩ |
| $C_{OFF}$ | 1 nF | $R_{DD}$ | 1 kΩ | $D_1$ | 1N4148 | $R_{H1}, R_{H2}, R_{H3}$ | 10 kΩ |
| $C_{PUT}$ | 10 nF | $R_{EN}$ | 100 kΩ | $D_2$ | 1N4148 | | |

## 6.2.3　基于 ECN3067 的高压三相无刷直流电动机驱动电路

### 1. ECN3067 的主要技术性能与特点

ECN3067 是 HITACHI 公司生产的一个高压三相无刷直流电动机功率驱动集

成电路,芯片内部包含 6 个 IGBT 三相逆变桥驱动输出级,上桥臂和下桥臂的 IGBT 能在 20 kHz 斩波频率下工作;6 个逻辑输入端与 LSTTL 和 CMOS 电平兼容,可接收外部的微控制器 PWM 信号,并可直接转换交流 200～230 V 电源电压到 PWM 控制;具有内置续流二极管、前级驱动电路、过电流保护电路和欠电压检测电路。它适合无刷直流电动机或三相交流异步电动机驱动与控制。

ECN3067 的推荐工作条件:电源电压 $V_{S1}$ 和 $V_{S2}$ 为 50～400 V,控制电源电压 $V_{CC}$ 为 13.5～16.5 V,电源电流为 2.5 A,最大输出电流为 5 A。

### 2. ECN3067 的引脚功能与封装形式

ECN3067SLV 采用 SP-23TE 封装,ECN3067SLR 采用 SP-23TFA 封装,其引脚功能如表 6.2.3 所列。

**表 6.2.3　ECN3067 引脚功能**

| 引　脚 | 符　号 | 功　能 | 引　脚 | 符　号 | 功　能 |
|---|---|---|---|---|---|
| 1 | MV | 连接电机 V 相线圈 | 13 | VB | V 相下桥臂控制输入 |
| 2 | $V_{S2}$ | IGBT 输出级电源 | 14 | UB | U 相下桥臂控制输入 |
| 3 | MW | 连接电机 W 相线圈 | 15 | WT | W 相上桥臂控制输入 |
| 4 | GH$_2$ | IGBT 输出级下桥臂发射极 | 16 | VT | V 相上桥臂控制输入 |
| 5 | BW | W 相自举电源 | 17 | UT | U 相上桥臂控制输入 |
| 6 | BV | V 相自举电源 | 18 | BU | U 相自举电源 |
| 7 | $V_{CC}$ | 控制电路电源 | 19 | $V_{S1}$ | IGBT 输出级电源 |
| 8 | CB | 控制电路电源滤波电容 | 20 | NC | 空脚 |
| 9 | GL | 控制电路地 | 21 | NC | 空脚 |
| 10 | F | 故障报警信号 | 22 | MU | 连接电机 U 相线圈 |
| 11 | $R_S$ | 外接电流检测电阻 | 23 | GH$_1$ | IGBT 输出级下桥臂发射极 |
| 12 | WB | W 相下桥臂控制输入 | | | |

### 3. ECN3067 的内部电路结构与应用电路

ECN3067 的内部电路结构与应用电路如图 6.2.9 所示。芯片内部包含 6 个 IGBT 组成的三相逆变桥驱动输出电路、上桥臂和下桥臂驱动电路、输入缓冲、过电流保护以及欠电压检测等。应用电路推荐使用的元器件参数如表 6.2.4 所列。

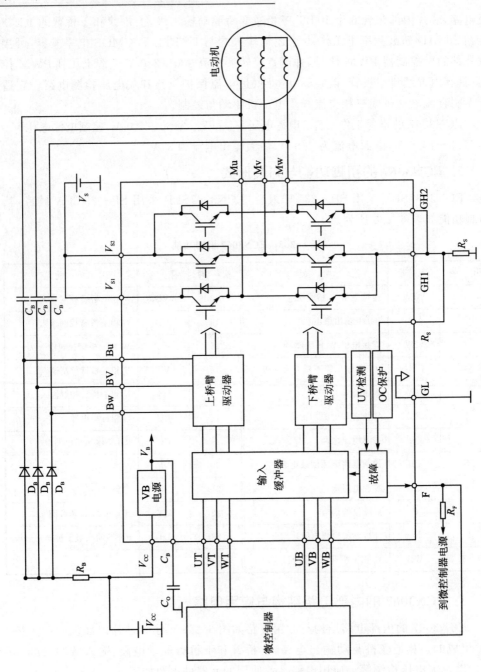

图 6.2.9　ECN3067 内部电路方框图和典型应用电路

表 6.2.4　应用电路推荐使用的元器件的参数

| 符　号 | 名称与功能 | 型号与参数 | 备　注 |
|---|---|---|---|
| $C_O$ | 控制电路电源滤波电容 | 0.22 $\mu$F | 承受电压 8 V |
| $C_B$ | 自举电容 | 3.3 $\mu$F | 承受电压 $V_{CC}$ |
| $D_B$ | 自举二极管 | DFG1C6<br>DFM1F6 | Hitachi，电压 $\geqslant$ 600 V，电流 $\geqslant$<br>1.0 A，$T_{rr} \leqslant$ 200 ns |
| $R_S$ | 过电流检测电阻 | | $I_O = V_{REF}/R_S(A)$ |
| $R_F$ | 故障报警引脚端电阻 | 5.6 k$\Omega$ | |
| $R_B$ | 自举电阻 | | $i_{bpeak} = V_{REF}/R_S = V_{CC}/R_B$<br>$R_B > (V_{CC} \times R_S) / V_{REF} \times 2$ |

# 6.3　步进电动机驱动电路设计

步进电动机可分为磁阻式（反应式）、永磁式以及混合式三种类型。步进电动机采用双凸极结构，在控制器作用下，由定子绕组按规定顺序激励使定子齿交替地磁化，永磁转子齿力图与定子齿对齐，从而产生转矩，驱动电动机旋转。步进电动机按绕组相数不同分为两相、三相、四相和五相等。控制器输出的数字脉冲信号，通过步进电动机转换成电动机转轴固定角度的步进运动，其步数与脉冲数成正比关系。在许多定位应用中均采用步进电动机进行开环控制，它不需要利用位置反馈信息即能完成准确的位置控制，是一种低成本的控制方案。

步进电动机有单极性驱动和双极性驱动两种类型。在一个单极性驱动的电动机中，电流只允许在一个方向流过电动机绕组；各相绕组的公共端连接到电源端，其自由端接各自的功率开关器件；每相绕组由一个低侧 MOSFET 功率开关器件驱动。在双极性驱动方式中，电动机中的电流将会在两个方向流过电动机的绕组，需要采用功率桥驱动器驱动。例如一个两相步进电动机，为了驱动两个绕组，需要两个 H 桥驱动器。如果是三相步进电动机，则需要三相逆变桥电路。

目前，已有多种商品化的步进电动机控制器和功率驱动集成电路采用半步/整步模式（Half/Full Step Mode）或是微步距模式（Microstepping Mode），适用于两相、三相、四相以及步进电动机。

## 6.3.1　基于 MC3479 的两相步进电动机驱动电路

### 1. MC3479 的主要技术性能与特点

MC3479 是 ON Semiconductor 公司生产的两相步进电动机双极性驱动集成电路。其工作电源电压为 7.2～16.5 V；线圈驱动电流为 350 mA；内部采用一个钳位二极管来抑制反电动势;工作模式有 CW/CCW 和整步/半步可选;输入与 TTL/CMOS 兼容;输入滞后作用最小为 400 mV;可选择高输出阻抗或者低输出阻抗(半步模式);系统可初始化为 A 相,具有 A 相输出状态指示(集电极开路形式)。

### 2. MC3479 的引脚功能与封装形式

MC3479 采用 PDIP - 16 封装,各引脚功能如表 6.3.1 所列。

表 6.3.1 MC3479 引脚功能

| 引 脚 | 符 号 | 功 能 |
|---|---|---|
| 16 | $V_M$ | 电源电压,电压范围为+7.2~+16.5 V |
| 4,5,12,13 | GND | 地 |
| 1 | $V_D$ | 钳位二极管,连接在引脚端 1 和 16 之间 |
| 2,3,14,15 | L1,L2,L3,L4 | 驱动输出,L1 和 L2 连接到一个线圈,L3 和 L4 连接到另一个线圈 |
| 6 | $\overline{\text{Bias}}$/set | 这个引脚端的电压低于引脚端 $V_M$ 电压 0.7 V,其输出电流决定输出吸收电流。如果这个引脚端开路($I_{BS}<5.0\ \mu A$),则输出为高阻抗状态,内部逻辑控制输出到 A 相状态。偏置电阻 $R_B$ $=\dfrac{V_M-0.7\ V}{I_{BS}}$ |
| 7 | Clk | 时钟的上沿跳变转换输出到下一个位置(即步进电动机步进一步)。如果引脚端 6 开路,则输入时钟信号无效 |
| 8 | OIC | 输出阻抗控制。这个引脚端仅与半步模式有关(引脚端 9 的电压>2.0 V)。当为低电平时,输出为高阻抗,一个高阻抗与线圈连接;当为高电平时,输出为低阻抗,输出连接到 $V_M$ |
| 9 | $\overline{\text{Full}}$/Half Step | 整步/半步模式控制。低电平为整步模式,驱动电机旋转一整步;高电平为半步模式 |
| 10 | $\overline{\text{CW}}$/CCW | 电机转向设定 |
| 11 | $\overline{\text{Phase A}}$ | 开集电极输出。指示输出级 A 相状态(L1=L3=$V_{OHD}$,L2=L4=$V_{OLD}$) |

### 3. MC3479 的内部结构与应用电路

MC3479 的芯片内部包含输入电路、控制逻辑解码/时序电路、2 个电机线圈驱动级和 A 相输出级状态指示等。

MC3479 的典型应用电路如图 6.3.1 所示。需要在引脚端 1($V_D$)和引脚端 16($V_M$)之间连接一个齐纳二极管,利用它和内部的 2 个二极管以及低侧晶体管的寄生二极管形成一个续流通道,以抑制电动机的反电动势和保护输出级功率晶体管。

步进输出时序为整步模式时,$\overline{\text{Full}}$/Half Setp=0,OIC=X,每个工作周期都有 A、B、C、D 四步,每一步都有两相绕组通电。

步进输出时序为半步模式 1 时,$\overline{\text{Full}}$/Half Setp=1,$\overline{\text{CW}}$/CCW=0,OIC=0,每个

工作周期都有 A、B、C、D、E、F、G、H 八步。其中 A、C、E、G 四步，像整步模式那样，每一步都是有两相绕组通电；而 B、D、F、H 四步，每一步只有一相绕组通电，另一相绕组不通电。

步进输出时序为半步模式 2 时，$\overline{\text{Full}}/\text{Half Setp}=1$，$\overline{\text{CW}}/\text{CCW}=0$，OIC=1。当 OIC 端输入高电平时，不通电相表现为低阻态，即输出绕组被短路，允许有续流流过。

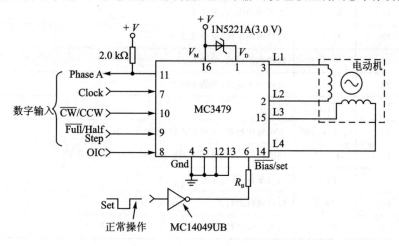

图 6.3.1　MC3479 的典型应用电路

## 6.3.2　基于 STK673-010 的三相步进电动机正弦波驱动电路

### 1. STK673-010 的主要技术性能与特点

STK673-010 是 SANYO 公司生产的一个三相步进电动机驱动厚膜混合集成电路，电源电压 $V_{CC1}$ 为 16～30 V，$V_{CC2}$ 为 5.0(1±5%) V；$T_C=105$ ℃时，输出电流为 2.4 A，$T_C=50$ ℃时，输出电流为 4 A；时钟频率 0～50 kHz。

### 2. STK673-010 的内部结构、引脚功能与封装形式

STK673-010 采用 SIP-28 封装，芯片内部包含微步距控制器、双极性恒流 PWM 系统、功率 MOSFET H 桥输出级等。其中有一个三相逻辑分配控制器，使三相步进电动机控制更为简单。电动机转速由外部输入的时钟频率控制。利用转换引脚端 Mode A 和 Mode B 的高/低电平状态，可选择 2、2～3、W2～3 和 2W2～3 这四种驱动模式；利用引脚端 Mode C，可选择时钟信号上升沿和下降沿作用方式；在 MOI 输出引脚端，每个相电流周期输出 1 个脉冲；利用 Hold 相维持引脚端，可暂时保持操作状态；利用引脚端 CW/CCW 可切换转向；利用使能引脚端，可强制关闭输出驱动电路的 6 个 MOSFET 功率管；施密特输入电路内含 20 kΩ 上拉电阻。STK673-010 控制部分的引脚功能如表 6.3.2 所列，选择驱动模式如表 6.3.3 所列。

全国大学生电子设计竞赛电路设计(第3版)

**表 6.3.2　STK673 - 010 控制部分的引脚功能**

| 引　脚 | 符　号 | 功　能 |
|--------|--------|--------|
| 11 | Clock | 时钟输入，频率范围 0～50 kHz，最小脉冲宽带 10 μs，高电平持续时间 40%～60% |
| 12 | Mode A | 选择驱动模式，见表 6.3.3 |
| 13 | Mode B | 选择驱动模式，见表 6.3.3 |
| 18 | Mode C | 选择驱动模式，见表 6.3.3 |
| 22 | $\overline{TU}$ | 设置驱动模式，见表 6.3.3 |
| 14 | $\overline{Hold}$ | 维持电机在一个状态 |
| 15 | CW/$\overline{COW}$ | 电机转向控制，高电平正转，低电平反转 |
| 16 | Enable | 使能控制，为低电平时关断所有的驱动级 MOSFET |
| 17 | $\overline{Reset}$ | 系统复位，低电平有效 |
| 20 | MOI | 监视电机的转速 |
| 10 | $V_{REF}$ | 设置电机的峰值电流，设置在 1 A/0.63 V |

344

**表 6.3.3　选择驱动模式**

| 输入状态 | | | | 驱动模式 | 电流台阶数 | 每一个相电流周期的时钟脉冲数 |
|--------|--------|--------|--------|--------|--------|--------|
| Mode A | Mode B | Mode C | $\overline{TU}$ | | | |
| 0 | 0 | 1 | 1 | 2 相 | 1 | 6 |
| 0 | 1 | 1 | 1 | 2～3 相 | 3 | 12 |
| 0 | 1 | 1 | 0 | 2～3 相，$\overline{TU}$ | 3 | 12 |
| 1 | 0 | 1 | 1 | W2～3 相 | 6 | 24 |
| 1 | 1 | 1 | 1 | 2W2～3 相 | 12 | 48 |
| 0 | 0 | 0 | 1 | 2～3 相 | 3 | 6 |
| 0 | 0 | 0 | 0 | 2～3 相，$\overline{TU}$ | 1 | 6 |
| 0 | 1 | 0 | 1 | W2～3 相 | 6 | 12 |
| 1 | 0 | 0 | 1 | 2W2～3 相 | 12 | 24 |

## 3. STK673 - 010 的应用电路

STK673 - 010 的典型应用电路如图 6.3.2 所示。

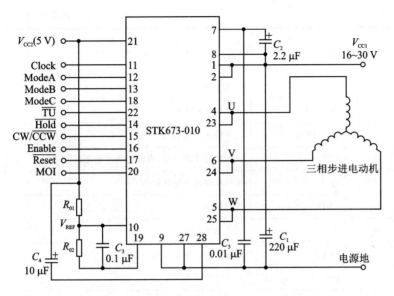

图 6.3.2　STK673 – 010 的典型应用电路

## 6.3.3　基于 L6258 的 PWM 控制双全桥步进电动机驱动电路

### 1. L6258 的主要技术性能与特点

L6258 是 ST Microelectronics 公司生产的双全桥电动机驱动器集成电路,可用于一个两相步进电动机的双极性驱动或是对两台直流电动机的双向控制。只要采用少量外部元件,L6258 就可构成一个完整的电动机控制和驱动电路。双 DMOS 全桥功率驱动级的工作电压范围为12~34 V,在连续工作模式每相输出电流能力为 1.2 A,峰值起动电流达到 1.5 A。它具有整步/半步/微步距控制、四象限电流控制和精密 PWM 控制,以及交叉导通保护和过热关机保护等功能。其输入电平与 TTL/CMOS 兼容。

### 2. L6258 的引脚功能与封装形式

L6258 采用 POWerS036 封装,其引脚功能如表 6.3.4 所列。

表 6.3.4　L6258 引脚功能

| 引　脚 | 符　号 | 功　能 |
|---|---|---|
| 1,36 | PWR_GND | 地 |
| 2,17 | PH_1,PH_2 | 设置通过负载的电流方向,与 TTL 兼容的电平输入。此引脚端设置为高电平时,电流从 OUTPUTA 流到 OUTPUTB |

续表 6.3.4

| 引 脚 | 符 号 | 功 能 |
|---|---|---|
| 3 | I1_1 | 内部 DAC1 的逻辑输入 1 |
| 4 | I0_1 | 内部 DAC1 的逻辑输入 0 |
| 5 | OUT1A | 功率桥 1A 输出 |
| 6 | DISABLE | 功率桥不使能控制 |
| 7 | TRI_CAP | 三角波发生器电容,电容值决定输出频率 |
| 8 | $V_{CC}$ | 逻辑电路电源电压(5 V) |
| 9 | GND | 充电泵地 |
| 10 | VCP1 | 充电泵输出 |
| 11 | VCP2 | 连接外部充电泵电容 |
| 12 | VBOOT | 自举电压输入 |
| 13,31 | $V_S$ | 输出级电源电压 |
| 14 | OUT2A | 功率桥 2A 输出 |
| 15 | I0_2 | 内部 DAC2 的逻辑输入 0 |
| 16 | I1_2 | 内部 DAC2 的逻辑输入 1 |
| 18,19 | PWR_GND | 地 |
| 20,35 | SENSE2,SENSE1 | 跨导放大器反相输入 |
| 21 | OUT2B | 功率桥 2B 输出 |
| 22 | I3_2 | 内部 DAC2 的逻辑输入 3 |
| 23 | I2_2 | 内部 DAC2 的逻辑输入 2 |
| 24 | EA_OUT_2 | 误差放大器 2 输出 |
| 25 | EA_IN_2 | 误差放大器 2 的反相输入 |
| 26,28 | $V_{REF2}$,$V_{REF1}$ | 内部 DAC 的基准电压,决定输出电流值。输出电流也与 DAC 的逻辑输入和检测电阻有关 |
| 27 | SIG_GND | 信号地 |
| 29 | EA_IN_1 | 误差放大器 1 的反相输入 |
| 30 | EA_OUT_1 | 误差放大器 1 输出 |
| 32 | I2_1 | 内部 DAC1 的逻辑输入 2 |
| 33 | I3_1 | 内部 DAC1 的逻辑输入 3 |
| 34 | OUT1B | 功率桥 1B 输出 |

### 3. L6258 的内部结构与工作原理

L6258 的芯片内部包含功率桥 1 与功率桥 2、DAC1 与 DAC2、输入和检测放大器、充电泵、三角波发生器以及误差放大器等。

### (1) 功率桥电路与输出波形

L6258 的功率桥电路如图 6.3.3 所示,采用 DMOS 组成的 H 桥结构,桥输出电流是以开关方式进行控制的,负载电流的方向和幅值由输出 OUT_A 和 OUT_B 之间的相位和占空比来决定。该图中,H 桥的输出 OUT_A 和 OUT_B 分别由其输入 IN_A 和 IN_B 来控制:当输入是高电平时,输出被连接到电源电压 $V_S$;当输入是低电平时,输出被连接到地。如果 IN_A 和 IN_B 同相,而且占空比为 50%,则功率桥输出电流为 0。

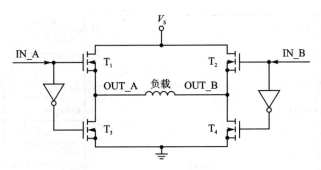

**图 6.3.3　L6258 的功率桥电路**

### (2) 电流控制环电路

L6258 利用电流控制环电路进行电流精确控制,实现微步距功能。电流控制环电路由芯片内部 DAC、输入和检测放大器、误差放大器、功率桥和电流传感电阻组成。与输入有关的控制信号有 $V_{REF}$、$I_0$、$I_1$、$I_2$、$I_3$ 和 PH。

**基准电压**　加在引脚端 $V_{REF}$ 的基准电压是内部 DAC 的基准电压,与传感电阻 $R_S$ 一起决定流入电动机绕组的最大电流值,有:$I_{MAX} = \left( \dfrac{0.5\,V_{REF}}{R_S} \right) = (1/F_I)(V_{REF}/R_S)$。

**逻辑输入($I_0$、$I_1$、$I_2$、$I_3$)**　逻辑输入($I_0$、$I_1$、$I_2$、$I_3$)决定负载电流的实际值系数(9.5%～100%),负载电流等于最大值和系数的乘积:(9.5%～100%)×$I_{max}$。

**PH(相输入)**　PH 输入电平设定流过负载的电流方向,设置为高电平时,输出电流从 OUT_A 通过或者流向 OUT_B。

**三角波的频率**　三角波的频率决定输出的开关频率,可由连接在引脚端 TR1_CAP 的电容来调整,有 $F_{REF} = K/C$,式中 $K = 1.5 \times 10^{-5}$。

**充电泵电路**　为保证高侧 DMOS 管的正确驱动,可利用充电泵电路在引脚端 $V_{BOOT}$ 提供一个相对高于电源 $V_S$ 的自举电压。这就需要外接两个电容,一个连接到充电泵的引脚端 VCP 的电容 $C_P$，另一个连接到引脚端 CBOOT 的蓄能电容 $C_{BOOT}$，推荐值分别为 10 nF 和100 nF。

### 4. L6258 的应用电路

L6258 构成的步进电动机驱动电路如图 6.3.4 所示。在输出级电源（引脚端13、31）和功率地（引脚端 1、36、18、19）之间，以及在逻辑电源和地之间，需要连接一个 100 nF 去耦电容。连接在引脚端 SENSE_A 和 SENSE_B 的检测电阻要求选择无电感型，可以采用几个相同阻值金属膜电阻并联实现，检测电阻与引脚端 SENSE_A、SENSE_B 之间的连线应尽可能短。

控制信号输入端（PH、I0、I1、I2、I3 等）可以与微控制器接口，由微控制器设置步进电动机工作在整步、半步或微步距方式。

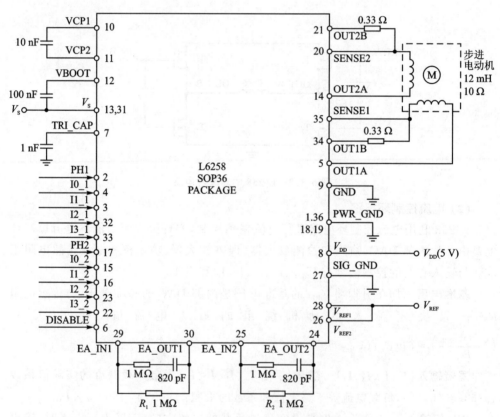

**图 6.3.4　L6258 构成的步进电动机驱动电路**

# 6.4　异步电动机控制专用电路设计

正弦脉宽调制（SPWM）脉冲产生技术是异步电动机变频调速技术中的最重要

技术之一。产生 SPWM 的数字方法有两种：一种是利用微控制器查表方式；另一种是利用产生 PWM 脉冲的专用集成电路（ASIC）。

# 6.4.1　基于 SA866 的三相 PWM 波形发生器电路

## 1. SA866 的主要技术性能与特点

SA866 是 MITEL 公司生产的异步电动机 PWM 控制专用集成电路。该芯片能够产生所要求的 PWM 脉冲；具有过电流、过电压保护功能；可以在短路、过热时快速关断 PWM 脉冲输出，保护逆变器和电动机。SA866 可以独立工作，其输出频率、加速/减速的控制都可由外接电位器在线连续调节，也可以连接微控制器控制使用。

SA866 通过串行接口，用户所设定的参数（如载波频率、死区时间、最小脉宽、调制波形、$V/F$ 特性等）均可存储在外接的 $E^2$PROM 中，上电时自动读入 SA866 中。为满足不同负载的要求，在不改变电路结构的情况下，通过修改参数可以改变逆变器的性能指标，如选择线性和二次型两种 $V/F$ 特性曲线；利用输入的数字信号可实现 12 档速度输出和方向选择；通过 $RC$ 振荡电路实现加速和减速时间控制。SA866 的载波频率可达 24 kHz，工作频率范围为 0～4 kHz；电源频率精度高达 16 位，可以实现宽的调速范围及无噪声运行；可选择最小脉冲宽度及设置脉冲延迟时间，并可采用纯正弦波、增强型及高效型三种输出形式。

## 2. SA866 的引脚功能与或者形式

SA866DE 采用 LQFP GP32 或者 PLCC HP32 两种封装形式，其引脚端功能如下：

- SDA（数据线）、SCL（时钟信号）和 CS（片选信号）为 SA866DE 与 $E^2$PROM 或微控制器的串行接口引脚端。

- $\overline{\text{SERIAL}}$ 为工作状态选择引脚端。将其置 1 或悬空不用，可以选择 N1～N3 模式。这三种模式均为正常工作模式，所有参数均由外部 $E^2$PROM 读入，引脚端 PAGE0、PAGE1 状态决定采用 EEPROM 中的哪一页参数。将引脚端 $\overline{\text{SERIAL}}$ 置 0，可以选择 S1～S2 模式，这两种模式均为串行工作模式，由微控制器取代外部 $E^2$PROM，串行加载初始化参数。

- SET1、SET2、SET3 和 SET4 是速度设置引脚端，输入 bit0、bit1、bit2、bit3 数据。

- 引脚端 $R_{\text{ACC}}$ 和 $R_{\text{DEC}}$ 决定加速/减速速率。引脚端 $R_{\text{ACC}}$ 输入加速度（模拟量）或输入加速时钟；引脚端 $R_{\text{DEC}}$ 输入减速度（模拟量）或输入减速时钟。

- RPHT、RPHB、YPHT、YPHB、BPHT 和 BPHB 为红、黄、蓝三相 PWM 脉冲输出引脚端，可直接驱动光耦合器。

- 引脚端 DIR 控制三相顺序，即控制电动机转向，高电平时为正向旋转。
- 引脚端 $V_{MON}$ 为过电压信号输入端。减速过程中，此端电平若大于 2.5 V，则启动过电压保护动作，将输出频率固定在当前值。
- 引脚端 $I_{MON}$ 为过电流信号输入端。升速过程中，该端电平若大于 2.5 V，内部过电流保护就动作，不再继续升速，直到过电流信号消失才继续升速。
- 引脚端 SET TRIP 为紧急停机信号端，可快速禁止 PWM 脉冲输出。
- 引脚端 $\overline{TRIP}$ 表示输出禁止状态，低电平有效。该信号只有在复位信号下才能被解除。
- $V_{DDD}$ 为数字电路电源电压引脚端，$V_{DDA}$ 为模拟电源电压引脚端，可连接在同一个 +5 V 电源上；$V_{SSD}$、$V_{SSA}$ 分别为数字地及模拟地引脚端。
- 引脚端 XTAL1 和 XTAL2 外接石英晶体振荡器。
- 引脚端 $\overline{OSC/CLK}$ 用来选择内部或外接时钟，控制加速/减速。当 $\overline{OSC/CLK}$ 为低电平时，选择 $R_{ACC}$ 和 $R_{DEC}$ 输入电压方式，内部 ADC 电路将输入电压转换为数字量，并由这两个数字量决定对本机晶体振荡时钟的分频数，从而决定加速/减速速率。当 $\overline{OSC/CLK}$ 为高电平时，允许在 $R_{ACC}$ 和 $R_{DEC}$ 输入外部时钟信号来确定加速/减速速率。如果对 $R_{ACC}$ 脚施加大于 $0.875V_{DDA}$ 电平，则加速/减速功能失效，输入的频率和方向指令直接决定输出的转速和转向，没有加速/减速过程。
- $\overline{RESET}$ 为复位引脚端，低电平有效。

### 3. SA866 的内部结构与应用电路

SA866DE 的芯片内部包含 PWM 发生器、频率控制（加速/减速控制）、$V/F$ 特性控制、模式选择和串行接口等。

采用 SA866DE 构成的一个异步电动机变频调速系统方框图如图 6.4.1 所示。系统采用外接 $E^2$PROM 方式，$E^2$PROM 可选择 AT93LC46 等型号产品，所有可编程参数均存在 $E^2$PROM 中，PAGE0 和 PAGE1 用来选择 $E^2$PROM 存储器的 4 个页面数据，系统上电或复位后，通过串行口自动下载到 SA866DE 中。引脚端 $\overline{SERIAL}$ 悬空，SA866DE 工作在 N3 模式，引脚端 $R_{ACC}$ 和 $R_{DEC}$ 接高电平。

来自电网的三相交流电经整流、滤波后变为直流电，提供给电力电子器件；SA866DE 经隔离电路输出 PWM 信号到电力电子器件，将直流电变频后形成变频三相交流电驱动交流异步电动机。电力电子器件可采用集功率变换、栅极驱动和保护电路为一体的智能电力电子模块（IPM）。SA866DE 的引脚端 SETTRIP 与 IPM 的保护输出端相连，一旦检测到保护信号，即快速向 SA866DE 发出保护高电平，并迅速切断电路，关断 PWM 输出。

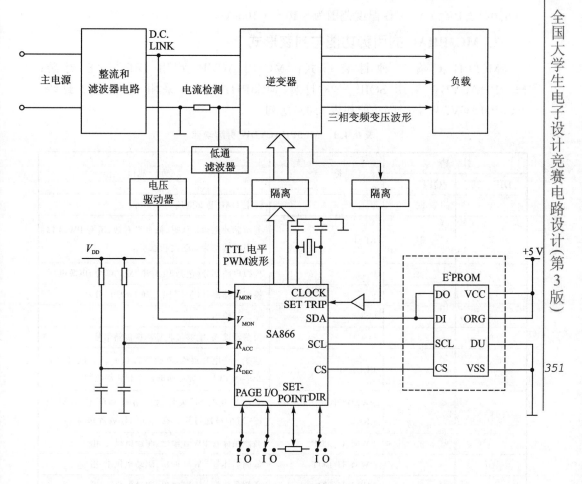

图 6.4.1　采用 SA866DE 构成的一个异步电动机变频调速系统方框图

## 6.4.2　基于 MC3PHAC 的交流电机控制电路

### 1. MC3PHAC 的主要技术性能与特点

　　MC3PHAC 是 Freescale 公司为满足三相交流电动机变速控制系统需求而专门设计的单片智能电机控制器。该芯片具有 $V/F$(Volts – per – Hertz)速度控制,DSP(数字信号处理器)滤波,32 位高精度运算,6 路输出的脉宽调制器(PWM),可选择 PWM 极性和频率,可选择 50/60 Hz 电源频率,锁相环(PLL)系统振荡器,三相波形发生器,单机或主/从工作模式,4 通道的模拟/数字转换器(ADC),SCI 串行通信接口,动态总线纹波消除,欠电压检测,允许Internet控制以及使用者无须开发软件等特点。其振荡器频率为 4.00(1±1%) MHz,加速度率 $AC_{Rate}$ 为 0.5～128 Hz/s,速度控制为 1～128 Hz,PWM 频率 $PWM_{FREQ}$ 为 5.291～21.164 kHz,工作电源电压 $V_{DD}$

为 5.0(1±10％) V,工作温度范围为−40～+105 ℃。

### 2. MC3PHAC 的引脚功能与封装形式

MC3PHAC 有三种封装形式：MC3PHACVP 采用 DIP − 28 封装；MC3PHACVDW 采用 SOIL − 28 封装；MC3PHACVFA 采用 QFP − 32 封装。MC3PHACVDW 各引脚功能如表 6.4.1所列。

**表 6.4.1 MC3PHACVDW 引脚功能**

| 引 脚 | | 符 号 | 功 能 |
|---|---|---|---|
| DIP − 28 | QFP − 32 | | |
| 1 | 30 | $V_{REF}$ | 片上 DAC 基准电压 |
| 2 | 31 | $\overline{RESET}$ | 复位芯片到初始状态,低电平有效,所有 PWM 输出引脚端均为高阻抗状态 |
| 3 | 32 | $V_{DDA}$ | 模拟电路部分(包括 PLL 和 DAC 部分)电源电压 |
| 4 | 1 | $V_{SSA}$ | 模拟电路部分(包括 PLL 和 DAC 部分)地 |
| 5 | 2 | OSC2 | 振荡器输出 |
| 6 | 3 | OSC1 | 振荡器输入,能够接收外部振荡器信号 |
| 7 | 4 | PLLCAP | 连接一个电容到地,典型值为 0.1 $\mu F$。该电容大小影响 PLL 时钟电路的稳定和作用时间 |
| 8 | 5 | PWMPOL _ BASE-FREQ | 在初始化时刻,采样这个引脚端状态,以确定 PWM 的极性与基本频率(50 Hz 或者 60 Hz) |
| 9 | 6 | PWM_U_TOP | 高侧晶体管 PWM 输出,驱动电机 U 相 |
| 10 | 7 | PWM_U_BOT | 低侧晶体管 PWM 输出,驱动电机 U 相 |
| 11 | 8 | PWM_V_TOP | 高侧晶体管 PWM 输出,驱动电机 V 相 |
| 12 | 9 | PWM_V_BOT | 低侧晶体管 PWM 输出,驱动电机 V 相 |
| 13 | 10 | PWM_W_TOP | 高侧晶体管 PWM 输出,驱动电机 W 相 |
| 14 | 11 | PWM_W_BOT | 低侧晶体管 PWM 输出,驱动电机 W 相 |
| 15 | 12 | FAULTIN | 故障控制,高电平有效,不使能 PWM 输出。正常工作时,保持在低电平状态 |
| 16 | 14 | PWMFREQ_RxD | 在单机模式下,该引脚端的输出信号表示 PWM 的频率;在 PC(微控制器)的主/从模式下,该引脚端为输入状态,接收 UART 串行数据 |
| 17 | 15 | RETRY_TxD | 在单机模式下,该引脚端的输出信号表示在故障后重新输出 PWM 的时间;在 PC(微控制器)的主/从模式下,该引脚端为输出状态,发射 UART 串行数据 |

| 引　　脚 | | 符　号 | 功　　能 |
|---|---|---|---|
| DIP - 28 | QFP - 32 | | |
| 18 | 16 | RBRAKE | 输出指示总线电压 |
| 19 | 17 | DT_FAULTOUT | 在单机模式下,该引脚端的输出信号表示在从高侧 PWM 输出到低侧 PWM 输出的死区时间;在 PC(微控制器)的主/从模式下,该引脚端为输出状态,低电平表示产生故障 |
| 20 | 18 | $V_{BOOST\_MODE}$ | 自举模式电压 |
| 21 | 19 | $V_{DD}$ | 数字电路部分电源电压 |
| 22 | 20,27,28,29 | $V_{SS}$ | 数字电路部分地 |
| 23 | 21 | $\overline{FWD}$ | 输入信号表示电机是正转还是反转 |
| 24 | 22 | $\overline{START}$ | 输入信号表示电机是否旋转 |
| 25 | 23 | MUX_IN | 在单机模式下,该引脚端的输出信号表示 PWM 的极性和频率。另外,也表示芯片的工作参数 |
| 26 | 24 | SPEED | 在单机模式下,该引脚端的输出信号表示 PWM 的极性和频率。另外,也可表示电机的速度 |
| 27 | 25 | ACCEL | 在单机模式下,该引脚端的输出信号表示 PWM 的极性和频率。另外,也可表示电机的加速度 |
| 28 | 26 | DC_BUS | 在单机模式下,该引脚端的输出信号表示 PWM 的极性和频率。另外,也可表示 DCBUS 的电压 |

### 3. MC3PHAC 的内部结构与应用电路

　　MC3PHAC 的芯片内部包含有 6 个脉冲宽度调制器(PWM)输出电路、4 个模/数转换器(ADC)、锁相环(PLL)振荡器、低电压检测电路以及串行通信接口 SCI 等。

　　采用 MC3PHAC 构成的三相交流电动机控制系统示意图如图 6.4.2 所示,可实现的功能有:$V/F$ 开环速度控制、正/反转控制、启动/停止控制、系统故障输入、低速电压提升及上电复位(POR)等。

### (1) 单机工作模式控制电路

　　MC3PHAC 构成的单机工作模式控制电路如图 6.4.3 所示。电源上电复位、速度、PWM 频率、总线电压和加速度参数可即时输入到控制系统中。

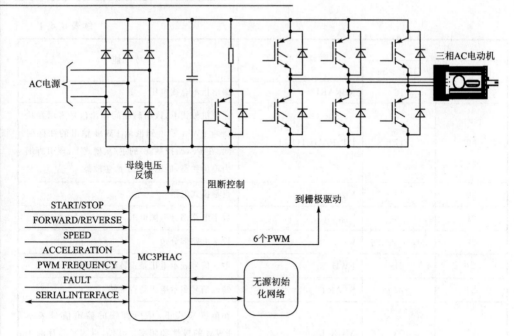

**图 6.4.2　采用 MC3PHAC 构成的三相交流电动机控制系统示意图**

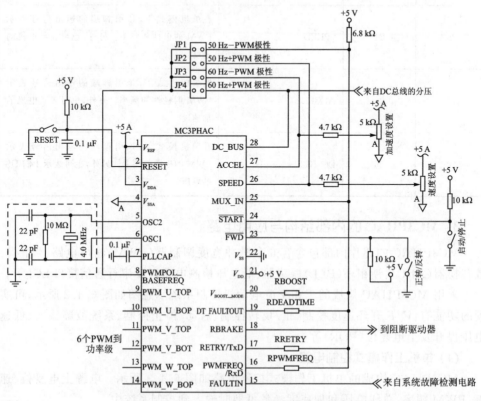

**图 6.4.3　MC3PHAC 的单机工作模式控制电路**

**(2) 主/从工作模式控制电路**

　　MC3PHAC 构成的主/从工作模式控制电路如图 6.4.4 所示：电源上电复位；速度、PWM 频率、总线电压和加速度等参数由 PC 机输入到控制系统中。采用光耦隔离的 RS232 接口电路如图 6.4.5 所示。

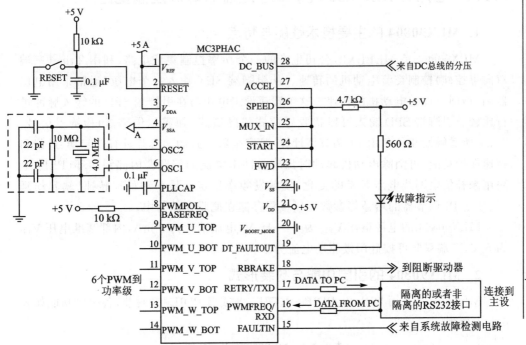

图 6.4.4　MC3PHAC 构成的主从工作模式控制电路

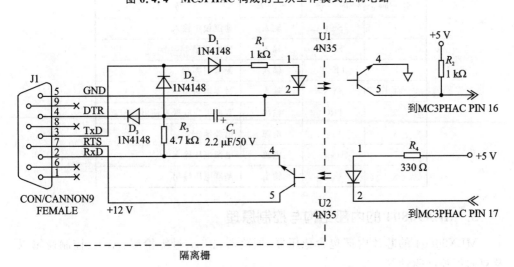

图 6.4.5　采用光耦隔离的 RS232 接口电路

# 6.5 单相交流通用电动机控制专用电路设计

## 6.5.1 基于 MLX90804 的单相交流电动机控制电路

### 1. MLX90804 的主要技术性能与特点

MLX90804 是 MELEXIS 公司生产的一个功率控制集成电路,利用 Triac(三端双向可控硅)控制交流电动机的转速。从引脚端 SET 输入一个电压(通常采用电位器调节)即可设定电动机的转速。这个转速设定电压与在引脚端 SPD 的输入脉冲进行比较。引脚端 SPD 输入可以接收感应式或磁敏式(如霍尔传感器)检测器信号。Triac 所需触发相位角由 PI 调节器计算,是完全数字式的。芯片具有软起动、过载和超速保护功能,可消除电动机起动时出现大冲击电流的问题。内部锁相环(PLL)电路用来补偿电网线电压频率的变化,使触发频率稳定。最小和最大转速、软起动延时、整定 PI 调节器的增益等参数可以编程存储在掩膜存储器中。

MLX90804 的电源电压 $V_{DD1}$ 为 14~18 V,电流消耗为 5 mA,内部基准电压 $V_{DD}$ 为 5 V,三端双向可控硅门极驱动电流为 30~90 mA。

### 2. MLX90804 的引脚功能与封装形式

MLX90804 采用 DIP‑8、PDIP‑8、DIL‑8 或者 PDIL‑8 封装,各引脚功能如表 6.5.1 所列。

表 6.5.1 MLX90804 引脚功能

| 引 脚 | 符 号 | 类 型 | 功 能 |
|---|---|---|---|
| 1 | SET | 输入 | 速度设定输入 |
| 2 | SPD | 输入 | 速度测量 |
| 3 | TEST | 输入 | 测试引脚端 |
| 4 | SYN | 输入 | 过零输入 |
| 5 | TRG | 输出 | 双向可控硅触发输出 |
| 6 | $V_{SS}$ | 电源 | 电源地 |
| 7 | $V_{DD1}$ | 电源 | 电源电压输入 |
| 8 | $V_{DD}$ | 输出 | 基准电压输出 |

### 3. MLX90804 的内部结构与控制原理

MLX90804 的芯片内部包含稳压器、振荡器、PLL、过零检测、ADC、控制逻辑以及双向可控硅驱动等。

速度由一个 PI 调节器控制,PI 调节器参数 Kp 和 Ki 可编程。Kp 和 Ki 参数是在掩膜时配置。

可采用一个线圈或一个霍尔传感器来获得电动机转速脉冲。

速度设置由加到引脚端 SET 上的电压来确定。引脚端 SET 的电压输入到 ADC 转换成一个 4 位的数码,对应存储在内部 ROM 的表格地址,表格内容表示了 16 种不同的速度。输入电压与对应速度之间的关系可以自由选择,无需线性。

存储的软起动程序可保证电动机实现平滑的起动,软起动函数在掩膜时配置。电动机开始运转延迟时间最长为 300 ms。

运行中,当设定速度改变为新的速度时,在内部产生一条速度变化斜坡,以优化 PI 调节器暂态性能。这个斜坡函数在掩膜时配置。

### 4. MLX90804 的应用电路

MLX90804 的应用电路如图 6.5.1 所示。图中,L 端是相线,N 端是中线,Load 端连接电机,速度检测可采用线圈作为速度传感器或者霍尔速度传感器(如 MLX5881)。$R_1$、$R_2$、$R_3$、$R_4$、$D_1$ 和 $C_1$ 构成芯片的电源电路。图中元件数值适合在电网线电压为 220 V 时使用。电阻功率一般需要 0.5 W 或更高。设定速度需要采用一个线性的电位器,其阻值约为 200 kΩ。电阻 $R_7$ 用来限制 Triac 的栅极驱动电流,不是必需的。TEST 测试端可开路或连接到 $V_{DD}$ 上。

MLX90804 内部参数的编程须参考 MLX90804 用户手册。

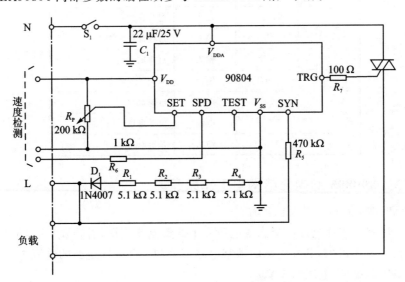

**图 6.5.1　MLX90804 的应用电路**

## 6.5.2　基于 MLX90805 的三端双向可控硅单相交流电动机控制电路

### 1. MLX90805 的主要技术性能与特点

MLX90805 是 MELEXIS 公司生产的一个功率控制集成电路,适合采用三端双向可控硅(Triac)控制的电阻性或电感性负载,主要用于交流电动机起动和转速控制,也可用于白炽灯控制。

该芯片具有软起动、过热保护的功能;可消除电动机起动时的浪涌电流;从最小到最大功率,Triac 利用一个线性斜坡进行控制;起动速度为 0.5~3 s,并可通过改变选择位来选择;片内具有一个用来稳定触发点的频率锁相环;电源电压 $V_{DDA}$ 为 13.5~16.5 V,基准电压 $V_{REF}$ 为 4.3~5.4 V,Triac 门极电流 $I_{TRG}$ 为 90 mA;掩膜可定制在 50 Hz 或 60 Hz 下工作。

### 2. MLX90805 的引脚功能与封装形式

MLX90805 采用 PDIP-8 和 SOIG8 封装,各引脚端功能如表 6.5.2 所列。

表 6.5.2　MLX90805 引脚功能

| 引　脚 | 符　号 | 类　型 | 功　能 |
|---|---|---|---|
| 1 | SET | 输入 | 电位器输入,速度设置 |
| 2 | THP | 输入 | 过热保护 |
| 3 | FB | 输入 | 过热保护反馈 |
| 4 | ZC | 输入 | 过零输入 |
| 5 | TRG | 输出 | 双向可控硅驱动 |
| 6 | $V_{SS}$ | 电源 | 电源地 |
| 7 | $V_{DDA}$ | 电源 | 电源电压 |
| 8 | $V_{REF}$ | 输出 | 基准电压 |

### 3. MLX90805 的内部结构与工作原理

MLX90805 的芯片内部包含有:

- 稳压器。芯片电源以交流线电压经半波整流器获得,引脚端 $V_{DDA}$ 的电压限制在15.5 V 以内,芯片内部的数字电路部分和一些外围电路的电源电压由片内稳压器提供,电压为 5 V。
- 模拟电源导通复位。模拟电源导通复位电路跟踪电源电压 $V_{DDA}$,只有当 $V_{DDA}>13$ V 时才产生 Triac(双向三端可控硅)触发脉冲。
- 振荡器。振荡器为芯片内部电路提供时钟。
- 频率锁相环。频率锁相环电路从电流控制的振荡器获得一个以电网频率作为参考的时钟频率,利用逐次近似计算法减少振荡器调整时间。

- 基准电压。基准电压来自外接的电位器,用来设定不同的速度。
- ADC。来自电位器的模拟信号用来设定速度,利用一个 4 位的 ADC 转换为数字信号。
- ROM。来自 ADC 的数字作为 ROM 的表地址,ROM 表中存储有不同的导通角,共有 16 个不同的导通角可选择。
- 过零点检测。过零点检测电路检出电网线电压过零点,精确的检测可获得好的同步,使驱动 Triac 的导通脉冲能够在正确的时刻产生。
- 控制逻辑。控制逻辑电路完成所有的控制功能,如实时同步、平滑软起动、Triac 触发等,使电动机运转在设定的速度上。
- Triac 驱动器。Triac 驱动器输出通过一个外接电阻 $R_T$(150 Ω)驱动 Triac,它确定 Triac 的门极电流和控制 Triac 作为开关工作。
- 自动再触发。自动再触发电路跟踪 Triac 在每个触发脉冲后是否开通,如果一个触发脉冲之后 Triac 是关断的,则在 20 μs 后会再产生一个新的触发脉冲。
- 过热保护。芯片能够提供一个外部保护电路,典型的是利用一个 NTC 电阻作为基准电阻,用来跟踪环境温度。如果在引脚端 THP 的电压等于 $V_{REF}/2$,则保护功能有效,芯片设定的触发角是在 ROM 地址 1 存储的数值。连接一个电阻到引脚端 FB,可以使检测滞后。
- 选项。选项电路定义芯片的不同操作模式。

### 4. MLX90805 的应用电路

#### (1) 只有软起动功能的应用电路

采用 MLX90805 只有软起动功能的应用电路如图 6.5.2 所示,可实现电动机的平滑软起动。当电网电压加上时,MLX90805 将产生 Triac 触发脉冲,电动机开始升速,并在预定时间之后到达最高速度(电动机以全功率运行)。在软起动后,总是选择最高速度运行(对应于最高的 ROM 表地址)。图中,引脚端 SET 连接到 $V_{ss}$。

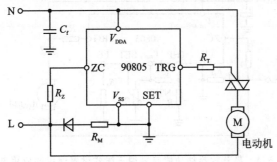

**图 6.5.2　只有软起动功能的应用电路**

**(2) 具有软起动功能与采用二线式设置速度的应用电路**

采用 MLX90805 具有软起动功能与采用二线式设置速度的应用电路如图 6.5.3 所示。该电路具有软起动和速度控制功能。电位器采用二线形式连接到芯片,用来设置不同的速度。一个与电位器阻值相等的电阻 $R_P$ 连接到引脚端 $V_{REF}$,用来保持 ADC 输入的比例。ADC 的输入信号在 0 和 $V_{REF}/2$ 之间变化。对于最低速度,电位器调节到最大值;对于最高速度,电位器调节到最小值。当加上电网电压后,电动机起动;在软起动完成后,电机运转到由电位器设定的速度。

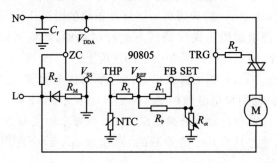

**图 6.5.3 具有软起动功能与采用二线式设置速度的应用电路**

对于最低速度的设定,采用二线式设置速度是不利的。这是因为电位器绝对值的偏差使引脚端 SET 的输入电压产生误差,从而影响最低速度的精确度。使用三线式连接可以避免这个问题。

$R_1$、$R_2$ 和 NTC 热敏电阻仅在过热保护时才需要,通常可不采用。

**(3) 具有软起动功能与采用三线式设置速度的应用电路**

采用 MLX90805 具有软起动功能与采用三线式设置速度的应用电路如图 6.5.4 所示。该电路具有软起动和速度控制功能。电位器采用三线形式连接到芯片,用来设置不同的速度。ADC 输入信号在 0 和 $V_{REF}$ 之间变化。对于最低速度,在引脚端 SET 的电压为最大值;对于最高速度,在引脚端 SET 的电压为最小值。当加上电网电压后,电动机起动;在软起动完成后,电机运转到由电位器设定的速度。

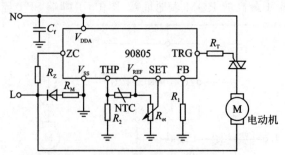

**图 6.5.4 具有软起动功能与采用三线式设置速度的应用电路**

$R_1$、$R_2$ 和 NTC 热敏电阻仅在过热保护时才需要,通常可不采用。

# 6. 6　MOSFET/IGBT 开关器件驱动电路设计

## 6.6.1　基于 IR2136/21363/21365 的三相桥栅极驱动电路

### 1. IR2136/21363/21365 的主要技术性能与特点

International Rectifier 公司生产高侧栅极驱动、低侧栅极驱动、高侧和低侧栅极驱动、半桥栅极驱动、三相高侧和低侧栅极驱动、三相逆变桥栅极驱动等系列驱动集成电路。栅极驱动集成电路接收从数字信号处理器 DSP、微控制器 MCU 或其他逻辑电路输出的信号,产生开通和关闭 MOSFET 或 IGBT 所必需的电流和电压。IR 公司生产的所有栅极驱动集成电路输入均与 CMOS 和 TTL 兼容,典型输入值是 3. 3 V 逻辑电平信号,输出电流高达 2 A。对于 MOSFET 或 IGBT 半桥或三相逆变桥的高侧驱动,栅极驱动集成电路提供附加的栅极电源。此电源电压是浮地的,在最大的总线电压上浮动,可高达 1 200 V。这些电路在低侧和高侧驱动器之间的典型延迟时间是 ±50 ns(一些特制产品低至 ±10 ns),有完善的死区时间控制;能承受高达 50 V/ns 的 dv/dt 的电压和电流尖峰,有较强的暂态负电压耐受能力。

IR2136/21363/21365 是 International Rectifier 公司生产的三相逆变器栅极驱动器集成电路。芯片内部包含 3 个高侧和 3 个低侧栅极驱动器,自举浮地设计,工作电压达到 +600 V,与 3. 3 V 的 CMOS 或 LSTTL 输出逻辑电平兼容,可直接与微控制器接口,能提供 120～200 mA/250～350 mA 的正向/反向输出电流,能承受高达 50 V/ns 的 dV/dt 耐受能力和较低的 dI/dt 驱动电流,导通和关断延迟时间为 300～550 ns,栅极驱动电压范围为 10～20 V(IR2136)、11. 5～20 V(IR21362)或者 12～20 V(IR21363/IR21365),具有过电流和欠电压保护功能。

### 2. IR2136/21363/21365 的引脚功能与封装形式

IR2136/21363/21365 采用 PDIP - 28、SOIC - 28(后缀 S)或者 PLCC - 44(后缀 J)封装,其引脚功能如表 6. 6. 1 所列。

**表 6. 6. 1　IR2136/21363/21365 引脚功能**

| 符　　号 | 功　　能 |
|---|---|
| $V_{CC}$ | 低侧和逻辑电路电源电压 |
| $V_{SS}$ | 逻辑电路地 |
| $\overline{HIN1,2,3}$ | 逻辑输入,对应高侧栅极驱动器输出(HO1、HO2、HO3),反相输入 |
| $\overline{LIN1,2,3}$ | 逻辑输入,对应低侧栅极驱动器输出(HO1、HO2、HO3),反相输入 |
| $\overline{FAULT}$ | 过电流或者低侧欠电压闭锁故障指示,低电平有效,开集电极输出 |

| 符　号 | 功　能 |
|---|---|
| EN | 使能 I/O 功能,高电平有效 |
| ITRIP | 过电流关机的模拟输入信号。有效时,ITRIP 关闭输出并使$\overline{\text{FAULT}}$和 RCIN 为低电平 |
| RCIN | 外接的 $RC$ 网络,确定故障清除时间,$T_{\text{FLTCLR}}$ 大约等于 $R \times C$ |
| COM | 低侧公共端 |
| VB1,VB2,VB3 | 高侧浮动电压 |
| HO1,HO2,HO3 | 高侧栅极驱动器输出 |
| LO1,LO2,LO3 | 低侧栅极驱动器输出 |

### 3. IR2136/21363/21365 的内部结构与应用电路

IR2136/21363/21365 的芯片内部包含输出驱动器、延时和防直通电路、电平移位、输入滤波器、锁存及欠电压检测等。

IR2136/21363/21365 的典型应用电路如图 6.6.1 所示,图中只画出了其中的一路。功率 MOSFET 推荐采用 ON Semiconductor 公司的 600 V/6 A 的功率 MOS-FETNTP6N60,$R_{\text{DS(on)}} = 1\,200$ mΩ,采用 TO-220 和 D2PAK 封装。

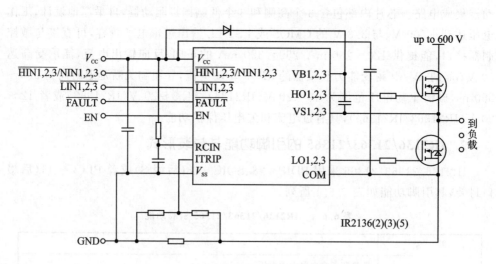

图 6.6.1　IR2136/21363/21365 的典型应用电路

## 6.6.2　基于 MC33395 的三相桥栅极驱动电路

### 1. MC33395 的主要技术性能与特点

MC33395 是 Freescale 公司生产的栅极驱动电路。该芯片集成了栅极驱动、控制逻辑电路、充电泵、电流检测以及欠电压、过电压、过热和过电流保护电路。控制逻辑电路给低侧 MOSFET 或高侧 MOSFET 发送 PWM 控制信号，PWM 频率最高可达 28 kHz，驱动 6 个 N 沟道低通态电阻 $R_{DS(oN)}$ 的功率 MOSFET。MC33395/MC33395T 还包含一个小于 5.0 $\mu$s/1.0 $\mu$s 防直通的定时器。其工作温度范围为 $-40\ ℃\leqslant T_a\leqslant 125\ ℃$，电源电压为 5.5 V$\leqslant V_{IGN}\leqslant$24 V。

### 2. MC33395 的引脚功能与封装形式

MC33395 采用 SOICW – 32 封装，其引脚功能如表 6.6.2 所列。

表 6.6.2　MC33395 引脚功能

| 引　脚 | 符　号 | 功　能 | 引　脚 | 符　号 | 功　能 |
|---|---|---|---|---|---|
| 1 | CP2H | 连接充电泵电容 | 17 | −ISENS | 限流比较器反相输入 |
| 2 | CPRES | 连接充电泵外部蓄能电容 | 18 | +ISENS | 限流比较器同相输入 |
| 3 | $V_{IGN}$ | 触发电源电压 | 19 | AGND | 逻辑电路地 |
| 4 | VGDH | 辅助高侧功率 MOSFET 开关栅极电压 | 20 | $V_{DD}$ | 逻辑电路部分电源电压 |
| 5 | VIGNP | 输入电压保护 | 21 | PWM | PWM 调制器输入 |
| 6 | SRC1 | 相 1 高侧源电压检测 | 22 | MODE1 | 模式选择控制 Bit 1 |
| 7 | GDH1 | 相 1 高侧栅极驱动输出 | 23 | MODE0 | 模式选择控制 Bit 0 |
| 8 | GDL1 | 相 1 低侧栅极驱动输出 | 24 | HSE3 | 相 3 高侧使能控制 |
| 9 | SRC2 | 相 2 高侧源电压检测 | 25 | HSE2 | 相 2 高侧使能控制 |
| 10 | GDH2 | 相 2 高侧栅极驱动输出 | 26 | HSE1 | 相 1 高侧使能控制 |
| 11 | GDL2 | 相 2 低侧栅极驱动输出 | 27 | LSE3 | 相 3 低侧使能控制 |
| 12 | SRC3 | 相 3 高侧源电压检测 | 28 | LSE2 | 相 2 低侧使能控制 |
| 13 | GDH3 | 相 3 高侧栅极驱动输出 | 29 | LSE1 | 相 1 低侧使能控制 |
| 14 | GDL3 | 相 3 低侧栅极驱动输出 | 30 | CP1L | 外接充电泵电容 |
| 15 | PGND | 电源地 | 31 | CP1H | 外接充电泵电容 |
| 16 | TEST | 测试端 | 32 | CP2L | 外接充电泵电容 |

### 3. MC33395 的内部结构与应用电路

MC33395 的芯片内部包含栅极驱动电路、控制逻辑电路、充电泵、振荡器、低电压复位、过电压关机、过热关机等。

　　MC33395 构成的三相桥栅极驱动电路如图 6.6.2 所示。充电泵电路需要 2 个充电泵电容（$C_{P1}$ 和 $C_{P2}$）和 1 个储能电容（$C_{RES}$），$C_{P1}$ 和 $C_{P2}$ 为 0.01 $\mu$F，$C_{RES}$ 为 0.15 $\mu$F。功率电源串接一个辅助 MOSFET，由引脚端 4 的 $V_{GDH}$ 控制，当电源反接时，辅助 MOSFET 关断，可保护 IC 和三相桥电路。

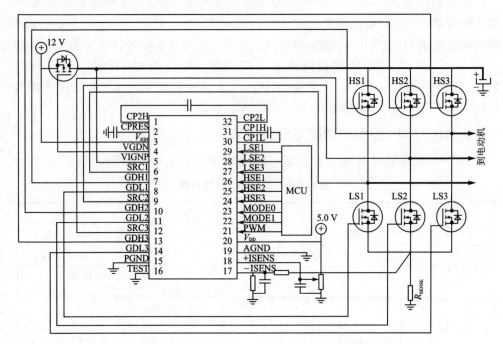

图 6.6.2　MC33395 构成的三相桥栅极驱动电路

# 第 **7** 章

# 测量与显示电路设计

在全国大学生电子设计竞赛中,"仪器仪表类"赛题是电子设计竞赛中出现的最多赛题的一类,例如简易频率特性测试仪(2013 年 E 题)、数字示波器(2007 年 C 题)、积分式直流数字电压表(2007 年 G 题)、音频信号分析仪(2007 年 A 题)、简易频谱分析仪(2005 年 C 题)、简易逻辑分析仪(2003 年 D 题)、低频数字式相位测量仪(2003 年 C 题)等,几乎已经包含了现在电工电子实验室能够看到的所有普通仪器仪表。熟练掌握仪表专用芯片的原理和应用电路设计是该类赛题能否设计制作成功的关键之一。本章分 7 个部分,分别介绍了电压表电路、真有效值测量电路、电能测量电路、射频功率检测电路、相位差测量电路、显示驱动电路等集成电路芯片的主要技术性能与特点、芯片封装与引脚功能、内部结构、工作原理和应用电路设计。

## 7.1 数字电压表电路设计

### 7.1.1 基于 ADD3501/3701 的单片数字电压表电路

#### 1. ADD3501/3701 的主要技术性能与特点

ADD3501/3701 是 National Semiconductor 公司生产的单片 A/D 转换器。二者的引脚排列和工作原理完全相同,主要区别是位数不同,ADD3501 是 $3\frac{1}{2}$ 位,最大计数值为 $\pm 1\,999$,ADD3701 为 $3\frac{3}{4}$ 位,最大计数值为 $\pm 3\,999$。

ADD3501/3701 采用 5 V 单电源电压工作;转换速度:ADD3501 为 200 ms/次,ADD3701 为 400 ms/次;输出 7 段码(a～g);具有超量程输出、A/D 转换结束标志输出和正、负极性输出。无须外接精密元器件,只要外接基准电压源、位驱动器和一些阻容元件即可构成一块 $3\frac{1}{2}$ 位或者 $3\frac{3}{4}$ 位 的数字电压表。ADD3501 等效于 MM74C935,ADD3701 等效于 MM74C936-1。

### 2. ADD3501/3701 的引脚功能与封装形式

ADD3501/3701 采用 DIP‑28 封装，各引脚功能如下：

- 引脚端 1($V_{CC}$)为电源电压正端，连接 5 V 电源电压。

- 引脚端 18($V_{REF}$)为基准电压输入端，对于构成一块 $3\frac{1}{2}$ 位或者 $3\frac{3}{4}$ 位的数字电压表，$V_{REF}=+2.000$ V。

- 引脚端 2(ANALOG $V_{CC}$)为模拟电源滤波电容连接端。该引脚端与 COM 端之间须连接一个 10 $\mu$F 的钽电容。

- 引脚端 11、14($V_{FILTER}$、$V_{FB}$)为滤波器电容连接端。

- 引脚端 7(OFLO)为过量程指示输出端，可外接过量程指示灯，当显示值超过 $\pm 1999$ 或者 $\pm 3999$ 时，该指示灯亮。

- 引脚端 8(CONVERSION COMPLETE)为转换结束标志输出端。

- 引脚端 9(START CONVERSION)为转换开始输入端，高电平有效，该引脚端为高电平时，电路连续进行 A/D 转换。

- 引脚端 10(SIGN)为正、负极性输出端。

- 引脚端 13、12($V_{IN+}$、$V_{IN-}$)分别为模拟电压的正、负输入端。

- 引脚端 15(ANALOG COM)为模拟地，引脚端 25(GND)为数字地。外部模拟电路与数字电路的 PCB 布线必须分开，模拟地与数字地可以点连接。

- 引脚端 16、17($SW_2$、$SW_1$)为内部两个模拟开关的引出端。

- 引脚端 19、20($f_{IN}$、$f_{OUT}$)为外接时钟电路的电阻和电容连接端。

- 引脚端 21~24($DIGIT_4 \sim DIGIT_1$)为位选通输出端，其中 $DIGIT_1$ 是最高位(MSD)，$DIGIT_4$ 是最低位(LSB)。当某一位被选通时，从引脚端 6~3(Sa~Sg)可输出该位的 7 段码数据。

### 3. ADD3501/3701 的内部结构与应用电路

ADD3501/3701 的芯片内部包含比较器、D 触发器、模拟开关($SW_1$、$SW_2$)、"与"门、计数器、锁存器、控制器、多路转换 7 段码驱动器和时钟脉冲发生器等。A/D 转换电路包含比较器、D 触发器、模拟开关($SW_1$、$SW_2$)、"与"门和计数器等，外接的 $R_1$、$C_1$ 构成一个低通滤波器。由 ADD3501/3701 构成的数字电压表电路结构基本相同。由 ADD3701 构成的 4 量程 $3\frac{3}{4}$ 位数字电压表电路如图 7.1.1 所示，4 个量程范围分别为 400 mV、4 V、40 V、400 V。图中的电阻除另作说明外，功率均为 0.25 W，允许阻值误差为 $\pm 5\%$；所有电容值误差为 $\pm 10\%$；$R_1 R_2/(R_1+R_2)=R_3 \pm 25$ $\Omega$。

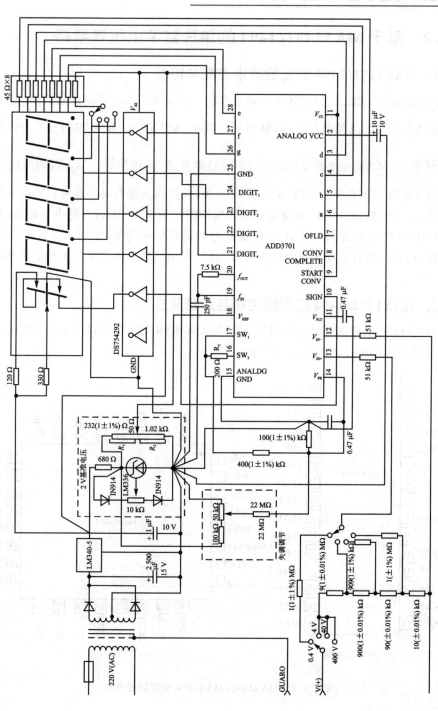

图 7.1.1 ADD3701 构成的 4 量程 $3\frac{3}{4}$ 位数字电压表电路

### 7.1.2　基于 MAX1492/1494 的单片数字电压表电路

#### 1. MAX1492/1494 的主要技术性能与特点

MAX1492/1494 是 MAXIM 公司生产的一种高精度的、带串行接口和 LCD 驱动器的 $3\frac{1}{2}$ 位、$4\frac{1}{2}$ 位的单片 A/D 转换器。其中,MAX1492 是 $3\frac{1}{2}$ 位($\pm 1\ 999$)单片 A/D 转换器,MAX1494 是 $4\frac{1}{2}$ 位($\pm 19\ 999$)单片 A/D 转换器。MAX1492/1494 的模拟输入电压范围是 0～±200 mV 或 0～2 V,模拟输入端有缓冲器可以连接高阻抗信号源,对 50 Hz 或 60 Hz 交流电源的共模抑制比为 100 dB,具有低电压检测、读数保持(HOLD)、峰值保持(PEAK)、超量程与欠量程保护功能,采用 2.7～5.25 V 单电源供电,片内具有 2.048 V 基准电压源(也可采用外部基准电压),工作温度范围为 0～+70 ℃。

#### 2. MAX1492/1494 的引脚功能与封装形式

MAX1492 采用 SSOP - 28 封装,MAX1494 采用 TQFP - 32(7 mm×7 mm)封装。其引脚封装形式如图 7.1.2 所示。

368

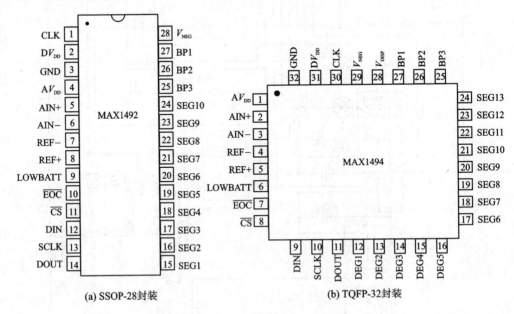

(a) SSOP-28封装　　　　(b) TQFP-32封装

**图 7.1.2　MAX1492/MAX1494 引脚封装形式**

各引脚端功能如下:

● 引脚端 $AV_{DD}$ 为模拟电路电源电压输入端。引脚端 $DV_{DD}$ 为数字电路的电源电压输入端。引脚端 GND 为接地端。在引脚端 $AV_{DD}$ 与 GND、$DV_{DD}$ 与

GND 之间应分别连接 0.1 $\mu$F 和 4.7 pF 的去耦电容。

- 引脚端 AIN＋、AIN－分别为差分模拟输入的正端和负端。在引脚端 AIN＋与 GND、AIN－与 GND 之间应分别连接 0.1 $\mu$F 电容。

- 引脚端 REF＋、REF－分别为基准电压的正、负输入端。使用内基准时，在引脚端 REF＋与 GND 之间应连接 4.7 $\mu$F 电容；使用外基准时，在引脚端 REF＋与 GND 之间应连接 0.1 $\mu$F 电容，外部基准电压 $V_{REF+}$ 和 $V_{REF-}$ 为－2.2～＋2.2 V，要求 $V_{REF+} > V_{REF-}$。

- 引脚端 LOWBATT 为电池低电压检测输入端。当 $V_{LOWBATT} < 2.048$ V 时，LCD 显示低电压标识符（LOWBATT）。状态寄存器的 LOWBATT 位锁存为"1"。

- 引脚端 $\overline{EOC}$ 为 A/D 转换结束标志输出端，低电平有效，表示在 ADC 结果寄存器的 A/D 转换结果有效。

- 引脚端 $\overline{CS}$ 为片选端，低电平有效。

- 引脚端 DIN 为串行数据输入端。当 $\overline{CS}$ 为低电平时，在 SCLK 的上升沿，DIN 的数据被移位进入内部寄存器。

- 引脚端 DOUT 为串行数据输出端。当 $\overline{CS}$ 为低电平时，在 SCLK 的下降沿，DOUT 输出数据。当 $\overline{CS}$ 为高电平时，DOUT 呈现高阻抗。

- 引脚端 SCLK 为串行时钟输入端。

- 引脚端 SEG1～SEG13 分别为 LCD 的段驱动端，BP1～BP3 分别为 LCD 的背电极驱动端。

- 引脚端 $V_{DISP}$ 为 LCD 的温度补偿电压。如果不需要温度补偿，则连接该引脚端端到 GND。

- 引脚端 $V_{NEG}$ 为－2.42 V 充电泵输出端，在 $V_{NEG}$ 与 GND 之间应连接一个 0.1 $\mu$F 去耦电容。

- 引脚端 CLK 为外部时钟输入端。当 EXTCLK 位置"1"时，选用外部时钟，外部时钟从 CLK 端输入；当控制寄存器中的 EXTCLK 位置"0"时，选择内部时钟，连接引脚端 CLK 到 GND 或 $DV_{DD}$。

### 3. MAX1492/1494 的内部结构与工作原理

MAX1494 的芯片内部包含输入缓冲器、A/D 转换器、二进制—BCD 译码器、LCD 驱动器、串行接口及控制器、振荡器/时钟、充电泵、2.048 V 基准电压源、放大器 A1 及放大器 A2 等。

**模拟输入保护电路**　模拟输入端保护电路利用内部保护二极管限制模拟输入电压在 $V_{NEG}$～$(V_{DDA}＋0.3$ V$)$ 之间，若输入电压超过此范围，则将限制输入电流在 10 mA 以下。

**内部模拟输入/基准缓冲器**　内部模拟输入/基准缓冲器允许测量高内阻信号源

电压。输入缓冲器的共模输入范围允许模拟输入/基准电压为 $-2.2 \sim +2.2$ V。

**调制器**　MAX1492/MAX1494 采用 $\Sigma - \Delta$ A/D 转换器完成模拟量到数字量的转换。$\Sigma - \Delta$ A/D 转换器由 1 位、3 阶 $\Sigma - \Delta$ 调制器和数字滤波器组成。$\Sigma - \Delta$ 调制器能把模拟信号转换成数字脉冲,再经过数字滤波器消除频率量化噪声。该数字滤波器的 $-3$ dB 截止频率为 5 Hz$\times$0.228$=$1.14 Hz,调制器和数字滤波器具有 25% 的过载能力。

**时钟模式**　MAX1492/MAX1494 可以选择内部时钟或者外部时钟驱动调制器和滤波器。控制寄存器中的 EXTCLK 位设置为"0"时,选择内部时钟模式;设置为"1"时,选择外部时钟模式。理想的外部时钟频率选择为 4.915 2 MHz,最高为 5.05 MHz。

**充电泵**　MAX1492/MAX1494 内部包含有一个充电泵,为内部模拟输入/基准缓冲器提供一个负电源电压。在 $V_{NEG}$ 与 GND 之间需要连接一个 0.1 $\mu$F 电容。

**LCD 驱动器**　MAX1492/MAX1494 内部包含一个 $3\frac{1}{2}$ 位(前者)、$4\frac{1}{2}$ 位(后者)LCD 驱动器电路,LCD 驱动器有背电极(BP1$\sim$BP3)和段电极(SEG1$\sim$SEG13)输出端,可直接驱动相应的液晶显示器,刷新速率为 2.5 Hz。MAX1492 的 LCD 显示器连接电路与 MAX1494 类似,仅少 1 位。

**基准电压**　MAX1492/MAX1494 芯片内部的 2.048 V 基准电压用来设定 ADC 的满量程转换范围。以 2.048 V 为基准:当控制寄存器的 RANGE 位为"0"时,ADC 的满量程范围为 $\pm 2$ V;当 RANGE 位为"1"时,ADC 的量程为 $\pm 200$ mV。内部 2.048 V 基准电压的温度系数为 $40 \times 10^{-6}$/℃。MAX1492/MAX1494 亦可采用外部基准电压。

**串行接口**　MAX1494 的串行接口包括片选信号端 $\overline{CS}$、串行时钟端 SCLK、数据输入端 DIN、数据输出端 DOUT 和一个异步 $\overline{EOC}$ 信号输出端。

**寄存器**　MAX1492/MAX1494 内部有 12 个寄存器,寄存器地址、功能如表 7.1.1 所列。各寄存器内部位定义请参考 Maxim 公司 MAX1492/MAX1494 的应用资料(www.maxim - ic.com)。

表 7.1.1　MAX1492/MAX1494 内部寄存器的地址与功能

| 编 号 | 地址 RS [4:0] | 名　称 | 功　能 | 位 数 | 访　问 |
|---|---|---|---|---|---|
| 1 | 00000 | Status Register | 状态寄存器 | 8 | 只读 |
| 2 | 00001 | Control Register | 控制寄存器 | 16 | 读/写 |
| 3 | 00010 | Overrange Register | 过量程寄存器 | 16 | 读/写 |
| 4 | 00011 | Underrange Register | 欠量程寄存器 | 16 | 读/写 |
| 5 | 00100 | LCD Segment - Display Register1 | LCD 段显示寄存器 1 | 16 | 读/写 |

续表 7.1.1

| 编　号 | 地址<br>RS[4：0] | 名　称 | 功　能 | 位　数 | 访　问 |
|---|---|---|---|---|---|
| 6 | 00101 | LCD Segment – Display Register2 | LCD 段显示寄存器 2 | 16 | 读/写 |
| 7 | 00110 | LCD Segment – Display Register3 | LCD 段显示寄存器 3 | 8 | 读/写 |
| 8 | 00111 | ADC Custom – Offset Register | ADC 偏移补偿寄存器 | 16 | 读/写 |
| 9 | 01000 | ADC Result – Register1 (16MSBs) | ADC 结果寄存器 1<br>(16MSBs) | 16 | 只读 |
| 10 | 01001 | LCD Data Register | LCD 数据寄存器 | 16 | 读/写 |
| 11 | 01010 | Peak Register | 峰值寄存器 | 16 | 只读 |
| 12 | 10100 | ADC Result – Register2 (4LSBs) | ADC 结果寄存器 2<br>(4LSBs) | 8 | 只读 |

### 4. MAX1492/1494 的应用电路

#### （1）数字电压表电路

由 MAX1492/1494 构成的 $3\frac{1}{2}$、$4\frac{1}{2}$ 位智能数字电压表电路如图 7.1.3 所示。采用 2.7～5.25 V 单电源供电，在模拟电源输入端与数字电源输入端之间有电源去耦电路。电源去耦电路由电感 $L_{ISO}$ 和电容组成。模拟输入端的电容用来滤除干扰电

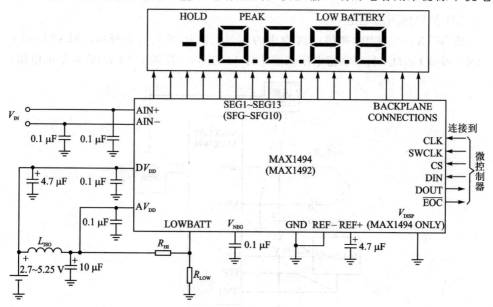

图 7.1.3　MAX1492/1494 构成的 $3\frac{1}{2}$、$4\frac{1}{2}$ 位智能数字电压表电路

371

压。电阻 $R_{HI}$、$R_{LOW}$ 用来设定低电压指示的阈值电压 $V_{LOWBATT}$。

**(2) 数字应变仪电路**

由 MAX1492/1494 构成的数字应变仪电路如图 7.1.4 所示,桥路电压由 MAX1492/1494 内部的基准电压提供,MAX1492/1494 的差分模拟输入端接应变桥的输出电压,电压范围为 $-200 \sim +200$ mV 或 $-2 \sim +2$ V。测量输出可采用直接形式或者连接到微控制器。

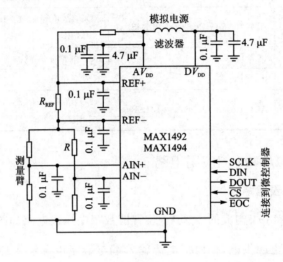

**图 7.1.4 由 MAX1492/1494 构成的数字应变仪电路**

**(3) 热电偶测温电路**

由 MAX1492/1494 和热电偶构成的测温电路如图 7.1.5 所示。MAX1494 的 AIN—端接 GND。利用精密电压基准芯片 MAX6062 提供 $+2.048$ V 的基准电压。

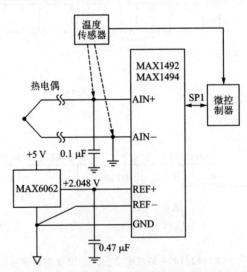

**图 7.1.5 MAX1492/1494 和热电偶构成的测温电路**

## 7.2　真有效值测量电路设计

### 7.2.1　基于 AD737 单片真有效值转换器的真有效值检测电路

#### 1. AD737 的主要技术性能与特点

AD737 是 Analog Devices 生产的单片低功耗精密真有效值/直流（TRMS/DC）转换器电路。该芯片可计算出真有效值（True RMS）、平方值（Square）和绝对值（Absolute Value）。对于 $0 \sim 200$ mV RMS 输入，非线性为 $0 \sim \pm 0.35\%$，测量误差为 $\pm 0.2\% \sim \pm 0.5\%$。AD737 具有 $-3$ dB 带宽；在 200 mV RMS 输入时，可达 190 kHz；输入阻抗为 $10^{12}$ Ω；工作电源电压为 $\pm 2.5 \sim \pm 16.5$ V；电流消耗为 160 $\mu$A。

#### 2. AD737 的引脚功能与封装形式

AD737 采用 R-8（SOIC）、Q-8（CERDIP）和 N-8（PDIP）封装，其引脚功能如下：

- 引脚端 1（$C_\mathrm{C}$）是耦合电容连接端。
- 引脚端 2（$V_\mathrm{IN}$）是 RMS 输入端。
- 引脚端 3（POWER DOWN）为高电平时，AD737 不使能，进入低功耗模式；为低电平时，AD737 使能。
- 引脚端 4（$-V_\mathrm{S}$）是电源电压负端。
- 引脚端 5（$C_\mathrm{AV}$）是求平均值电容连接端。
- 引脚端 6（OUTPUT）是输出端。
- 引脚端 7（$+V_\mathrm{S}$）是电源电压正端。
- 引脚端 8（COM）是接地端。

#### 3. AD737 的内部结构与应用电路

AD737 的芯片内部主要包括输入放大器、全波整流器、有效值运算内核（RMS CORE）和偏置电路。其中，有效值运算内核用来求解被测电压的真有效值；在正常工作时，偏置电路向芯片内部各单元电路提供合适的偏压；当引脚端 POWER DOWN 为高电平时，芯片进入待机状态。

##### （1）AD737 的典型应用电路

AD737 的典型应用电路如图 7.2.1 所示。图中：$C_\mathrm{AV}$ 为求平均值电容；$C_\mathrm{F}$ 为输出滤波电容；输入电压 $V_\mathrm{IN}$ 从引脚端 2 输入（高阻抗输入），加至芯片内部输入放大器的同相端，依次经过放大、全波整流、有效值运算内核单元处理和滤波，从引脚端 6 输出；引脚端 6 输出电压 $V_\mathrm{O}$ 为被测电压的真有效值；输入放大器的反相输入端通过内部 8 kΩ 电阻和耦合电容 $C_C$ 接地,为 AC 耦合方式。如果利用图中虚线将 $C_C$ 短路,则为 DC 模式。引脚端 3(POWER DOWN)接高电平,AD737 进入待机模式;正常测量时,引脚端 3 应接低电平。

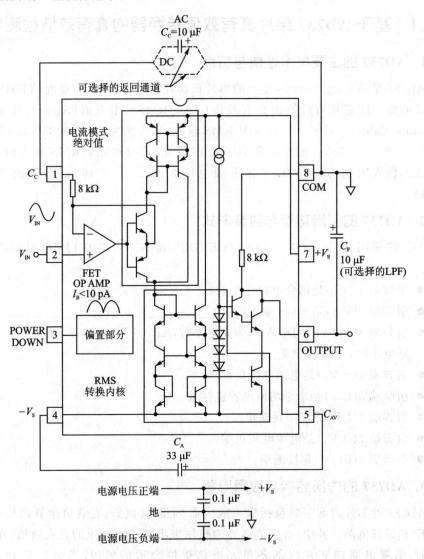

**图 7.2.1 AD737 的典型应用电路**

如果输入放大器采用反相输入,即输入电压 $V_{IN}$ 从引脚端 1 输入(低阻抗输入)时,$C_C$ 与引脚端 1 串联,$V_{IN}$ 经过 $C_C$ 和 8 kΩ 内部电阻接输入缓冲器的反相端,而引脚端 2 应接地。

平均电容 $C_{AV}$、滤波电容 $C_F$ 和耦合电容 $C_C$ 是 AD737 的 3 个关键外围元件。针对不同的波形及信号截止频率,它们的取值亦不同。不同情况下的 $C_{AV}$、$C_F$ 典型值如

表 7.2.1 所列。－3 dB下限截止频率 $F_L$ 值由耦合电容 $C_C$ 和内部 8 kΩ 定标电阻所决定,通常 $C_C$ 取 10 μF。

**表 7.2.1　在不同情况时的 $C_{AV}$、$C_F$ 的典型值**

| 应　　用 | | RMS 输入电平 | 低频率截止频率 (－3 dB) | 波峰系数 | $C_{AV}$ | $C_F$ | 到 1% 的设置时间 |
|---|---|---|---|---|---|---|---|
| 通用 RMS 计数 | | 0～1 V | 20 Hz | 5 | 150 μF | 10 μF | 360 ms |
| | | | 200 Hz | 5 | 15 μF | 1 μF | 36 ms |
| | | 0～200 mV | 20 Hz | 5 | 33 μF | 10 μF | 360 ms |
| | | | 200 Hz | 5 | 3.3 μF | 1 μF | 36 ms |
| 通用平均响应 | | 0～1 V | 20 Hz | 5 | None | 33 μF | 1.2 s |
| | | | 200 Hz | 5 | None | 3.3 μF | 120 ms |
| | | 0～200 mV | 20 Hz | 5 | None | 33 μF | 1.2 s |
| | | | 200 Hz | 5 | None | 3.3 μF | 120 ms |
| SCR 波形测量 | | 0～200 mV | 50 Hz | 5 | 100 μF | 33 μF | 1.2 s |
| | | | 60 Hz | 5 | 82 μF | 27 μF | 1.0 s |
| | | 0～100 mV | 50 Hz | 5 | 50 μF | 33 μF | 1.2 s |
| | | | 60 Hz | 5 | 47 μF | 27 μF | 1.0 s |
| 音频应用 | 语音 | 0～200 mV | 300 Hz | 3 | 1.5 μF | 0.5 μF | 18 ms |
| | 音乐 | 0～100 mV | 20 Hz | 10 | 100 μF | 68 μF | 2 s |

在 DC 耦合时,输出偏移和刻度系数微调电路如图 7.2.2 所示。

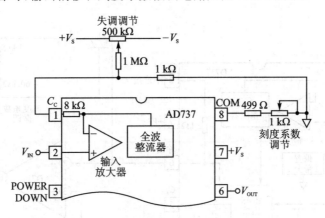

**图 7.2.2　输出偏移和刻度系数微调电路(DC 耦合)**

**(2) 满量程为 200 mV(RMS)的真有效值测量电路**

由 AD737 构成的满量程为 200 mV(RMS)的真有效值测量电路如图 7.2.3 所示。

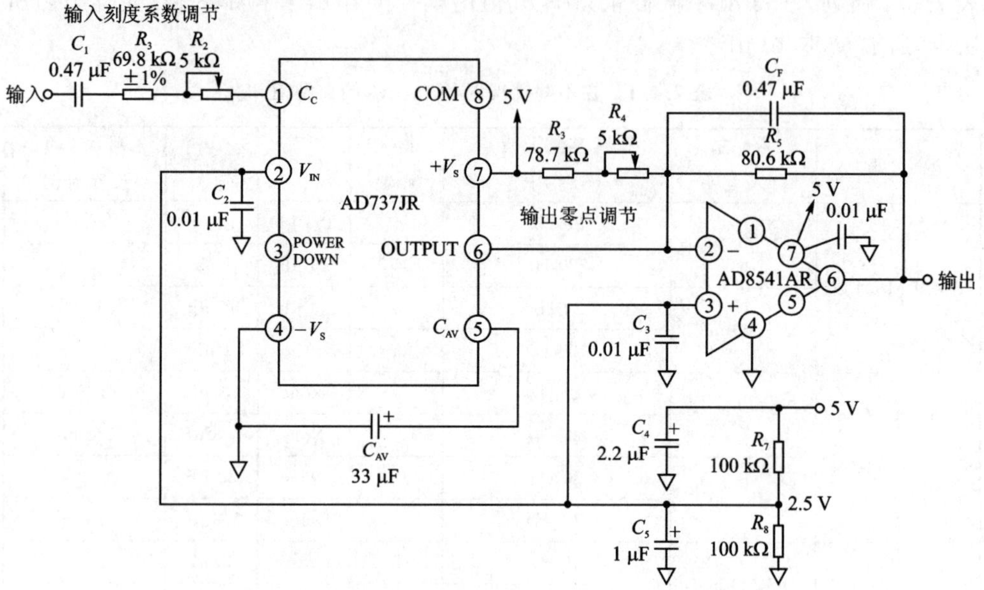

输入刻度系数调节

图 7.2.3　AD737 构成的满量程为 200 mV(RMS)的真有效值测量电路

**(3) 电平测量电路**

AD737 构成的电平测量电路如图 7.2.4 所示。该电路输出电平的刻度系数为 100 mV/dB。图中,$R_1$ 和 $R_{CAL}$ 的电阻之和为:

$$R_1 + R_{CAL}(\Omega) = 10\,000 \times \frac{4.3\,\text{V}}{0\,\text{dB 输入电平/V}}$$

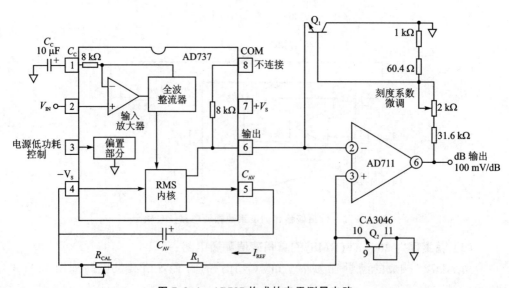

图 7.2.4　AD737 构成的电平测量电路

## 7.2.2　基于 LTC1966/1967/1968 的单片真有效值检测电路

### 1. LTC1966/1967/1968 的主要技术性能与特点

LTC1966/1967/1968 是 Linear Technology 公司生产的精密宽带 TRMS(真有效值)/DC 转换器,采用全新的 $\Delta-\Sigma$ 计算技术,适合测量波峰系数小于 4 的交流有效值电压。

LTC1966/1967/1968 的输入信号带宽:LTC1966 为 800 kHz($-3$ dB),LTC1967 为 4 MHz($-3$ dB),LTC1968 为 15 MHz($-3$ dB);转换增益误差:LTC1966 在 50 Hz$\sim$ 1 kHz频率范围内,LTC1967 在 50 Hz$\sim$5 kHz 频率范围内,LTC1968 在 50 Hz$\sim$ 20 kHz 频率范围内,转换增益误差为 $\pm0.1\%\sim\pm0.3\%$,线性度为 $\pm0.02\%\sim$ $\pm0.15\%$;允许差分输入或单端输入,差分输入电压的峰值可达 1 V;输出电压具有 "轨对轨"(即满幅电源电压)的输出特性,输出电压幅度就等于电源电压;采用独立的输出参考引脚端进行电平变换。LTC1966 采用$+2.7\sim5.5$ V 单电源供电或$\pm5.5$ V 双电源供电,电源电流消耗为 $155\sim170$ $\mu$A;LTC1967 采用$+4.5\sim+5.5$ V 单电源供电,电源电流消耗为 $320\sim390$ $\mu$A;LTC1968 采用$+4.5\sim+5.5$ V 单电源供电,电源电流消耗为 $2.3\sim2.7$ mA;待机模式下,LTC1966 /1967/1968 的电源电流消耗为 0.1 $\mu$A。LTC1966/1967/1968 工作温度范围为$-40\sim+85$ ℃。

### 2. LTC1966/1967/1968 的引脚功能与封装形式

LTC1966/1967/1968 采用 MSOP $-8$ 封装,各引脚的功能如下:

- 引脚端 $V_{DD}$ 为电源电压正端,连接$+2.7\sim+5.5$ V 电源电压。
- 引脚端 $V_{SS}$ 为电源电压负端,连接 GND$\sim-5.5$ V 电源电压。
- 引脚端 GND 为地。
- 引脚端 IN1、IN2 为两个差分输入端,直流耦合。
- 引脚端 $V_{OUT}$ 为电压输出端,高阻抗输出。在引脚端 $V_{OUT}$ 和 OUT RTN 之间并联一只电容即可以对输出有效值电压取平均值,传递函数为:

$$(V_{OUT}-V_{OUT\,RTN})=\sqrt{\text{Average}\left[(V_{IN2}-V_{IN1})^2\right]}$$

式中,Average 表示求平均值。

- 引脚端 OUT RTN 为输出电压的返回端,输出电压与该引脚的状态有关。通常该引脚端接地,也可接入在 $V_{SS}<V_{OUT\,RTN}<(V_{DD}-V_{OUT\,MAX})$ 范围内的任意电压。式中,$V_{OUT\,MAX}$ 为最大输出电压。将 OUT RTIV 端接地时,可以获得最佳效果。
- 引脚端$\overline{\text{ENABLE}}$为使能控制端,低电平有效。当此引脚端开路或接 $V_{DD}$ 引脚时,LTC1966/1967/1968 不工作。正常工作时,此引脚端应为低电平,接 GND 或 $V_{SS}$ 引脚端。

### 3. LTC1966/1967 /1968 的内部结构与工作原理

LTC1966/1967/1968 的芯片内部包含由二极管构成的输入端保护电路、输出端保护电路、二阶 $\Delta-\Sigma$ 调制器、高增益运算放大器（$A_1$、$A_2$）和极性转换开关等。

LTC1966/1967/1968 采用一个固定算法来计算输入信号的有效值，基本结构可等效于一个模拟乘法/除法器（$\times/\div$）和一个低通滤波器（LPF），如图 7.2.5 所示。

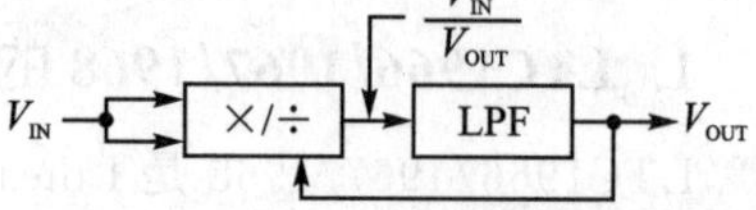

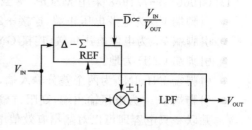

图 7.2.5　采用固定算法的
TRMS/DC 转换器的基本结构

乘法/除法器的计算结果为 $V_{IN}^2/V_{OUT}$，经过低通滤波器滤波后，得到的输出电压 $V_{OUT}$ 为：

$$V_{OUT} = \overline{\left(\frac{V_{IN}^2}{V_{OUT}}\right)}$$

因为 $V_{OUT}$ 为直流电压，所以有：

$$\overline{\left(\frac{V_{IN}^2}{V_{OUT}}\right)} = \frac{\overline{(V_{IN}^2)}}{V_{OUT}}$$

故

$$V_{OUT} = \frac{\overline{(V_{IN}^2)}}{V_{OUT}}$$

即

$$V_{OUT}^2 = \overline{V_{IN}^2}$$

或者

$$V_{OUT} = \sqrt{\overline{V_{IN}^2}} = RMS(V_{IN})$$

LTC1966/1967/1968 的算法拓扑结构如图 7.2.6 所示。该结构以 $\Delta-\Sigma$ 调制器作为除法器，以极性转换开关作乘法器。$\Delta-\Sigma$ 调制器有一个 1 位输出，其平均占空比（$\overline{D}$）与输入信号和输出信号的比值成正比，即 $\overline{D} \propto (V_{IN}/V_{OUT})$。$\Delta-\Sigma$ 是一个二阶调制器。1 位输出既可以选择缓冲器，也可以使输入信号反相。该电路工作在 $\pm 1$ 两增益点上，平均值的

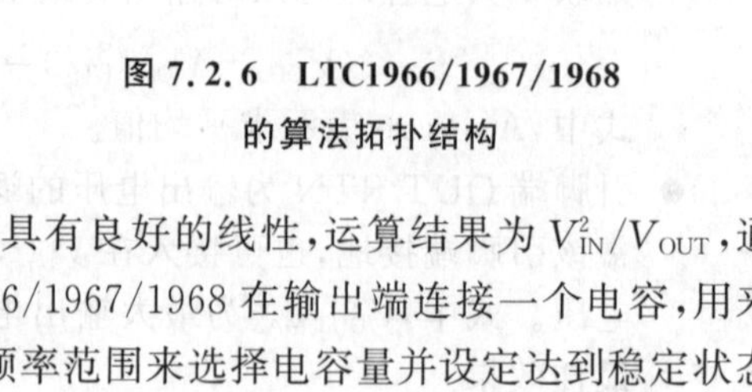

图 7.2.6　LTC1966/1967/1968
的算法拓扑结构

有效乘法运算在这两点之间的直线上进行，具有良好的线性，运算结果为 $V_{IN}^2/V_{OUT}$，通过低通滤波器对有效值取平均值。LTC1966/1967/1968 在输出端连接一个电容，用来构成低通滤波器。用户可根据被测信号的频率范围来选择电容量并设定达到稳定状态的时间。

### 4. LTC1966/1967/1968 的应用电路

由 LTC1966/1967/1968 构成的真有效值测量电路如图 7.2.7 所示。图 7.2.7（a）为使用 2.5 V 双电源供电、单端输入、直流耦合式真有效值测量电路。该电路具有使能控制功能；图 7.2.7（b）为由 +5 V 单电源供电、差分输入、交流耦合式真有效

值测量电路。图 7.2.7(c) 为单电源供电、差分输入、真有效值电流测量电路，采用 CR MAGNETICS 公司（www.crmagnetics.com）生产的 CR8348 - 2500 - N 型电流互感器（$T_1$），最大可测量 75 A 以下的有效值电流，被测交流电流频率为 50～400 Hz，输出电压灵敏度为 4 mV(DC)/A(RMS)。

采用较大容量的平均电容 $C_{AVE}$，有利于滤除纹波电压，减小交流误差，但会延长电路的响应时间。解决方法是在输出端增加一个有源二阶滤波器，利用有源二阶滤波器将 LTC1966/1967/1968 的高阻抗输出特性改变为低阻抗输出特性。

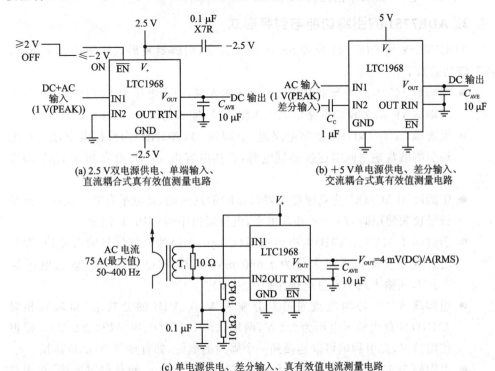

(a) 2.5 V双电源供电、单端输入、
直流耦合式真有效值测量电路

(b) +5 V单电源供电、差分输入、
交流耦合式真有效值测量电路

(c) 单电源供电、差分输入、真有效值电流测量电路

**图 7.2.7　LTC1966/1967/1968 构成的真有效值测量电路**

# 7.3　电能计量电路设计

## 7.3.1　基于 ADE7751 的单相电能计量检测电路

### 1. ADE7751 的主要技术性能与特点

ADE7751 是 ADI 公司生产的一种带故障检测功能的高精度单相电能计量检测电路，可对 50 Hz 或 60 Hz 单相交流电进行电能计量，精度超过 IEC 687/1036 标准要求，在 500 ∶ 1 的动态范围内测量误差小于±0.1％；能将被测电功率（平均有功功

率)转换成频率信号输出($F_1$ 和 $F_2$);能直接驱动步进电机或电能表中的电磁式计数器或者输入到微控制器;高频率的输出信号 $C_F$ 用来校准和表示瞬时有功功率;可连续监测相电流和中线电流,具有故障检测功能;具有增益可编程放大器(PGA),可满足不同电流测量量程的需要;模/数转换器(ADC)和数字信号处理(DSP)电路能在恶劣的电磁环境下稳定地工作,模拟地与数字地可相互隔离,抗干扰强;具有片上基准电压源(2.5 V±8%);电流通道和电压通道的输入端具有过压保护电路;采用单+5 V电源供电,典型功率消耗为 15 mW。

### 2. ADE7751 的引脚功能与封装形式

ADE7751 采用 DIP‐24 或者 SSOP‐24 封装,引脚封装形式如图 7.3.1 所示,各引脚功能如下:

- 引脚端 1($DV_{DD}$)为数字电路电源电压输入端,输入电压为+5(1±5%) V;引脚端3($AV_{DD}$)为模拟电路电源电压输入端,输入电压为+5(1±5%) V。
- 引脚端 21(DGND)为数字电路地,引脚端 11(AGND)为模拟电路地。在电源引脚端与地之间需连接去耦电容,去耦电容由 10 μF 电容和 0.1 μF 陶瓷电容并联组成。
- 引脚端 3(AC/$\overline{DC}$)为高通滤波器(HPF)的选通端,高电平有效。在作为能量计量仪表使用时,AC/$\overline{DC}$接高电平,电流通道中的 HPF 被使能。
- 引脚端 4、5(V1A、V1B)为电流通道(Channel 1)的模拟信号输入端(正端),输入差分模拟信号最大值为 ±660 mV,相对 AGND 的最大输入电压为±1 V,两输入端具有过电压保护(±6 V)。
- 引脚端 6(V1N)为电流通道差分输入 V1A、V1B 的公共端(负端),相对 AGND 的最大输入电压为±1 V,两输入端具有过电压保护(±6 V)。根据使用情况,此引脚端可以连接到一个固定的电位,如直接与 AGND 连接。
- 引脚端 7、8(V2P、V2N)为电压通道(Channel 2)的正、负信号输入端,输入差分模拟信号最大值为±660 mV,相对 AGND 的最大输入电压为±1 V,两输入端具有过电压保护(±6 V)。
- 引脚端 9($\overline{RESET}$)为复位端,低电平有效。$\overline{RESET}$为低电平时,保持 ADC 和数字电路为复位状态,清除 ADE7751 的内部寄存器内容。
- 引脚端 10($REF_{IN/OUT}$)为基准电压源的输入或输出端。该引脚端须连接一个 0.1 μF 和 100 nF 陶瓷电容到 AGND。片上基准电压为+2.5 V±8%,温度系数为30×10$^{-6}$/℃。该引脚端也可以连接外部基准电压。
- 引脚端 12(SCF)为校准频率选择端,可配合引脚端 S1、S0 来选择在引脚端 CF 输出的校准频率。
- 引脚端 13、14(S1、S0)为用来选择数字/频率转换器的 4 个频率之一。
- 引脚端 15、16(G0、G1)为增益选择端,用来选择 V1A 和 V1B 模拟输入放大

全国大学生电子设计竞赛电路设计（第 3 版）

器的 4 个增益之一，可选择的增益为 1、2、8、16。

- 引脚端 17、18(CLKIN、CLKOUT)分别为时钟输入端、时钟输出端。在引脚端 CLKIN 和 CLKOUT 之间，连接一个 3.579 545 MHz 石英晶体、一只 22 pF 陶瓷电容和一只 33 pF 陶瓷电容构成的电容三点式晶振电路，可以为 ADE7751 提供一个时钟源。外部时钟信号通过引脚端 CLKIN 输入。

- 引脚端 19(FAULT)为故障指示输出端。当在 V1A 和 V1B 的信号电平相差 ±12.5% 以上时，此引脚端输出高电平。故障排除后，该端自动复位到低电平"0"。

- 引脚端 20(REVP)为正、负检测功率指示端。当检测到负功率（即电压与电流之间的相位差大于 90°）时，该端变为高电平；检测到正功率时，又恢复成低电平。

- 引脚端 22(CF)为校准频率输出端，CF 给出瞬时有功功率信息。

- 引脚端 23、24($F_2$、$F_1$)分别为低频率信号输出端，$F_2$ 和 $F_1$ 输出提供平均有功功率的信息，可直接驱动机电计数器和两相步进电机。二者频率相同，均为 $F_1$，但相位不同，该频率值代表平均有功功率的信息。

### 3. ADE7751 的内部结构与工作原理

ADE7751 的内部结构可分成模拟电路和数字信号处理电路两大部分。模拟电路包括电流通道中的 2 个增益可编程放大器(PGA)、2 个模/数转换器 ADC，以及电压通道中的放大器、模/数转换器 ADC 和 2.5 V 基准电压源。数字信号处理电路包括故障检测器、相位校正电路、高通滤波器(HPF)、乘法器、低通滤波器(LPF)和数字/频率转换器。

#### (1) 电流取样电路

电流取样电路如图 7.3.1 所示。图中，IP 表示相线(phase wire)电流；IN 为中线或称零线(neutral wire)电流；$CT_1$ 和 $CT_2$ 为电流互感器。由于在相线与中线之间存在着高电压，因此，$CT_1$ 与 $CT_2$ 互相绝缘，以 AGND 为参考电位；调整 $CT_1$ 和 $CT_2$ 的匝数比和负载电阻 $R_B$，使输入差分模拟信号最大值为 ±660 mV。$R_F$ 与 $C_F$ 构成电

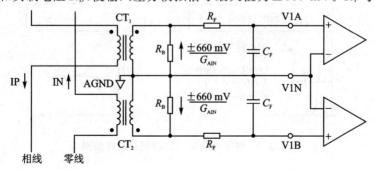

图 7.3.1　电流取样电路

网噪声滤波器。

**（2）电压取样电路**

电压取样电路如图 7.3.2 所示。图 7.3.2(a) 利用电压互感器 CT 与电网隔离，输入差分模拟信号最大值为 ±660 mV；图 7.3.2(b) 利用 $R_A$、$R_B$ 和 $R_V$ 构成的电阻分压器来提供一个与线电压成正比的电压信号，输入差分模拟信号最大值为 ±660 mV，要求 $R_A \gg R_F$，$R_B + R_V = R_F$。

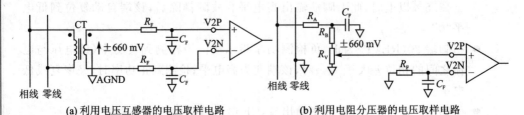

(a) 利用电压互感器的电压取样电路　　　　(b) 利用电阻分压器的电压取样电路

**图 7.3.2　电压取样电路**

**（3）信号处理电路**

信号处理电路方框图及工作波形如图 7.3.3 所示。$ADC_1$ 和 $ADC_2$ 均采用二阶 $\sum-\Delta$ 式 16 位模/数转换器，过采样频率为 900 kHz。图中，瞬时功率 $P(t)$ 等于电流信号 $I(t)$ 与电压信号 $U(t)$ 的乘积，即 $P(t) = I(t) \cdot U(t) = I\cos\omega t \cdot U\cos\omega t = IU(\cos\omega t)^2 = \dfrac{IU}{2}[1 + \cos(2\omega t)]$，其直流分量就代表有功功率 $P$，因此，只需对 $P(t)$ 信号进行低通滤波，即可得到有功功率 $P$，即 $P = (IU)/2$。

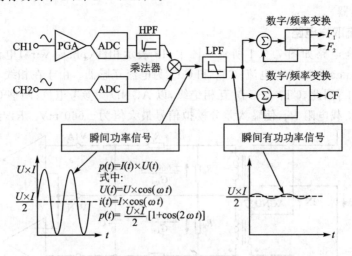

**图 7.3.3　信号处理电路方框图及工作波形**

有功功率 $P$ 通过数字/频率转换器转换成频率信号，通过引脚端 F1 和 F2 输出，输出频率为：

$$F_{req} = (5.74 \times V_1 \times V_2 \times G_{AIN} \times F_{1\sim4})/V_{REF}^2$$

式中，$F_{req}$ 为在引脚端 $F_1$ 和 $F_2$ 的输出频率(二者输出频率相同)(单位 Hz)，$V_1$ 为在通道 1 的差分电压信号(rms)，$V_2$ 为在通道 1 的差分电压信号(rms)，$G_{AIN}$ 为 PGA 放大器可选择的增益(通过引脚端 G0 和 G1 选择增益为 1、2、8 或者 16)，$V_{REF}$ 为基准电压$[2.5(1\pm8\%)$ V]，$F_{1\sim4}$ 为利用 S0 和 S1 选择的 4 个频率值(1.7 Hz、3.4 Hz、6.8 Hz、13.6 Hz)之一。引脚端 SCF 为校准频率选择端，配合引脚端 S1、S0 来选择在引脚端 CF 输出的校准频率。引脚端 CF 输出的校准频率如表 7.3.1 所列。

表 7.3.1　引脚端 SCF、S1、S0 状态与在引脚端 CF 输出的校准频率的关系

| SCF | S1 | S0 | $F_{1\sim4}$/Hz | 引脚端 CF 输出的校准频率/Hz |
|-----|----|----|-----------------|----------------------------|
| 1 | 0 | 0 | 1.7 | $128 \times F_1, F_2 = 43.52$ Hz |
| 0 | 0 | 0 | 1.7 | $64 \times F_1, F_2 = 21.76$ Hz |
| 1 | 0 | 1 | 3.4 | $64 \times F_1, F_2 = 43.52$ Hz |
| 0 | 0 | 1 | 3.4 | $32 \times F_1, F_2 = 21.76$ Hz |
| 1 | 1 | 0 | 6.8 | $32 \times F_1, F_2 = 43.52$ Hz |
| 0 | 1 | 0 | 6.8 | $16 \times F_1, F_2 = 21.76$ Hz |
| 1 | 1 | 1 | 13.6 | $16 \times F_1, F_2 = 43.52$ Hz |
| 0 | 1 | 1 | 13.6 | $8 \times F_1, F_2 = 21.76$ Hz |

### (4) 故障检测电路

ADE7751 通过连续比较相电流与中线电流的大小来判断是否发生故障。一旦 $I_P$ 与 $I_N$ 相差 $\pm12.5\%$ 以上，则 FAULT 端大约经过 1 s 后即输出高电平，驱动发光二极管或讯响器进行光、声报警。

## 4. ADE7751 的应用电路

ADE7751 的典型应用电路如图 7.3.4 所示，电路中所使用的元器件参数如表 7.3.2 所列。

表 7.3.2　ADE7751 的典型应用电路元器件参数

| 符　号 | 参　数 | 说　明 |
|--------|--------|--------|
| $R_1, R_2, R_3, R_4, R_5, R_{23}$ | 1 k$\Omega$，$\pm5\%$，1/4 W | |
| $R_6, R_{22}$ | 100 $\Omega$，$\pm5\%$，1/4 W | |
| $R_7, R_8, R_9, R_{10}, R_{58}$ | 10 k$\Omega$，$\pm5\%$，1/4 W | |
| $R_{11}$ | 51 $\Omega$，$\pm1\%$，1/4 W | |
| $R_{14}, R_{18}, R_{19}, R_{20}$ | 820 $\Omega$，$\pm5\%$，1/4 W | |
| $R_{16}, R_{17}$ | 205 $\Omega$，$\pm5\%$，1/4 W | |

| 符　号 | 参　数 | 说　明 |
|---|---|---|
| $R_{31}$ | 500 Ω，±10%，1/2 W | 微调电位器，25 圈，BOURNS，FARNELL Part No. 348～247 |
| $R_{50}$，$R_{51}$，$R_{52}$，$R_{57}$ | 1 kΩ，±0.1%，1/4 W | $15\times10^{-6}/℃$，FARNELL Part No. 339～179 |
| $R_{53}$ | 1 MΩ，±10%，0.6 W | $50\times10^{-6}/℃$，FARNELL Part No. 336～660 |
| $R_{54}$ | 100 kΩ，±10%，1/4 W | $15\times10^{-6}/℃$，FARNELL Part No. 341～094 |
| $R_{55}$，$R_{56}$ | 499 Ω，±0.1%，1/4 W | $15\times10^{-6}/℃$，FARNELL Part No. 338～886 |
| $C_5$，$C_7$，$C_{24}$，$C_{28}$，$C_{30}$ | 10 $\mu$F，10 V(DC) | |
| $C_{14}$，$C_{15}$ | 22 pF，Ceramic | |
| $C_6$，$C_8$，$C_{27}$，$C_{29}$，$C_{23}$，$C_{20}$，$C_{21}$，$C_{55}$ | 100 nF，50 V | |
| $C_9$，$C_{10}$，$C_{11}$，$C_{12}$，$C_{13}$ | 10 nF | |
| $C_{50}$，$C_{51}$，$C_{51}$，$C_{53}$，$C_{54}$ | 33 nF ±10%，50 V | |
| $U_1$ | ADE7751 或 ADE7755 | |
| $U_2$ | 74HC08 | |
| $U_3$ | AD780 | 2.5 V 基准电压源，ADI 公司产品 |
| $U_4$ | H11L1 | 光隔离器，FARNELL Part No. 326～896 |
| $D_1$，$D_2$，$D_3$ | LED | 红色 LED，FARNELL Part No. 637～087 |
| Y1 | 3.579 545 MHz | IQD A119C，$50\times10^{-6}/℃$，FARNELL Part No. 170～229 |
| SK1，SK3，SK6 | 螺旋端口 | 15 A，2.5 mm 电缆螺旋插座，FARNELL Part No. 151～785 |
| SK2，SK4，SK5 | 螺旋端口 | 15 A，2.5 mm 电缆螺旋插座，FARNELL Part No. 151～786 |
| BNC | BNC 连接器 | 直正方形，直径 1.3 mm 孔，10.2 mm × 10.2 mm，FARNELL Part No. 149～453 |

## 7.3.2　基于 ADE7752 的三相电能计量检测电路

### 1. ADE7752 的主要技术性能与特性

ADE7752 是 ADI 公司生产的一种高精度三相电能计量检测电路，可对 50 Hz 或 60 Hz 三相交流电进行电能计量，支持三相三线制或三相四线制，精度超过 IEC 687/1036 标准要求，在 500∶1 的动态范围内测量误差小于±0.1%；能精确测量瞬时有功功率和平均有功功率，能将被测电功率（平均有功功率）转换成频率信号输出

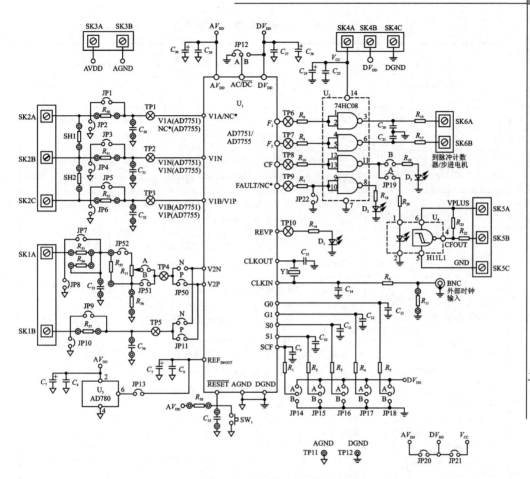

**图 7.3.4　ADE7751 的典型应用电路**

($F_1$ 和 $F_2$),能直接驱动步进电机或电能表中的电磁式计数器或者输入到微控制器;高频率的输出信号 CF 用来校准和表示瞬时有功功率;可连续监测相电流和中线电流,具有故障检测功能;具有增益可编程放大器(PGA),可满足不同电流测量量程的需要;模/数转换器(ADC)和数字信号处理(DSP)电路能在恶劣的电磁环境下稳定地工作,模拟地与数字地可相互隔离,抗干扰性强;具有片上基准电压源[2.4(1±8%) V];电流通道和电压通道的输入端具有过电压保护电路;采用单+5 V 电源供电,典型功率消耗:ADE7752 为 60 mW,ADE7752A 为 30 mW。

## 2. ADE7752 的引脚功能与封装形式

ADE7752 采用 SOIC‐24 封装形式,各引脚功能如表 7.3.3 所列。

**表 7.3.3　ADE7752 的引脚功能**

| 引　脚 | 符　号 | 功　能 |
|---|---|---|
| 1 | CF | 校准频率输出端,CF 输出提供瞬时有功功率信息 |
| 2 | DGND | 数字电路地 |
| 3 | $V_{DD}$ | 电源电压输入端。输入电压为+5(1±5%) V。在电源引脚端与地之间需连接去耦电容,去耦电容由 10 μF 电容和 100 nF 陶瓷电容并联组成 |
| 4 | REVP | 正、负检测功率指示端。当检测到负功率(即电压与电流之间的相位差大于90°)时,该端变为高电平;当检测到正功率时,该端又恢复成低电平 |
| 5, 6 | IAP, IAN | 电流通道 A 的模拟信号输入端(正端和负端),输入差分模拟信号最大值为±500 mV。两输入端具有过电压保护(±6 V) |
| 7, 8 | IBP, IBN | 电流通道 B 的模拟信号输入端(正端和负端),输入差分模拟信号最大值为±500 mV。两输入端具有过电压保护(±6 V) |
| 9, 10 | ICP, ICN | 电流通道 C 的模拟信号输入端(正端和负端),输入差分模拟信号最大值为±500 mV。两输入端具有过电压保护(±6 V) |
| 11 | AGND | 模拟电路地 |
| 12 | $REF_{IN/OUT}$ | 基准电压源的输入或输出端。该引脚端需连接一个 0.1 μF 和 100 nF 陶瓷电容到 AGND。片上基准电压为 + 2.4(1±8%) V,温度系数为 $20 \times 10^{-6}/℃$。该引脚端也可以连接外部基准电压 |
| 13~16 | VN, VCP, VBP, VAP | 电压通道的正、负信号输入端。输入差分模拟信号最大值为±500 mV。两输入端具有过电压保护(±6 V) |
| 17 | $\overline{ABS}$ | 用来选择三相电能求和的方法:$\overline{ABS}$为高电平时,选择算术求和;$\overline{ABS}$为低电平时,选择绝对值求和 |
| 18 | SCF | 校准频率选择端。该引脚配合引脚端 S1、S0 来选择在引脚端 CF 输出的校准频率 |
| 19 | CLKIN | 引脚端 CLKIN、CLKOUT 分别为时钟输入端、时钟输出端。在引脚端CLKIN 和CLKOUT之间,连接一个 10 MHz 石英晶体、一只 22 pF 陶瓷电容和一只 33 pF 陶瓷电容构成电容三点式晶振电路,可以为 ADE7752 提供一个时钟源。外部时钟信号通过引脚端 CLKIN 输入 |
| 20 | CLKOUT | |
| 21, 22 | S0, S1 | 用来选择数字/频率转换器的 4 个频率之一 |
| 24, 23 | $F_1$, $F_2$ | 低频率信号输出端。$F_2$ 和 $F_1$ 输出提供平均有功功率的信息,可直接驱动机电计数器和两相步进电机。二者频率相同,均为 $f_1$,但相位不同。该频率值代表平均有功功率的信息 |

### 3. ADE7752 的内部结构与工作原理

ADE7752 的芯片内部包含 6 个输入放大器（A）、6 个 ADC、3 个高通滤波器（HPF）、3 个相位校正器、3 个乘法器、3 个低通滤波器（LPF）、3 个取绝对值电路（|x|）、1 个加法器（Σ），以及数字/频率转换器、2.4 V 基准电压源和电压监控等。

**（1）信号处理电路**

信号处理电路方框图及工作波形如图 7.3.5 所示。ADC 均采用二阶 Σ-Δ 式 16 位模/数转换器，过采样频率为 836 kHz。图中：瞬时功率 $P(t)$ 等于电流信号 $I(t)$ 与电压信号 $U(t)$ 的乘积，即 $P(t)=I(t) \cdot U(t)=I\cos\omega t \cdot U\cos\omega t=IU(\cos\omega t)^2=\dfrac{IU}{2}[1+\cos(2\omega t)]$，其直流分量就代表有功功率 $P$，因此，只需对 $P(t)$ 信号进行低通滤波即可得到有功功率 $P$，即 $P=IU/2$，全部有功功率为 $(U_A \times I_A + U_B \times I_B + U_C \times I_C)/2$。

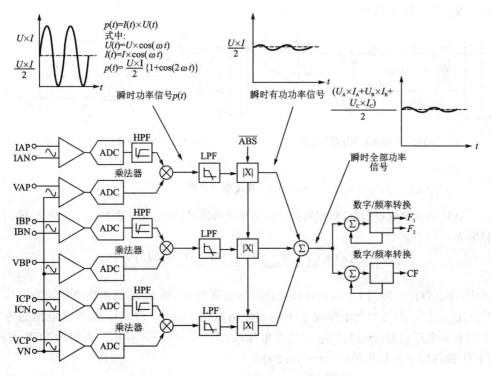

387

**图 7.3.5 ADE7752 的信号处理电路方框图**

**（2）电流取样电路**

电流取样电路的典型电路如图 7.3.6 所示。CT 为电流互感器，当负载为最大时，通过选择 CT 的变流比和负载电阻 $R_B$ 可获得 $\pm 500$ mV 的差分电压，经过 $R_F$ 和 $C_F$ 滤波后送至输入放大器 A。

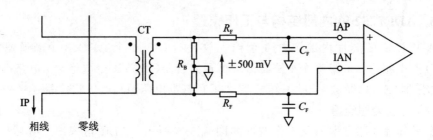

**图 7.3.6　电流取样电路**

### (3) 电压取样电路

电压取样电路如图 7.3.7 所示：图 7.3.7(a)利用电压互感器 CT 与电网隔离，输入差分模拟信号最大值为 $\pm500$ mV；图 7.3.7(b)利用 $R_A$、$R_B$ 和 $R_V$ 构成的电阻分压器来提供一个与线电压成正比的电压信号，输入差分模拟信号最大值为 $\pm500$ mV，要求 $R_A \gg R_F + R_V$，$R_B + V_R = R_F$。

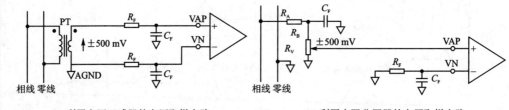

(a) 利用电压互感器的电压取样电路　　　　　(b) 利用电阻分压器的电压取样电路

**图 7.3.7　电压取样电路**

有功功率 $P$ 通过数字/频率转换器转换成频率信号，通过引脚端 $F_1$ 和 $F_2$ 输出，输出频率为：

$$F_{\text{req}} = \frac{6.181 \times (V_{AN} \times I_A + V_{BN} \times I_B + V_{CN} \times I_C) \times F_{1\sim7}}{V_{\text{REF}}^2}$$

式中：$F_{\text{req}}$ 为在引脚端 $F_1$ 和 $F_2$ 的输出频率(引脚端 $F_1$ 和 $F_2$ 的输出频率相同)(单位 Hz)，$U_{AN}$、$U_{BN}$、$U_{CN}$ 为在电压通道上的差分电压信号(rms)，$I_A$、$I_B$、$I_C$ 为在电流通道上的差分电压信号(rms)，$V_{\text{REF}}$ 为基准电压[2.4(1 $\pm$ 8%) V]，$F_{1\sim7}$ 为利用 SCF、S0 和 S1 选择的 8 个频率值(0.60~76.29)之一。

### 4. ADE7752 的应用电路

#### (1) 测量三相电能的接线方法

测量三相电能的接线方法分为三相三线制和三相四线制，连接电路形式如图 7.3.8所示。

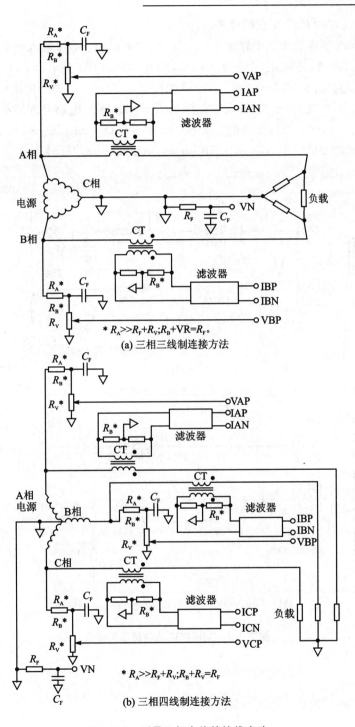

(a) 三相三线制连接方法

(b) 三相四线制连接方法

图 7.3.8 测量三相电能的接线方法

**(2) ADE7752 的典型应用电路**

ADE7752 的典型应用电路如 7.3.9 所示,主要包括：电流输入通道和滤波器网络,电压输入通道、滤波器网络和衰减器,ADE7752,LED 显示,CF、$F_1$、$F_2$ 输出电路。电流互感器连接到 ADE7752 的电路如图 7.3.9(a)所示;电压输入滤波器和衰减器连接到 ADE7752(A 相)的电路如图 7.3.9(b)所示。电路原理图和印制板图请参考 Analog Devices 公司提供的"Evaluation Board Documentation ADE7752 Energy metering IC EVAL－ADE7752EB(www.analog.com)"资料。

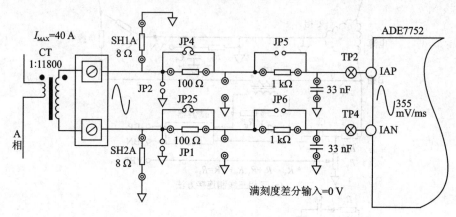

(a) 电流互感器连接到ADE7752

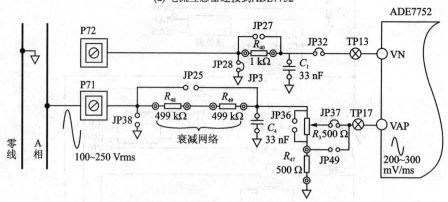

(b) 电压输入滤波器和衰减器连接到ADE7752(A相)

图 7.3.9　ADE7752 的典型应用电路

## 7.4　射频功率测量电路设计

### 7.4.1　基于 AD8362 的 50 Hz～2.7 GHz 射频功率测量电路

#### 1. AD8362 的主要技术性能与特点

AD8362 是 ADI 公司生产的单片高精度射频真有效值功率检测电路,是 AD8361 的改进型电路。该芯片采用真有效值功率测量的专利技术(TruPwr™),具有独特的双平方器闭环比较转换电路,可提供以 dB(分贝)为单位的线性输出电压;具有功率测量模式、控制模式和不使能模式三种工作模式。

AD8362 的工作频率范围为 50 Hz～2.7 GHz;测量功率范围:动态范围大于 60 dBm,在 50 Ω 阻抗匹配电路中为−52～+8 dBm(其实际测量功率的动态范围可达 80 dBm,−3 dB 带宽为 3.5 GHz);输出电压灵敏度为 50 mV/dB;测量误差为±0.5 dB;射频输入接口的输入阻抗差分输入为 200 Ω,单端输入为 100 Ω;芯片内部有 1.25 V 基准电压源,温度系数为 0.08 mV/℃;采用单电源工作,电压范围为 4.5～5.5 V;静态电流为 22 mA,在不使能模式下为 0.2 mA;工作温度范围是−40～+85 ℃。

#### 2. AD8362 的引脚功能与封装形式

AD8362 采用 TSSOP-16 封装,其引脚端功能如表 7.4.1 所列。

表 7.4.1　AD8362 引脚端功能

| 引　脚 | 符　号 | 功　能 |
|---|---|---|
| 1,8 | COMM | 地 |
| 2 | CHPF | 高通滤波器的输入端。连接一个电容到地,电容的大小决定高通滤波器的−3 dB 截止频率 |
| 3,6 | DECL | INHI 和 INLO 去耦电容连接端。连接一个大电容到地 |
| 4,5 | INHI,INLO | 差分信号输入端。输入阻抗为 200 Ω;也可作为单端输入,输入阻抗为 100 Ω |
| 7 | PWDN | 使能控制端。高电平有效(芯片使能);加一个低电平在这个引脚端,芯片不使能 |
| 9 | CLPF | 连接环路滤波器的滤波电容到地 |
| 10,16 | ACOM | 输出放大器的模拟地 |
| 11 | $V_{SET}$ | 设置点输入端。对于测量模式,直接连接到 $V_{OUT}$;对于控制器模式,加设置点输入到这个引脚端 |

全国大学生电子设计竞赛电路设计(第3版)

392

| 引　脚 | 符　号 | 功　能 |
|---|---|---|
| 12 | $V_{\mathrm{OUT}}$ | RMS 输出端。对于测量模式,$V_{\mathrm{OUT}}$ 直接连接到 $V_{\mathrm{SET}}$ |
| 13 | $V_{\mathrm{POS}}$ | +5 V 电源电压输入 |
| 14 | $V_{\mathrm{TGT}}$ | 对数截取电压与加在这个引脚端的电压成比例 |
| 15 | $V_{\mathrm{REF}}$ | 1.25 V 基准电压输出。通常连接到 $V_{\mathrm{TGT}}$ |

### 3. AD8362 的内部结构与工作原理

AD8362 的芯片内部包含电阻衰减器、宽带放大器、平方器、求和器(Σ)、输出放大缓冲器、1.25 V 基准电压源及偏置电路等。

AD8362 的基本结构示意图如图 7.4.1 所示。图中,可变增益放大器 VGA 的增益为:

$$G_{\mathrm{SET}} = G_{\mathrm{O}} \exp(-V_{\mathrm{SET}}/V_{\mathrm{GNS}}) \tag{7.4.1}$$

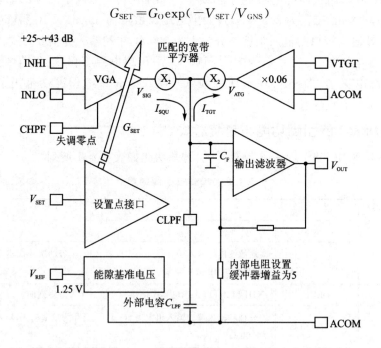

图 7.4.1　AD8362 的基本结构示意图

式(7.4.1)中,$G_{\mathrm{O}}$ 是固定增益,$V_{\mathrm{GNS}}$ 是缩放比例,决定增益的斜率(dB/V)。注意:使用 $V_{\mathrm{SET}}$ 可减少增益。

VGA 的输出为:

$$V_{\mathrm{SIG}} = G_{\mathrm{SET}} V_{\mathrm{IN}} = G_{\mathrm{O}} V_{\mathrm{IN}} \exp(V_{\mathrm{SET}}/V_{\mathrm{GNS}}) \tag{7.4.2}$$

式(7.4.2)中,$V_{\mathrm{IN}}$ 是加在 AD8362 输入端的交流电压。平均电流 $I_{\mathrm{SQU}} = I_{\mathrm{TGT}}$,平均电压 $V_{\mathrm{SIG}}^2 = V_{\mathrm{ATG}}^2$,真有效值输出为 $[G_{\mathrm{O}} V_{\mathrm{IN}} \exp(-V_{\mathrm{SET}}/V_{\mathrm{GNS}})] = V_{\mathrm{ATG}}$。

### 4. AD8362 的应用电路

AD8362 推荐的输入耦合电路形式为差分输入形式，通过 1 ∶ 4 的阻抗变换器，将 50 Ω 的信号源匹配到 AD8362 输入阻抗（差分输入阻抗为 200 Ω）；也可以采用单端输入形式。

由 AD8362 构成的射频功率控制电路如图 7.4.2 所示，引脚端 $V_{OUT}$ 输出用来控制射频功率放大器。

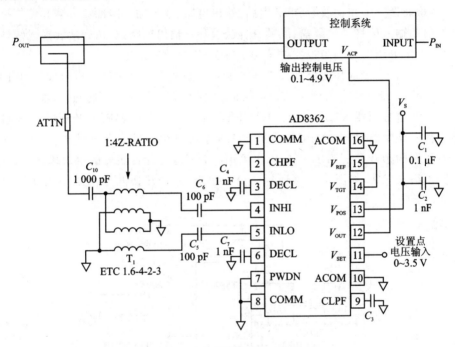

**图 7.4.2　射频功率控制电路**

## 7.4.2　基于 LT5504 的 0.8～2.7 GHz 射频功率测量电路

### 1. LT5504 的主要技术性能与特点

LT5504 是 Linear Technology 公司生产的单片射频功率测量电路，射频输入信号频率范围为 0.8～2.7 GHz，动态范围为 80 dB（−75～＋5 dB）；电源电压范围是 2.7～5.25 V。当电源电压为＋3 V 时，LT5504 的工作电流为 14.7 mA。在低功耗模式时，电流降至 0.2 μA，适合测量射频及中频功率，可应用于接收信号强度指示（RSSI）测量、接收机自动增益控制（AGC）、发射机功率控制、幅移键控（ASK）及包络解调等领域。

### 2. LT5504 的引脚功能与封装形式

LT5504 采用 MSOP–8 封装，引脚端功能如下：引脚端 1、8（$V_{CC}$）为电源电压输入端；引脚端 2、3（RF＋、RF－）分别为射频输入信号的正、负端；引脚端 4（GND）为地，在 $V_{CC}$ 和 GND 之间应并联一只 1 000 pF 的去耦电容；引脚端 5（EN）为使能控制端，当 EN 端的电压超过 $0.6V_{CC}$ 时电路使能，低于 $0.6V_{CC}$ 时电路不使能；引脚端 6（LO）为本机振荡器信号输入端；引脚端 7（$V_{OUT}$）为输出端。

### 3. LT5504 的内部结构与应用电路

LT5504 的芯片内部包含射频限幅器、混频器、低通滤波器（LPF）、多级中频限幅器、射频检波器及中频检波器、求和电路、输出电路、本振输入缓冲放大器和使能控制电路。射频输入信号经过限幅、混频、检波、求和及输出电路，被精确地转换成线性直流电压，输出电压（$V_{OUT}$）与被测射频功率（$P_{IN}$）的对数成正比。

LT5504 的典型应用电路如图 7.4.3 所示。射频信号经过耦合电容（$C_1$）和 1∶1 射频输入变压器 $T_1$，输入到 LT5504 的射频输入端。本振信号通过 $C_7$ 输入到 LO 端。$V_{OUT}$ 经过分压器 $R_2$、$R_4$ 输出。JUMPER 为跳线：当 JUMPER 连通时，EN 端接高电平使电路使能；当 JUMPER 断开时，EN 端接低电平使电路不使能。1∶1 射频输入变压器的型号为 617DB‑1022，也可用由 3 只分立元件组成的窄带单端/差分转换匹配网络来代替，如图 7.4.4 所示。窄带单端/差分转换匹配网络中的元件值如表 7.4.2 所列。

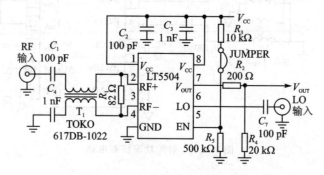

**图 7.4.3　LT5504 的典型应用电路**

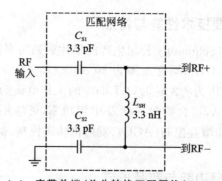

**图 7.4.4　窄带单端/差分转换匹配网络（1 900 MHz）**

表 7.4.2　窄带单端/差分转换匹配网络中的元件值

| $f_{IF}/MHz$ | $L_{SH}/nH$ | $C_{S1}/C_{S2}/pF$ | $f_{IF}/MHz$ | $L_{SH}/nH$ | $C_{S1}/C_{S2}/pF$ |
|---|---|---|---|---|---|
| 900 | 12.0 | 3.9 | 2 500 | 2.7 | 2.2 |
| 1 900 | 3.3 | 3.3 | 2 700 | 2.4 | 1.5 |

## 7.4.3　基于 LTC5507 的 100 kHz～1 GHz 射频功率测量电路

### 1. LTC5507 的主要技术性能与特点

LT5507 是 Linear Technology 公司生产的单片射频功率测量电路，射频输入信号频率范围为 100 kHz～1 GHz，功率输入范围为 $-34\sim+14$ dB，电源电压范围是 $2.7\sim6$ V，工作电流为 550 $\mu$A。在低功耗模式时，电流小于 2 $\mu$A，适合测量射频功率，可应用于无线收发器、射频功率检测/报警器及包络检测器等领域。

### 2. LTC5507 的引脚功能与封装形式

LTC5507 采用 SOT‑6 封装，各引脚端功能如下：引脚端 1（$\overline{SHDN}$）为低功耗模式控制端，内部接一只 150 k$\Omega$ 的下拉电阻，该引脚悬空或接低电平时，芯片处于低功耗模式，接高电平时，进入正常工作模式；引脚端 2（GND）为地；引脚端 3（$V_{OUT}$）为检测电压输出端；引脚端 4（$V_{CC}$）为电源电压输入端；引脚端 5（PCAP）为峰值检测器的保持电容连接端，电容量与射频信号频率有关，电容连接在引脚端 PCAP 与 $V_{CC}$ 之间；引脚端 6（$RF_{IN}$）为射频输入端。在 $V_{CC}$ 与 GND 之间应并联一只 0.1 $\mu$F 电容和一只 100 pF 陶瓷电容。

### 3. LTC5507 的内部结构与应用电路

LTC5507 的芯片内部包含肖特基二极管、射频检波器、增益压缩电路、缓冲放大器和偏置电路。肖特基二极管和外部电容构成的峰值检波器，用来检测射频输入电压，$C_1=C_2$，$C_2(\mu F)\geqslant 1/30f$，$f$ 为最低射频输入频率。射频检波器和电平转换放大器将射频信号转换成直流信号。缓冲放大器的增益为 2，输出电流最大为 2 mA，输出电压范围为 $+0.25$ V～$(V_{CC}-0.1$ V$)$。增益压缩电路用来改变反馈系数，增加射频峰值检波器输入电压的范围。

LTC5507 的典型应用电路如图 7.4.5 所示。图中，$C_1$ 为射频输入耦合电容，$R_4$ 为宽带阻抗匹配和输入功率限制电阻，$C_2$ 为峰值保持电容，$R_2$ 和 $C_5$ 为输出低通滤波器，$R_3$ 为上拉电阻。当 JP$_1$ 端悬空断开时，LTC5507 处于正常工作模式；当 JP$_1$ 端接地时，进入低功耗模式。$C_3$ 和 $C_4$ 为电源去耦电容。

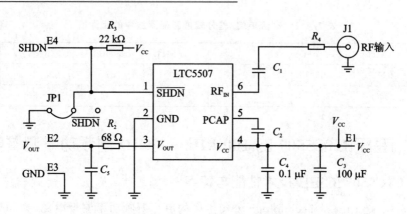

**图 7.4.5　LTC5507 的典型应用电路**

# 7.5　相位差测量电路设计

本节介绍基于 AD8302 的相位差测量电路。

## 1. AD8302 的主要技术性能与特点

AD8302 是 ADI 公司生产的单片宽频带相位差测量电路。其可用来测量从低频到 2.7 GHz 频率范围内两个输入信号之间的增益和相位差,输入功率电平的范围是 $-60\sim0$ dBm;增益测量范围为 $\pm30$ dB,刻度为 30 mV/dB,误差小于 $\pm0.5$ dB;相位差测量范围为 $\pm90°$,刻度为 10 mV/(°)(度);具有测量、控制器、电平比较器 3 种工作模式;具有 1.8 V 基准电压源,输出基准电流可达 5 mA;工作电源电压范围为 $2.7\sim5.5$ V,典型值为 5 V,电源电流消耗为 $19\sim27$ mA;工作温度范围为 $-40\sim +85$ ℃。

## 2. AD8302 的引脚功能与封装形式

AD8302 采用 TSSOP – 14 封装,其引脚功能如表 7.5.1 所列。

**表 7.5.1　AD8302 的引脚功能**

| 引　脚 | 符　号 | 功　能 |
|---|---|---|
| 1,7 | COMM | 地 |
| 2 | INPA | 高阻抗输入通道 A 端。必须采用交流耦合形式 |
| 3 | OFSA | 连接一个电容到地,设置偏移补偿滤波器角频率和提供输入去耦 |
| 4 | $V_{POS}$ | 电源电压正端 |
| 5 | OFSB | 连接一个电容到地,设置偏移补偿滤波器角频率和提供输入去耦 |
| 6 | INPB | 高阻抗输入通道 B 端。必须采用交流耦合形式 |
| 8 | PFLT | 相位输出电路的外接低通滤波器引脚端,外接滤波器电容 |

| 引　脚 | 符　号 | 功　能 |
|---|---|---|
| 9 | $V_{PHS}$ | 单端输出。输出电压与加在引脚端 INPA 和 INPB 的信号的相位差成比例 |
| 10 | PSET | 反馈端。在测量模式下,调节 VPHS 输出电压的刻度;在控制器模式下,接收设置点电压 |
| 11 | $V_{REF}$ | 1.8 V 基准电压输出 |
| 12 | MSET | 反馈端。在测量模式下,调节 VMAG 输出电压的刻度;在控制器模式下,接收设置点电压 |
| 13 | $V_{MAG}$ | 单端输出。输出电压与加在引脚端 INPA 和 INPB 的信号的分贝率成比例 |
| 14 | MFLT | 增益输出电路的外接低通滤波器引脚端。外接滤波器电容 |

### 3. AD8302 的内部结构与工作原理

AD8302 的芯片内部包含有 2 个 60 dB 对数放大器、相位检波器、3 个加法器($\Sigma$)、偏置电路、基准电压及一组输出放大器等。

AD8302 能精确测量两个信号之间的增益和相位差,对数放大器能将一个输入电压信号转换成一个分贝刻度输出,对数放大器的输出电压为:

$$V_{OUT} = V_{SLP} \lg(V_{IN}/V_Z) \tag{7.5.1}$$

式(7.5.1)中,$V_{SLP}$ 为增益斜坡电压,$V_{IN}$ 为输入电压,$V_Z$ 为截距电压。

增益测量时,用 $V_{INA}$ 和 $V_{INB}$ 来代替 $V_{IN}$ 和 $V_Z$,AD8302 的输出为:

$$V_{MAG} = V_{SLP} \lg(V_{INA}/V_{INB}) \tag{7.5.2}$$

式(7.5.2)中,$V_{INA}$ 和 $V_{INB}$ 为两路输入电压,$V_{MAG}$ 为增益输出电压,与信号电平的差值成比例。

相位差测量输出电压的表达式为:

$$V_{PHS} = V_\Phi[\Phi(V_{INA}) - \Phi(V_{INB})] \tag{7.5.3}$$

式(7.5.3)中,$V_\Phi$ 代表相位差斜坡电压,单位为 mV/(°);$\Phi$ 为每个信号的相位,单位为°(度)。

相位检波器的相位差范围可以是 0°～＋180°(以 90°为中心),也可以是 0～－180°(以－90°为中心)。根据 AD8302 的相位差响应特性曲线在 0～＋180°和在 0～－180°时的斜率不同,即可判定两个被测信号的相位差为正还是为负。

### 4. AD8302 的应用电路

#### (1) 测量模式

AD8302 的测量模式的基本电路如图 7.5.1 所示,电路增益刻度为 $K_G = 30$ mV/dB,相位差刻度为 $K_\Phi = 10$ mV/(°)。

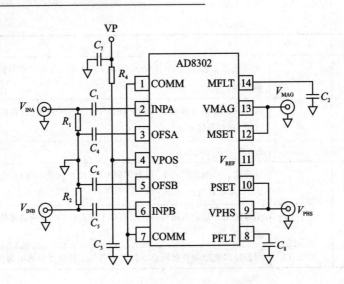

**图 7.5.1　测量模式的基本电路**

电路增益和相位差的传递函数为

$$V_{\mathrm{MAG}} = R_{\mathrm{F}} I_{\mathrm{SLP}} \lg(V_{\mathrm{INA}}/V_{\mathrm{INB}}) + V_{\mathrm{CP}} \tag{7.5.4}$$

或者

$$V_{\mathrm{MAG}} = (R_{\mathrm{F}} I_{\mathrm{SLP}}/20)(P_{\mathrm{INA}} - P_{\mathrm{INB}}) + V_{\mathrm{CP}} \tag{7.5.5}$$

$$V_{\mathrm{PHS}} = -R_{\mathrm{F}} I_{\Phi}(|\Phi(V_{\mathrm{INA}}) - \Phi(V_{\mathrm{INB}})| - 90°) + V_{\mathrm{CP}} \tag{7.5.6}$$

在式(7.5.4)中,$R_{\mathrm{F}} I_{\mathrm{SLP}}$表示斜坡电压。式(7.5.6)中,$P_{\mathrm{INA}}$和$P_{\mathrm{INB}}$是以 dBm 为单位的输入功率电平。

电路增益和相位差的传递函数关系为:当增益为 0 dB 时,以 900 mV 为中点,在 $-30 \sim +30$ dB 的增益范围可以覆盖从0$\sim$1.8 V 的满刻度电压。增益子系统的动态范围为 60 dB($-30 \sim +30$ dB)。对于相位函数,由 $R_{\mathrm{F}} I_{\Phi}$ 所表示的斜坡电压为 10 mV/(°),基准相位差可设置为以90°(900 mV)为中心点,0$\sim$180°的相位范围可以覆盖 1.8$\sim$0 V 的满刻度电压。

**(2) 比较器和控制器模式**

AD8302 比较器模式的基本电路如图 7.5.2 所示。$R_1$ 和 $R_2$ 为输入端电阻,$C_1$ 和 $C_5$ 为耦合电容,$C_4$ 和 $C_6$ 为滤波电容,$C_2$、$C_3$、$C_7$、$C_8$ 为电源去耦电容。引脚端 $V_{\mathrm{MAG}}$ 和 $V_{\mathrm{PHS}}$ 不与引脚端 MSET 和 PSET 相连。增益比较器和相位差比较器的翻转阈值电压分别为:

$$V_{\mathrm{MSET}}(\mathrm{V}) = 30 \text{ mV/dB} \times \mathrm{GAIN}^{\mathrm{SP}}(\mathrm{dB}) + 900 \text{ mV} \tag{7.5.7}$$

$$V_{\mathrm{PSET}}(\mathrm{V}) = -10 \text{ mV/(°)} \times (|\mathrm{Phase}^{\mathrm{SP}}(°)| - 90°) + 900 \text{ mV} \tag{7.5.8}$$

式(7.5.7)和式(7.5.8)中,$\mathrm{GAIN}^{\mathrm{SP}}(\mathrm{dB})$ 和 $\mathrm{GAIN}^{\mathrm{SP}}(°)$ 分别为所希望增益和相位的阈值。

AD8302 比较器模式输出为:当 GAIN>GAIN$^{\mathrm{SP}}$ 时,$V_{\mathrm{MAG}} = 1.8$ V;当 GAIN<

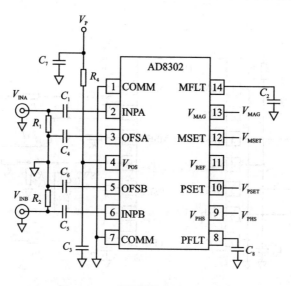

**图 7.5.2　比较器模式的基本电路**

GAIN$^{SP}$ 时，$V_{MAG}=0$ V；当 Phase＞Phase$^{SP}$ 时，$V_{PHS}=1.8$ V；当 Phase＜Phase$^{SP}$ 时，$V_{PHS}=0$ V。

**（3）控制器模式**

将输出端 VMAG 和 VPHS 连接到测量回路，给被测对象加上反馈，即可构成控制器模式，其电路如图 7.5.3 所示。图中，$\Delta$MAG、$\Delta\Phi$ 为增益调节器和相位调节器。

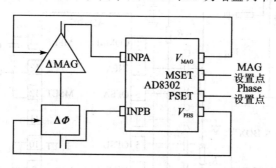

**图 7.5.3　控制器模式的基本电路**

**（4）AD8302 的典型应用电路**

AD8302 的典型应用电路原理图如图 7.5.4 所示。应用电路中，$R_1$ 和 $R_2$ 为输入端电阻，$C_1$ 和 $C_5$ 为耦合电容，$C_4$ 和 $C_6$ 为滤波电容，$C_2$、$C_3$、$C_7$、$C_8$ 为电源去耦电容。SW$_1$ 为增益测量模式/比较器模式选择开关，GSET 端接设置电压。SW$_2$ 为相位差测量模式/比较器模式选择开关，PSET 端接设置电压。

**（5）测量放大器或者混频器的增益与插入相位**

利用 AD8302 测量放大器或者混频器的增益与插入相位的电路如图 7.5.5 所

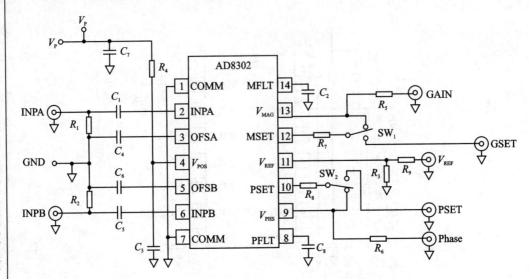

图 7.5.4　AD8302 的典型应用电路

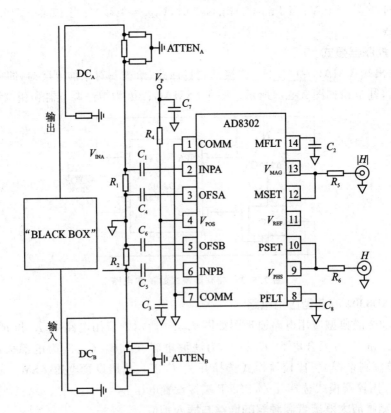

图 7.5.5　测量放大器或者混频器的增益与插入相位的电路

示。采用定向耦合器 DC_A、DC_B 分别对"BLACK BOX(放大器或混频器)"的输出、输入信号进行采样。利用 10 dB 电阻衰减器和 1 dB 电阻衰减器控制 AD8302 的输入信号电平在其动态范围之内。

**(6) 反射计**

由 AD8302 构成反射计的电路如图 7.5.6 所示。该电路可用来测量反射系数,通过测量入射到负载的信号和从负载反射的信号的增益及相位差即可计算出反射系数 $\Gamma$。反射系数 $\Gamma$ 的计算公式如下:

$$\Gamma = \text{Reflected Voltage/Incident Voltage} = (Z_L - Z_O)/(Z_L + Z_O) \quad (7.5.9)$$

式(7.5.9)中,$Z_L$ 是用复数来表示的负载阻抗,$Z_O$ 是系统的特征阻抗。反射系数常可用来计算阻抗失配程度及驻波比(SWR),通常用分贝(dB)表示。

反射计包括 20 dB 电阻衰减器和 1 dB 电阻衰减器,由阻容元件构成的一对定向耦合器 DC_A 和 DC_B 对入射信号和反射信号进行采样。

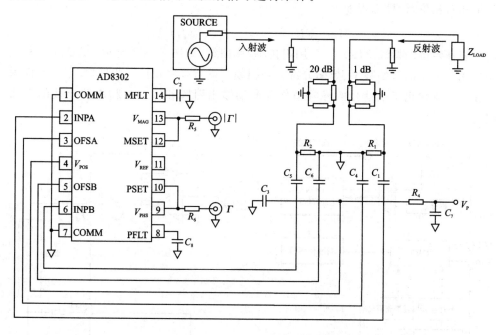

**图 7.5.6 由 AD8302 构成反射计电路**

# 7.6 阻抗测量电路设计

本节介绍基于 AD5933/AD5934 的阻抗测量电路。

## 1. AD5933 的主要技术特性

AD5933 是一种高精度阻抗转换芯片,AD5933 的可编程频率发生器最高频率可达100 kHz,频率分辨力为 27 位(＜0.1 Hz);阻抗测量范围为 100 Ω～10 MΩ;内部带有温度传感器,测量误差范围为±2 ℃;系统精度为 0.5%;作为从设通过 I²C 口和主机通信,实现频率扫描控制;电源电压范围为 2.7～5 V;温度范围为－40℃～＋125 ℃;采用 16 脚 SSOP 封装。AD5933 的引脚端功能如表 7.6.1 所列。

AD5934 与 AD5933 类似,仅个别技术指标有些不同。

## 2. AD5933 的内部结构

AD5933 的内部结构如图 7.6.1 所示,主要由一个 12 位 1 MSPS 的片上频率发生器和一个片上模数转换器(ADC)组成。频率发生器可以产生特定频率的信号激励外部复阻抗。复阻抗的响应信号由片上模数转换器 ADC 采样后,再通过片上数字信号处理器进行离散傅立叶变换(DFT)。在每个输出频率,DFT 运算处理后都会返回一个实值($R$)和虚值($I$)。校正后,可以计算扫描轨迹上每个频点的阻抗幅值和阻抗相对相位,计算方程如下:

$$M = \sqrt{R^2 + I^2},\ P = \tan^{-1}(I/R)$$

表征阻抗的特性 $Z(\omega)$,一般用阻抗-频率曲线,如图 7.6.2 所示。AD5933 允许用户用自定义的起始频率、频率分辨力和扫频点进行频率扫描。此外,该器件允许用户编程控制输出正弦信号的峰峰值作为激励输出引脚和输入引脚之间连接的未知阻抗。

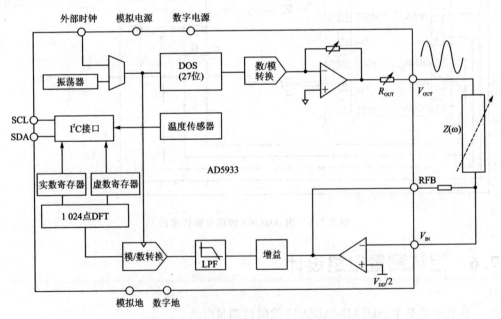

**图 7.6.1　AD5933 的内部结构方框图**

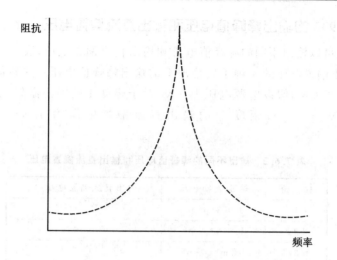

**图 7.6.2　阻抗频率特性**

## 3. AD5933 的引脚功能

AD5933 采用 16 脚 SSOP 封装,引脚端功能如表 7.6.1 所列。

**表 7.6.1　AD5933 引脚功能**

| 引　脚 | 符　号 | 功　能 |
|---|---|---|
| 1,2,3,7 | NC | 空引脚,没有定义 |
| 4 | RFB | 外部反馈电阻,连接在 4 和 5 之间来设置接收端电流电压转换放大器的增益 |
| 5 | $V_{IN}$ | 输入到接受阻抗转换放大器,存在 $V_{DD}/2$ 的参考地 |
| 6 | $V_{OUT}$ | 激励电压输出脚 |
| 8 | MCLK | 芯片外部时钟输入,由用户提供 |
| 9 | $DV_{DD}$ | 数字电源 |
| 10 | $AV_{DD1}$ | 模拟电源 1 |
| 11 | $AV_{DD2}$ | 模拟电源 2 |
| 12 | DGND | 数字地 |
| 13 | AGND1 | 模拟地 1 |
| 14 | AGND2 | 模拟地 2 |
| 15 | SDA | $I^2C$ 数据输入口,需要 10 kΩ 的上拉电阻连接到 $V_{DD}$ |
| 16 | SCL | $I^2C$ 时钟输入口,需要 10 kΩ 的上拉电阻连接到 $V_{DD}$ |

**4. AD5933 的输出峰峰值电压和输出直流偏置电压**

AD5933 可以输出不同的峰峰值电压和输出直流偏置电压,表 7.6.2 给出了对于 3.3 V 直流偏置电压的 4 种不同情况下的输出峰峰值电压。这些值与电源电压 $V_{DD}$ 成一定比率关系,假设电源电压为 5 V,对于幅度 1 的输出激励电压为 $1.98 \times 5.0/3.3 = 3V(p-p)$;幅度 1 的输出直流偏置电压为 $1.48 \times 5.0/3.3 = 2.24V(p-p)$。

表 7.6.2　输出不同的峰峰值电压和输出直流偏置电压

| 幅　值 | 输出激励电压 | 输出直流偏置电压/V |
|--------|--------------|---------------------|
| 1 | $1.98V(p-p)$ | 1.48 |
| 2 | $0.97V(p-p)$ | 0.76 |
| 3 | $383mV(p-p)$ | 0.31 |
| 4 | $198mV(p-p)$ | 0.173 |

**5. AD5933 的发送部分**

AD5933 的发送部分如图 7.6.3 所示,由一个 27 位的相位累加器 DDS 内核组成,它提供在某个特定频率的输出激励信号。相位累加器的输入是从起始频率寄存器的内容开始(见寄存器地址 82H、83H 和 84H)。尽管相位累加器提供了 27 位的分辨力,但其实起始频率寄存器的高 3 位是被内部置零的,所以用户可以控制的只有起始频率的低 24 位。

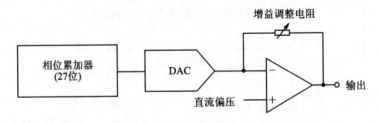

图 7.6.3　发送部分示意图

AD5933 提供了最小分辨力为 0.1 Hz 的可编程频率控制,频率分辨力是通过片上 24 位频率增量寄存器来控制的。编程控制的扫描频率由 3 个参数确定:起始频率、频率增量和增量数。

频率扫描的具体过程包括 3 部分:

① 进入标准模式。在写入开始频率扫描控制字到控制寄存器之前,首先要写入标准模式控制字到控制寄存器,在这个模式中 $V_{OUT}$ 和 $V_{IN}$ 引脚被内部接到地,因此在外部电阻或者电阻和地之间没有直流偏置。

② 进入初始化模式。在写入开始频率控制字到控制寄存器后将进入初始化模式。在这个模式下，电阻已经被起始频率信号激励，但没有进行测量。用户可以通过程序设置在写入频率扫描命令到控制寄存器来启动进入频率扫描模式之前的时间。

③ 进入频率扫描模式。用户通过写入频率扫描控制字。在这个模式中，ADC 在设定时间周期过去之后开始测量。用户可以通过在每个频率点测量之前设置寄存器 8AH 和 8BH 的值来控制输出频率信号的周期数。

片上 DDS 输出的信号通过一个可编程增益放大器，通过控制增益可以实现表 7.6.2 中 4 个不同范围的峰峰值输出，这个输出范围的控制是在控制寄存器的第 9 位和第 10 位实现的。

## 6. 接收部分

接收部分包括一个电流电压转换放大器、一个可编程增益放大器（PGA）、一个去抖动滤波器和 ADC。接收部分的示意图如图 7.6.4 所示。待测阻抗连接在电压输入和输出引脚之间。第 1 级的电流电压转换放大器的直流电压值设置为 $V_{DD}/2$，流入 $V_{IN}$ 引脚的电流信号通过待测阻抗，在电流电压转换器的输出端转变成电压信号。电流电压转换放大器的增益由用户选择的连接在引脚 4（RFB）和引脚 5（$V_{IN}$）之间的反馈电阻决定。用户选择的反馈电阻阻值，可用来选择 PGA 的增益和保持 ADC 信号在线性范围内。

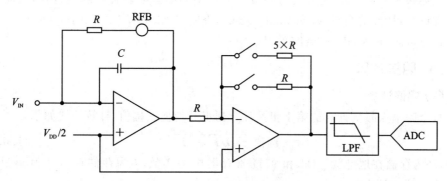

图 7.6.4　接收部分示意图

PGA 输出增益有 5 和 1 两个值，可以设置控制寄存器的第 8 位来选择。信号通过低通滤波器后加到 12 位的、1 MSPS 的 ADC 输入端。

ADC 输出的数字数据直接传送到 AD5933 的 DSP 核进行 DFT 的数据处理。每个扫描频率点的 DFT 都要计算。AD5933 的 DFT 算法如下：

$$X(f) = \sum_{n=0}^{1\,023} \{x(n)[\cos(n) - \mathrm{j}\sin(n)]\} \qquad (7.6.1)$$

式中，$X(f)$ 为扫频点 $f$ 处的信号能量，$x(n)$ 为 ADC 输出，$\cos(n)$ 和 $\sin(n)$ 是 DDS 核

产生的在扫频点 $f$ 处的抽样检测向量。

乘法器累积每个扫频点的 1 024 个采样,获得的实部和虚部分别存放在两个 16 位的寄存器中。

### 7. 系统时钟

AD5933 的系统时钟可以由两种方法提供。用户可以采用一个高精度和稳定性的系统时钟连接到外部时钟引脚端(MCLK)。另外,AD5933 也可以通过一个片上振荡器提供一个频率为 16.776 MHz 的内部时钟频率。用户通过编程控制寄存器 D3 位,可以选择系统时钟(寄存器地址 81H)。默认的系统时钟是选择内部振荡器。

### 8. 温度传感器

AD5933 的温度传感器是一个 13 位的数字温度传感器,第 14 位为符号位。这个片上的温度传感器可以准确测量周围环境的温度。温度传感器的测量范围是 $-40 \sim +125\ ℃$,测量精度为 $\pm 2\ ℃$。

### 9. 内部寄存器

AD5933 片上有控制寄存器、起始频率寄存器、频率增量寄存器、频率点数寄存器、设定输出周期数寄存器、状态寄存器、温度数据寄存器、实部数据寄存器和虚部数据寄存器共 9 个寄存器,这些寄存器分别实现不同的参数设置功能,它们的地址、位定义和读/写特性请登录 www. analog. com,查阅"1 MSPS, 12 - Bit Impedance Converter, Network Analyzer AD5933"。

### 10. 阻抗计算

#### (1) 幅值计算

每个频率点阻抗计算的第 1 步是计算傅里叶变换的幅值,计算公式如下:

$$幅值 = \sqrt{R^2 + I^2} \tag{7.6.2}$$

式中,$R$ 为存储在地址为 94H 和 95H 寄存器中的实数,$I$ 为存储在地址为 96H 和 97H 寄存器中的虚数。

例如:实数寄存器中的十进制数值为 907,虚数寄存器中的十进制数值为 516,则

幅值 $= \sqrt{907^2 + 516^2} = 1\ 043.506$。

要将这一数值转换为阻抗值,必须乘以一个增益系数。增益系数的计算是在 $V_{OUT}$ 引脚和 $V_{IN}$ 引脚之间连接一个未知阻抗,进行系统校准的过程中完成的。一旦增益系数被确定,便可以计算连接在 $V_{OUT}$ 引脚和 $V_{IN}$ 引脚之间的任意未知阻抗值。

#### (2) 增益系数计算

下面是计算增益系数的一个例子。假设:输出激励电压为 2 V,校正阻抗值为

200 kΩ，PGA 放大倍数是 1 倍，电流电压转换放大器增益电阻为 200 kΩ，校正频率为 30 kHz。频率点转换后实数和虚数寄存器中的内容为：

$$实数寄存器 = F064H = -3\ 996$$

$$虚数寄存器 = 227EH = 8\ 830$$

$$幅值 = \sqrt{(-3\ 996)^2 + (8\ 830)^2} = 9\ 692.106$$

$$增益系数 = \frac{1/阻抗值}{幅值} = (1/200k)/9\ 692.106 = 515.819 \times 10^{-12}$$

**(3) 利用增益系数计算阻抗值**

下面的例子说明了如何测量一个未知阻抗。未知阻抗的真实值为 510 kΩ，在频率为 30 kHz 下测量未知阻抗，实数寄存器的值为 FA3FH（即 −1 473），虚数寄存器的值为 0DB3H（即 3 507），则：

$$幅度 = \sqrt{(-1\ 473)^2 + (3\ 507)^2} = 3\ 802.863$$

$$阻抗 = \frac{1}{幅值 \times 增益系统} = \frac{1}{3\ 802.863 \times 515.819\ 273 \times 10^{-12}} = 509.791\ k\Omega$$

**(4) 增益系数随频率的变化**

由于 AD5933 存在一个有限的频率响应，故增益系数也显示出一种随频率变化的特性。增益系数的变动会在阻抗计算的结果中产生一个错误，为了尽量减小这种错误，扫频应限于小频率范围内进行。另外，假设频率的变化是线性的，应用两点校准调整增益系数也能够减小这种错误。

两点增益系数计算的例子如下：假设输出激励电压为 2 V（峰峰值），校正阻抗值为 100 kΩ，PGA 增益为 1，电源电压为 3.3 V，电流电压转换放大器的增益电阻为 100 kΩ，校定频率为 55 kHz 和 65 kHz，在两频率所计算的增益系数值为：55 kHz 的增益系数值为 1.103 122 4 × 10⁻⁹；65 kHz 的增益系数值为 1.035 682 × 10⁻⁹。

两种情况下增益系数的差为 $4.458\ 000 \times 10^{-12}$；扫描频率的跨度为 10 kHz，60 kHz 时需要的增益系数为 $(4.458\ 000 \times 10^{-12}/10\ kHz) \times 5\ kHz + 1.103\ 122\ 4 \times 10^{-9} = 1.033\ 453 \times 10^{-9}$。阻抗值的计算如前面所述。

**(5) 增益系数设置**

当计算增益系数时，接收部分工作在线性区域是十分重要的。这需要认真选择激励电压幅度、电流电压转换放大器增益电阻和 PGA 增益。

通过图 7.6.5 所示系统后的增益为：输出激励电压幅值 × 增益设置电阻/$Z_{\text{UNKNOWN}}$ × PGA 增益。

## 11. 阻抗上的相位测量

AD5933 获得的是一个复数的代码，这个代码分成实部和虚部两部分。每次扫描测量后，实部存放在地址 94H 和 95H 的寄存器中，虚部分存放在地址 96H 和 97H 中。这对应 DFT 的实部和虚部，而不是待测阻抗的电阻部分和电抗部分。

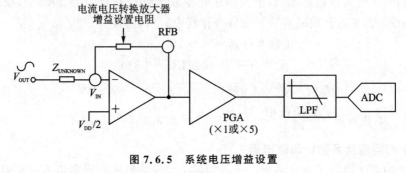

**图 7.6.5 系统电压增益设置**

例如,用户在分析串联 $RC$ 电路时,存在一种非常常见的误解,将存放在地址 94H 和 95H 单元中的实部,以及存放在地址 96H 和 97H 单元中的虚部,看作是电阻和电抗。然而这是不正确的,因为阻抗的量值($|Z|$)可以通过计算 DFT 实值和虚值得到。计算公式如下:

$$幅值 = \sqrt{R^2 + I^2} \qquad (7.6.3)$$

$$阻抗 = \frac{1}{幅值 \times 增益系数} \qquad (7.6.4)$$

$$增益系数 = \frac{1/阻抗值}{幅值} \qquad (7.6.5)$$

在任何有效的测量之前,用户必须用已知的阻抗校准 AD5933 系统,以确定增益系数。因此,用户必须知道复阻抗($Z_{\text{UNKNOWN}}$)的阻抗幅值,以确定最佳扫描频率范围。增益系数的确定是通过在 AD5933 的输入/输出引脚之间设置一个已知阻抗,然后测量所产生的量值代码来完成。AD5933 系统的增益设置需要选择片上模/数转换器线性区域内的激励信号。

由 AD5933 获得一个由实部和虚部组成的代码,用户也可以计算 AD5933 响应信号的相位。相位计算公式如下:

$$相位(\text{rads}) = \tan^{-1}(I/R) \qquad (7.6.6)$$

大多数用户感兴趣的参数是阻抗模值($|Z_{\text{UNKNOWN}}|$)和阻抗相位($Z_\phi$)。

阻抗相位的测量分两步。第 1 步是计算 AD5933 系统相位。AD5933 系统相位的计算可通过在 $V_{\text{OUT}}$ 和 $V_{\text{IN}}$ 引脚放置一个电阻,然后在每个扫频点计算相位(见式(7.6.6))。设置一个电阻跨接在 $V_{\text{OUT}}$ 和 $V_{\text{IN}}$ 引脚,此相位完全是由 AD5933 内部确定,也就是系统的相位。

系统被校准后,第 2 步就要计算跨接在 $V_{\text{OUT}}$ 和 $V_{\text{IN}}$ 引脚之间任何未知阻抗的相位,并用相同的公式重新计算新相位。该未知阻抗相位($Z_\phi$)计算公式如下:

$$Z_\phi = (\Phi_{\text{UNKNOWN}} - \nabla_{\text{SYSTEM}}) \qquad (7.6.7)$$

上式中 $\nabla_{\text{SYSTEM}}$ 为 $V_{\text{OUT}}$ 和 $V_{\text{IN}}$ 引脚之间跨接校正电阻的系统相位;$\Phi_{\text{UNKNOWN}}$ 为 $V_{\text{OUT}}$ 和 $V_{\text{IN}}$ 引脚之间跨接未知阻抗的系统相位;$Z_\phi$ 为阻抗相位。

请注意,使用相同实部和虚部值的阻抗连接在 $V_{\text{OUT}}$ 和 $V_{\text{IN}}$ 引脚之间可以计算增益系数,并校准系统相位。例如测量一个电容的阻抗相位,激励信号电流导致穿过电容器的激励信号电压相位滞后 90°。因此,用电阻测量的系统相位与电容测量的系统相位之间存在着近似为 $-90°$ 的相位差。

正如先前所述,如果用户想确定容抗的相位角($Z_\phi$),用户首先要确定系统相位($\nabla_{\text{SYSTEM}}$),并在 $\Phi_{\text{UNKNOWN}}$ 中减去 $\nabla_{\text{SYSTEM}}$。

另外,使用实部和虚部的值来计算每个测量点的相位时,应注意实值和虚值所在象限。如表 7.6.3 所列,在不同象限,其相位角计算公式不同。

表 7.6.3　相位角计算公式

| 实部符号 | 虚部符号 | 象限 | 相位角 |
|---|---|---|---|
| 正 | 正 | 第 1 象限 | $\tan^{-1}(I/R)\times\dfrac{180°}{\pi}$ |
| 负 | 正 | 第 2 象限 | $180°+\tan^{-1}(I/R)\times\dfrac{180°}{\pi}$ |
| 负 | 负 | 第 3 象限 | $180°+\tan^{-1}(I/R)\times\dfrac{180°}{\pi}$ |
| 正 | 负 | 第 4 象限 | $360°+\tan^{-1}(I/R)\times\dfrac{180°}{\pi}$ |

一旦正确计算了阻抗模值($|Z|$)和阻抗相位角($Z_\phi$,弧度),就可以利用阻抗模值在实轴和虚轴上的投影来确定阻抗的实部(电阻)和虚部(电抗)的量值。阻抗实部模值计算公式:$|Z_\text{实}|=|Z|\times\cos(Z_\phi)$;虚部模值计算公式:$|Z_\text{虚}|=|Z|\times\sin(Z_\phi)$。

409

## 12. 串行总线接口

AD5933 通过 $I^2C$ 总线与主控制器连接,实现对 AD5933 的控制。AD5933 作为一个从设备连接到 $I^2C$ 总线上。AD5933 有 7 位串行总线从地址。当设备通电后,默认的串行总线地址为 0001101(0DH)。时序图如图 7.6.6 所示。

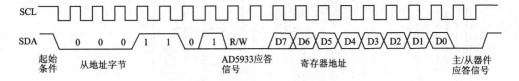

图 7.6.6　AD5933 的时序图

## 13. 测量电路

一个基于 $AD\mu C848$ 和 AD5933 的阻抗测量电路如图 7.6.7 所示。

## 14. 频率扫描流程图

频率扫描流程图如图 7.6.8 所示。

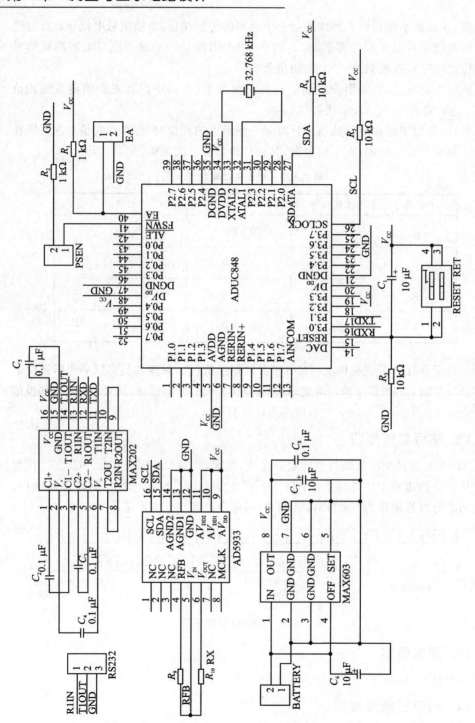

图 7.6.6　基于 ADμC848 和 AD5933 的阻抗测量电路

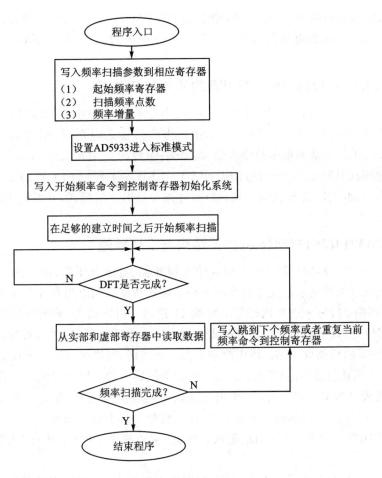

**图 7.6.8　频率扫描流程图**

# 7.7　显示器驱动电路设计

## 7.7.1　基于 LM3914/3915/3916 的 LED 条形显示驱动电路

### 1. LM3914/3915/3916 的主要技术性能与特点

LM3914/3915/3916 是 National Semiconductor 公司生产的 LED 条形显示驱动器。它能驱动 LED(发光二极管)、LCD(液晶显示器)或 VFD(电真空荧光显示器),可选择条形或点式显示方式,所点亮的 LED 个数与输入电压成正比;通过多级连接,可将 10 段显示扩展到 20～100 段显示,并可从外部选择显示模式;LM3915/LM3916 可测量 0～30 dB 的电平(3 dB/步长),LM3915 可扩展到 90 dB,LM3916 可扩展到 70 dB;内部基准电压源为 1.2～12 V,内部分压器是浮地形式;采用集电极开

*411*

路输出形式,输出电流为 $1\sim30$ mA,输出信号与 CMOS 和 TTL 电平兼容;输入端电压可达到 $\pm35$ V;电源电压范围为 $3\sim25$ V,静态电流为 $2.4\sim6.1$ mA;工作温度范围为 $0\sim70$ ℃。

### 2. LM3914/3915/3916 的引脚功能与封装形式

LM3914/3915/3916 采用 DIP-18 封装,其引脚端功能如下:引脚端 2、3($V_-$、$V_+$)为电源电压的负、正端;引脚端 5(SIG)为信号输入电压端;引脚端 7、8(REF OUT、REF ADJ)为基准电压的输出端、调整端;引脚端 6、4($R_{HI}$、$R_{LO}$)为内部分压器的高端和低端;引脚端 1、10~18(LED NO.1~LED NO.10)为 10 个 LED 驱动输出端;引脚端 9(MODE)为模式选择端,接 $V_+$ 时选择条形显示模式,开路时为单点显示模式。

### 3. LM3914/3915/3916 的内部结构与工作原理

LM3914/3915/3916 芯片内部包含输入缓冲器、电阻分压器、电压比较器、基准电压源及单点/条形显示模式选择控制电路。模式选择控制电路有两个输入端,一端接 $V_+$(引脚端 3),另一端在内部与引脚端 11 连通。引脚端 11 的电压起控制作用,可为单点显示模式下多芯片的级联提供方便。输入直流电压 $V_{IN}$ 经过缓冲器接至 10 个电压比较器的反相输入端。将引脚端 7 与 6 短接时,基准电压经过分压器分压后,加在 10 个电压比较器的同相输入端,电压比较器的输出端分别接发光二极管 $LED_1\sim LED_{10}$ 的负极。当 $V_{IN}>V_{10}$ 时,10 个电压比较器均输出低电平,发光二极管全亮;当 $V_{IN}<V_1$ 时,电压比较器都输出高电平,发光二极管全部不亮。如果 $V_6<V_{IN}<V_7$,则 $LED_1\sim LED_6$ 发光,$LED_7\sim LED_{10}$ 熄灭。因此,被点亮的 LED 个数与 $V_{IN}$ 值呈线性关系。

LED 显示范围取决于基准电压值,使用片内基准电压源时,满量程电压 $V_{INM}=1.25$ V。选择外部基准电压源芯片,如 MC1403、MC1404、AD581,则满量程范围可分别为 2.5 V、5 V、10 V。

### 4. LM3914/3915/3916 的应用电路

#### (1) 0~5 V 条形/点式显示电路

由 LM3914/3915/3916 构成的 0~5 V 条形/点式显示电路如图 7.7.1 所示。图中,电源电压的范围是 6.8~18 V,输入信号电压范围是 0~5 V。$C$ 为 LED 的电源去耦电容。

采用 2 片 LM3914/3915/3916 可构成扩展的条形显示电路,满刻度输入电压为 10 V。

#### (2) 驱动 LCD 显示电路

由 LM3914/3915/3916 构成的驱动 LCD 的显示电路如图 7.7.2 所示。

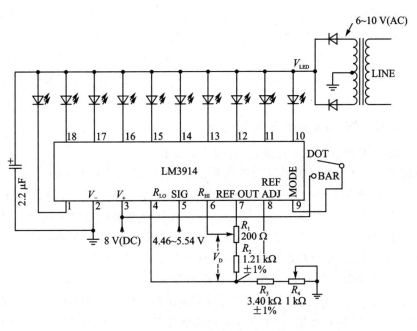

**图 7.7.1　LM3914/3915/3916 构成 0～5 V 条形/点式显示电路**

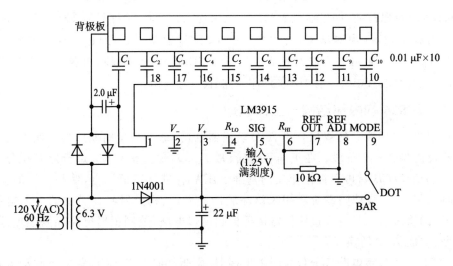

**图 7.7.2　LM3914/3915/3916 构成的驱动 LCD 的显示电路**

## 7.7.2　基于 TC826 的 LCD 条形显示驱动电路

### 1. TC826 的主要技术性能与特点

　　TC826 是 Microchip 公司生产的 41 段(0～40 段,包含 0 点)液晶条形显示电路。其分辨力为 2.5%;非线性误差为 0.5 个计数值;差分模拟输入;输入漏电流为 10～

20 pA；共模抑制比为 50 $\mu$V/V；LCD 段驱动电压和背电极电压均为 5 V（峰峰值）；条形显示模式或者单点显示模式可选；具有超量程显示、极性显示和读数保持等功能；片内基准电压源温度系数为 $35 \times 10^{-6}$/℃；满量程电压范围为 20 mV~2 V；可采用 9 V 电池供电，功耗为 1.1 mW，亦可采用 ±5 V 双电源供电；工作温度范围为 0~70 ℃。

### 2. TC826 的引脚功能与封装形式

TC826 采用 PQFP-64 封装，各引脚功能如下：

引脚端 $V_{DD}$、$V_{SS}$ 为电源电压的正端和负端；引脚端 ANALOG COMMON 为芯片内部模拟地；引脚端 +IN、−IN 为差分输入电压的正端和负端；引脚端 REF IN 为外部基准电压输入端；引脚端 $C_{REF+}$、$C_{REF-}$ 分别连接外部基准电容的正端和负端；引脚端 $C_{AZ}$ 为比较器输入负端，连接自动调零电容；引脚端 $V_{BUF}$ 为缓冲器输出端，连接积分电阻；引脚端 $V_{INT}$ 为积分器输出端，连接积分电容；引脚端 $OSC_1$、$OSC_2$ 连接振荡器外部电阻；引脚端 BP 为 LCD 的背电极驱动端；引脚端 $BAR_0$~$BAR_{40}$ 为 0~40 段的段驱动端；引脚端 OR 为超量程信号输出端；引脚端 POL− 为负极性信号输出端；引脚端 BAR/$\overline{DOT}$ 为条形显示/单点显示模式选择端，该引脚端开路时选择条形显示模式，如果通过一只 1 MΩ 电阻连接该引脚端到 $V_{SS}$，则选择单点显示模式；引脚端 $\overline{HOLD}$ 为读数保持端，如果通过 1 MΩ 的电阻连接该引脚端到 $V_{SS}$，则将保持当前的读数；引脚端 $\overline{TEST}$ 为测试端，可用来检查 LCD 显示器，如果通过 1 MΩ 电阻连接 $\overline{TEST}$ 端到 $V_{SS}$，则 TC286 进入测试状态，使 LCD 显示 0~40 段、负极性标志符和超量程标志符"OR"，正常工作时 $\overline{TEST}$ 应开路；NC 为空脚。

### 3. TC826 的内部结构与工作原理

TC826 采用典型的双积分式 A/D 转换器结构，每个测量周期分自动调零、正向积分、反向积分 3 个阶段。在正向积分阶段（$T_1$），对输入信号 $V_{IN}$ 进行定时积分；在反向积分阶段（$T_2$），再对极性相反的基准电压 $V_{REF}$ 进行定值积分，使积分器的输出电压回到零点。自动调零阶段用来消除缓冲放大器、积分器和比较器的失调电压。积分器的输出电压 $V_{INT}$ 经过比较器送至控制逻辑电路，控制逻辑电路控制模拟开关通/断，完成 A/D 转换。

TC826 的数字电路部分包含时钟振荡器、段驱动电路及 LCD 背电极驱动电路。时钟频率（$F_{OSC}$）由外部振荡电阻 $R_{OSC}$ 来设定。

### 4. TC826 的应用电路

由 TC826 构成的 41 段液晶条形显示电路如图 7.7.3 所示。该电路采用 9 V 叠层电池供电，$R_{INT}$ 为积分电阻，$C_{INT}$ 为积分电容，$C_{AZ}$ 为自动调零电容，$C_{REF}$ 为基准电容。其中，电容都采用聚丙烯电容。元件参数值与刻度的关系如表 7.7.1 所列。$R_{OSC}$ 为振荡电阻，基准电压经过 $R_1$、$R_2$ 分压后获得。$R_1$、$R_2$ 的总阻值应选 250 kΩ。

$R_3 \sim R_5$ 为下拉电阻。$S_1 \sim S_3$ 为模式选择、保持和测试控制开关,$S_1$ 断开时选择条形显示模式,$S_1$ 闭合时选择单点显示模式,$S_2$ 闭合时进入读数保持状态,$S_3$ 闭合时进入测试状态。

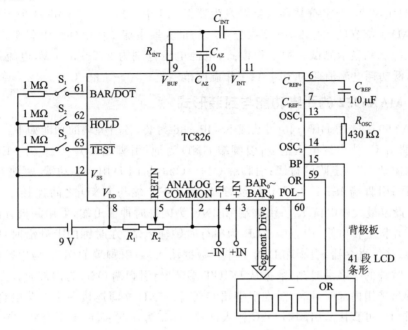

图 7.7.3 TC826 构成 41 段液晶条形显示电路

表 7.7.1 $R_{INT}$、$C_{INT}$、$C_{AZ}$、$C_{REF}$ 参数值与刻度的关系

| 元件符号 | 元件参数 | | |
|---|---|---|---|
| | 2 V 满量程 | 200 mV 满量程 | 20 mV 满量程 |
| $R_{INT}$ | 2 MΩ | 20 kΩ | 20 kΩ |
| $C_{INT}$ | 0.033 μF | 0.033 μF | 0.033 μF |
| $C_{REF}$ | 1 μF | 1 μF | 1 μF |
| $C_{AZ}$ | 0.068 μF | 0.068 μF | 0.014 μF |

## 7.7.3 基于 MAX6952/6953 的 LED 点阵显示驱动电路

### 1. MAX6952/6953 的主要技术性能与特点

MAX6952/6953 是 MAXIM 公司生产的两种 4 位 5×7 LED 点阵驱动器电路,二者的内部电路基本相同。MAX6952 采用与 SPI/QSPI/Micro Wire 总线兼容的串行接口,MAX6953 采用与 I²C 总线兼容的二线串行接口(SCL、SDA),可直接与微控

制器接口,允许在总线上挂多片 MAX6952/6953,数据传输频率可达 26 MHz。MAX6952/6953 适合驱动 4 位单色(或 2 位双色)共阴极 5×7 LED 点阵,共 140 个像素。在其内部的字符发生器 ROM 中已存储了 104 个 ASCII 码标准字符。另外,用户还可自定义 24 个字符并存入字符发生器 RAM 中。MAX6952/6953 采用脉宽调制(PWM)法调节显示亮度,亮度共分 16 级,最大段电流 $I_{SEG}$ 由外部电阻来设定,具有睡眠、闪烁和显示测试三种工作模式;电源电压范围为 2.7～5.5 V,电流消耗为 12 mA,低功耗电流消耗为 36 $\mu$A;工作温度范围是 $-40$～$+85$ ℃。

### 2. MAX6952 的引脚功能与封装形式

MAX6952 采用 DIP - 40 封装或 SSOP - 36 封装,各引脚端的功能如下:

引脚端 $V_+$ 为电源电压正端;引脚端 GND 为地;引脚端 O0～O13 为 LED 阴极驱动端,驱动 LED 点阵的行线;引脚端 O14～O23 为 LED 阳极驱动端,驱动 LED 点阵的列线;引脚端 ISET 为段电流设置端,在 ISET 端与 GND 之间连接一个电阻 $R_{SET}$,可设定最大段电流 $I_{SEG}$;引脚端 BLINK 为闪烁时钟输出端,采用漏极开路输出形式,需外接上拉电阻;引脚端 CLK 为串行时钟输入端,在时钟的上升沿时刻,数据进入内部移位寄存器;引脚端 DIN 为串行数据输入端;引脚端 DOUT 为串行数据输出端,在时钟的下降沿时刻,数据从 DOUT 端输出;引脚端 OSC 为内部时钟/外部时钟选择端,采用内部时钟时,需在引脚端 OSC 和 GND 之间连接一个振荡电容,使用外部时钟时,可直接从引脚端 OSC 输入;引脚端 $\overline{CS}$ 为片选端,低电平有效,当 $\overline{CS}$ 为低电平时,该片 MAX6952 被选中;引脚端 NC 表示是空脚。

### 3. MAX6952 的内部结构与工作原理

MAX6952 的芯片内部包含串行接口、数据存储器(RAM)、配置寄存器、闪烁速率选择电路、字符发生器 ROM、字符发生器 RAM、分频/计数网络、行扫描电路、PWM 亮度控制器、LED 驱动器及电流源等。

串行接口(Serial Interface)　MAX6952 采用与 SPI 总线兼容的四线式串行接口与微控制器通信。该接口有 CLK、$\overline{CS}$、DIN 三个输入端和 DOUT 一个输出端。16 位串行数据由 R/$\overline{W}$(读/写控制位)、ADDRESS(地址位)和 DATA(数据位)组成。

配置寄存器(Configuration Register)　配置寄存器用来配置工作模式,如选择正常工作模式/低功耗模式、选择闪烁速率、选择全部闪烁功能/禁止闪烁功能、清除数据、复位闪烁时间等。配置寄存器的格式与使用请参考"4 - Wire Interfaced,2.7 V to 5.5 V,4 - Digit 5×7 Matrix LED Display Driver MAX6952. www. maxim - ic. com"。

字符发生器 ROM　MAX6952 芯片内部有 2 个字符发生器 ROM。在字符发生器 ROM 中,固化有 104 个 5×7 LED 点阵的 ASCII 码字符。

字符发生器 RAM　字符发生器 RAM 用来存储用户自定义的 24 个字符。

**PWM 亮度控制器**　PWM 亮度控制器通过外部电阻 $R_{SET}$ 设定由电流源输出的最大段电流 $I_{SEG}$，采用脉宽调制（PWM）方法调节亮度。PWM 亮度控制器按 16 个等级调节亮度，所对应的占空比依次为 $1/16$、$2/16$、$\cdots$、$16/16$。每提高一级亮度，段电流就增加 2.5 mA（电流调节范围为 0～40 mA）。

**时钟电路**　选择内时钟时，只需在引脚端 OSC 与 GND 地之间接一只电容，即可产生 4 MHz 的时钟频率。

**LED 驱动器**　LED 驱动器可驱动 4 位单色共阴极 5×7 LED 点阵（LED1～LED4），或者驱动 2 位红、绿双色共阴极 5×7 LED 点阵（LED1、LED2）。其连接方式如表 7.7.2 和表 7.7.3 所列。

**表 7.7.2　驱动 4 位单色 5×7 LED 点阵的连接方式**

| 输出引脚端 | O1～O6 | O7～O13 | O14～O18 | O19～O23 |
|---|---|---|---|---|
| 连接 | 字位 0 行（阴极）R1～R7 字位 1 行（阴极）R1～R7 | | 字位 0 列（阳极）C1～C5 | 字位 1 列（阳极）C6～C10 |
| 连接 | | 字位 2 行（阴极）R1～R7 字位 3 行（阴极）R1～R7 | 字位 2 列（阳极）C1～C5 | 字位 3 列（阳极）C6～C10 |

**表 7.7.3　驱动 2 位彩色 5×7 LED 点阵的连接方式**

| 输出引脚端 | O1～O6 | O7～O13 | O14～O18 | O19～O23 |
|---|---|---|---|---|
| 连接 | 字位 1 行（阴极）R1～R14 | | 字位 0 列（阳极）C1～C10 | |
| | | | 5 个绿色阳极 | 5 个红色阳极 |
| 连接 | | 字位 2 行（阴极）R1～R14 | 字位 1 列（阳极）C1～C10 | |
| | | | 5 个绿色阳极 | 5 个红色阳极 |

## 4. MAX6952 的应用电路

### (1) MAX6952 驱动 4 个单色 LED 点阵的应用电路

MAX6952 驱动 4 个单色 LED 点阵的应用电路如图 7.7.4 所示，LED1～LED4 是 4 位单色共阴极 5×7 LED 点阵。其中：LED0、LED1 的 7 条行线（R1～R7）分别接 MAX6952 的 O0～O6 端；LED2、LED3 的 7 条行线（R1～R7）分别接 MAX6952 的 O7～O13 端；LED0 和 LED2 的 5 条列线（C1～C5）依次接 O14～O18 端；LED1 和 LED3 的 5 条列线分别接 O19～O23 端；串行接口与微控制器连接。

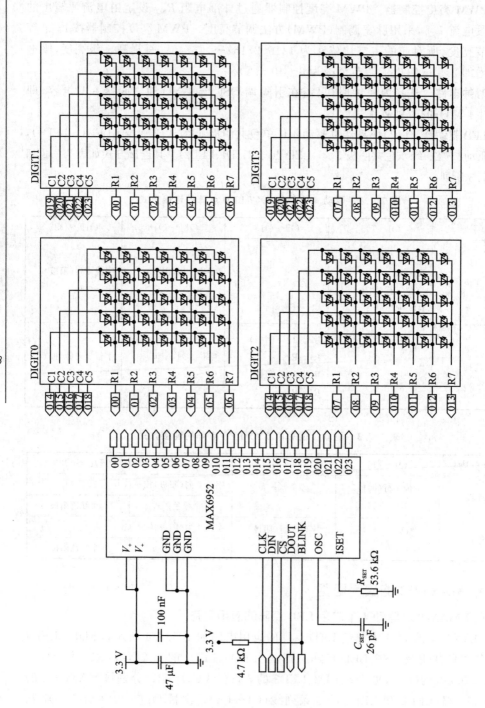

图 7.7.4 MAX6952驱动4个单色LEC点阵的应用电路

**(2) 多片 MAX6952 的连接方法**

微控制器通过串行接口总线可实现多片 MAX6952 连接,电路如图 7.7.5 所示。微控制器的 DOUT 端连接第 1 片 MAX6952 的 DIN 端,并依次串行级联下去,最后将第 $n$ 片 MAX6952 的 DOUT 端连接到微控制器的 DIN 端。微控制器的 CLK 和 $\overline{\text{CS}}$ 端分别接各片 MAX6952 的时钟端和片选端。

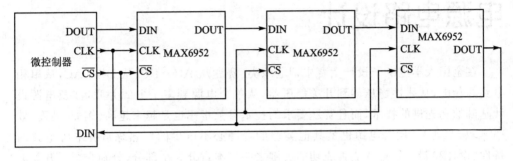

**图 7.7.5　多片 MAX6952 的连接方法**

419

全国大学生电子设计竞赛电路设计(第 3 版)

# 第 **8** 章

# 电源电路设计

在全国大学生电子设计竞赛中,"电源类"赛题从 AC→DC,从 DC→AC,从单相电到 3 相电,从线性稳压器到开关稳压器,从单个电源到多个电源并联,涉及电源设计基础的和先进的技术,而且赛题要求的技术参数指标也是越来越高(例如,精度、效率 $\eta \geqslant 95\%$ 等)。同时电源也是其他类型的赛题必不可少的。熟练掌握电源电路的特性、设计和制作是竞赛能否成功的关键之一。本章分 3 个部分,分别介绍了开关电源电路、DC/DC 变换电路、恒流源电路等集成电路芯片的主要技术性能与特点、芯片封装与引脚功能、内部结构、工作原理和应用电路设计。

## 8.1 开关电源电路设计

### 8.1.1 基于 TOP Switch - GX 的六端单片开关电源电路

#### 1. TOP Switch - GX 的主要技术性能与特点

TOP Switch - GX 系列是 Power Integrations(PI)公司生产的第四代单片开关电源集成电路,有 TOP242P ～ TOP244P、TOP242G ～ TOP244G、TOP242R ～ TOP250R、TOP242Y～TOP250Y、TOP242F～TOP250F 多种型号,是 PI 公司的主流产品之一。其开关频率为132 kHz,输出功率为9～290 W;可以通过控制进入低功耗/唤醒模式;当输入交流电压为230 V 时,在远程关断模式下,芯片的功耗仅为160 mW。

#### 2. TOP Switch - GX 的引脚功能与封装形式

TOP Switch - GX 系列产品采用 Y 封装 TO - 220 - 7C、F 封装 TO -262 - 7C、R 封装 TO - 263 - 7C、P 封装 DIP - 8B(P) 和 G 封装 SMD - 8B(G),引脚封装形式如图 8.1.1所示。

各引脚端功能如下:
- 引脚端 D(DRAIN)为高电压功率 MOSFET 漏极输出。
- 引脚端 S(SOURCE)为高电压功率 MOSFET 源极及初级控制电路公共端和参考点。

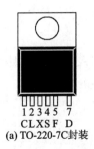
(a) TO-220-7C封装

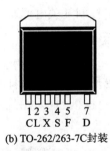
(b) TO-262/263-7C封装

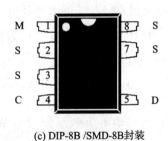
(c) DIP-8B /SMD-8B封装

图 8.1.1 TOP Switch - GX 系列产品引脚封装形式

- 引脚端 C(CONTROL)为误差放大器和反馈电流输入端,对占空因数进行控制。

- 引脚端 L(LINE - SENSE)(仅 Y、R 或者 F 封装有此引脚端)为线路检测端,用于过电压(OV)保护、欠电压(UV)保护、线路前馈、远程导通/关断(ON/OFF)和同步。若连接到引脚端 S,所有在这个引脚端的功能不使能。

- 引脚端 X(EXTERNAL CURRENT LIMIT)(仅 Y、R 或者 F 封装有此引脚端)用于外部电流限制调节、远程导通/关断(ON/OFF)和同步。若连接到引脚端 S,所有在这个引脚端的功能不使能。

- 引脚端 M(MULTI - FUNCTION)(仅 P 或者 G 封装有此引脚端)具有 Y 封装中的引脚端 L 和 X 的功能,用于过电压(OV)保护、欠电压(UV)保护、外部电流限制调节、线路前馈、远程导通/关断(ON/OFF)和同步。若连接到引脚端 S,所有在这个引脚端的功能不使能。

- 引脚端 F(FREQUENCY)(仅 Y、R 或者 F 封装有此引脚端)用来选择开关频率。若连接此引脚端到引脚端 S,开关频率为 132 kHz;若连接此引脚端到引脚端 C,开关频率为 66 kHz。对于 P 和 G 封装,开关频率在芯片内部设置为 132 kHz。

### 3. TOP Switch - GX 的内部结构与工作原理

TOP Switch - GX 系列产品芯片内部包含有线路检测(line sebse)、低功耗模式/自动重启动电路(shutdown/auto - restart)、PWM 比较器(PWM comp arator)、门驱动级和输出级(controlled turn - on gate driver)、限流比较器(current limit comparator)、欠电压比较器(internal uv comparator)、内部电源(internal supply)、软启动电路(offt start)、并联调节器/误差放大器(shunt regulator/error amplifier+)、具有滞后特性的过热保护电路(hysteretic thermal shutdown)、限流调节(current limit adjust)、软启动(soft start)、轻负载频率自动降低电路(light load frequency reduction)、波形振荡器(oscillator with jitter)及停止逻辑(stop logic)等。

TOP Switch - GX 具有轻负载频率自动降低电路,开关频率及占空比能随输出端负载的降低而自动减小。当负载很轻时,占空比可低于 10%,同时开关频率也减小到最小值。当开关频率为 132 kHz 时,频率最小值为 30 kHz;在半频模式下,开关频率为 132 kHz/2=66 kHz,此时频率最小值为 15 kHz。

TOP Switch - GX 具有内部限流和外部限流设置功能,可通过改变线路检测端流入（或流出）电流 $I_X$ 的大小及方向来控制开关电源通、断状态。

### 4. TOP Switch – GX 的应用电路

TOP Switch – GX 系列产品应用电路的典型结构如图 8.1.2 所示。电路设计可利用 Power Integrations(PI)公司提供的电源设计软件"PI Expert™"完成。该软件是由 Power Integrations(PI)公司免费提供的(www. powerint. com)。TOP Switch – GX 系列产品输出功率为 9～290 W。

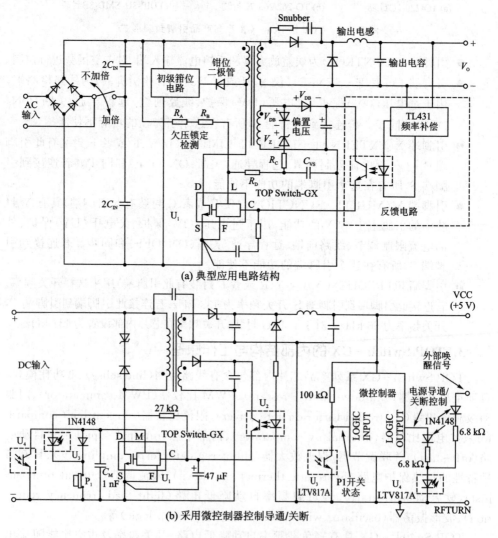

(a) 典型应用电路结构

(b) 采用微控制器控制导通/关断

图 8.1.2　TOP Switch – GX 系列产品的应用电路的典型结构

采用 TOP246 的多路输出开关电源电路如图 8.1.3 所示，输出功率为 45 W（连续）/60 W（峰峰值），输出电压为 3.3(1± 5%) V、5(1±5%) V、12(1±7%) V、18(1±7%) V 和 30(1±8%) V。

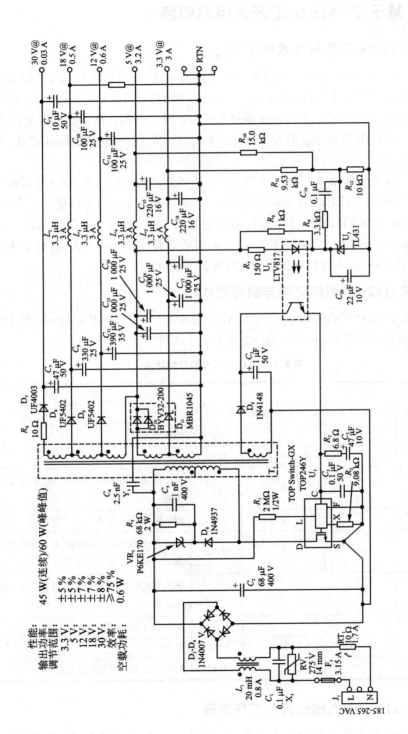

图 8.1.3　采用 TOP24 的 660 W 多路输出开关电源电路

## 8.1.2　基于 TEA152x 的开关电源电路

### 1 . TEA152x 的主要技术性能与特点

TEA152x 是 NXP 公司生产的单片开关电源电路,系列产品包括 TEA1520P～TEA1524P、TEA1520T～TEA1523T 和 TEA1522AJM～TEA1524AJM,共 12 种型号,属于工作在不连续模式下的电压控制型反激式开关电源。产品适用于交流 80～276 V 输入电压,开关频率范围为 10～200 kHz,50 W 以下的小功率、小型化、低成本开关电源。

TEA152x 的开关频率可利用外部 RC 元件调整,做成"STAR plug(星形插头)"结构;片内集成了一只耐压为 654 V 的 MOSFET 功率开关管。当环境温度为 25 ℃时,TEA1520～TEA1524 的漏—源极通态电阻分别为 48 Ω、24 Ω、12 Ω、6.5 Ω、3.4 Ω;在低输出功率时,开关频率自动减小,待机功耗小于 100 mW;具有输出过电流保护、短路保护、输入过电压保护和过热保护等功能。

### 2. TEA152x 的引脚功能与封装形式

TEA152x 系列产品采用 DIP - 8(TEA152xP)、SO - 14(TEA152xT) 和 DBS - 9P(TEA152xAJM)封装,各引脚端功能如表 8.1.1 所列。

表 8.1.1　TEA152x 的引脚功能

| 元　件 | | | 符　号 | 功　能 |
|---|---|---|---|---|
| TEA152xP | TEA152xT | TEA152xAJM | | |
| 1 | 1 | 1 | $V_{CC}$ | 电源电压 |
| 2 | 2,3,4,5,9,10 | 2 | GND | 电源地 |
| 3 | 6 | 3 | RC | 外接振荡电阻和振荡电容,用于设置开关频率 |
| 4 | 7 | 4 | REG | 调节输入 |
| — | — | 5 | SGND | 信号地,连接到裸露的焊盘,必须连接到引脚端 2 |
| 5 | 8 | 6 | AUX | 辅助绕组的电压输入端,可用于高频变压器的退磁 |
| 6 | 11 | 7 | SOURCE | MOSFET 功率开关管的源极 |
| 7 | 12,13 | 8 | N. C. | 空脚 |
| 8 | 14 | 9 | DRAIN | MOSFET 功率开关管的漏极 |

### 3. TEA152x 的内部结构与工作原理

TEA152x 的芯片内部包含主电源、振荡器、2.5 V 基准电压源、误差放大器、

PWM脉宽调制器、主控门、控制逻辑、保护逻辑及过电流、短路、保护、过热及上电复位电路、驱动级和MOSFET功率开关管、退磁等。

TEA152x利用反馈电压调节占空比来实现稳压,例如:当输出电压$V_O$下降时,反馈电压$V_{REG}$也随之降低,$V_{REG}$与内部2.50 V基准电压($V_{REF}$)进行比较和放大后,产生误差电压$V_r$,$V_r$控制PWM脉宽调制器调节输出脉冲信号的占空比,使占空比增大,迫使$V_O$升高,最终使$V_O$保持不变。

当开关频率$f=100$ kHz时,占空比的调节范围为$0\sim75\%$。

当输出功率很小、误差电压$V_r\leqslant1.8$ V时,振荡器就进入低频工作模式,通过延长振荡周期来提高电源效率。

### 4. TEA152x 的应用电路

采用TEA152x构成的开关电源电路如图8.1.4所示。

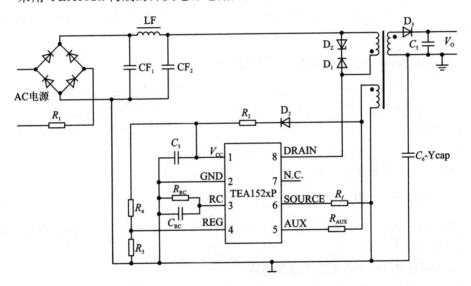

**图 8.1.4　TEA152x 构成的开关电源的电路**

为防止开始通电时,输入滤波电容的充电电流过大,在交流电源输入端串联了一只负温度系数的热敏电阻$R_1$(NTC)。

该电路采用整流桥进行AC/DC变换,由CF$_1$、LF和CF$_2$构成Ⅱ型滤波器,交流电源电压$U$经过整流滤波后获得直流高压,给高频变压器初级供电。由D$_2$和D$_1$构成的钳位保护电路,可将漏感产生的尖峰电压衰减到安全范围内,避免损坏芯片。次级绕组电压通过D$_3$、C$_5$整流滤波后,获得输出电压$V_O$。

偏置绕组电压分成两路:第一路经D$_2$、R$_2$、C$_3$整流滤波后,为TEA1520提供电源电压$V_{CC}$,再经过R$_3$、R$_4$分压后得到反馈电压$V_{REG}$,加至TEA1520的引脚端4;另一路则通过退磁电阻$R_{AUX}$连接到引脚端5。

$R_{RC}$ 和 $C_{RC}$ 分别为振荡电阻和振荡电容。$R_1$ 是过电流检测电阻，利用过电流保护电路可限制漏极电流。

# 8.2　DC/DC 变换电路设计

## 8.2.1　基于 MC34063 的升压/降压 DC/DC 电路

### 1. MC34063 的主要技术性能与特点

MC34063A 是 Analog Integrations 公司生产的 DC/DC 电压变换器电路，具有 1.25 V、误差为 $\pm 1.8\%$ 的基准电压源，输入电源电压范围为 $3 \sim 40$ V，输出开关峰值电流为 1.5 A，开关频率为 $0.1 \sim 100$ kHz，静态工作电流为 1.6 mA，工作温度范围为 $-40 \sim +85$ ℃（AB 级），可以构成输出电压可调的升压式、降压式和极性相反式 DC/DC 变换器。

### 2. MC34063 的引脚功能与封装形式

MC34063A 采用 DIP‑8 和 SO‑8 封装。各引脚端功能如下：引脚端 1（SC）为功率开关管集电极（1.6 A）；引脚端 2（SE）为功率开关管发射极；引脚端 3（TC）连接定时电容；引脚端 4（GND）为地；引脚端 5（FB）为比较器反相输入端；引脚端 6（$V_{CC}$）为电源电压正端；引脚端 7（IPK）为电流取样反馈输入端（$V_{CC} - V_{IPK} = 300$ mV）；引脚端 8（DRI）为驱动器集电极。

### 3. MC34063 的内部结构与应用电路

MC34063A 的芯片内部包含 1.25 V 基准电压、比较器、振荡器、控制逻辑电路和输出驱动器等电路。

**（1）降压式 DC/DC 电压变换器电路**

由 MC34063A 构成的降压式 DC/DC 电压变换器电路如图 8.2.1 所示。该变换

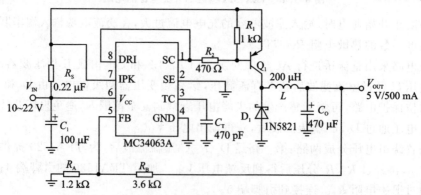

图 8.2.1　MC34063A 构成的降压式 DC/DC 电压变换器电路

器电路的技术参数为：输入电压调整率为 40 mV($V_{IN}=10\sim20$ V@$I_O=500$ mA)，负载调整率为 5 mV($V_{IN}=15$ V@$I_O=10\sim500$ mA)，短路电流为 1.3 A($V_{IN}=15$ V@$R_L=0.1$ Ω)。

**（2）升压式 IC/DC 电压变换器电路**

由 MC34063A 构成的升压式 DC/DC 电压变换器电路如图 8.2.2 所示。该变换器电路的技术参数为：输入电压调整率为 100 mV($V_{IN}=816$ V@$I_O=200$ mA)，负载调整率为 5 mV($V_{IN}=12$ V@$I_O=80\sim200$ mA)。

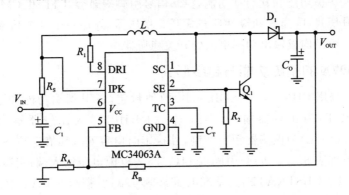

**图 8.2.2　MC34063A 构成的升压式 DC/DC 电压变换器电路**

**（3）极性反转式 DC/DC 电压变换器电路**

由 MC34063A 构成的极性反转式 DC/DC 电压变换器电路如图 8.2.3 所示。该变换器电路的技术参数为：输入电压调整率为 20 mV($V_{IN}=4.5\sim6$ V@$I_O=100$ mA)，负载调整率为 100 mV($V_{IN}=5$ V@$I_O=10\sim100$ mA)。

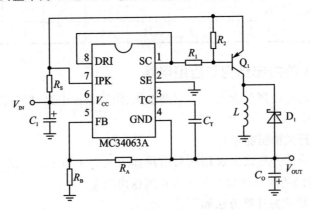

**图 8.2.3　MC34063A 构成的极性反转式 DC/DC 电压变换器电路**

## 8.2.2 基于 TL497A 的升压/降压 DC/DC 电路

### 1. TL497A 的主要技术性能与特点

TL497A 是 Texas Instruments 公司生产的一种开关稳压器电路。其输入电源电压范围为 4.5～12 V,输出电流为 500 mA,输出电压可调,转换效率为 60%,输入电压调整率可达 0.2%,负载调整率可达 0.4%,工作温度范围为－40～＋85 ℃(工业级),具有过流保护功能和软启动功能,控制信号引脚端兼容 TTL 和 CMOS 电平,可以被设计成升压式、降压式和极性反转式开关稳压器,外加一个开关功率器件(GTR 或 MOSFET)可以构成输出功率更大的开关稳压器。

### 2. TL497A 的引脚功能与封装形式

TL497A 采用 DIP - 14 和 SOIL - 14 两种封装,各引脚端功能如下:引脚端 1 (COMP INPUT)为比较器输入;引脚端 2(INHIBIT)为比较器输出;引脚端 3 (FREQ CONTROL)为振荡器频率控制,外接定时电容 $C_T$,其值与功率开关导通时间的对应关系如表 8.2.1 所列;引脚端 14($V_{cc}$)为电源电压输入端;引脚端 5(GND)为地;引脚端 4(SUBSTRATE)为基准电压源参考端;引脚端 6(CATHODE)为内部二极管阴极;引脚端 7(ANODE)为内部二极管阳极;引脚端 13(CUR LIM SENS)为限流检测引脚端;引脚端 11(BASE)为输出功率晶体管基极;引脚端 8(EMIT OUT)为输出功率晶体管发射极;引脚端 10(COL OUT)为输出功率晶体管集电极;引脚端 12(BASE DRIVE)为输出功率晶体管基极驱动;引脚端 9(NC)为空脚。

表 8.2.1 定时电容 $C_T$ 与功率开关导通时间的对应关系

| 定时电容 $C_T$/pF | 200 | 250 | 350 | 400 | 500 | 750 | 1 000 | 1 500 | 2 000 |
|---|---|---|---|---|---|---|---|---|---|
| 导通时间/μs | 19 | 22 | 26 | 32 | 44 | 56 | 80 | 120 | 180 |

### 3. TL497A 的内部结构与应用电路

TL497A 的芯片内部包含 1.2 V 基准电压、限流采样电路、振荡器电路及功率晶体管输出电路等。

#### (1) 升压式开关稳压器电路

TL497A 构成的升压式开关稳压器电路如图 8.2.4 所示。峰值开关电流 $I_{PK}$ 小于 500 mA;也可以使用外部功率晶体管扩展输出功率。

电路中各参数值的计算方法如下:

$$I_{PK} = 2I_{O\,MAX}\left[\frac{V_O}{V_I}\right] \qquad L\,(\mu H) = \frac{V_I}{I_{PK}}t_{ON}(\mu s)$$

$$C_T(pF) \approx 12t_{ON}(\mu s) \qquad R_1 = (V_O - 1.2)k\Omega$$

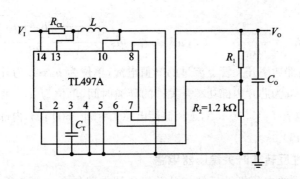

**图 8.2.4　TL497A 构成的升压式开关稳压器电路**

$$R_{CL} = \frac{0.5\ \text{V}}{I_{PK}} \qquad C_O(\mu\text{F}) \approx t_{ON}(\mu\text{s})\frac{\left[\dfrac{V_1}{V_O}I_{PK} + I_O\right]}{V_{ripple}(\text{PK})}$$

式中：$I_{PK}$ 为芯片内部功率开关管上流过的峰值电流,单位为 mA;$L$ 为外接储能电感的电感量,单位为 $\mu$H;$T_{ON}$ 为芯片内部功率开关管的导通时间,单位为 $\mu$s。要求内部功率开关管上流过的峰值电流 $I_{PK} \leqslant 500$ mA,选择储能电感 $L = 50 \sim 500\ \mu$H,内部功率开关管的导通时间 $T_{ON} = 25 \sim 150\ \mu$s。

**(2) 降压式开关稳压器电路**

　　TL497A 构成的降压式开关稳压器电路如图 8.2.5 所示。峰值开关电流 $I_{PK}$ 小于 500 mA;也可以使用外部功率晶体管扩展输出功率。

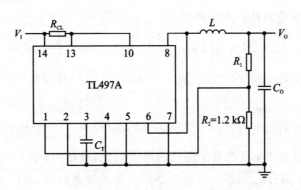

**图 8.2.5　TL497A 构成的降压式开关稳压器电路**

电路中各参数值的计算方法如下：

$$I_{PK} = 2I_{O\,MAX} \qquad L(\mu\text{H}) = \frac{V_1 - V_O}{I_{PK}}t_{ON}(\mu\text{s})$$

$$C_T(\text{pF}) \approx 12\,t_{ON}(\mu\text{s}) \qquad R_1 = (V_O - 1.2)\text{k}\Omega$$

$$R_{CL} = \frac{0.5\ V}{I_{PK}} \qquad C_O(\mu F) \approx t_{ON}(\mu s) \frac{\left[\frac{V_1 - V_O}{V_O} I_{PK} + I_O\right]}{V_{ripple}(PK)}$$

式中，$I_{PK}$ 为芯片内部功率开关管上流过的峰值电流，单位为 mA；$L$ 为外接储能电感的电感量，单位为 $\mu H$；$t_{ON}$ 为芯片内部功率开关管的导通时间，单位为 $\mu s$。要求内部功率开关管上流过的峰值电流 $I_{PK} \leqslant 500$ mA，选择储能电感 $L = 50 \sim 500\ \mu H$，内部功率开关管的导通时间 $t_{ON} = 25 \sim 150\ \mu s$。

**(3) 电压极性反转式开关稳压器电路**

TL497A 构成的电压极性反转式开关稳压器电路如图 8.2.6 所示。峰值开关电流 $I_{PK}$ 小于 500 mA；也可以使用外部功率晶体管扩展输出功率的电路形式。

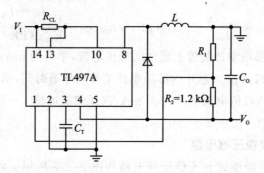

**图 8.2.6　TL497A 构成的电压极性反转式开关稳压器电路**

电路中各参数值的计算方法如下：

$$I_{PK} = 2I_{O\ MAX}\left[1 + \frac{|V_O|}{V_1}\right] \qquad L(\mu H) = \frac{V_1}{I_{PK}} t_{ON}(\mu s)$$

$$C_T(pF) \approx 12 t_{ON}(\mu s) \qquad R_1 = (|V_O| - 1.2)\ k\Omega$$

$$R_{CL} = \frac{0.5\ V}{I_{PK}} \qquad C_O(\mu F) = t_{ON}(\mu s) \frac{\left[\frac{V_1}{|V_O|} I_{PK} + I_O\right]}{V_{ripple}(PK)}$$

式中，$I_{PK}$ 为芯片内部功率开关管上流过的峰值电流，单位为 mA；$L$ 为外接储能电感的电感量，单位为 $\mu H$；$t_{ON}$ 为芯片内部功率开关管的导通时间，单位为 $\mu s$。要求内部功率开关管上流过的峰值电流 $I_{PK} \leqslant 500$ mA，选择储能电感 $L = 50 \sim 500\ \mu H$，内部功率开关管的导通时间 $t_{ON} = 25 \sim 150\ \mu s$。

**(4) 扩展输入电源电压范围的开关稳压器电路**

扩展输入电源电压范围的开关稳压器电路结构如图 8.2.7 所示。电路中各元器件参数值的计算方法如下：

$$R_{CL} = \frac{V_{BE(Q_1)}}{I_{limit}(PK)} \qquad R_1 + \frac{V_1}{I_{B(Q_2)}} \qquad R_2 = (V_{reg} - 1)10\ k\Omega$$

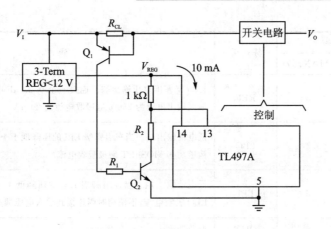

图 8.2.7　扩展输入电源电压范围的开关稳压器电路结构

## 8.2.3　基于 MAX756/MAX757 的 3.3 V/5 V/可调输出、升压 DC/DC 电路

### 1. MAX756/MAX757 的主要技术性能与特点

MAX756/MAX757 是 MAXIM 公司生产的 CMOS 升压 DC/DC 开关调节器电路。MAX756 可接收一个低到 0.7 V 的正输入电压,将它变换为 3.3 V 或 5 V 输出电压(可通过控制引脚端选择);MAX757 可接收一个低到 0.7 V 的正输入电压,产生一个范围在 2.7~5.5 V 的可调输出电压。MAX756/MAX757 满载效率的典型值大于 87%(200 mA)。MOSFET 功率晶体管开关频率高达 0.5 MHz,在整个温度范围内基准电压容差为 ±1.5%,静态电流为 60 μA,低功耗电流为 20 μA,具有低电池检测(LBI/LBO)功能。

### 2. MAX756/MAX757 的引脚功能与封装形式

MAX756/MAX757 采用 DIP-8 和 SO-8 封装,各引脚功能如表 8.2.2 所列。

表 8.2.2　MAX756/MAX757 的引脚功能

| 引　脚 | | 符　号 | 功　能 |
|---|---|---|---|
| MAX756 | MAX757 | | |
| 1 | 1 | $\overline{\text{SHDN}}$ | 低功耗控制引脚端,低电平有效。当低电平时,芯片 SMPS 功能不使能,仅基准电压和低电池比较器维持工作 |
| 2 | — | $3/\overline{5}$ | 输出电压选择。低电平选择输出电压为 5 V,高电平选择输出电压为 3.3 V |
| — | 2 | FB | 可调输出工作模式的反馈输入端,连接到在引脚端 OUT 和 GND 之间的分压器 |

续表 8.2.2

| 引　　脚 | | 符　号 | 功　　能 |
|---|---|---|---|
| MAX756 | MAX757 | | |
| 3 | 3 | REF | 1.25 V 基准电压输出端。连接一个 0.22 μF 电容到 GND，最大输出电流为 250 μA，吸收电流为 20 μA |
| 4 | 4 | LBO | 低电池输出端。当在引脚端 LBI 的压降低于 +1.25 V 时，N 沟道功率 MOSFET 漏极吸收电流 |
| 5 | 5 | LBI | 低电池输入端。当在引脚端 LBI 的压降低于 +1.25 V 时，LBO 吸收电流，不使用时则连接到输入电压端 |
| 6 | 6 | OUT | 调节器输出 |
| 7 | 7 | GND | 电源地，必须是低阻抗，直接焊接到接地板 |
| 8 | 8 | LX | N 沟道功率 MOSFET 漏极（1 A，0.5 Ω） |

### 3. MAX756/MAX757 的内部结构与应用电路

　　MAX756/MAX757 芯片内部包含电压基准、控制逻辑电路、开关调节电路、功率 N 沟道 MOSFET 输出电路及低电池检测等。

　　MAX756 的典型应用电路如图 8.2.8 所示，MAX757 的典型应用电路如图 8.2.9 所示。其输出电压 $V_{OUT} = V_{REF}[(R_2 + R_1)/R_2]$，而 $R_1 = R_2[(V_{OUT}/V_{REF}) - 1]$。

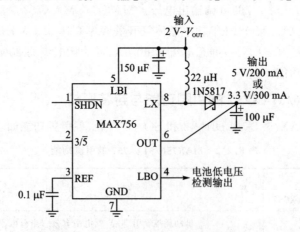

图 8.2.8  MAX756 的典型应用电路

　　由于在 FB 端的最大偏置电流为 100 nA，$R_1$ 和 $R_2$ 的阻值范围为 10~200 kΩ，如果要求误差为 ±1%，则流过 $R_1$ 的电流至少应为 FB 端偏置电流的 100 倍。

　　MAX756/MAX757 具有片内低电池检测电路，其门限电压由电阻 $R_3$ 和 $R_4$ 的值决定。利用下式可由 $R_3$ 和 $R_4$ 求出门限电压。

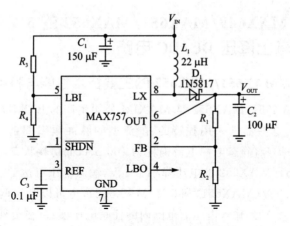

图 8.2.9 MAX757 的典型应用电路

$$R_3 = R_4 \left[ (V_{IN}/V_{REF}) - 1 \right]$$

式中,$V_{IN}$是所需的低电池检测器的门限电压,$R_3$ 和 $R_4$ 是 LBI 端输入分压器的电阻, $V_{REF}$ 是内部 1.25 V 基准电压。

由于 LBI 电流小于 100 nA,所以 $R_3$ 和 $R_4$ 的阻值范围为 10～200 kΩ。当 LBI 端 的电压小于内部门限电压时,LBO 吸收电流到地;当 LBI 端的电压大于门限电压时, LBO 输出截止。当 MAX756/MAX757 处于关闭方式时,低电池比较器和基准电压 仍保持有效。如果不使用低电池比较器,则将 LBI 连接到 $V_{IN}$ 并使 LBO 开路。

对于大多数 MAX756/MAX757 典型应用电路中的电感器 $L_1$,其值为 22 $\mu$H 已经足够,减小电感值(建议采用 10 $\mu$H)可使附加的纹波变小。电感值的直流电 阻对效率有明显的影响,为得到最高效率,应把 $L_1$ 的直流电阻限制到 0.03 Ω 或者 更小。

当电流为 200 mA、电压从 2 V 升至 5 V 时,100 $\mu$F/10 V 表面贴装(SMT)钽电 容器输出纹波的典型值为 50 mV。如果负载较轻或在容许有较大输出纹波的应用 场合,也可以使用较小(小至 10 $\mu$F)的电容器。

整流二极管推荐使用开关型肖特基二极管,例如 1N5817。对于低输出功率的应 用,可采用 IN4148 开关二极管。

由于 MAX756/MAX757 工作于高峰值电流和高频率,所以印制电路板布线和 接地十分重要。MAX756/MAX757 的引脚端 GND 与 $C_1$ 和 $C_2$ 接地引线之间的距离 必须保持小于 5 mm。所有到引脚端 FB 和 LX 的连线应当保持尽可能短。为了获 得大的输出功率和最小的纹波电压,应使用接地板,并把 MAX756/MAX757 的 GND(引脚端 7)直接焊接到此接地板上。

## 8.2.4　基于 MAX649/MAX651/MAX652 的 5 V/3.3 V/3 V/可调输出降压 DC/DC 电路

### 1. MAX649/MAX651/MAX652 的主要技术性能与特点

MAX649/MAX651/MAX652 是 MAXIM 公司生产的 BiCMOS、降压型 DC/DC 开关控制器电路。这些器件采用独特的、限流型的脉冲频率调制(PFM)控制方案,开关频率高达300 kHz,静态电源电流消耗为 100 $\mu$A,低功耗状态电流消耗为 5 $\mu$A。MAX649/MAX651/MAX652 的电压降小于 1 V,输入电压可达 16.5 V,输出电压为 5 V(MAX649)、3.3 V(MAX651)和 3 V(MAX652),也可以利用两个外部反馈电阻使输出调整为从 1.5 V 到输入电压值范围内的任意电压值;可在负载电流为 10 mA～2.5 A 的范围内保持高效率状态;工作温度范围为－55～＋125 ℃。

### 2. MAX649/MAX651/MAX652 的引脚功能与封装形式

MAX649/MAX651/MAX652 采用 DIP - 8 和 SO - 8 封装,各引脚功能如表 8.2.3所列。

表 8.2.3　MAX649/MAX651/MAX652 的引脚功能

| 引　脚 | 符　号 | 功　能 |
| --- | --- | --- |
| 1 | OUT | 固定 5 V、3.3 V 或者 3 V 输出的检测输入端,连接到内部分压器,虽然 OUT 连接到输出电路,但不提供输出电流 |
| 2 | FB | 反馈输入端。连接到 GND 为固定输出电压工作模式;连接到 OUT、FB 和 GND 之间的分压器,输出电压可调 |
| 3 | SHDN | 低功耗模式控制端。高电平有效。低功耗模式时,基准电压和外部 MOSFET 功率管关断,OUT＝0 V;正常工作模式时,SHDN 连接到 GND |
| 4 | REF | 1.5 V 基准电压输出端。源电流为 100 $\mu$A,连接一个 0.1 $\mu$F 的旁路电容 |
| 5 | $V_+$ | 电源电压正端输入端 |
| 6 | CS | 电流检测输入端。在 $V_+$ 与 CS 之间连接一个电流检测电阻,当电阻上的电压超过设定的限流值时,外部 MOSFET 功率管关断 |
| 7 | EXT | 外部 P 沟道 MOSFET 管驱动端。输出信号摆幅在 $V_+$ 与 GND 之间 |
| 8 | GND | 地 |

### 3. MAX649/MAX651/MAX652 的内部结构与应用电路

MAX649/MAX651/MAX652 的芯片内部包含有最小关断时间的单稳态电路、最大导通时间的单稳态电路、电流控制电路、双模式比较器、误差比较器、电流比较器、0.2 V 全电流源、0.1 V 半电流源及输出驱动等。

434

全国大学生电子设计竞赛电路设计（第 3 版）

MAX649/MAX651/MAX652 采用了独特的限电流型 PFM 控制技术。当电压比较器检测到输出电压低于稳压范围时，外部功率 MOSFET 开关管被导通，开关的接通和断开过程是由峰值电流限制电路以及一对设置最大导通时间（16 μs）与最小关断时间（2.3 μs）的单稳态电路共同控制的。一旦开关被断开，则最小关断时间单触发电路使开关断开 2.3 μs。在最小关断时间完成以后，如果输出电压在稳压范围内，则开关继续处于断开；如果输出电压低于稳压范围，则开关接通。

MAX649/MAX651/MAX652 的应用电路如图 8.2.10 所示：图 8.2.10(a) 为固定输出电压形式；图 8.2.10(b) 为可调输出电压形式。输出电压与电阻 $R_2$ 和 $R_3$ 的关系如下：

$$R_2 = R_3 \left[ (V_{\text{OUT}} / V_{\text{REF}}) - 1 \right]$$

式中，$V_{\text{REF}} = 1.5$ V。

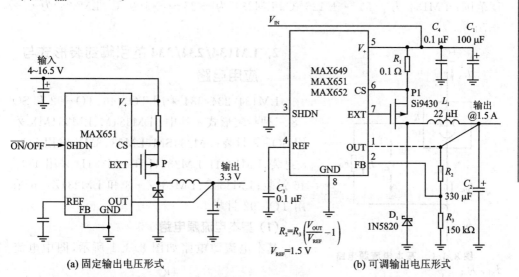

**图 8.2.10 MAX649/MAX651/MAX652 的应用电路**

电流检测电阻将峰值电流限制在 $210$ mV$/R_1$。电感值范围为 $10 \sim 50$ μH 或者更大。二极管建议使用肖特基二极管，例如 1N5817～1N5822。二极管的平均电流应大于等于 $I_{\text{LIM}}$（最大值），耐压值应大于 $V_+$（最大值）。对于高温应用场合，由于肖特基二极管漏电流太大而不能使用，建议使用高速硅二极管代替。

由于高的开关频率和大的电流值会引起噪声辐射，所以印制电路板的合理布线是十分重要的。建议采用一个接地印制电路板面，低阻抗连接，使接地噪声最小；减小分布电容、回路电阻和噪声辐射，使元器件的引线长度应尽可能地短，特别是 FB（如果用外部分压器）和 EXT 的引出线要尽量短；将钳位二极管负极、输出滤波电容器和输入滤波电容器的接地端引到一个接地点；在尽可能靠近 $V_+$ 和 GND 引脚端的位置，连接一个 $0.1$ μF 的陶瓷旁路电容器。

## 8.3　恒流源电路设计

### 8.3.1　基于 LM134/234/334 的可调节的恒流源电路

#### 1. LM134/234/334 的主要技术性能与特点

LM134/LM234/LM334 是 National Semiconductor 公司生产的三端可调电流源。其工作电流范围为 10 000～1，动态电压范围为 1～40 V，电流调节仅需要利用一个外部电阻，可编程电流范围为 1 μA～10 mA，电流精度为 ±3%，电流调节能力为 0.02%/V，两端工作，是一个真正的浮电流源，不需要专门独立的电源。其工作温度范围：LM134 为 −55～+125 ℃；LM234 为 −25～+100 ℃；LM334 为 0～+70 ℃。

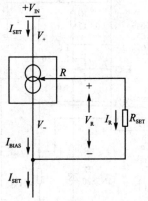

**图 8.3.1　基本电流源电路**

#### 2. LM134/234/334 的引脚封装形式与应用电路

LM134/234/334 采用 TO−46、TO−92 和 SO−8 三种封装形式。其中：LM334M、LM334MX 采用 SO−8 封装；LM334SM、LM334SMX 采用 SO−8 封装；LM134H、LM234H 和 LM334H 采用 TO−46 封装；LM334Z、LM234Z−3 和 LM234Z−6 采用 TO−92 封装。

#### (1) 基本电流源电路

基本电流源电路如图 8.3.1 所示，图中电流 $I_{SET}$ 为：

$$I_{SET} = \left(\frac{V_R}{R_{SET}}\right) \times 1.059$$

#### (2) 零温度系数的电流源

零温度系数的电流源电路如图 8.3.2 所示。图中采用了一个二极管（1N457）作温度补偿，$\dfrac{R_2}{R_1} \approx \dfrac{2.5\ \text{mV/℃} - 227\ \mu\text{V/℃}}{227\ \mu\text{V/℃}} \approx 10.0$。

图 8.3.2 中，电流 $I_{SET}$ 可按下式计算：

$$I_{SET} = I_1 + I_2 + I_{BIAS} = \frac{V_R}{R_1} + \frac{V_R + V_D}{R_2} \approx$$

$$\frac{67.7\ \text{mV}}{R_1} + \frac{67.7\ \text{mV} + 0.6\ \text{V}}{10.0 R_1}$$

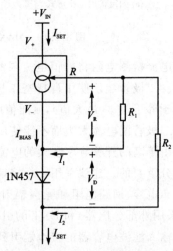

**图 8.3.2　零温度系数的电流源电路**

$$I_{SET} \approx \frac{0.134\ V}{R_1}$$

**(3) 输出电流扩展电路**

输出电流扩展电路如图 8.3.3 所示,利用一个晶体管扩展输出电流,输出电流为 $\beta I_{SET}$。

## 8.3.2　基于 LM4140 的可编程电流源电路

LM4140 是一个精密低噪声、低压降的电压基准。其内部精确性为 0.1%;温度系数为 3 ppm/℃;电源电流为 230 $\mu$A;可选择的输出电压为 1.024 V、1.250 V、2.048 V、2.500 V;采用 SO-8 封装。引脚端功能如下所示:

引脚端 6,$V_{REF}$:基准电压输出,输出电流 8 mA;

引脚端 2,Input:电源电压正端输入;

引脚端 1,4,7,8,Ground:电源电压负端输入,这个引脚端必须连接到地;

引脚端 3,Enable:使能控制,上拉到电源电压正端,芯片使能;连接这个引脚端到地,芯片不工作(关断);

引脚端 5,NC:未连接,必须是开路状态。

基于 LM4140 的可编程电流源电路如图 8.3.4 所示,电路设计要求:$V_{IN} > I_{OUT} \times R_L + V_{REF}$,输出电流 $I_{OUT} = V_{REF}/(R_1 + R_{SET}) + I_{REF}$,$V_{REF}$ 为芯片输出的基准电压。对于图示电路,$R_1 = 2.45$ k$\Omega$,使用 LM4120-2.5 V 芯片,有 $I_{OUT} = 1$ mA。

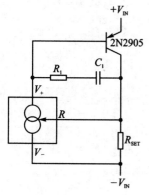

图 8.3.3　输出电流扩展电路

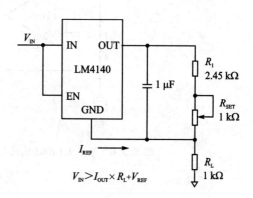

图 8.3.4　基于 LM4140 的可编程电流源电路

## 8.3.3　基于 LT6003 的精密 1.25 $\mu$A 电流源电路

LT6003/LT6004/LT6005 是单通道/双通道/四通道运算放大器,电源电压范围为 1.6～16 V,每个放大器的最大电源电流为 1 $\mu$A,输入偏置电流为 90 pA(最大值),输入失调电压 500 $\mu$V(最大值),输入失调电压漂移为 2 $\mu$V/℃,CMRR 为 100 dB,PSRR 为 95 dB。单通道器件 LT6003 采用 5 引脚 TSOT-23 和 2 mm×

2 mm DFN 封装。双通道器件 LT6004 可提供 8 引脚 MSOP 和 3 mm×3 mm DFN 封装。四通道器件 LT6005 采用 16 引脚 TSSOP 和 5 mm×3 mm DFN 封装。单通道器件 LT6003 引脚端封装形式如图 8.3.5 所示。

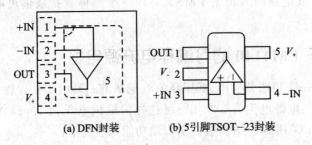

(a) DFN封装        (b) 5引脚TSOT–23封装

**图 8.3.5 LT6003 引脚端封装形式**

图 8.3.6 为基于 LT6003 的精密 1.25 μA 电流源电路,$I_{\text{LOAD}} = \dfrac{1.25 \text{ V}}{R_1}$,$V_S = V_{\text{LOAD}} + 2$ V。

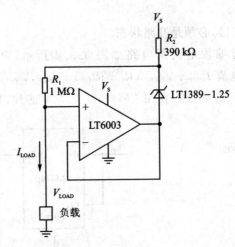

**图 8.3.6 基于 LT6003 的精密 1.25 μA 电流源电路**

# 第 **9** 章

# ADC 驱动和 DAC 输出电路设计

在历届全国大学生电子设计竞赛的电源类、信号源类、高频无线电类、放大器类、仪器仪表类、数据采集与处理类和控制类 7 大类作品中，ADC 和 DAC 几乎是不可缺少的电路之一。如图 9.0.1 所示，在整个信号链路中，ADC 和 DAC 作为微控制器的接口，完成模拟信号到数字信号、数字信号到模拟信号的转换。

随着全国大学生电子设计竞赛的深入和发展，电子设计竞赛从题目的深度、难度以及性能指标的要求都有很大的提高，对 ADC 和 DAC 转换位数、速度、精度等指标的要求也越来越高。ADC 和 DAC 电路可以选择专用的 IC 芯片实现，或者利用微控制器芯片内部包含的 ADC 和 DAC 模块实现。而 ADC 驱动电路和 DAC 输出电路的设计，以及基准电压的设计与选择则成为整个 ADC 和 DAC 电路设计的关键之一。本章介绍了专用 ADC 驱动 IC 的电路设计、采用 OP 构成的 ADC 驱动电路设计、DAC 输出电路设计和 ADC、DCA 电压基准电路设计。

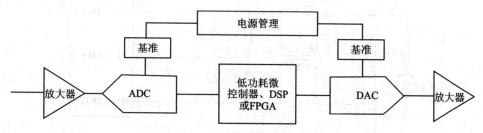

**图 9.0.1　信号链路中的 ADC 和 DAC**

## 9.1　专用 ADC 驱动 IC 的电路设计

### 9.1.1　基于 LTC6416 的 ADC 驱动电路

#### 1. LTC6416 的主要技术特性

LTC6416 是一款低噪声、差分 16 位 ADC 缓冲器芯片。其差分输入阻抗为 12 kΩ；允许在输入端上使用 1∶1、1∶4 和 1∶8 平衡-不平衡变压器；具有 2 GHz、−3 dB 小信号带宽，300 MHz、±0.1dB 带宽；输出噪声为 1.8 nV/$\sqrt{\text{Hz}}$；在 300 MHz

$OIP_3$ 为 40.25 dBm；$-74$ dBc/$-67.5$ dBc HD2/HD3（在 300 MHz，2V（p－p）输出）；$-72.5$ dBc IM3（在 300 MHz，2V（p－p）复合输出）；具有 DC 耦合信号通路；采用 2.7～3.9 V 单电源工作，功耗为 150 mW（采用 3.6 V 电源）；采用 2 mm×3 mm 10 引脚 DFN 封装，该器件对引出脚配置进行了优化，以便直接布设在靠近高速 12 位、14 位和 16 位 ADC 的地方。

### 2. LTC6416 的应用电路

用 LTC6416 在 140 MHz 驱动 16 位 ADC LTC2208 的应用电路如图 9.1.1 所示。图中，LTC6416 采用平衡-不平衡变压器实现差分输入和阻抗匹配。

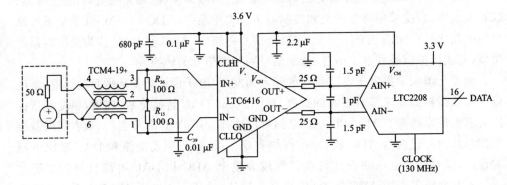

图 9.1.1　LTC6416 驱动 16 位 ADC LTC2208 的应用电路

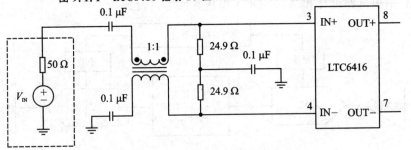

(a) 利用 1:1 平衡-不平衡变压器实现差分 50 Ω 输入阻抗匹配

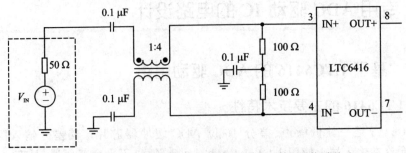

(b) 利用 1:4 平衡-不平衡变压器实现差分 50 Ω 输入阻抗匹配

图 9.1.2　LTC6416 的输入阻抗匹配电路

　　LTC6416 的输入与输出阻抗匹配电路如图 9.1.2 和图 9.1.3 所示。LTC6416 具有 12 kΩ 高差分输入阻抗,对于 50 Ω 的信号源,如图 9.1.2(a)和图 9.1.2(b)所示,可以利用 1:1 和 1:4 平衡-不平衡变压器实现差分 50 Ω 输入阻抗匹配。图 9.1.3(a)和图 9.1.3(b)利用 1:1 和 1:4 平衡-不平衡变压器实现输出端 400 Ω 差分阻抗与负载阻抗 50 Ω 匹配。

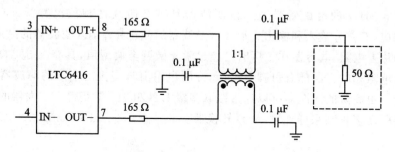

(a) 输出端400 Ω差分阻抗与负载阻抗50 Ω匹配电路1

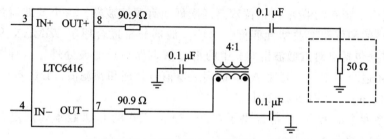

(b) 输出端400 Ω差分阻抗与负载阻抗50 Ω匹配电路2

**图 9.1.3　LTC6416 输出阻抗匹配电路**

## 9.1.2　基于 LTC66xx 系列芯片的 ADC 接口电路

### 1. LTC66xx 系列芯片主要技术特性

　　LTC66xx 是凌特公司(Linear Technology Corporation)推出的集成宽带有源滤波器和 ADC 驱动器系列芯片,包括:
- LTC6603 双路可编程 2.5 MHz 滤波器/ADC 驱动器。
- LTC6601 - 1 5～28 MHz 带宽、低噪声可配置 0.5% 容限滤波器/ADC 驱动器。
- LTC6605 - 7 双路匹配 7 MHz 滤波器/ADC 驱动器。
- LTC6605 - 10 双路匹配 10 MHz 滤波器/ADC 驱动器。
- LTC6605 - 14 双路匹配 14 MHz 滤波器/ADC 驱动器。

　　LTC6603 是一个具有双路匹配可编程 9 阶开关电容器的线性相位滤波器和 ADC 驱动器。滤波器高达 2.5 MHz 的低通截止频率,其增益可通过一个串行 SPI 端口调节,也可以通过引脚搭接来固定。由于 LTC6603 具有可编程性、陡峭的滤波

全国大学生电子设计竞赛电路设计(第 3 版)

器滚降频率响应以及保证的相位和增益性能,因而使其成为一款非常适合用于 CD-MA-2000、W-CDMA 和 LTE 毫微微蜂窝基站、中继器、RFID 阅读器、成像、声呐扫描接收器以及众多工业信号处理仪器中 I/Q 解调器的基带滤波器。LTC6603 采用小型 4 mm×4 mm、24 引线 QFN 封装。

LTC6601-1 是一个低噪声 0.5% 容限低通有源滤波器和 ADC 驱动器,该器件具有 5～28 MHz 的可配置带宽。该滤波器具有 2 阶线性相位巴特沃斯(Butter-worth)响应,有差分输入和输出。形成该滤波器的截止频率、Q(滤波器的品质因数)和增益的片上电阻、电容器在工厂时已经过激光微调至典型值,具有 0.5% 的绝对容限。这些电阻和电容器都有引脚引出,允许用户用引脚搭接出不同的滤波器响应和增益组合。更高阶的滤波器可以通过级联多级 LTC6601-1 获得。放大器的输出级可以直接驱动多种高采样速率 A/D 转换器。芯片采用 4 mm×4 mm、20 引线 QFN 封装。

LTC6605-7、LTC6605-10 和 LTC6605-14,分别具有 7 MHz、10 MHz 和 14 MHz 带宽固定频率、2 阶线性相位双路匹配低通有源滤波器。每个滤波器都能够保证提供严格的相位和增益特性匹配。这些滤波器非常适合用于 WiMAX 和宽带无线接入设备(包括点对点微波链路)中的 I/Q 解调器通道滤波处理。这种匹配的滤波器性能还适合用于驱动高速 ADC 的多通道信号处理和预滤波。LTC6605 系列采用 6 mm×3 mm、22 引线 DFN 封装。

这个系列中的所有 IC 都提供了在 0～70 ℃工作的 C 级版本和规定在 -40～85 ℃工作的 I 级版本。

### 2. LTC6601-1 应用电路

一个采用 LTC6601-1 作为 ADC 驱动和滤波器的基本电路如图 9.1.4 所示,芯片内部等效电路如图 9.1.5 所示。相关的计算公式如下:

$$\frac{V_{\text{OUTDIFF}}}{V_{\text{INDIFF}}} = \frac{\text{GAIN}}{1 + \frac{s}{2\pi f_0 \cdot Q} + \frac{s^2}{(2\pi f_0)^2}}$$

$$f_0 = \frac{1}{2\pi \sqrt{R_2 \cdot R_3 \cdot C_1 \cdot C_2}}$$

$$Q = \sqrt{\frac{C_2}{C_1}\frac{R_3}{R_2}} \cdot \frac{1}{1 + (1 + |\text{ GAIN }|) \cdot \frac{R_3}{R_2} - \frac{C_2}{C_1}}$$

$$\text{GAIN} = R_2/R_1$$

$$f_{3\text{dB}} = f_0 \cdot \sqrt{\frac{6\,089 \cdot \sqrt{(3\,568 \cdot Q^4 - 1\,788 \cdot Q^2 + 447)} + 1.287 \cdot 10^5 \cdot (2 \cdot Q^2 - 1)}{507.6 \cdot Q}}$$

$$Q = \frac{0.223\,6 \cdot f_0 \cdot \sqrt{2.109 \cdot 10^5 \cdot \sqrt{(9.891 \cdot 10^{12} \cdot f_{3\text{dB}}{}^4 - 5.486 \cdot 10^9 \cdot f_0{}^4) + 120 \cdot (5.526 \cdot 10^9 \cdot f_{3\text{dB}}{}^2 + 3.082 \cdot 10^5 \cdot f_0)}}{\sqrt{(16 \cdot f_0 \cdot (8.29 \cdot 10^9 \cdot f_{3\text{dB}}{}^2 + 4.127 \cdot 10^9 \cdot f_0) - 6.638 \cdot 10^{10} \cdot f_{3\text{dB}})}}$$

有关该芯片的电路结构配置与元器件参数选择的更多内容请登录"http://cds. linear. com/docs/Datasheet/66011f. pdf"查阅"LTC6601 - 1 Low Noise，0.5% Tolerance，5MHz to 28MHz，Pin Configurable Filter/ADC Driver"。

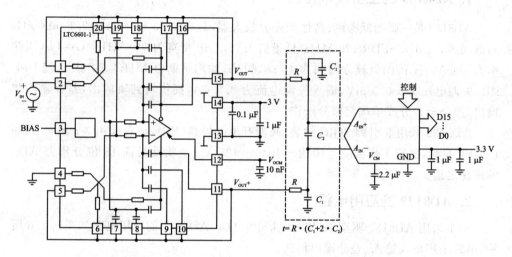

图 9.1.4 LTC6601 - 1 作为 ADC 驱动和滤波器的基本电路

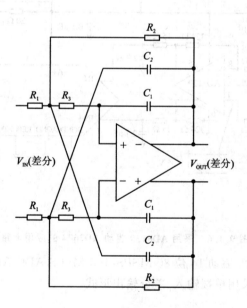

图 9.1.5 LTC6601 - 1 芯片内部等效电路

### 9.1.3　基于 AD8139 的 ADC 接口电路

#### 1. AD8139 的主要技术特性

AD8139 是一款超低噪声、高性能差分放大器，具有 $2.25\ \text{nV}/\sqrt{\text{Hz}}$、$2.1\ \text{pA}/\sqrt{\text{Hz}}$ 的低噪声，72 dBc SFDR（20 MHz）低谐波失真，3 dB 带宽为 410 MHz（$G=1$），压摆率为 800 V/$\mu$s，0.01％建立时间为 45 ns，69 dB 输出平衡（1 MHz），80 dB 直流 CMRR，失调电压为 $\pm 0.5$ mV，输入失调电流为 0.5 $\mu$A，提供轨到轨输出，差分输入和输出，差分至差分或单端至差分操作。

AD8139 采用 8 引脚 SOIC 封装，底部有裸露焊盘（EP），或者采用 3 mm×3 mm LFCSP 封装，额定工作温度范围为 $-40\sim +125$ ℃，是驱动最高 18 位分辨力 ADC 的理想之选。

#### 2. AD8139 的应用电路

一个采用 AD8139 驱动 18 位 800 kSPS ADC AD7674 的应用电路如图 9.1.6 所示，电路采用单端输入、差分输出形式。

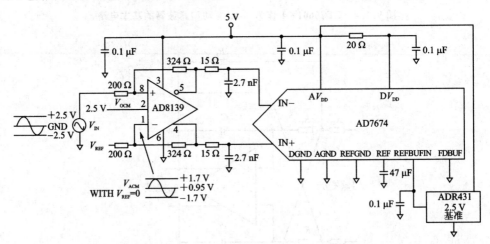

**图 9.1.6　采用 AD8139 驱动 AD7674 的应用电路**

一个采用 AD8139 驱动 14 位 80 MSPS/105 MSPS ADC AD6645 的应用电路如图 9.1.7 所示，电路采用单端输入、差分输出形式。

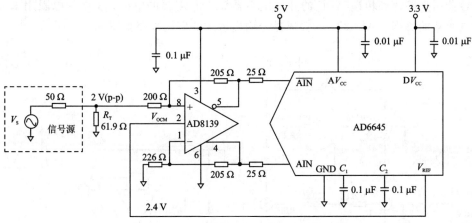

图 9.1.7 采用 AD8139 驱动 AD6645 的应用电路

## 9.1.4 基于 AD8275 的电平转换 ADC 驱动器电路

### 1. AD8275 的主要技术特性

AD8275 是一款 $G=0.2$、电平转换 16 位 ADC 驱动器芯片,能够将 $\pm10$ V 转换到 $+4$ V,输入过压为 $+40\sim-35$ V($V_S=5$ V),快速稳定时间为 450 ns,精确到 $0.001\%$,共模抑制比 CMRR 为 96 dB,增益漂移为 1 ppm/℃,失调漂移为 2.5 $\mu$V/℃,工作电源电压为 $+3.3\sim+15$ V,采用小型 MSOP 封装,可以直接驱动 16 位 SAR ADC。

### 2. AD8275 的应用电路

一个采用 AD8275 驱动单端 ADC 的应用电路如图 9.1.8 所示,电路中的2.7 nF

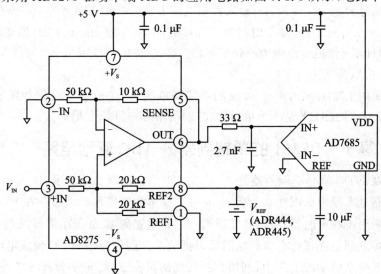

图 9.1.8 采用 AD8275 驱动单端 ADC 的应用电路

电容器用来储存和传递 ADC 的开关电容器输入所需要的电荷,33 Ω 的电阻用来减少电容器的负担。AD8275 配置成差分输出形式的应用电路如图 9.1.9 所示。

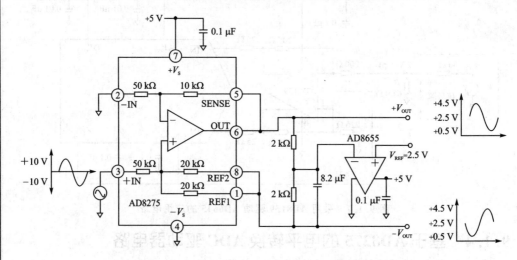

图 9.1.9　AD8275 配置成差分输出形式的应用电路

# 9.2　采用 OP 构成的 ADC 驱动电路设计

## 9.2.1　基于 LMH6618/6619 的单端到单端 ADC 驱动电路

LMH6618(单运算放大器)/LMH6619(双运算放大器)是一个 RRIO 运算放大器。其小信号带宽为 130 MHz;输入失调电压为 ±0.6 mV;噪声为 10 nV/$\sqrt{\text{Hz}}$;压摆率为 55 V/μs;到0.1％建立时间为 90 ns;SFDR 为 100 dBc;0.1 dB 带宽(AV=＋2)为 15 MHz;工作温度范围为 −40～＋125 ℃;工作电压范围为 2.7～11 V,电源电流为 1.25 mA(每通道 5 V)。

一个采用 LMH6618/6619 构成的单端到单端 ADC 驱动电路例如图 9.2.1 所示。图中,ADC121S101 是一个单通道、0.5～1 MSPS、12 位 ADC。

## 9.2.2　基于 AD8351 的单端到差分 ADC 驱动电路

一个宽带 DC 耦合单端到差分 ADC 驱动电路如图 9.2.2 所示。

该电路基本原理如图 9.2.3 所示,是一个简单的电平移动电路。在 $V_S$ 和信号源之间连接两个串联电阻器,将信号衰减到一半并偏置到 $V_S/2$。在信号源端和数值相等的负电源之间也连接两个串联电阻器以抵消来自信号源端的 DC 偏置电流。

在图 9.2.2 所示的电路中,利用相互跟踪的精密 ±DC 电平替代 ±$V_S$ 电源电压。另外,利用数量加倍的电平移动电阻器实现差分信号。通过从放大器的共模电压中

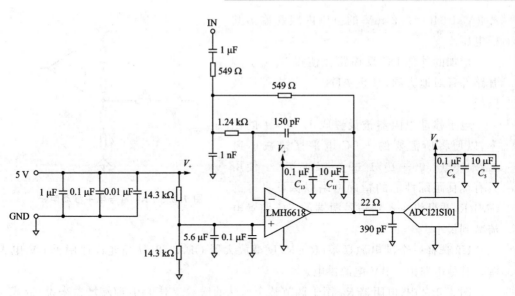

**图 9.2.1　采用 LMH6618/6619 构成的单端到单端 ADC 驱动电路**

447

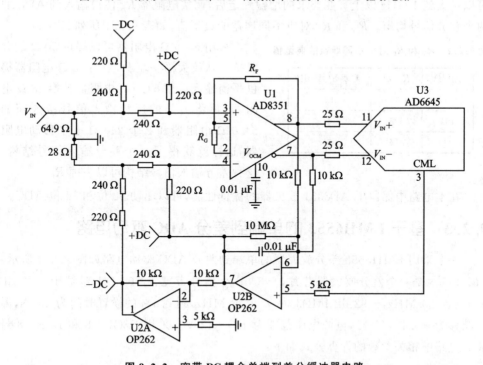

**图 9.2.2　宽带 DC 耦合单端到差分缓冲器电路**

减去 2.4 V ADC 参考信号产生±DC 电平,其中共模电压是由两个放大器通过相等阻值电阻器的输出相加后产生的。对这个差值信号进行放大、滤波和反向以产生±DC 电平。大约为 1 040 的 DC 反馈环路增益允许放大器可以在 ADC $V_{\text{REF}}$ 信号为

2.4 V/1 040＝2.3 mV 的范围内跟踪输出共模电压。

增加的外部 DC 反馈路径使得 $V_{OCM}$ 引脚开路并且对地去耦,禁止 AD8351 的内部反馈路径。

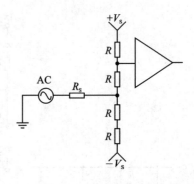

图 9.2.3　AC 信号电平移动电路

电平移动电阻器被设置成 1.09∶1 的比率,以便将所需要的＋DC 电平摆幅减小到 $\pm 2.4 \times [(1.09+1)/1.09]＝\pm 4.6$ V。使用具有优良跟踪性能的精确网络以保证良好的 CMRR,并且将注入到信号源端的 DC 偏置电流减到最小。

U2 选择一个满电源摆幅（R－R）反馈放大器 OPA262,从而允许使用±5 V 电源。其他电路由＋5 V 电源供电。

图 9.2.2 中,电阻器 $R_G$ 用于调节整个前端的增益。对 0 dB 前端增益来说,带宽可以扩大到 1 GHz 以上。在要求的增益确定后,调整电阻器 $R_F$ 使得输入到 ADC 的两个差分信号均衡。$R_G$ 和 $R_F$ 对应不同增益的典型值,如表 9.2.1 所列。

表 9.2.1　$R_G$ 和 $R_F$ 对应不同增益的典型值

| $R_G/\Omega$ | $R_F/\Omega$ | 前端增益/dB |
| --- | --- | --- |
| 56.2 | 1 540 | 12 |
| 154 | 698 | 6 |
| 1 000 | 316 | 0 |

采用 64.9 Ω 电阻器可以提供 50 Ω 的源阻抗。从放大器一端看,采用 28 Ω 电阻器提供平衡输入。用 64.9 Ω 电阻器替换 28 Ω 电阻器,再将另外的反相输入信号接入新的 64.9 Ω 电阻器和 2 个 240 Ω 电平移动电阻器,这样就获得了一个差分输入信号结构。这种差分输入信号结构可以去掉 $R_f$。

在本电路中保留了 AD8351 放大器的优良性能,可以驱动 12 位和 14 位 ADC。

## 9.2.3　基于 LMH6553 的单端到差分 ADC 驱动电路

一个采用 LMH6553 差分放大器的单端到差分 ADC 驱动电路如图 9.2.4 所示。LMH6553 是一个差分放大器芯片,－3 dB 小信号带宽为 900 MHz,基于－79 dB THD @ 20 MHz,－92 dB IMD3 @ $f_c$＝20 MHz,到 0.1% 的设置时间为 10 ns,温度漂移为－0.1 mV/℃,电源电压范围为 4.5～12 V。采用 PSOP－8 和 LLP－8 封装。电路中相关参数的计算公式如下:

$$A_V = \left( \frac{2(1-\beta_1)}{\beta_1 + \beta_2} \right) \quad \beta_1 = \left( \frac{R_G}{R_G + R_F} \right) \quad \beta_2 = \left( \frac{R_G + R_M}{R_G + R_F + R_M} \right)$$

$$R_S = R_T \parallel R_{IN} \quad R_M = R_T \parallel R_S \quad R_{IN} = \left( \frac{2R_G + R_M(1-\beta_2)}{1+\beta_2} \right)$$

一个采用 LMH6553 驱动 14 位 ADC 的应用电路如图 9.2.5 所示。对于 50 Ω

448

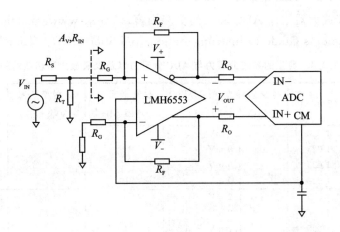

图 9.2.4　采用 LMH6553 的单端到差分 ADC 驱动电路

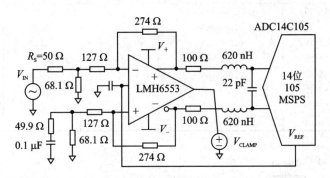

图 9.2.5　采用 LMH6553 驱动 14 位 ADC 的应用电路

系统,LMH6553 的封装形式不同,所要求的外部电阻也不同,如表 9.2.2 和 9.2.3 所列。

表 9.2.2　LLP 封装形式所要求的外部电阻

| 增益/dB | $R_F/\Omega$ | $R_G/\Omega$ | $R_T/\Omega$ | $R_M/\Omega$ |
|---|---|---|---|---|
| 0 | 275 | 255 | 59 | 26.7 |
| 6 | 275 | 127 | 68.1 | 28.7 |
| 12 | 275 | 54.9 | 107 | 34 |

表 9.2.3　PSOP 封装形式所要求的外部电阻

| 增益/dB | $R_F/\Omega$ | $R_G/\Omega$ | $R_T/\Omega$ | $R_M/\Omega$ |
|---|---|---|---|---|
| 0 | 325 | 316 | 56.2 | 26.7 |
| 6 | 325 | 150 | 66.5 | 28.7 |
| 12 | 325 | 68.1 | 110 | 34.8 |

## 9.2.4　基于仪表放大器的 ADC 驱动电路

仪表放大器被大量地用作 ADC 驱动,仔细地选择仪表放大器芯片对于实现合适的 ADC 驱动十分重要。典型的系统分辨力与 ADC 转换器分辨力以及仪表放大器增益的关系如表 9.2.4 所列。一个采用仪表放大器 AD825 的 ADC 驱动电路如图 9.2.6所示。

有关仪表放大器用作 ADC 驱动的更多内容,请登录 www. analog. com/inamps 查阅"A Designer's Guide to Instrumentation Amplifiers 3RD Edition"。

**表 9.2.4 典型的系统分辨力与 ADC 分辨力以及仪表放大器增益的关系**

| 转换器类型 | $(2^n)-1$ | 转换分辨力/(mV/Bit) $(5\ V/((2^n)-1))$ | 仪表放大器增益/dB | 满刻度范围 $(V(p-p))$ | 系统分辨力 $(mV(p-p))$ |
|---|---|---|---|---|---|
| 10 位 | 1 023 | 4.9 mV | 1 | 5 | 4.9 |
| 10 位 | 1 023 | 4.9 mV | 2 | 2.5 | 2.45 |
| 10 位 | 1 023 | 4.9 mV | 5 | 1 | 0.98 |
| 10 位 | 1 023 | 4.9 mV | 10 | 0.5 | 0.49 |
| 12 位 | 4 095 | 1.2 mV | 1 | 5 | 1.2 |
| 12 位 | 4 095 | 1.2 mV | 2 | 2.5 | 0.6 |
| 12 位 | 4 095 | 1.2 mV | 5 | 1 | 0.24 |
| 12 位 | 4 095 | 1.2 mV | 10 | 0.5 | 0.12 |
| 14 位 | 16 383 | 0.305 mV | 1 | 5 | 0.305 |
| 14 位 | 16 383 | 0.305 mV | 2 | 2.5 | 0.153 |
| 14 位 | 16 383 | 0.305 mV | 5 | 1 | 0.061 |
| 14 位 | 16 383 | 0.305 mV | 10 | 0.5 | 0.031 |
| 16 位 | 65 535 | 0.076 mV | 1 | 5 | 0.076 |
| 16 位 | 65 535 | 0.076 mV | 2 | 2.5 | 0.038 |
| 16 位 | 65 535 | 0.076 mV | 5 | 1 | 0.015 |
| 16 位 | 65 535 | 0.076 mV | 10 | 0.5 | 0.008 |

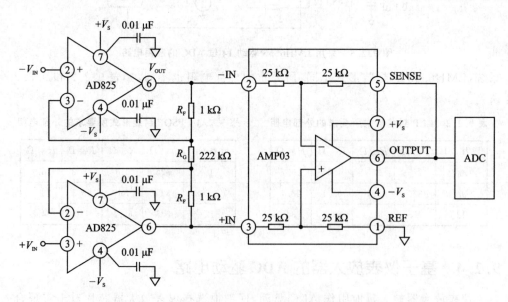

**图 9.2.6 采用仪表放大器 AD825 的 ADC 驱动电路**

## 9.3　DAC 输出电路设计

### 9.3.1　基于 LT6011 的 DAC 输出电路

一个采用 LT6011 的 DAC 输出电路如图 9.3.1 所示,图中 LT6011 用作 16 位 DAC LTC1592 的基准放大器和 $I$-$V$ 转换器。总电源电流与 DAC 的编码数值有关,在 1.6～4 mA 范围内变化。DAC 采用一个单 5 V 电源供电,LT6011 运算放大器 B 采用 DAC 的内部精确电阻 $R_1$ 和 $R_2$ 来使 5 V 基准反相,为 DAC 提供了一个负的基准,从而实现双极性输出。运算放大器 A 负责提供 $I$ 至 $V$ 转换,并且对最终的输出电压进行缓冲。该电路可以在 250 $\mu$s 内达到稳定状态。由于 LT6011 的输出摆幅在正负电源轨的 40 mV 以内,放大器的电源电压只要稍微大于 $\pm10$ V 即可。

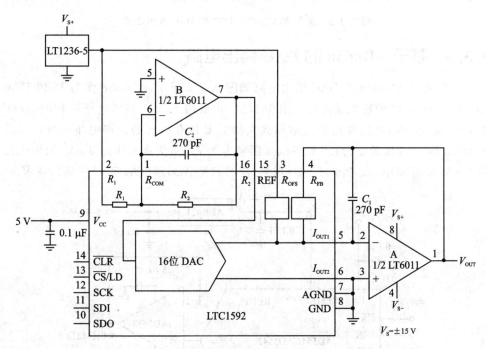

图 9.3.1　采用 LT6011 的 DAC 输出电路

### 9.3.2　基于 MAX4475/4477 的 DAC 输出电路

一个采用 MAX4475/4477 的 DAC 输出电路如图 9.3.2 所示,MAX4477 作为 16 位 DAC MAX5541 的输出缓冲器。由于 MAX5541 有一个无缓冲的电压输出,对于 16 位的精度,输入偏置电流必须小于 6 nA,MAX4477 具有输入偏置电流150 pA,可以从根本上消除这个误差。同时 MAX4475/4477 具有良好的开环增益和共模抑

全国大学生电子设计竞赛电路设计(第 3 版)

制,使之成为一个很好的 DAC 输出功率和缓冲放大器。

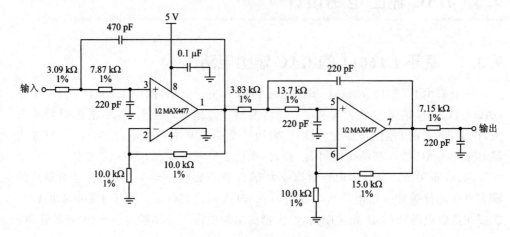

图 9.3.2 采用 MAX4475/4477 的 DAC 输出电路

### 9.3.3 基于 AD8638 的 DAC 输出电路

一个采用 AD8638 的 DAC 输出电路如图 9.3.3 所示,AD8638 作为 16 位 DAC AD5541/AD5542 的输出缓冲器。图中 DAC 在采用 2.5 V 参考电压工作时,DAC 的 LSB 是 38 $\mu$V,所选择的输出运算放大器需要具有极低的失调电压。所选择的 AD8638 的 $-3$ dB 带宽为 1.5 MHz,压摆率为 2 V/$\mu$s,失调电压为 3 $\mu$V,偏置电流 为 1 pA,采用 SOIC 或者 SOT - 23 封装,能够满足 AD5541/AD5542 的输出要求。

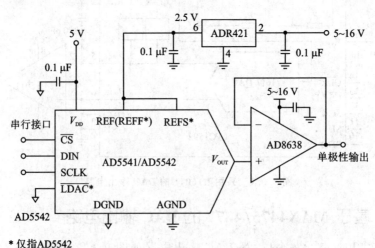

图 9.3.3 采用 AD8638 的 DAC 输出电路

## 9.3.4　基于 ADA4430 的视频 DAC 输出电路

采用 ADA4430 的视频 DAC 输出电路如图 9.3.4～图 9.3.6 所示，ADA4430 芯片内部包含有一个 6 阶低通视频滤波器，低电源电压为 2.5～6 V，静态电流为 1.85 mA，低功耗模式电流为 0.1 μA，温度范围为－40～＋125 ℃。

图 9.3.4 所示电路，DAC 采用 AC 耦合输出具有 SAG 校正。图 9.3.5 所示电路，DAC 采用通常的 AC 耦合输出，输出电容器为 220 μF。图 9.3.6 所示电路，DAC 采用 DC 耦合输出电路。

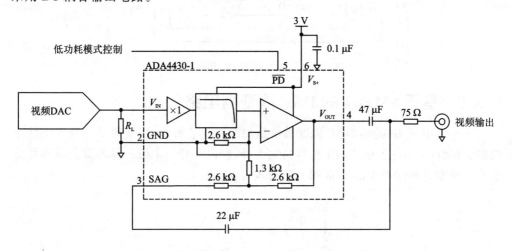

图 9.3.4　DAC 采用 AC 耦合输出具有 SAG 校正

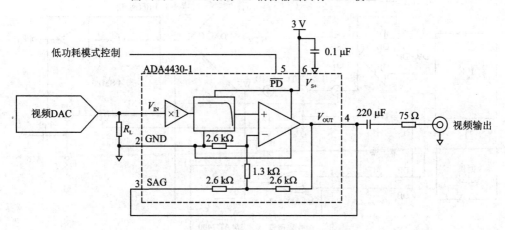

图 9.3.5　DAC 采用通常的 AC 耦合输出

全国大学生电子设计竞赛电路设计（第 3 版）

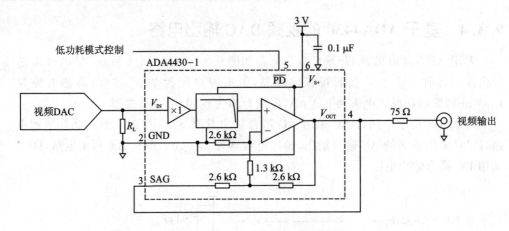

图 9.3.6　DAC 采用 DC 耦合输出

## 9.3.5　基于 SMP04 的 DAC 限变器电路

一个采用 SMP04 的 DAC 限变器电路如图 9.3.7 所示,限变器是一种非线性滤波器。SMP04 是一个单片四采样保持放大器,它内部有 4 个精密缓冲放大器和保持电容。该器件在低于 4 $\mu$s 内获得 8 位输入可达 $\pm 0.5$LSB。

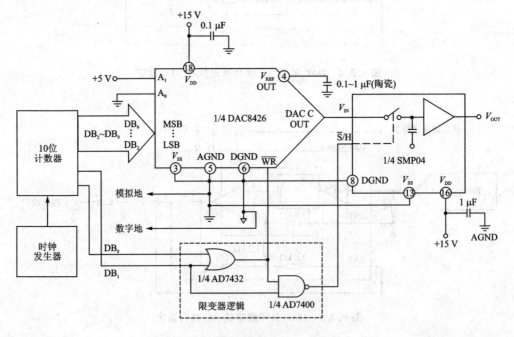

图 9.3.7　采用 SMP04 的 DAC 限变器电路

SMP04 可以单电源或双电源工作,兼容 TTL/CMOS 逻辑,输出摆幅包含了负电源。SMP04 是宽变化范围的采样保持、包括放大器失调和 VCA 增益调节应用的理想选择,可以将其中一个或多个采样保持放大器用于单路或多路 DAC,以在系统内提供多路调整点。SMP04 采用 16 引脚密封或 DIP 封装和表面 SOIC 封装。

# 9.4　ADC 和 DCA 电压基准电路设计

## 9.4.1　基于 LTC6655 的 ADC 基准电压电路

LTC6655 系列带隙基准是低噪声、低漂移、精准电压基准。其输出电压为 1.25 V、2.048 V、2.5 V、3 V、3.3 V、4.096 V、5 V;噪声为 0.25 $ppm_{P-P}$(0.1~10 Hz);漂移为 2 ppm/℃(最大值);准确度为 ±0.025%(最大值);工作温度范围为 −40~125 ℃;负载调整率<10 ppm/mA;吸收电流和源电流为 ±5 mA;压差为 500 mV;电源电压范围 3~13.2 V,待机模式消耗电流<20 μA(最大值),采用 8 引脚 MSOP 封装。

LTC6655 作为低噪声精密 24 位 ADC 的基准电压电路如图 9.4.1 所示。

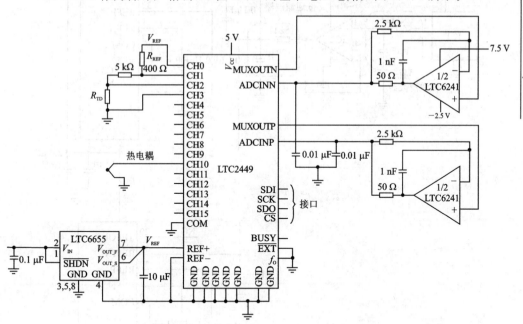

**图 9.4.1　低噪声精密 24 位 ADC 的基准电压电路**

## 9.4.2　多 ADC 系统的基准电压电路

在一个多 ADC(模/数转换器)系统所能达到的精度直接取决于 ADC 的基准电压。如果每个独立 ADC 上的基准电压精度较差,则会影响整个系统的性能。对于需要大量 ADC 且对通道间匹配度要求较高的系统,需要认真对待其电压基准的设

全国大学生电子设计竞赛电路设计(第 3 版)

计。采用同一高精度、低噪声基准源驱动所有 ADC 能够获得高精度匹配。

### 1. 采用公共的、单一的外部基准电压

一个采用公共的、单一的外部基准电压的多 ADC 系统电路如图 9.4.2 所示。精密基准源如 MAX6062 (IC1)可提供＋2.048 V 外部直流电平,噪声电压密度为 150 nV/$\sqrt{\text{Hz}}$。其输出经过一个单极点低通滤波器(截止频率 10 Hz)送入一个运放 IC2 (MAX4250),并在其输出馈入第 2 级 10 Hz 低通滤波器之前进行缓冲。IC2 (MAX4250)具有低失调电压(可获得高增益精度)和低噪声电平。缓冲器之后的 10 Hz 无源滤波器衰减由电压基准和缓冲器产生的噪声引起。经滤波后的噪声密度,降低了其中较高频率的噪声,能够符合高精度 ADC 对噪声电平的要求。

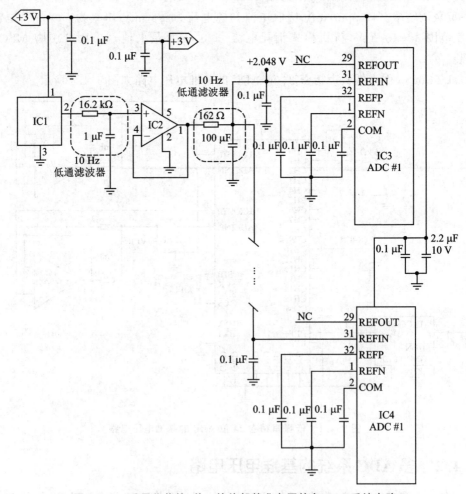

图 9.4.2　采用公共的、单一的外部基准电压的多 ADC 系统电路

## 2. 采用多个精密的外部基准电压

对于需要多个精密的外部基准电压的多 ADC 系统电路,可以采用图 9.4.3 所示电路。精密基准电压源 IC1（如 MAX6066）产生 +2.500 V 的直流电压,后接 10 Hz 低通滤波器和精密分压器,分压器经过缓冲的输出被设置为 +2.0 V、+1.5 V 和 +1.0 V,其精度与分压电阻的容差有关。这三个电压由四运放 IC2（MAX4254）缓冲。各输出电压接 10 Hz 低通滤波器可滤除基准电压噪声和缓冲放大器的噪声,使噪声电平低至 $3\ nV/\sqrt{Hz}$。+2.0 V 和 +1.0 V 的基准电压将相关 ADC 的差分满量程范围设置在 2V(p-p)。这种结构的增益精度由 IC1（这里是 MAX6066）的精度等级和分压器的电阻容差确定,可以达到较高的精度。该电路每个 ADC 的增益匹配度为 0.1%（典型值）。100 Hz 频点噪声电平低于 $3\ nV/\sqrt{Hz}$。

与图 9.4.2 相同,所有有源器件采用同一电源供电,上电或掉电时无须考虑供电顺序。

457

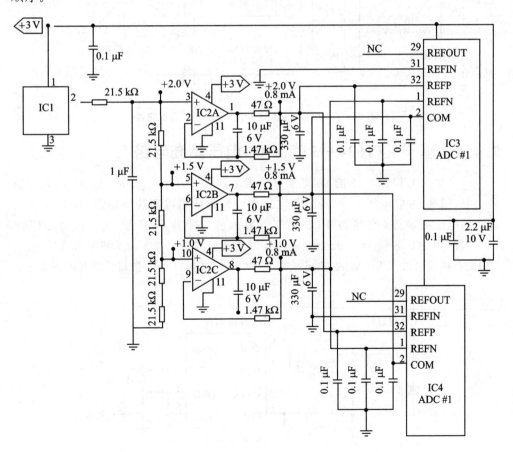

**图 9.4.3　提供多个精密的外部基准电压的多 ADC 系统电路**

运放输出匹配度优于 0.1%,采用同样的缓冲器和后续低通滤波器能够支持高达 32 路 ADC。对于需要 32 路以上匹配 ADC 的应用,建议对所有转换器采用一个公用的电压基准和分压器。

### 9.4.3　基于 MAX6325 的 DAC 电压基准电路

一个采用 MAX6325 的 DAC 电压基准电路如图 9.4.4 所示。MAX6325 是一个低噪声、具有 +2.5 V/+4.096 V/+5 V 输出的电压基准芯片,初始电压准确度为 ±0.02%,源出和吸收电流为 ±15 mA,温度系数为 1 ppm/℃。电路中,MAX6325 作为 14 位 DAC MAX5170 的电压基准。

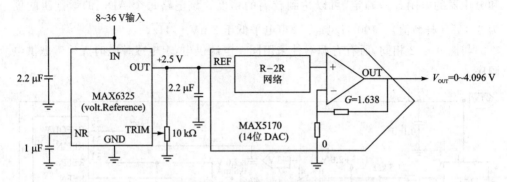

**图 9.4.4　采用 MAX6325 的 DAC 电压基准电路**

### 9.4.4　基于 LT1634 – 5 的 DAC 电压基准电路

一个采用 LT1634 – 5 的 DAC 电压基准电路如图 9.4.5 所示。LT1634 是一款微功率、精准、并联电压基准,带隙基准采用经修整的精准薄膜电阻器,具有 0.05% 的初始电压准确度,漂移为 10 ppm/℃(最大值),工作电流为 10 μA,动态阻抗 <1 Ω。采用 SO – 8 和 TO – 92 封装的器件可提供 1.25 V、2.5 V、4.096 V 和 5 V 电压。LT1634 基准可以作为 LM185/LM385、LT1004 和 LT1034 的一款高性能升级版本。

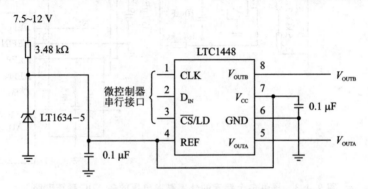

**图 9.4.5　采用 LT1634 – 5 的 DAC 电压基准电路**

电路中,LT1634-5 作为双 12 位 DAC LTC1448 的电压基准。

## 9.4.5　基于 LTC6652 的 ADC 和 DCA 电压基准电路

LTC6652 是一个精确低漂移、低噪声串联电压基准,输出电压为 1.25 V、2.048 V、2.5 V、3 V、3.3 V、4.096 V、5 V。其具有 ±0.05% 的内部准确度和最大 5 ppm/℃的电压漂移;源出和吸收电流为 ±5 mA;工作温度范围为 -40～125 ℃;压差为 300 mV;电源电压范围为 3～13.2 V,待机模式消耗电流 <2 μA(最大值);采用 8 引脚 MSOP 封装。

基于 LTC6652 的 ADC 和 DCA 电压基准电路如图 9.4.6 所示。

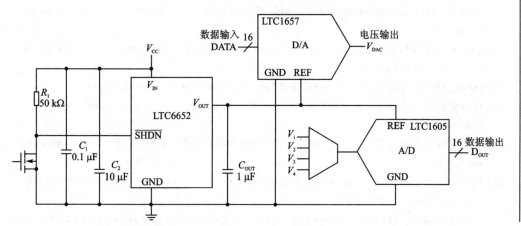

**图 9.4.6　基于 LTC6652 的 ADC 和 DCA 电压基准电路**

# 参考文献

[1] Analog devices. AD592 * Low Cost，Precision IC Temperature Transducer. http://www. analog. com.

[2] maxim. SOT Temperature Sensors with Period/Frequency Output. http://www. maxim-ic. com.

[3] maxim. 9-Bit/12-Bit Temperature Sensors with I2C-Compatible Serial Interface in a SOT23. http://www. maxim-ic. com.

[4] maxim. DS1624 Digital Thermometer and Memory. http://www. maxim-ic. com.

[5] SENSIRION AG. SHT1x / SHT7x Humidity & Temperature Sensmitter. http://www. sensirion. com.

[6] HUMIREL. RELATIVE HUMIDITY SENSOR HS1100LF / HS1101LF. http://www. humirel. com.

[7] Freescale Inc. on-chip temperature compensation & silicon pressure sensor MPX2100/4100/5100/5700 series. http://www. freescale. com.

[8] Analog devices. AD22151 Linear Output Magnetic Field Sensor. http://www. analog devices. com .

[9] Honeywell. 单轴和双轴线性磁场传感器 HMC1001/1002 HMC1021/1022. http://www. honeywell. com/sensing.

[10] National Semiconductor Corporation. LM1042 Fluid Level Detector. http:// www. national. com.

[11] National Semiconductor Corporation. LM1830 Fluid Level Detector. http:// www. national. com.

[12] National Semiconductor Corporation. LM1812 Ultrasonic Transceiver. http://www. national. com.

[13] NXP Semiconductors. Rotational Speed Sensors KMI15/16. http://www. nxp. com.

[14] National Semiconductor Corporation. LM2907/LM2917 Frequency to Voltage Converter. http://www. national. com .

[15] Analog devices. $\pm 1$ g to $\pm 5$ g Single Chip Accelerometer with Signal Conditioning ADXL05 * . http://www. analog. com.

[16] Freescale Inc. Low G Micromachined Accelerometer MMA1220D. http://www. freescale. com.

[17] Analog Microelectronics. IC FOR OPTO DETECTOR AM336. http://www. analogmicro. de.

[18] Microsemi. LX1970 VISIBLE LIGHT SENSOR. http://www. Microsemi. com.

[19] Allegro MicroSystems，Inc. Current Sensor：ACS750xCA-50/75/100. http://www. Allegro

MicroSystems. com.

[20] Maxim. Precision，High-Side Current-Sense Amplifiers MAX471/MAX472. http://www. maxim-ic. com .

[21] Analog microelectronics. Wandler-IC für kapazitive Signale CAV414. http://www. analogmicro. de.

[22] Analog microelectronics. Wandler-IC für kapazitive Signale CAV424. http://www. analogmicro. de.

[23] Allegro MicroSystems Inc. 3132 AND 3133 ULTRA-SENSITIVE BIPOLAR HALL-EFFECT SWITCHES. http://www. allegromicro. com.

[24] Allegro MicroSystems Inc. 3503 RATIOMETRIC，LINEAR HALL-EFFECT SENSORS. http://www. allegromicro. com.

[25] Infineon technologies inc. Differential Two-Wire Hall Effect Sensor IC TLE4941，TLE4941C. http://www. Infineon. com.

[26] NXP Semiconductors. UZZ9000 Sensor Conditioning Electronic. http://www. nxp. com.

[27] Philips Semiconductors. Contactless Angle Measurement using KMZ41 and UZZ9000. http://www. nxp. com.

[28] Philips Semiconductors. UZZ9001 Sensor Conditioning Electronic. http://www. nxp. com.

[29] Philips Semiconductors. Contactless Angle Measurement using KMZ41 and UZZ9001. http://www. nxp. com.

[30] Analog Devices，Inc. Single Supply Bridge Transducer Amplifier AD22055 *. http://www. analog. com.

[31] Analog Devices，Inc. Bridge Transducer Signal Conditioner IB32. http://www. analog. com .

[32] Analog Devices，Inc. PRTD Conditioning Circuit and Temperature Controller ADT70 *. www. analog. com.

[33] Analog Devices，Inc. Monolithic Thermocouple Amplifiers with Cold Junction Compensation AD594/AD595. http://www. analog. com.

[34] Analog Devices，Inc. Monolithic Thermocouple Amplifiers with Cold Junction Compensation AD596/AD597. http://www. analog. com.

[35] Maxim. Precision. 2-Wire，4～20mA Smart Signal Conditioner MAX1459. http://www. maxim-ic. com.

[36] Analog Devices，Inc. 3 V/5 V，CMOS，500 mA Signal Conditioning ADC AD7714. http://www. analog devices. com.

[37] Maxim. Precision，1%-Accurate，Digitally Trimmed Sensor Signal Conditioner MAX1458. http://www. maxim-ic. com.

[38] Maxim. Precision，Low-Cost，1%-Accurate Signal Conditioner for Piezoresistive Sensors MAX1450. http://www. maxim-ic. com.

[39] Texas Instruments Incorporate. 4～20 mA CURRENT LOOP TRANSMITTERS XTR115 XTR116. http://www. ti. com.

[40] Analog Devices. Loop-Powered 4～20 mA Sensor Transmitter AD693. http://www. analog.

com.

[41] Analog Devices. AD624 Precision Instrumentation Amplifier. http://www. analog. com.

[42] Texas Instruments Incorporate. INA114 Precision INSTRUMENTATION AMPLIFIER. http://www. ti. com.

[43] Texas Instruments Incorporate. High-Speed Programmable Gain INSTRUMENTATION AMPLIFIER PGA206 PGA207. http://www. ti. com.

[44] Texas Instruments Incorporate. INA121AFET-Input, Low Power INSTRUMENTATION AMPLIFIER. http://www. ti. com.

[45] Linear Technology Corporation. LT1102 High Speed, Precision, JFET Input Instrumentation Amplifier (Fixed Gain = 10 or 100). http://www. linear. com.

[46] Analog Devices. Low Cost, High Speed Differential Amplifier AD8132. http://www. analog. com.

[47] Analog Devices. AD8351 Low Distortion Differential RF/IF Amplifier. http:// www. analog. com.

[48] Analog Devices. AD8351 Evaluation Board EVAL-AD8351EB. http://www. analog. com.

[49] Texas Instruments Incorporate. Precision Low Cost ISOLATION AMPLIFIER ISO120 ISO121. http:// www. ti. com.

[50] Analog Devices. 120 kHz Bandwidth, Low Distortion, Isolation Amplifier AD215. http:// www. analog. com.

[51] Analog Devices. Low Noise, 90 MHz Variable Gain Amplifier AD603. http://www. analog. com.

[52] Texas Instruments Incorporate. Dual, VARIABLE GAIN AMPLIFIER with Low Noise Preamp VCA2612. http://www. ti. com.

[53] Texas Instruments Incorporate. High Speed Bipolar Monolithic SAMPLE/HOLD AMPLIFIER SHC5320. http://www. ti. com.

[54] Analog Devices. Complete Very High Speed Sample-and-Hold Amplifier AD783. http:// www. analog. com.

[55] Maxim. Precision. 32-Channel Sample/Hold Amplifier with a Single Multiplexed Input MAX5165. www. maxim-ic. com.

[56] RF Micro Devices, Inc. RF3377 GENERAL PURPOSE AMPLIFIER. http://www. rfmd. com.

[57] Agilent Technologies, Inc. Agilent ABA-52563 3. 5 GHz Broadband Silicon RFIC Amplifier. http://www. agilent. com/semiconductors.

[58] Texas Instruments Incorporate. DIGITAL AUDIO PWM PROCESSOR TAS5000. http:// www. ti. com.

[59] Texas Instruments Incorporate. TRUE DIGITAL AUDIO AMPLIFIER TAS5100A PWM POWER OUTPUT STAGE. http://www. ti. com.

[60] National Semiconductor Corporation. LM4766 Overture? Audio Power Amplifier Series Dual 40W Audio Power Amplifier with Mute. http://www. national. com.

[61] Analog Devices, Inc. 250 MHz, Voltage Output 4-Quadrant Multiplier AD835. http://

全国大学生电子设计竞赛电路设计（第3版）

www. analog. com.

[62] Freescale Inc. LINEAR FOUR-QUADRANT MULTIPLIER MC1495. http://www. freescale. com.

[63] Texas Instruments Incorporate. Precision Single Power Supply VOLTAGE-TO-FREQUENCY CONVERTER? VFC121. http://www. ti. com.

[64] Texas Instruments Incorporate. LOG112 LOG2112 Precision LOGARITHMIC AND LOG RATIO AMPLIFIERS. http://www. ti. com.

[65] ANALOG DEVICES. Voltage-to-Frequency and Frequency-to-Voltage Converter AD650. http://www. analog. com.

[66] Maxim. MAX038 High-Frequency Waveform Generator. http://www. maxim-ic. com.

[67] Xicor，Inc. Quad E2POT? Nonvolatile Digital Potentiometer X9241. http://www. Xicor. com.

[68] Maxim. 10-Bit，Dual，Nonvolatile，Linear-Taper Digital Potentiometers MAX5494-MAX5499. http://www. maxim-ic. com.

[69] 黄采伦. I²C 总线数字电位器原理及与单片机的接口设计. http://www. bbww. net.

[70] 广州周立功单片机发展有限公司. HT1380 串行时钟芯片的原理与应用. http://www. zlgmcu. com.

[71] Freescale Inc. SiGe:C LNA WITH BYPASS SWITCH MBC13720. http://www. freescale. com.

[72] Agilent. PHEMT * Low Noise Amplifier with Bypass Switch MGA-72543. http://www. semiconductor. agilent. com.

[73] Analog Devices inc. AD8353 100 MHz～2. 7 GHz RF Gain Block. http://www. analog. com .

[74] sirenza inc. SGA-5263 DC-4. 5GHz 3. 5V SiGe Amplifier. http://www. sirenza. com .

[75] Linear Technology Corporation. LT5511 High Signal Level Upconverting Mixer March 2002. http://www. linear. com .

[76] Linear Technology Corporation. LT5512 DC-3GHz High Signal Level Down-Converting Mixer July 2002. http://www. linear. com .

[77] Freescale Inc. ULTRA LOW POWER DC -2. 4 GHz LINEAR MIXER MC13143. http://www. freescale. com .

[78] RF Micro. Devices inc. RF2721 Quadrature Demodulator. http://www. rfmd. com.

[79] Atmel. 300-MHz Quadrature Modulator U2793B. http://www. atmel. com.

[80] Freescale Inc. MC145106 phase-locked loop (PLL) frequency synthesizer. http://www. freescale. com.

[81] Zarlink Semiconductor Inc. SP5748 2. 4GHz Very Low Phase Noise PLL. http:// www. zarlink. com.

[82] Analog Devices inc. 1 GSPS Direct Digital Synthesizer AD9858. http://www. analog. com.

[83] Analog Devices inc. AD9834 Low Power，2. 3 V to 5. 5 V，50 MHz Complete DDS. http:// www. analog. com.

[84] Freescale Inc. LOW POWER FM IF MC3371 and MC3372. http://www. freescale. com.

[85] Freescale Inc. LOW POWER FM TRANSMITTER SYSTEM MC2833. http://www. freescale-

cale. com.

[86] Etoms Electronics Corp. ET13X220 27 MHz Transmitter. http://www. etomsorp. com.

[87] Etoms Electronics Corp. ET13X210/211 27MHz FSK Receiver. RFIC. http://www. etomscorp. com.

[88] MITSUBISHI. SERVO MOTOR CONTROL FOR RADIO CONTROL M51660L. http://www MITSUBISHI. com.

[89] Texas Instruments Incorporate. TPIC2101 DC BRUSH MOTOR CONTROLLER. http://www. ti. com.

[90] International Rectifier. FULLY PROTECTED H-BRIDGE for DC MOTOR IR3221. http://www. irf. com.

[91] Texas Instruments Incorporate. UCC2626/3626 brushless dc motor controller. http://www. ti. com.

[92] ST Microelectronics. L6235 DMOS DRIVER FOR THREE-PHASE BRUSHLESS DC MOTOR. http://www. st. com.

[93] Hitachi power semiconductor. HIGH-VOLTAGE MONOLITHIC IC ECN3067. http://www. hitachi. co. jp/pse.

[94] ON Semiconductor. STEPPER MOTOR DRIVER MC3479. http://http://onsemi. com.

[95] ST Microelectronics. L6258 PWM CONTROLLED - HIGH CURRENT DMOS UNIVERSAL MOTOR DRIVER. http:// www. st. com.

[96] SANYO Electric Co. STK673-010 3-Phase Stepping Motor Driver (sine wave drive) Output Current 2. 4A. http://www. SANYO. com.

[97] Zarlink semiconductor. SA866AE/AM 3-phase width modulation engine. http:// http://products. zarlink. com/obsolete_products/.

[98] Freescale Inc. MC3PHAC Monolithic Intelligent Motor Controller. http://www. freescale. com.

[99] Melexis. MLX90804 Speed regulator for universal motors. http://www. melexis. com.

[100] Melexis. MLX90805 Intelligent Triac Controller. http://www. melexis. com.

[101] Freescale Semiconductor. Three-Phase Gate Driver IC MC33395 33395T. http:// www. freescale. com.

[102] International Rectifier. 3-PHASE BRIDGE DRIVER IR2136/IR21362/ IR21363/IR21365 (J&S). http://www. irf. com.

[103] National Semiconductor. ADD3501 31/2 Digital DVM with Multiplexed 7-Segment Output. http://www. National. com.

[104] National Semiconductor. ADD3701 33/4 Digital DVM with Multiplexed 7-Segment Output. http://www. National. com.

[105] Maxim. 3. 5- and 4. 5-Digit，Single-Chip ADCs with LCD Drivers MAX1492/MAX1494. http://www. maxim-ic. com.

[106] Analog Devices inc. Low Cost，Low Power，True RMS-to-DC Converter AD737. http://www. analog. com.

[107] Linear Technology Corporation. LTC1966 Precision Micropower，DS RMS-to-DC Converter.

全国大学生电子设计竞赛电路设计(第3版)

http://www.linear.com.

[108] Linear Technology Corporation. LTC1967 Precision Micropower，DS RMS-to-DC Converter. http://www.linear.com.

[109] Linear Technology Corporation. LTC1968 Precision Micropower，DS RMS-to-DC Converter. http://www.linear.com.

[110] Analog Devices inc. ADE7751 * Energy Metering IC with On-Chip Fault Detection. http://www.analog.com.

[111] Analog Devices inc. EVAL-AD7751/AD7755EB Evaluation Board Documentation AD7751/AD7755 Energy Metering IC. http://www.analog.com.

[112] Analog Devices inc. Polyphase Energy Metering IC with Pulse Output ADE7752/ADE7752A. http://www.analog.com.

[113] Analog Devices inc. Evaluation Board Documentation ADE7752 Energy metering IC EVAL-ADE7752EB. http://www.analog.com.

[114] Analog Devices inc. 50 Hz to 2.7 GHz 60 dB TruPwr. Detector AD8362. http://www.analog.com.

[115] Analog Devices inc. EVAL-AD8362EB AD8362 Evaluation Board. http://www.analog.com.

[116] Linear Technology Corporation. LT5504 800MHz to 2.7GHz RF Measuring Receiver. http://www.linear.com.

[117] Linear Technology Corporation. LTC5507 100kHz to 1GHz RF Power Detector. http://www.linear.com.

[118] Analog Devices inc. AD8302 LF-2.7 GHz RF/IF Gain and Phase Detector. http://www.analog.com.

[119] National Semiconductor. LM3914/3915/3916 Dot/Bar Display Driver. http://www.National.com.

[120] Maxim. 4-Wire Interfaced，2.7V to 5.5V，4-Digit 5.7 Matrix LED Display Driver MAX6952. http://www.maxim-ic.com.

[121] Microchip Technology Inc. TC826 Analog-to-Digital Converter with Bar Graph Display Output. http://www.microchip.com.

[122] Power Integrations，Inc. TOP242-250 TOPSwitch-GX Family Extended Power，Design Flexible，EcoSmart，Integrated Off-line Switcher. http://www.powerint.com.

[123] NXP Semiconductors. TEA152x family STARplugTM. http://www.nxp.com.

[124] Maxim. MAX756/MAX757 3.3V/5V/Adjustable-Output，Step-Up DC-DC Converters. http://www.maxim-ic.com.

[125] Analog Integrations Corporation. MC34063A Industrial Standard，Universal DC/DC Converter. http://www.analog.com.tw.

[126] Texas Instruments Incorporated. TL497AC，TL497AI，TL497AY SWITCHING VOLTAGE REGULATORS. http://www.ti.com.

[127] Maxim. MAX649/MAX651/MAX652 5V/3.3V/3V or Adjustable，High-Efficiency，Low IQ，Step-Down DC-DC Controllers. http://www.maxim-ic.com.

[128] Maxim. MAX756/MAX757 3.3V/5V/Adjustable-Output，Step-Up DC-DC Converters. http://www. maxim-ic. com.

[129] National Semiconductor Corporation. LM134/LM234/LM334 3-Terminal Adjustable Current Sources. http:// www. national. com.

[130] Melexis. MLX90215 Precision Programmable Linear Hall Effect Sensor. http://www. melexis. com.

[131] Freescale Inc. MMA7455L ±2g/±4g/±8g Three Axis Low-g Digital Output Accelerometer. http://www. freescale. com.

[132] Melexis. MLX91205 IMC Current Sensor (Triaxis? Technology). http://www. melexis. com.

[133] Melexis. Magnets for MLX90333 Linear Position Sensor. http://www. melexis. com.

[134] Avago Technologies. APDS-9800 Integrated Ambient Light and Proximity Sensor. http:// www. avagotech. com.

[135] Avago Technologies. APDS-9003 Miniature Surface-Mount Ambient Light Photo Sensor. http://www. avagotech. com.

[136] Avago Technologies. APDS-9300 Miniature Ambient Light Photo Sensor with Digital (I2C) Output. http://www. avagotech. com.

[137] Avago Technologies. HSDL - 9100 Surface-Mount Proximity Sensor. http:// www. avagotech. com.

[138] Linear Technology Corporation.. LTC6655 0.25ppm Noise，Low Drift Precision Buffered Reference Family. http://www. linear. com.

[139] Linear Technology Corporation.. LTC6652 Precision Low Drift Low Noise Buffered Reference. http:// www. linear. com.

[140] Maxim. MAX2605-MAX2609 45MHz to 650MHz Integrated IF VCOs with Differential Output. http://www. maxim-ic. com.

[141] Maxim. MAX2470/MAX2471 10MHz to 500MHz VCO Buffer Amplifiers with Differential Outputs. http://www. maxim-ic. com..

[142] Maxim. MAX2470/MAX2471 Evaluation Kits. http://www. maxim-ic. com.

[143] Maxim. MAX2622/MAX2623/MAX2624 Monolithic Voltage-Controlled Oscillato. http:// www. maxim-ic. com.

[144] Maxim. MAX2750/MAX2751/MAX2752 2.4GHz Monolithic Voltage-Controlled Oscillator. http://www. maxim-ic. com.

[145] Silicon Laboratories Inc. Si550 VOLTAGE-CONTROLLED CRYSTAL OSCILLATOR (VCXO) 10 MHZ TO 1.4 GHZ. http:// www. silabs. com.

[146] Freescale Inc. PLL FREQUENCY SYNTHESIZE MC145106. http://www. freescale. com.

[147] Freescale Inc. MC12148 Low Power Volotage Controlled Oscillaror. http://www. freescale. com.

[148] STMicroelectronics. UC2842/3/4/5 UC3842/3/4/5 CURRENTMODE PWM CONTROLLE. http://www. st. com.

[149] Analog Devices，Inc. High Performance Video Op Amp AD811. http://www. analog. com.

[150] Texas Instruments Inc. 250mA HIGH-SPEED BUFFER BUF634. http://www.ti.com.

[151] Analog Devices. 1 MSPS，12-Bit Impedance Converter，Network Analyzer AD5933. http://www.analog.com.

[152] 黄智伟. LED 驱动电路设计[M].北京:电子工业出版社,2014.

[153] 黄智伟. 电源电路设计[M].北京:电子工业出版社,2014.

[154] 黄智伟. 嵌入式系统中的模拟电路设计[M].2 版.北京:电子工业出版社,2014.

[155] 黄智伟. 基于 TI 器件的模拟电路设计[M].北京:北京航空航天大学出版社,2014.

[156] 黄智伟. 印制电路板(PCB)设计技术与实践[M].2 版.电子工业出版社,2013.

[157] 黄智伟等. ARM9 嵌入式系统基础教程[M].2 版.北京:北京航空航天大学出版社,2013.

[158] 黄智伟. 高速数字电路设计入门[M].北京:电子工业出版社,2012.

[159] 黄智伟、王兵、朱卫华. STM32F 32 位微控制器应用设计与实践[M].北京:北京航空航天大学出版社,2012.

[160] 黄智伟. 低功耗系统设计-原理、器件与电路[M].北京:电子工业出版社,2011.

[161] 黄智伟. 超低功耗单片无线系统应用入门[M].北京:北京航空航天大学出版社,2011.

[162] 黄智伟等. 32 位 ARM 微控制器系统设计与实践［M］.北京:北京航空航天大学出版社,2010.

[163] 黄智伟. 基于 NI Mulitisim 的电子电路计算机仿真设计与分析(修订版)[M].北京:电子工业出版社,2011.

[164] 黄智伟. 全国大学生电子设计竞赛 系统设计[M].2 版.北京:北京航空航天大学出版社,2011.

[165] 黄智伟. 全国大学生电子设计竞赛 电路设计[M].2 版.北京:北京航空航天大学出版社,2011.

[166] 黄智伟. 全国大学生电子设计竞赛 技能训练[M].2 版.北京:北京航空航天大学出版社,2011.

[167] 黄智伟. 全国大学生电子设计竞赛 制作实训[M].2 版.北京:北京航空航天大学出版社,2011.

[168] 黄智伟. 全国大学生电子设计竞赛 常用电路模块制作［M].北京:北京航空航天大学出版社,2011.

[169] 黄智伟等. 全国大学生电子设计竞赛 ARM 嵌入式系统应用设计与实践［M].北京:北京航空航天大学出版社,2011.

[170] 黄智伟. 全国大学生电子设计竞赛培训教程(修订版)[M].北京:电子工业出版社,2010.

[171] 黄智伟. 射频小信号放大器电路设计［M］.西安:西安电子科技大学出版社,2008.

[172] 黄智伟. 锁相环与频率合成器电路设计［M］.西安:西安电子科技大学出版社,2008.

[173] 黄智伟. 混频器电路设计［M］.西安:西安电子科技大学出版社,2009.

[174] 黄智伟. 射频功率放大器电路设计［M］.西安:西安电子科技大学出版社,2009.

[175] 黄智伟. 调制器与解调器电路设计［M］.西安:西安电子科技大学出版社,2009.

[176] 黄智伟. 单片无线发射与接收电路设计［M].西安:西安电子科技大学出版社,2009.

[177] 黄智伟. 无线发射与接收电路设计[M].2 版.北京:北京航空航天大学出版社,2007.

[178] 黄智伟. GPS 接收机电路设计［M］.北京:国防工业出版社,2005.

[179] 黄智伟. 单片无线收发集成电路原理与应用 [M]. 北京:人民邮电出版社,2005.

[180] 黄智伟. 无线通信集成电路 [M]. 北京:北京航空航天大学出版社,2005.

[181] 黄智伟. 蓝牙硬件电路 [M]. 北京:北京航空航天大学出版社,2005.

[182] 黄智伟. 射频电路设计 [M]. 北京:电子工业出版社,2006.

[183] 黄智伟. 通信电子电路 [M]. 北京:机械工业出版社,2007.

[184] 黄智伟. FPGA 系统设计与实践 [M]. 北京:电子工业出版社,2005.

[185] 黄智伟. 凌阳单片机课程设计 [M]. 北京:北京航空航天大学出版社,2007.

[186] 黄智伟. 单片无线数据通信 IC 原理应用 [M]. 北京:北京航空航天大学出版社,2004.

[187] 黄智伟. 射频集成电路原理与应用设计 [M]. 北京:电子工业出版社,2004.

[188] 黄智伟. 无线数字收发电路设计 [M]. 北京:电子工业出版社,2004.